AF797594

# Elemente der Stereometrie

Von

**Prof. Dr. Gustav Holzmüller**
in Hagen i. W.

## Erster Teil

## Die Lehrsätze und Konstruktionen

Mit 282 Figuren

**Leipzig**
G. J. Göschensche Verlagshandlung
1900

**Alle Rechte**
**von der Verlagshandlung vorbehalten.**

# Vorwort.

Das vorliegende Werk hat die Absicht, einen Überblick über das Gebiet der elementaren Raumgeometrie zu geben, der möglichst dem heutigen Standpunkte der Wissenschaft entspricht. Der erste Teil soll sich besonders mit den Lehrsätzen und Konstruktionen, der zweite und dritte Teil hauptsächlich mit den Berechnungen beschäftigen. Ganz streng liefs sich beides nicht auseinanderhalten, da die Geometrie des Mafses, die zugleich mit der der Lage zu behandeln war, ihrem ganzen Wesen nach die Rechnungen und Formeln nicht vollständig entbehren kann.

War nun ein neues Lehrbuch der Stereometrie überhaupt notwendig? Reichen die vorzüglichen Werke von Baltzer, Schlömilch, Geiser, Reye, Heinze-Lucke und anderen nicht aus? Sämtliche haben ihre Vorzüge, aber keines hat die Absicht, das ganze Gebiet der elementaren Raumlehre zu umfassen.

Baltzers Elemente bringen zwar die Grundlagen der projektiven Geometrie, schliefsen aber die Kegelschnitte und die sog. Flächen zweiten Grades, die man am besten wohl als Kegelschnittflächen bezeichnet, vollständig aus. Die leicht zu behandelnden Dupinschen Cykliden, die Steinerschen Kugelreihen und manche Methoden der neueren Geometrie kommen trotz ihres elementaren Charakters nicht zur Sprache. Auf die Krümmung der Flächen geht das Werk nicht ein, die Flächen konstanter negativer Krümmung z. B. werden nicht erwähnt. Und doch hängen diese Flächen auf das engste mit der absoluten Geometrie Lobatschefskijs zusammen und erleichtern den Einblick in die Untersuchungen über die Grundlagen unserer Raumanschauung, über die man die grofsen Werke von Veronese und Killing vergleichen möge. Die Frage des elften Axioms der Euklidschen

Geometrie kann mit ihrer Hülfe vielleicht am einfachsten entschieden werden. Für konstruktive Übungen ferner wird kein Material gegeben. Ein Gesamtüberblick also war dort nicht beabsichtigt.

Schlömilchs Geometrie des Mafses schliefst, wie die Bezeichnung des Buches selbst sagt, das projektive Element vollständig aus. Daher kommt es, dafs manche Ableitung Umwege benutzt, statt den naturgemäfsen Weg der harmonischen Beziehungen und dergl. einzuschlagen.

Geisers Lehrbuch, in dem Planimetrisches und Stereometrisches zugleich behandelt wird, hat nur die Absicht, in gewisse Methoden der neueren Geometrie einzuführen. Reyes grofses Werk über die Geometrie der Lage schliefst ebenso die Mafsbeziehungen aus, dringt aber in die höheren Gebiete ein.

Noch wäre die genetische Stereometrie von Heinze-Lucke zu erwähnen. Diese aber ist nur ein Versuch, aus dem allgemeinsten Heinzeschen Körper möglichst viele Formen als Sonderfälle abzuleiten und die Berechnungen auf solche zurückzuführen, die mit der Newton-Simpsonschen Regel zusammenhängen. Ohne sämtliche hierher gehörigen Gebilde ausfindig zu machen, leistet das Buch auf dem allzu einseitig begrenzten Gebiete immerhin sehr viel, einen Gesamtüberblick zu geben ist es aber aufser Stande, da nur die Seitenflächen bezw. die Gröfsen der horizontalen Querschnitte als mafsgebend aufgefafst werden.

Ich könnte neben diesen Werken noch viele andere anführen, die in ihrer Art vortrefflich sind, sich aber nur auf dem engsten Gebiete der Schulstereometrie im Sinne der Euklidschen Behandlung bewegen. Sie sagen nichts von Pol und Polare, nichts von dem allgemeiner gefafsten Prinzip der Dualität, nichts über die Inversion, die Ähnlichkeitspunkte, die Potenzebenen, Potenzlinien und Potenzpunkte im Raume, die Apollonischen Kugelprobleme, sie vermeiden die Beschäftigung mit der stereographischen Projektion, mit den kartographischen Darstellungen der Erdoberfläche nach Hipparch-Ptolemäus und Mercator, mit den konformen (winkeltreuen) und äquivalenten (flächentreuen) Abbildungen. Das korrekte stereometrische Zeichnen kommt vielfach gar nicht zur Geltung, obwohl die konstruierende Darstellung nur dadurch zu einer exakten werden kann. Dies liegt daran, dafs die darstellende Geometrie bis in die letzte Zeit auf den meisten Universitäten keine Stätte hatte und schon deshalb nicht als vollwertig galt, weil sie keine Rolle in der Prüfungsordnung spielte. Erst in neuester Zeit ist dies anders geworden. Aber gerade die entsprechenden Neuordnungen verlangen neue Lehrbücher. Projektion, Affinität und Kollineation müssen endlich zu ihrem Rechte kommen, die elementaren räumlichen Verwandtschaften überhaupt, die man vielfach den höheren Gebieten zuzuzählen scheint, dürfen aus einem neueren Lehrbuche nicht mehr ausgeschlossen werden.

Aus diesen Bemerkungen wird man entnehmen, wie etwa ich mir die Aufgabe des Buches gedacht habe. Allerdings mufste ich schon aus Raumgründen mancherlei ausschliefsen, was eine Stelle verdient hätte. Gern hätte ich Steiners Schöpfungen in noch höherem Grade berücksichtigt, gern noch Manches von den Möbiusschen Abhandlungen wiedergegeben. Auf Grafsmanns Ausdehnungslehre einzugehen, erschien nicht geraten, da dies zu viel Raum beansprucht haben würde, und weil zugleich die Zahl ihrer Anhänger noch nicht allzugrofs ist. Ihre Vorzüge scheinen auch mehr auf den höheren Gebieten zur Geltung zu kommen, als auf den hier behandelten.

Über die Auswahl des Stoffes läfst sich streiten. Es lag mir mehr daran, in die wichtigeren Methoden einzuführen, als vereinzelte Sätze zu bringen, die bei aller Schönheit und bei allem Interesse doch nicht als Grundlage neuer Behandlungsweisen zu betrachten sind. Manches, was man vermissen wird, kommt erst im zweiten Bande zur Geltung, so z. B. gewisse praktische Anwendungen und das Berührungsproblem der vier Kugeln.

Grofsen Wert legte ich auf die Ausstattung mit zahlreichen und möglichst korrekten Figuren. In dieser Hinsicht habe ich keine Mühe gescheut. Ein ganzes Kapitel ist dem stereometrischen Zeichnen gewidmet. Um zu zeigen, wie weit man auf Grund einiger Andeutungen vorwärts dringen kann, nahm ich auch schwierigere Übungen auf, führte z. B. die Kepplerschen und Poinsotschen Körper vor — die zum mindesten historisches Interesse haben — und konstruierte auch die stereoskopischen Darstellungen des Pentagondodekaeders und des Ikosaeders, an die sich die interessantesten physiologischen Bemerkungen anknüpfen lassen,

Im Anschlufs an Baltzer und Reye und an Cantors grofses Geschichtswerk machte ich ferner den Versuch, den einzelnen Kapiteln historische Bemerkungen beizufügen, die dem Leser einen vorläufigen Einblick in den Entwickelungsgang der Raumlehre geben sollen. Dabei erhält er erstens einen Begriff von der gewaltigen geistigen Arbeit, die seit Jahrtausenden auf dieses Gebiet verwendet wurde, zweitens lernt er auch die bahnbrechenden Werke kennen, die ihn zu weiteren Studien anregen mögen.

Wie bei früheren Veröffentlichungen, bitte ich auch hier, das Ganze mehr als einen methodischen Versuch, auf keinen Fall aber als eine systematische, lückenlose Darstellung des Lehrgebietes aufzufassen. Die Absicht war, auf möglichst leichtem Wege möglichst zahlreiche Methoden zur Kenntnis zu bringen, und dabei konnten auch stoffliche Wiederholungen nicht ganz vermieden werden. Von einem wirklichen System unserer Wissenschaft kann übrigens vorläufig noch gar nicht die Rede sein, sogar auf dem elementaren Gebiete nicht. Wir besitzen bisher nur Versuche und Vorarbeiten zu einem solchen. Die Werke von Veronese und Killing zeigen, dafs sogar hinsichtlich der ersten Grundlagen noch Meinungsverschiedenheiten auszugleichen sind, auf welche einzugehen hier verzichtet werden mufste. Der Leser ist beim Studium durchaus nicht streng an die Reihenfolge der einzelnen Abschnitte gebunden. Er kann unbedenklich Schwieriges oder Gegenstände, die ihm ferner liegen, vorläufig überschlagen. Zu diesem Zwecke sind die einzelnen Kapitel möglichst selbständig ausgestaltet worden. Manches Schwierigere wird früh gebracht, damit gezeigt werde, mit wie geringen Vorkenntnissen der Eingang in manches der neueren Gebiete gewonnen werden kann.

Möge denn das Werk denen, die einen vorläufigen Überblick suchen, das Gewünschte bieten und ihnen durch die litterarischen Mitteilungen Anregung zu weiteren Studien geben!

Hagen i./W., im Mai 1899.

**Prof. Dr. Holzmüller.**

# Inhaltsangabe.

Seite

Vorbemerkung über den Begriff der Stereometrie . . . . . . 1

Erster Abschnitt.

## Allgemeineres über die Lage der Ebenen und Geraden im Raume. §§ 1 bis 74.

a) Die Ebene im Raume. §§ 1 bis 13 . . . . . . . . . . . . . 3
b) Normalen der Ebene, Normalebene der Geraden, parallele Gerade. §§ 14 bis 21 . . . . . . . . . . . . . . . . . . . . . . 7
c) Winkel, die von Geraden, oder von Ebenen, oder von Geraden und Ebenen gebildet werden. §§ 22 bis 28 . . . . . . . . . 9
d) Parallele Ebenen. §§ 29 bis 38 . . . . . . . . . . . . . . 12
e) Hauptrichtungen der Geraden und Hauptlagen der Ebenen im Raume. §§ 39 bis 41 . . . . . . . . . . . . . . . . . . . 14
f) Die grundlegenden Konstruktionen im Raume. §§ 42 bis 45 . 15
g) Übungsaufgaben und Bemerkungen über Reciprocität oder Dualität im Raume. §§ 46 bis 55 . . . . . . . . . . . . . 18
h) Eckenbildung und Sätze über die Ecken. §§ 56 bis 74 . . . 25

Zweiter Abschnitt.

## Das stereometrische Zeichnen der wichtigsten Polyeder und die Grundlagen der projektivischen Geometrie. §§ 75 bis 204.

a) Die schräge Parallelperspektive. §§ 76 bis 141.
  α) Schrägbilder einfacher Körper, besonders der fünf regelmässigen Polyeder. §§ 76 bis 89 . . . . . . . . . . 36
  β) Reciproke Konstruktionsaufgaben (krystallographische Körper und ihre reciproken, krystallographische Operationen und ihre reciproken, archimedische Körper und ihre reciproken. §§ 90 bis 116 . . . . . . . . . . . 47
  γ) Einige Aufgaben der axonometrischen Krystallographie. §§ 117 bis 122 . . . . . . . . . . . . . . . . . . . . . 54

Seite
δ) Reciproke Konstruktionsaufgaben schwierigerer Art, besonders Sternkörper betreffend. §§ 123 bis 134 . . . . 57
ε) Schrägprojektion und Parallelperspektive des Kreises. §§ 136 bis 141 . . . . . . . . . . . . . . . . . . . . 71
b) Senkrechte Projektionen. §§ 142 bis 165.
α) Die regelmäfsigen Polyeder und einige Krystallformen in einfacher Stellung. §§ 142 bis 147 . . . . . . . . . 76
β) Schwierigere Konstruktionsaufgaben, besonders über Sternkörper. §§ 148 bis 153 . . . . . . . . . . . . 82
γ) Allgemeine Lagen: Sätze von Gaufs und Weisbach. §§ 154 bis 165 . . . . . . . . . . . . . . . . . . . 86
c) Die Grundlagen des perspektivischen Zeichnens. §§ 166 bis 200.
α) Die grundlegenden Aufgaben und die Grundbegriffe. §§ 166 bis 171 . . . . . . . . . . . . . . . . . . . 97
β) Übungen an Körpern und Herstellung stereoskopischer Bilder. §§ 172 bis 176 . . . . . . . . . . . . . . . 102
γ) Vorläufiges über die Centralperspektive des Kreises. §§ 177 bis 183 . . . . . . . . . . . . . . . . . . . 106
δ) Ableitung planimetrischer Sätze und Konstruktionen mittels der Centralperspektive. Begriff der Kollineation und Affinität. §§ 184 bis 200 . . . . . . . . . . . . 114
d) Bemerkungen über Flächennetze und Modelle. §§ 201 bis 204 . . . . . . . . . . . . . . . . . . . . . . . 141

### Dritter Abschnitt.

## Geometrie der Vielflächner oder Polyeder.
## §§ 205 bis 248.

a) Rechteckskörper, Parallelflach und allgemeines Prisma. §§ 205 bis 213 . . . . . . . . . . . . . . . . . . . . . . 144
b) Die dreiseitige Pyramide oder das Tetraeder und die allgemeine Pyramide. §§ 214 bis 237 . . . . . . . . . . . . . 153
c) Allgemeines über die Eulerschen Polyeder. §§ 238 bis 248 . . 175

### Vierter Abschnitt.

## Senkrechter Kreiscylinder und Kreiskegel.
## §§ 249 bis 261.

a) Der senkrechte Kreiscylinder. §§ 249 bis 254 . . . . . . . 186
b) Der senkrechte Kreiskegel. §§ 255 bis 261 . . . . . . . . 193

### Fünfter Abschnitt.

## Die Kugel. §§ 262 bis 323.

a) Die ältere Elementargeometrie der Kugel. §§ 262 bis 284 . . . . . . . . . . . . . . . . . . . . . . . . 201
b) Sätze über die Kugel aus der neueren Geometrie des Raumes. §§ 285 bis 323.
α) Pol und Polare. §§ 285 bis 288 . . . . . . . . . . . 225

Seite

β) Potenzebene, Potenzlinie und Potenzpunkt bei zwei, drei und vier Kugeln. §§ 289 bis 295 . . . . . . . . . . . 231
γ) Ähnlichkeitspunkte bei zwei, drei und vier Kugeln. §§ 296 bis 301 . . . . . . . . . . . . . . . . . . . 234
δ) Inversion oder Methode der reciproken Radien im Raume. §§ 302 bis 316 . . . . . . . . . . . . . . . . . . . 238
ε) Kartographische Darstellungen der Erdoberfläche. §§ 317 bis 323 . . . . . . . . . . . . . . . . . . . . . . . 250

### Sechster Abschnitt.

## Übungen aus der neueren Kugelgeometrie und Anwendungen auf die Dupinschen Cykliden und auf die Lehre von der Flächenkrümmung. §§ 324 bis 363.

a) Kreisreihen auf der Kugel. §§ 324 bis 326 . . . . . . . . 261
b) Kugelreihen und Dupinsche Cykliden. §§ 327 bis 340 . . . . 263
c) Krümmungsverhältnisse und Gaufssches Krümmungsmafs der Flächen, besonders der Cykliden und Pseudosphären. §§ 341 bis 363 . . . . . . . . . . . . . . . . . . . . . . . . 283

### Siebenter Abschnitt.

## Cylinder und Kegelschnitte nebst Anwendungen auf Kugelperspektive und Schattenkonstruktion der Kugel. §§ 364 bis 390.

a) Die Ellipse als Cylinderschnitt. §§ 364 bis 371 . . . . . . . 325
b) Die Ellipse als Schnitt des senkrechten Kreiskegels. §§ 372 bis 375 . . . . . . . . . . . . . . . . . . . . . . . . 331
c) Die Hyperbel als Schnitt des senkrechten Kreiskegels. §§ 376 bis 383 . . . . . . . . . . . . . . . . . . . . . . . . 335
d) Der hyperbolische Cylinder. §§ 384 bis 385 . . . . . . . . 342
e) Die Parabel als ebener Schnitt des senkrechten Kreiskegels und des parabolischen Cylinders. §§ 386 bis 388 . . . . . . . . 344
f) Die Schnitte des schrägen Kreiskegels und der über Kegelschnitten errichteten senkrechten und schrägen Kegel. §§ 389 bis 390 . . . . . . . . . . . . . . . . . . . . . . . . 346

### Achter Abschnitt.

## Die Drehungsflächen, die durch Drehung der Kegelschnitte um ihre Achsen entstehen. §§ 391 bis 403.

a) Das Drehungsellipsoid. §§ 391 bis 393 . . . . . . . . . . . 349
b) Das einmantelige Drehungshyperboloid. §§ 394 bis 399 . . . 351
c) Das zweimantelige Drehungshyperboloid. §§ 400 bis 401 . . 358
d) Das Drehungsparaboloid. § 402 . . . . . . . . . . . . . . . 360

Seite

## Neunter Abschnitt.

# Die allgemeinsten Kegelschnittflächen.

§§ 404 bis 420.

a) Das dreiachsige Ellipsoid. §§ 404 bis 408 . . . . . . . . . . 362
b) Das dreiachsige Hyperboloid mit einem Mantel. §§ 409 bis 410 365
c) Das hyperbolische Paraboloid. § 411 . . . . . . . . . . . . . 366
d) Das dreiachsige Hyperboloid mit zwei Mänteln. § 412 . . . 370
e) Das elliptische Paraboloid. § 413 . . . . . . . . . . . . . . . 370
f) Zusammenfassende Betrachtungen über Kegelschnittsflächen. §§ 414 bis 415 . . . . . . . . . . . . . . . . . . . . . . . 371
g) Die Systeme konfokaler Kegelschnittsflächen. §§ 416 bis 417 373
h) Historische Bemerkungen zu den Kegelschnittsflächen. § 418 bis 420 . . . . . . . . . . . . . . . . . . . . . . . . 376

---

## Ausführliche historische Nachweise

befinden sich an folgenden Stellen:

Über Sternkörper nach Keppler, Poinsot, Cauchy . . . . . . . 63
Über die Fundamentalsätze der normalen Axonometrie von Gaufs und Weisbach . . . . . . . . . . . . . . . . . . . . . . . 90
Über die Entwickelung der darstellenden und projektiven Geometrie . . . . . . . . . . . . . . . . . . . . 133 bis 141
Über Cavalieri . . . . . . . . . . . . . . . . . . . . . . . . 152
Über Archimedische, Eulersche und sonstige Polyeder, über homogene Raumgebilde . . . . . . . . . . . . . 181 bis 185
Über die Entwickelung der Sphärik . . . . . . . . . 223 bis 225
Über die Kartographie . . . . . . . . . . . . . . . 257 bis 259
Über die neuere Geometrie der Kugeln und Cykliden, über Krümmungsmafs und Einteilung des Raumes in rechteckige Zellen . . . . . . . . . . . . . . . . . . . 318 bis 324
Über die Geschichte der Kegelschnitte und Kegelschnittsflächen . . . . . . . . . . . . . . . . . . . . 376 bis 383

---

## Bemerkungen.

Zu Seite 37. In der Überschrift des Abschnitts II ist hinzuzufügen „und die Grundlagen der projektivischen Geometrie“. (Vgl. Inhaltsverzeichnis.)

Zu Seite 37, 38 und 57. Im Anschluſs an Dannemanns Geschichte der Naturwissenschaften habe ich die Schreibweise Keppler angewandt, obwohl K. sich lateinisch Keplerus schrieb. Nach Cantor scheint jedoch die Schreibweise Kepler den Vorzug zu verdienen, obwohl es mehrere Ortschaften „Keppel“ giebt, nach denen die Familie genannt sein könnte. Hier kann diese Streitfrage nicht entschieden werden, nur sei darauf aufmerksam gemacht, daſs man bei Koppernikus zur Schreibweise mit pp zurückgekehrt ist.

Seite 58 ist statt „gebenein um beschriebenes“ zu lesen: „geben ein umbeschriebenes.“

Seite 236, Zeile 12 von unten fehlt die Paragraph-Nummer 301.

Seite 275. In Figur 223 ist der nicht bezeichnete Eckpunkt des Dreiecks mit $H_3$ zu bezeichnen.

Seite 296. In Figur 238 ist die Projektion des Punktes $F$ auf $EA$ mit $G$ zu bezeichnen.

Zu Seite 369. Die hyperboloidischen Geradenscharen haben mit den Strahlenbüscheln nicht nur die Erhaltung der Doppelverhältnisse gemein, sondern auch den Umstand, daſs man mit ihrer Hülfe Kegelschnitte durch eine Art von Projektion in Kegelschnitte verwandeln kann, wobei, wenn die beiden Ebenen parallel sind, die Kegelschnitte ähnlich werden. Man kann daher diese Geradenscharen als Strahlenbüschel mit imaginärem Durchschnittspunkte auffassen und so eine bedeutungsvolle Verallgemeinerung des Projektionsbegriffs gewinnen. — Man versuche § 411 b auch durch die entsprechenden reciproken Betrachtungen zu ergänzen.

# Vorbemerkung über den Begriff der Stereometrie.

Die Stereometrie beschäftigt sich mit den gesetzmäfsig gestalteten mathematischen Körpern und den an ihnen auftretenden Flächen, Linien und Punkten, mit den Eigenschaften und gegenseitigen Beziehungen dieser Gebilde, mit ihrer Darstellung durch Modell und Zeichnung, mit ihrem Aufbau in der inneren Vorstellung und mit ihrer Berechnung.

Das Gebiet der Planimetrie, die sich auf die Betrachtung der in der Ebene liegenden Gebilde beschränkt, wird hier als bekannt vorausgesetzt. Ihre Grundbegriffe, Axiome und Postulate, ihre Lehrsätze, Konstruktionen und Berechnungen werden also ohne weiteres benutzt.

Die Raumauffassung, auf die wir uns beschränken, soll die des Euklid sein. Nach dieser hat der Raum drei Dimensionen, er dehnt sich stetig über alle Vorstellung hinaus ins Unendliche aus, ist unbegrenzt und läuft nicht in sich zurück (wie es etwa die Kugelfläche thut). Starre Körper sind in ihm vollkommen frei beweglich (haben also nicht, wie Linien, die sich ohne seitliche Ausweichung in beliebigen Kurven bewegen sollen, Biegsamkeit nötig, auch nicht Biegsamkeit und Dehnbarkeit wie Flächenteile, die sich in beliebig gestalteten Flächen bewegen sollen). Der Raum verhält sich also den starren Gebilden gegenüber überall vollkommen gleichartig. Konstruktionen z. B., die an verschiedenen Stellen des Raumes in gleicher Weise vorgenommen werden, führen auf kongruente Gebilde.

(Andere Raumauffassungen sind von der Wissenschaft in streng logischer Weise aufgebaut worden. Sie entfernen sich aber doch derartig von den für den Erfahrungsraum geltenden Vorstellungen, dafs sie hier unberücksichtigt bleiben sollen. An geeigneter Stelle soll jedoch der Übergang in jene Gebiete erörtert werden.)

## Erster Abschnitt.

# Allgemeineres über die Lage der Ebenen und Geraden im Raume.

### a) Die Ebene im Raume.

1) Befindet sich das Auge aufserhalb einer Geraden im Raume, so wird ihm durch diese ein gewisses Raumgebilde verdeckt. Dieses ist erstens in der Richtung der Geraden ausgedehnt, zweitens auch in der Richtung jedes Strahles, der vom Auge aus nach der Geraden gezogen werden kann, aber es hat keine Ausdehnung in der Richtung von Linien, die nicht durch jene erste Gerade verdeckt werden. Das verdeckte Gebilde hat zwei Dimensionen und ist eine besondere Fläche, die als Ebene bezeichnet wird.

2) Verbindet man zwei beliebige der verdeckten Punkte durch eine Gerade, so wird auch diese verdeckt. Sie liegt also ganz in jener Ebene. In dieser lassen sich also von jedem Punkte nach jedem anderen Gerade ziehen, die ganz in sie fallen. Denkt man sich alle Geraden, die die Grenzlinie treffen, über diese hinaus bis ins Unendliche verlängert, so kommt man zum Begriff der unbegrenzten Ebene.

Die Ebene kann also definiert werden als diejenige Fläche, die jede Gerade, die zwei endliche Punkte mit ihr gemein hat, ganz in sich aufnimmt. Mit jeder anderen Geraden kann sie höchstens einen Schnittpunkt gemein haben.

Ebene Flächenstücke lassen sich stets in Lagen bringen, in denen sie dem Auge als gerade Linien erscheinen. (Wichtig für die Projektionslehre. Visierprobe zur Feststellung des ebenen Charakters von Flächen.)

3) Die oben besprochene Ebene war in ihrer Lage vollständig bestimmt durch die Lage der Geraden und die des Auges. Setzt man an Stelle des letzteren den mathematischen Punkt, so folgt:

Durch eine Gerade und einen aufserhalb dieser liegenden Punkt ist stets eine Ebene eindeutig bestimmt.

4) Denkt man sich also eine Gerade um diesen Punkt so bewegt, dafs sie stets auf jener festen Geraden hingleitet, so beschreibt die bewegte Gerade jene Ebene. Die feste Gerade aber ist durch zwei ihrer Punkte bestimmt. Folglich:

Durch drei nicht in einer Geraden liegende Punkte ist stets eine Ebene eindeutig bestimmt. Zu dieser gehören die Verbindungslinien der drei Punkte und alle Verbindungslinien von je zwei Punkten dieser drei Geraden.

5) Die drei Punkte lassen sich ersetzen durch die beiden Geraden, die von einem nach den beiden anderen gezogen sind. Folglich:

Durch zwei sich schneidende Gerade ist stets eine Ebene eindeutig bestimmt.

6) Man denke sich wiederum die eine Gerade fest, die andere um einen ihrer Punkte so gedreht, dafs sie immer auf der ersteren hingleitet. Der Schnittpunkt kann dabei bis ins Unendliche wandern, so dafs die Geraden schliefslich parallel werden. Auch jetzt ist durch beide dieselbe Ebene, wie vorher bestimmt. Also:

Durch zwei Parallele läfst sich stets eine und nur eine Ebene legen. Eine Ebene entsteht also, wenn eine bewegliche Gerade über zwei sich schneidende oder parallele Gerade hingleitet.

7) Nach 4) läfst sich durch vier Punkte im allgemeinen keine Ebene legen, denn der vierte braucht nicht in der durch die drei andern bestimmten Ebene zu liegen. Ein Viereck, welches von Punkten gebildet wird, die nicht in einer Ebene liegen, heifst im Gegensatz zum ebenen Viereck ein windschiefes Viereck.

8) Zwei endliche Gerade haben vier Endpunkte. Liegen diese Punkte nicht in einer Ebene, so schneiden sich die Geraden nicht, wie weit man sie auch verlängere. Denn schnitten sie sich, so liefse sich durch die beiden Geraden doch eine Ebene legen, also auch durch die vier Endpunkte.

Zwei Gerade, die, ohne parallel zu sein, sich nirgends schneiden, durch die sich also auch keine Ebene legen läfst, heifsen sich kreuzende Gerade oder windschiefe Gerade.

9) Nach 4) lassen sich durch zwei Punkte unendlich viele Ebenen legen. Sämtliche nehmen die Verbindungslinie der beiden Punkte ganz in sich auf, sonst aber haben sie keine Punkte gemein; denn Ebenen, die aufser der Geraden noch einen Punkt gemein haben, fallen nach 3) ganz ineinander. Diese Gerade ist die gemeinschaftliche Schnittlinie des Ebenenbüschels.

10) Haben zwei verschiedene Ebenen einen Punkt gemein, so haben sie eine durch diesen gehende Gerade gemein. Ist nämlich $A$ der den Ebenen $I$ und $II$ gemeinschaftliche Punkt, so kann man in der Ebene $II$ durch $A$ zwei beliebige Gerade $BC$ und $DE$ legen, die die Ebene $I$ in $A$ schneiden. Zieht man nun in $II$ die Gerade $CD$, so mufs diese, weil $C$ und $D$ auf verschiedenen Seiten von $I$ liegen, diese Ebene in irgend einem Punkte $F$ schneiden. Die Gerade $AF$ wird dann nach 2) von beiden Ebenen ganz aufgenommen, ist also ihre Schnittlinie.

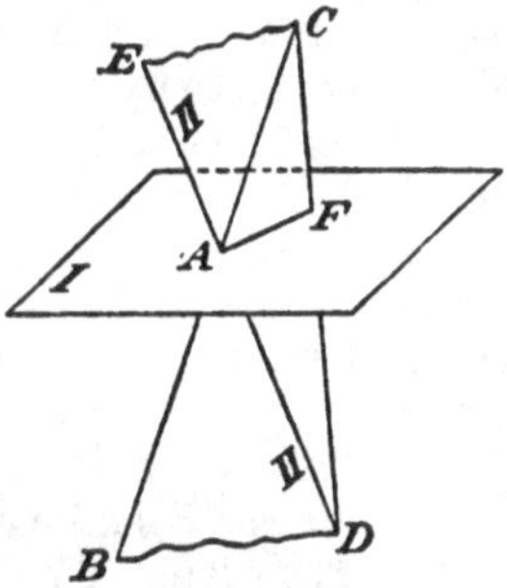

Fig. 1.

Dreht man eine Ebene um eine in ihr liegende Gerade, so erhält man durch die fortgesetzte Drehung alle dem durch die Gerade gelegten Ebenenbüschel entsprechenden Lagen.

11) Satz. Der Ort aller Punkte, die von zwei gegebenen Raumpunkten gleiche Entfernungen haben, ist eine Ebene.

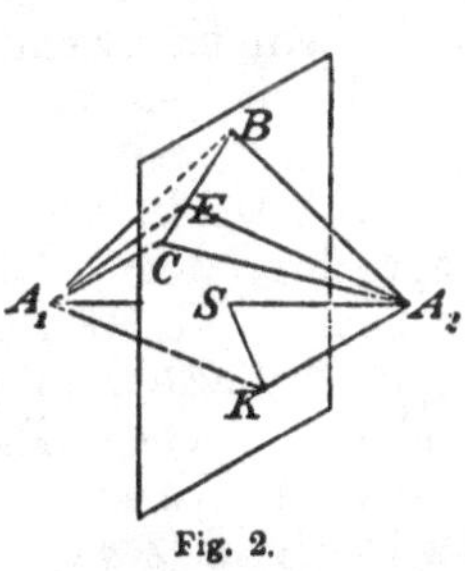

Fig. 2.

Beweis. Sind $B$ und $C$ zwei Punkte, die von den gegebenen Raumpunkten $A_1$ und $A_2$ gleiche Entfernungen haben, so läfst sich zeigen, dafs jeder Punkt $E$ der Geraden $BC$ und ihrer Verlängerung ebenfalls von $A_1$ und $A_2$ gleiche Entfernungen hat. Nach der Voraussetzung ist nämlich $A_1 B = A_2 B$ und $A_1 C = A_2 C$, aufserdem $BC$ sich selbst gleich, also $\triangle A_1 BC \cong \triangle A_2 BC$ und daher $\measuredangle A_1 BE = \measuredangle A_2 BE$. Daraus folgt die Kongruenz der Dreiecke $A_1 BE$ und $A_2 BE$, also ist $A_1 E = A_2 E$. Der zu untersuchende Ort nimmt also die Gerade $BC$ ganz in sich auf, ebenso jede andere Gerade, die zwei Punkte mit ihm gemein hat. Der Ort ist also eine Ebene.

12. Folgerungen. Zu diesem geometrischen Orte gehört auch der Halbierungspunkt $S$ der Geraden $A_1 A_2$. Zieht man durch diesen in der Ebene eine beliebige Gerade $SK$ und verbindet man $K$ mit $A_1$ und $A_2$, so ist $\triangle A_1 SK \cong \triangle A_2 SK$, folglich $\measuredangle A_1 SK = \measuredangle A_2 SK$, d. h. jeder gleich $90^0$. $A_1 A_2$ steht also senkrecht auf jeder in der Ebene durch den Schnittpunkt $S$ gelegten Geraden. Man nennt jede Gerade, die zur Ebene in solcher Weise gestellt ist, ein Lot auf der Ebene, die Ebene dagegen heifst die Normalebene der Geraden.

Aufserdem folgt aus dem Satze eine neue Entstehungsart der Ebene:

Wird ein rechter Winkel um einen seiner Schenkel gedreht, so bewegt sich der andere in einer Ebene, einer Normalebene des festgehaltenen Schenkels.

Oder: Alle Geraden, die auf einer Geraden in einem Punkte senkrecht stehen, bilden eine Ebene, die Normalebene der Geraden für diesen Punkt.

Daher ist in jedem Punkte zur Geraden nur eine Normalebene möglich, folglich zur Ebene in jedem Punkte nur ein Lot. Die Normalebene ist durch zwei der Lote $SK$ bestimmt. Steht eine Gerade senkrecht auf zwei Fufspunktlinien, so steht sie auf allen Fufspunktlinien dieser Ebene senkrecht.

13) Denkt man sich über zwei gradlinige Stäbe, deren Lage der zweier sich schneidender oder paralleler Geraden entspricht, ein Gewebe von Gummifäden gelegt und in geeigneter Weise straff gespannt, so erhält man ein angenähertes Bild der Ebene. Man schliefst daraus auf das Axiom:

Die Ebene ist die kleinste Fläche, die zwischen zwei sich schneidenden oder parallelen Geraden ausgespannt werden kann.

(Taucht man ein ebenes Drahtdreieck, Drahtviereck u. s. w. in Seifenwasser, so bleibt beim Herausheben in ihm eine „Seifenblase“ von ebener Gestalt hängen. Die „Fläche“ wird durch Moleknlarspannungen straff gezogen.)

## b) Normalen der Ebene, Normalebenen der Geraden, parallele Gerade.

14) Aufgabe. Zu einer Geraden in einem ihrer Punkte die Normalebene zu konstruieren.

Auflösung. Man lege durch die Gerade zwei Ebenen und errichte in jeder der letzteren auf der Geraden ein Lot (nach der Methode der Planimetrie). Die beiden Lote bestimmen die gesuchte Normalebene.

15) Aufgabe. Zu einer Geraden diejenige Normalebene zu konstruieren, die durch einen beliebig gegebenen Raumpunkt geht.

Auflösung. Man fälle in der durch die Gerade und den Raumpunkt bestimmten Ebene von diesem Punkte aus auf die Gerade ein Lot. Jetzt lege man durch die Gerade eine beliebige zweite Ebene und errichte auf der Geraden im Fuſspunkte des Lotes ein zweites Lot. Durch die beiden Lote ist die gesuchte Ebene bestimmt.

16) Aufgabe. Auf einer Ebene in einem ihrer Punkte ein Lot zu errichten.

Auflösung. Man lege durch den gegebenen Punkt $P$ in der Ebene eine beliebige Gerade $PA$. Zu dieser konstruiere man die zu $P$ gehörige Normalebene, welche die erste Ebene in einer Geraden $PB$ schneidet. Auf $PB$ errichte man in der Normalebene ein Lot. Dieses ist das gesuchte Lot auf der Ebene.

Beweis. Das Lot steht senkrecht auf $PA$, weil es zur Normalebene gehört, und senkrecht auf $PB$ nach der Konstruktion. Es ist also die Normale zur Ebene.

17) Satz. Lote auf derselben Ebene sind parallel.

Beweis. $A_1B_1$ und $A_2B_2$ seien die beiden Lote auf der Ebene $KLMN$. Man verbinde die Fuſspunkte $A_1$ und $A_2$, errichte auf $A_1A_2$ in der Ebene ein Lot und schneide auf diesem nach beiden Seiten gleiche Stücke $A_1C$ und $A_1D$ ab. Verbindet man $C$ und $D$ mit den Punkten $B_1$, $A_2$ und $B_2$, so ist $\triangle A_1 D A_2 \cong \triangle A_1 C A_2$, also $D A_2 = C A_2$. Folglich ist $\triangle D A_2 B_2 \cong \triangle C A_2 B_2$, also $D B_2 = C B_2$. Ferner ist $\triangle D A_1 B_1 \cong \triangle C A_1 B_1$, also $D B_1 = C B_1$. Die vier Punkte $A_1, B_1, A_2, B_2$ sind also von $C$ ebensoweit entfernt, wie von $D$, folglich liegen sie in einer Ebene. (Vgl. 11.) Da $A_1 B_1$ und $A_2 B_2$ in einer Ebene liegen und in dieser senkrecht zu $A_1 A_2$ sind, müssen sie parallel sein.

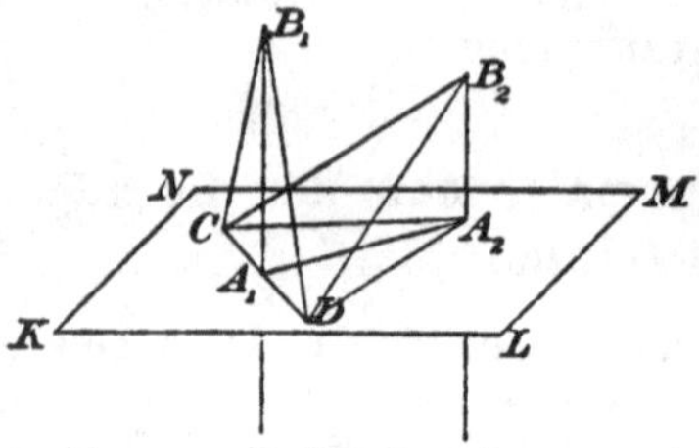

Fig. 3.

18) Folgerungen. Die Normalebene einer Geraden ist Normalebene für jede parallele Gerade.

Steht eine von zwei Parallelen auf einer Ebene senkrecht, so steht auch die andere auf ihr senkrecht. Sämtliche auf einer Ebene in den Punkten einer ihrer Geraden errichteten Lote liegen in derselben Ebene. Von dieser Ebene sagt man, sie stehe senkrecht auf der anderen.

19) Satz. Sind zwei Gerade einer dritten parallel, so sind sie einander parallel.

Beweis. Man bilde eine Normalebene zur dritten Geraden, dann ist diese nach 18) zugleich Normalebene für die beiden andern Geraden, diese sind also Lote der Ebene und als solche parallel.

20) Aufgabe. Auf eine Ebene von einem beliebig gegebenen Raumqunkte aus ein Lot zu fällen.

Auflösung. Ist $P$ der gegebene Raumpunkt und $KLMN$ die gegebene Ebene, so ziehe man in der letzteren eine beliebige Gerade $AB$ und fälle in der durch sie und $P$ bestimmten Ebene von $P$ aus auf $AB$ ein Lot $PC$. In der gegebenen Ebene errichte man auf $AB$ in $C$ ein Lot $CD$. In der durch $PC$ und $CD$ bestimmten Ebene fälle man von $P$ aus ein Lot $PF$ auf $DC$. Dieses ist die gesuchte Normale zur Ebene.

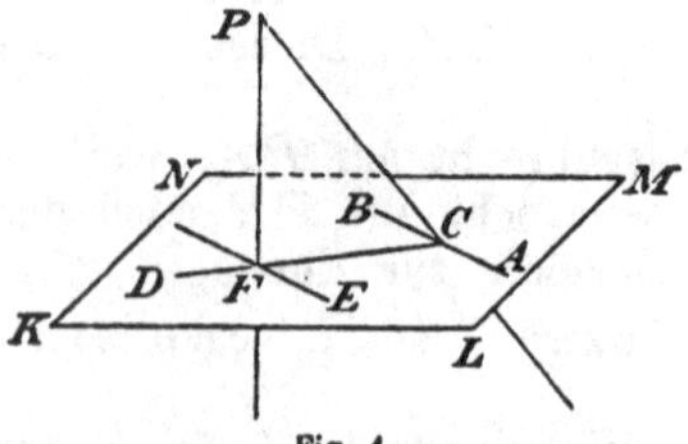

Fig. 4.

Beweis. $AB$ steht senkrecht auf $CF$ und $CP$, also senkrecht auf der Ebene $PCF$. Macht man in der gegebenen Ebene $FE \parallel BA$, so ist auch $FE$ senkrecht aufder Ebene $PCF$, und daher steht $PF$ senkrecht auf $FE$. Es steht aber zugleich senktrecht auf $FC$, also ist $PF$ ein Lot zur Ebene.

Bemerkung: Das Lot ist die kürzeste Linie, die sich von einem Punkte aus nach einer Ebene ziehen läfst. So ist z. B. $PC > PF$ als Hypotenuse eines rechtwinkligen Dreiecks. $PF$ heifst die Entfernung des Punktes $P$ von der Geraden.

$PC$ ist in der durch $PC$ und $AB$ bestimmten Ebene die steilste Linie, die von $P$ aus möglich ist. Warum?

21) In Fig. 2 kann man die Ebene als eine spiegelnde Fläche und $A_2$ als das Spiegelbild von $A_1$ betrachten. Man findet also das Spiegelbild eines Punktes gegen eine Ebene, indem man das auf diese Ebene gefällte Lot über den Fufspunkt hinaus um sich selbst verlängert. Um das Spiegelbild einer Geraden zu erhalten, bilde man die Bilder für zwei ihrer Punkte. Die Verbindungslinie der Bildpunkte ist dann das Spiegelbild der Geraden. Bilde das Spiegelbild eines beliebigen Raumgebildes.

Solche Spiegelbilder sind in der Regel nicht kongruent, sondern nur symmetrisch. Sie verhalten sich, wie die mit den Handflächen aufeinander gelegte linke und rechte Hand. Diese sind nicht kongruent, wie sich daran zeigt, dafs der rechte Handschuh nicht auf die linke Hand pafst. Dagegen ist das Spiegelbild der rechten Hand kongruent der wirklichen linken Hand.

[Auf diese Eigentümlichkeit mufs besonders in der Architektur, wo die Symmetrie eine grofse Rolle spielt, sorgsam geachtet werden. Symmetrische Façonziegel z. B. sind im allgemeinen nicht kongruent, sie müssen also mittels zweier verschiedener Formen hergestellt werden.]

### c) Winkel, die von Geraden, oder von Ebenen, oder von Geraden und Ebenen gebildet werden.

22) Satz. Winkel mit gleich gerichteten Schenkeln sind einander gleich.

Beweis. Man trage auf je zwei parallelen Schenkeln gleiche Stücke ab, so dafs $B_1A_1 \# B_2A_2$ und $B_1C_1 \# B_2C_2$.

ist. Durch die parallelen Schenkel denke man sich Ebenen gelegt und in diesen die Geraden $A_1 A_2$, $B_1 B_2$ und $C_1 C_2$ gezogen. Dadurch entstehen Parallelogramme $A_1 A_2 B_2 B_1$ und $C_1 C_2 B_2 B_1$. Weil $A_1 A_2$ und $C_1 C_2$ parallel zu $B_1 B_2$ sind, sind sie unter sich parallel; weil beide gleich grofs mit $B_1 B_2$ sind, so sind sie untereinander gleich. Durch beide Linien läfst sich also eine ebene Fläche $A_1 A_2 C_2 C_1$ legen, und diese ist ein Parallelogramm, so dafs $A_1 C_1 = A_2 C_2$ ist. Daraus folgt die Kongruenz der Dreiecke $A_1 B_1 C_1$ und $A_2 B_2 C_2$ und aus dieser die Gleichheit der Winkel $A_1 B_1 C_1$ und $A_2 B_2 C_2$.

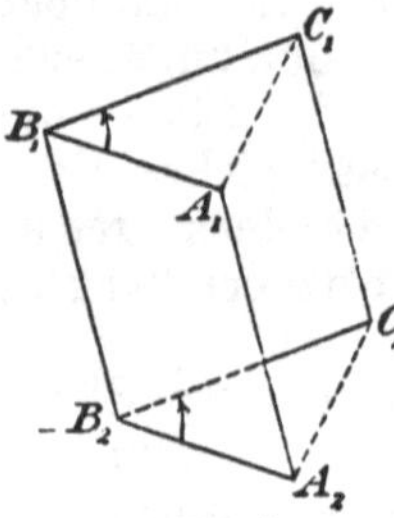

Fig. 5.

B e m e r k u n g. Ist ein Schenkelpaar gleich gerichtet, das andere entgegengesetzt gerichtet, so handelt es sich um Supplementwinkel. (Ersatz eines der Winkel durch seinen Nebenwinkel.)

23) Zwei Gerade, die sich kreuzen, bilden keinen eigentlichen Winkel. Trotzdem sind sie in bestimmter Weise gegeneinander geneigt. Diese Neigung kann man messen, indem man durch einen beliebigen Raumpunkt (in den durch diesen und die beiden Geraden bestimmten Ebenen) Parallele zu beiden legt. Denselben Winkel erhält man, wenn man durch einen beliebigen Punkt der einen Geraden (in der durch ihn und die andere bestimmten Ebene) eine Parallele zur andern legt.

24) Ein Rechteck $ABCD$ werde um die Seite $AD$ in eine neue Lage $AB_1 C_1 D$ gedreht. Dabei bewegen sich $AB$, $DC$ und jede Parallele $FE$ in Normalebenen zu $AD$ um gleiche Winkel. Von diesen braucht man also nur einen zu kennen, z. B. den $\measuredangle EFE_1$. Er heifst der **N e i g u n g s w i n k e l d e r b e i d e n E b e n e n**. Dieser wird also gemessen in der Normalebene zur Schnittlinie. Errichtet man in beiden Ebenen auf der Schnittlinie in einem Punkte Lote, so geben diese den Winkel an. Ist er ein rechter, so sagt man, **d i e E b e n e n s t e h e n a u f e i n a n d e r s e n k r e c h t**.

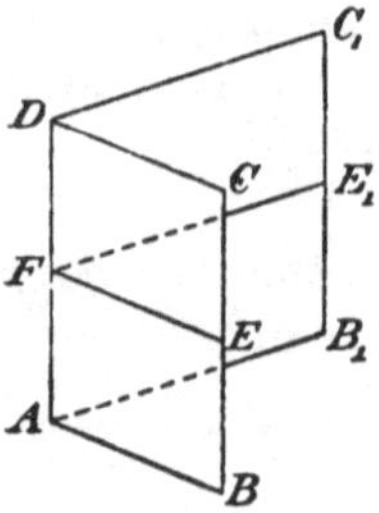

Fig. 6.

Durch Erweiterung der Ebene über die Schnittlinie hinaus erhält man den Scheitelwinkel und die beiden Nebenwinkel für den Winkel der beiden Ebenen. Winkel, die von zwei Ebenen gebildet werden, kann man als Raumwinkel bezeichnen.

25) Bemerkungen. Jede durch die Normale einer Ebene gelegte Ebene steht auf der ersteren Ebene senkrecht; denn das im Fufspunkte auf der Schnittlinie in der ersteren Ebene errichtete Lot ist eine der Fufspunktlinien, auf denen die Normale senkrecht steht.

Stehen zwei Ebenen auf einer dritten senkrecht, so ist ihre Schnittlinie normal zur letzteren. Ist eine Ebene senkrecht zu zwei anderen, so ist sie Normalebene zu deren Schnittlinie.

Fällt man von einem beliebigen Punkte $P$ aus Lote auf zwei Ebenen, die einen Winkel $\alpha$ bilden, so geben die Lote eine Normalebene der Schnittlinie und bilden einen Winkel, der entweder gleich $\alpha$ oder gleich $180^0 - \alpha$ ist, je nachdem $P$ im Raume eines Nebenwinkels oder des Winkels selbst (bezw. seines Scheitelwinkels) liegt. Gehen irgendwo Normalen auf beiden Ebenen gleichzeitig nach aufsen oder nach innen, so ist ihr Neigungswinkel gleich $180^0 - \alpha$, geht aber die eine nach aufsen, die andere nach innen, so ist ihr Neigungswinkel gleich $\alpha$.

26) Der Neigungswinkel einer Geraden und einer Ebene wird gemessen in derjenigen durch die Gerade gelegten Ebene, die auf der ersteren Ebene senkrecht steht. Diese Hilfsebene wird gefunden, indem man von einem Punkte der Geraden auf die gegebene Ebene ein Lot fällt und durch dieses und die Gerade eine Ebene legt. Die Schnittlinie ($A B$) heifst die Projektion der Geraden ($A P$) auf die gegebene Ebene. Der Fufspunkt $B$ des Lotes $BP$ heifst die Projektion des Punktes $P$ auf die Ebene. Die Schnittlinie enthält die Projektionen aller Punkte der Geraden. Der Winkel zwischen der Geraden und ihrer Projektion ist der Neigungswinkel der Geraden gegen die Ebene.

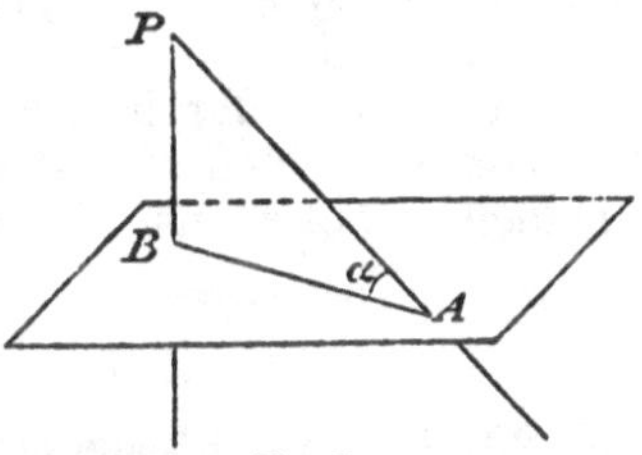

Fig. 7.

Ist er gleich Null, so liegt der Schnittpunkt $A$ in unendlicher Entfernung, denn die Gerade und ihre durch Projektion zweier ihrer Punkte gefundene Projektion werden parallel.

$A$ heifst der **Durchstofspunkt** der Geraden und der Ebene. Er wird mit Hilfe der Hilfsebene konstruiert.

Ist eine Gerade parallel zu einer Ebene, so enthält die letztere unendlich viele Parallele zur Geraden. Durch die Gerade und jede dieser Parallelen läfst sich eine Ebene legen.

27) **Satz.** Legt man durch eine zu einer Ebene parallele Gerade eine die Ebene schneidende Ebene, so ist die Schnittlinie parallel zur Ebene.

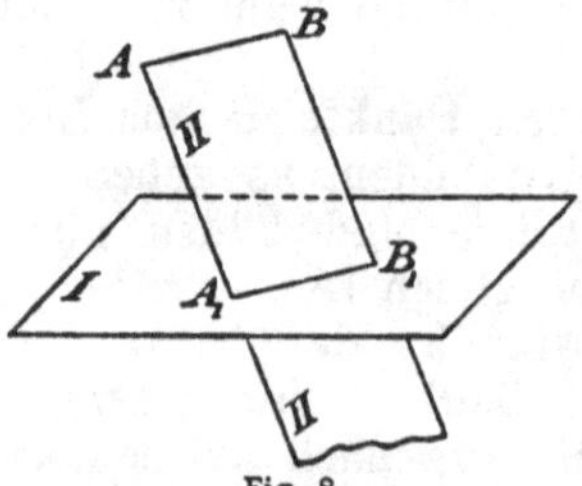

Fig. 8.

**Beweis.** $AB$ sei parallel zur Ebene $I$, und $II$ sei die durch $AB$ gelegte Ebene, $A_1 B_1$ der Schnitt beider Ebenen. Angenommen, $AB$ und $A_1 B_1$ wären nicht parallel, so würden sie sich, da beide der Ebene $II$ angehören, im Endlichen schneiden, der Schnittpunkt aber würde der Ebene $I$ angehören, $AB$ würde also nicht parallel zur Ebene $I$ sein, was der Voraussetzung widerspricht.

28) **Bemerkungen.** Ist eine Gerade zu einer anderen parallel, so ist sie auch parallel zu jeder durch die letztere gelegten Ebene.

Legt man durch zwei parallele Gerade Ebenen, die einander schneiden, so ist die Schnittlinie parallel zu beiden Geraden. (Folgt aus 27.)

### d) Parallele Ebenen.

29) In einer Ebene mögen zu einer Geraden zwei Lote gezeichnet sein. Dreht man die Ebene um die Gerade, so behalten die Lote ihren Parallelismus bei, haben also niemals einen endlichen Punkt gemein. Die entstehenden Normalebenen zur Geraden heifsen daher **parallele Ebenen.** Also:

Parallele Ebenen sind solche, die, wie weit man sie

auch erweitert, nirgends einen Punkt gemein haben. Die Linie $A_1 A_2$ steht senkrecht auf beiden Ebenen, ebenso jede Parallele zu dieser Linie. Legt man durch $A_1 A_2$ und durch eine der gleich langen Parallelen, z. B. $A_1 B_1$, eine Ebene, so entsteht ein Rechteck $A_1 A_2 B_2 B_1$, also ist $B_1 B_2 = A_1 A_2$. Kennt man die Länge eines dieser gemeinschaftlichen Lote, so kennt man die Länge sämtlicher. $A_1 A_2$ heifst daher der **Abstand der parallelen Ebenen.** Dieser ist also die Länge des beiden Ebenen gemeinschaftlichen Lotes. Jede andere Schnittlinie beider Ebenen ist, von Schnittpunkt zu Schnittpunkt gemessen, länger, als dieser Abstand.

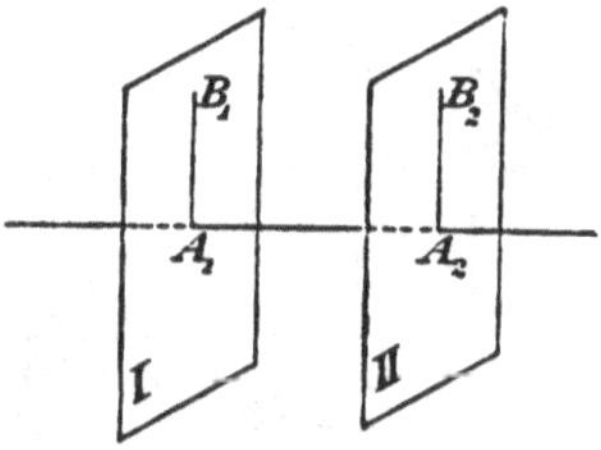

Fig. 9.

Suche folgende **Übungssätze** zu beweisen.

30) Werden zwei parallele Ebenen von einer Geraden geschnitten, so sind die entstehenden Neigungswinkel gleich.

31) Werden zwei parallele Ebenen von einer dritten Ebene geschnitten, so sind die entstehenden Schnittlinien parallel und die entstehenden Neigungswinkel gleich.

32) Zwei Ebenen sind parallel, wenn zwei sich schneidende Linien in der einen parallel sind zu zwei sich schneidenden Linien in der anderen.

33) Zwei Ebenen sind parallel, wenn drei nicht in einer Geraden liegende Punkte der einen gleiche Abstände von der anderen haben.

34) Sind zwei Ebenen zu einer dritten parallel, so sind sie unter sich parallel.

35) Zwei Ebenen sind parallel, wenn die von jeder mit einer dritten Ebene gebildeten (gleichliegenden) Winkel gleich sind.

36) Werden drei parallele Ebenen von einer Geraden geschnitten, so verhalten sich die Abschnitte der Geraden wie die gegenseitigen Abstände der Ebenen.

37) **Bemerkung über einander kreuzende Gerade.** Zieht man in einer Ebene $I$ eine Gerade $A_1 B_1$, in einer parallelen Ebene $II$ eine Gerade $C_2 D_2$, so sind beide im allgemeinen nicht parallel, schneiden sich aber nirgends. Legt man durch jede der Geraden eine Normalebene zu den Ebenen, so schneiden sich diese in einer

Normalen $S_1 S_2$ zu den Parallelebenen. Diese steht sowohl auf $A_1 B_1$ als auch auf $C_2 D_2$ senkrecht und heifst ihr gemeinschaftliches Lot. Verbindet man beliebige andere Punkte der beiden Geraden miteinander, so kann die Verbindungslinie kein gemeinschaftliches Lot sein, auch ist sie länger, als der gegenseitige Abstand der parallelen Ebenen, daher ist das gemeinschaftliche Lot zugleich die kürzeste Verbindungslinie, die zwischen den Geraden möglich ist.

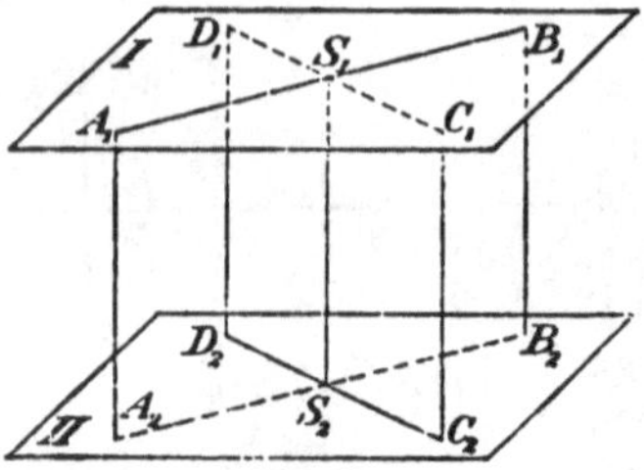

Fig. 10.

38) Aufgabe. Das gemeinschaftliche Lot für zwei einander kreuzende Gerade zu konstruieren.

Auflösung. Man lege durch jede der Geraden irgendwo eine Parallele zur andern. Dadurch sind zwei parallele Ebenen bestimmt. Mit diesen verfahre man so, wie unter 37).

## e) Hauptrichtungen der Geraden und Hauptlagen der Ebenen im Raume.

39) Auf nicht allzugrofse Entfernungen hin darf man die Oberfläche ruhig eingestellten Wassers als eine Ebene betrachten. (Wasserspiegel; Eisfläche. Anwendung der Wasserwage beim Bauen und Nivellieren.) Jede zur Wasserfläche parallele Ebene bezeichnet man als eine wagerechte oder horizontale Ebene. Jede zu einer solchen Ebene normale Gerade heifst eine senkrechte oder vertikale Gerade. Alle in einer solchen Ebene liegenden Geraden heifsen wagerechte oder horizontale Gerade. Alle durch eine senkrechte Gerade gelegten Ebenen heifsen senkrechte oder vertikale Ebenen. Jede senkrechte Ebene bildet mit jeder wagerechten Ebene einen rechten Winkel. Jede senkrechte Gerade schneidet oder kreuzt jede wagerechte Gerade unter rechtem Winkel.

40) In Zimmern hat man in der Regel einen horizontalen Fufsboden und vier senkrechte Wände, die paarweise rechte

Winkel miteinander bilden. Man bezeichne eine von den Wänden als Frontfläche, eine anstofsende als Seitenfläche, dann bilden diese mit dem Fufsboden und untereinander drei Schnittlinien, eine senkrechte und zwei horizontale, die ebenfalls paarweise rechte Winkel einschliefsen. Man denke sich diese Ebenen und Geraden bis ins Unendliche erweitert bezw. verlängert und unbeweglich im Raume liegend, dann ist die Lage jedes Raumpunktes durch die Abstände von den drei Hauptebenen in jedem der acht entstehenden Räume (Oktanten) vollständig bestimmt. Die drei Schnittlinien der Hauptebenen bezeichnet man als das Achsenkreuz.

41) Bestimmt man auf jeder der Geraden eine der beiden Richtungen als die positive, so ist jeder Raumpunkt ganz eindeutig bestimmt. In der Regel bezeichnet man die beiden wagerechten Achsen als X-Achse und Y-Achse, die senkrechte als Z-Achse, die zu ihnen parallelen Abstände als x, y, z, und zwar als positiv, wenn die Richtung mit der der positiven Achse übereinstimmt. Dadurch ist auch der Oktant für jeden Punkt des Raumes bestimmt. Man suche z. B. die Raumpunkte mit den Abständen $x = 2$, $y = 3$, $z = 5$ oder $x = 2$, $y = -3$, $z = +5$ u. s. w. zu bestimmen, nachdem irgend eine Länge als Einheit angenommen ist. Diese Bestimmungsweise ist für die Geometrie von gröfster Wichtigkeit geworden.

## f) Die grundlegenden Konstruktionen im Raume.

42) Die in der Ebene mit Zirkel und Lineal durchführbaren Konstruktionen werden hier als möglich und bekannt vorausgesetzt. Bei sämtlichen wird die gestellte Aufgabe auf eine oder mehrere der folgenden zurückgeführt:

1) Den Durchschnittspunkt zweier Geraden zu bestimmen,
2) zwei Punkte durch eine Gerade zu verbinden,
3) die Durchschnittspunkte zweier Kreise zu bestimmen,
4) die Durchschnittspunkte einer Geraden und eines Kreises zu bestimmen.

43) Für die räumlichen Konstruktionen, die zunächst nur in der Vorstellung oder am Modell vorzunehmen sind, werden noch folgende Forderungen (Postulate) als erfüllbar betrachtet:

1) Durch drei gegebene Punkte eine Ebene zu legen,

2) durch zwei sich schneidende oder parallele Gerade eine Ebene zu legen,

3) durch einen Punkt und eine Gerade eine Ebene zu legen.

Darauf beruht die Möglichkeit, die geeigneten Hilfsebenen zu finden und in ihnen die Konstruktionen der Planimetrie auszuführen. Aufgaben, wie die, durch einen Raumpunkt zu einer Geraden eine Parallele zu ziehen, geschehen sofort in der durch beide bestimmten Ebene und brauchen nicht mehr besonders erwähnt zu werden.

44) Einige grundlegende Konstruktionen sind schon durchgeführt worden:

α) Zu einer gegebenen Geraden in einem ihrer Punkte die Normalebene zu konstruieren. (Vgl. 14.)

β) Durch einen gegebenen Punkt zu einer ihn nicht treffenden gegebenen Geraden die Normalebene zu legen. (Vgl. 15.)

γ) Auf einer gegebenen Ebene in einem gegebenen ihrer Punkte ein Lot zu errichten. (Vgl. 16.)

δ) Von einem gegebenen Punkte aus auf eine gegebene Ebene ein Lot zu fällen. (Vgl. 20.) Dies giebt die senkrechte Projektion eines Punktes auf die Ebene.

ε) Durch eine gegebene Gerade einer gegebenen Ebene eine auf der letzteren senkrechte Ebene zu legen.

Die Auflösung geschieht mit Hilfe eines in der Ebene auf der Geraden errichteten Lotes, zu dem man im Fufspunkte die Normalebene konstruiert. (Wurde in 16) benutzt.)

ζ) Durch eine beliebig im Raume gegebene Gerade die zu einer gegebenen Ebene normal stehende Ebene zu legen. (Vgl. 26.) Dies giebt die senkrechte Projektion der Geraden auf die Ebene.

η) Den Durchstofspunkt einer gegebenen Geraden und einer Ebene zu konstruieren. Dies geschieht mit Hilfe der in ζ) benutzten projizierenden Ebene. Der gesuchte Punkt ist Schnittpunkt der Geraden und ihrer Projektion. (Vgl. 26.)

Noch nicht behandelt war die Aufgabe

ϑ) Die Schnittlinie zweier gegebenen Ebenen zu konstruieren.

Auflösung. Man fälle von einem beliebigen Raumpunkte aus auf beide Ebenen Lote. In der durch die Lote bestimmten Ebene errichte man auf den Loten in ihren Fufspunkten Lote. Im Durchschnittspunkte der letzteren errichte man auf der Hilfsebene ein Lot. Dieses ist die gesuchte Schnittlinie.

ι) Durch eine von zwei windschiefen Geraden eine Ebene zu legen, die zur anderen parallel ist. (Vgl. 37.)

κ) Das gemeinschaftliche Lot (oder den kürzesten Abstand) zweier windschiefen Geraden zu konstruieren. (Vgl. 38.)

45) Diesen Aufgaben sind noch folgende zuzufügen:

α) Durch einen gegebenen Punkt eine Ebene zu legen, die einer gegebenen Ebene parallel ist.

Auflösung. Man lege durch ihn eine Ebene, die die gegebene Ebene schneidet. In der Hilfsebene ziehe man durch den Punkt eine Parallele zur Schnittlinie. Man wiederhole diese Konstruktion mit einer zweiten Hilfsebene, was eine zweite Parallele giebt. Durch die beiden gefundenen Linien ist die gesuchte Ebene bestimmt.

β) Eine Ebene zu konstruieren, die eine gegebene Ebene in einer in dieser gegebenen Geraden unter gegebenem Winkel schneidet.

Auflösung. Man konstruiere eine Normalebene zur gegebenen Geraden. An die Schnittlinie der beiden Ebenen trage man in der Hilfsebene den gegebenen Winkel so an, dafs sein Scheitel in die gegebene Gerade fällt. Der so konstruierte Schenkel und die gegebene Gerade bestimmen die gesuchte Ebene.

γ) Den von zwei Ebenen gebildeten Winkel zu halbieren.

Auflösung. Man konstruiere zur Schnittlinie der beiden Ebenen eine Normalebene, was zwei neue Schnittlinien giebt. Den von diesen gebildeten Winkel halbiere man. Die Winkelhalbierende und die erste Schnittlinie bestimmen die den gegebenen Winkel halbierende Ebene.

δ) Gegeben sei eine Ebene und eine zu ihr parallele Gerade; durch letztere eine Ebene zu legen, welche die gegebene Ebene unter gegebenem Winkel schneidet.

Auflösung. Man konstruiere eine Normalebene der Geraden die nun mit der gegebenen Ebene eine Schnittlinie giebt. In der Hilfsebene ziehe man durch den Schnittpunkt mit der gegebenen Geraden eine Gerade, die jene Schnittlinie unter dem gegebenen Winkel schneidet. Die neue Gerade und die gegebene bestimmen die gesuchte Ebene.

ε) Zu drei durch eine Gerade gehenden Ebenen die einer von ihnen zugeordnete vierte harmonische Ebene zu konstruieren.

Auflösung. In einer Normalebene der Geraden konstruiere man den entsprechenden vierten harmonischen Strahl, der mit der Geraden die Ebene bestimmt. (Darin liegt zugleich die Definition harmonischer Ebenen.)

## g) Übungsaufgaben und Bemerkungen über Reciprocität oder Dualität im Raume.*)

46) Gegeben seien ein Punkt und zwei windschiefe Gerade; durch den Punkt soll eine Gerade gelegt werden, welche die beiden gegebenen Geraden schneidet.

Auflösung. Durch den Punkt und jede der Geraden lege man Ebenen. Die Schnittlinie der beiden Ebenen ist die gesuchte Gerade.

---

*) Dieser Abschnitt kann vorläufig überschlagen werden. Erst später wird auf ihn zurückgegriffen. Er ist hierher gestellt worden, weil er mit den bisher erhaltenen Hilfsmitteln verstanden werden kann.

Beweis. Jede in der einen Ebene durch den gegebenen Punkt gezogene Gerade schneidet im allgemeinen die zur Ebene gehörige gegebene Gerade. Mit jeder durch den Punkt in der anderen Ebene gezogenen Gerade findet Entsprechendes statt. Die Schnittlinie gehört beiden Ebenen an, geht also erstens durch den gegebenen Punkt und die beiden gegebenen Geraden.

Bemerkung. Eine Gerade kann demnach an zwei windschiefen Geraden hingleitend sich so bewegen, daſs sie durch sämtliche Punkte des Raumes geht. Befindet sich das Auge irgendwo auſserhalb der beiden zu den Geraden gehörigen Parallelebenen, so schneiden sich diese stets scheinbar. Im Zwischenraum handelt es sich um Rückverlängerung des Sehstrahls.

47) Gegeben seien drei windschiefe Gerade; zu einer von ihnen soll eine Parallele konstruiert werden, die die beiden anderen schneidet.

Auflösung. Durch die zweite und dritte Gerade lege man Ebenen, die zur ersten parallel sind. Diese Ebenen haben im allgemeinen eine Schnittlinie, und diese ist die gesuchte Gerade. (Warum?)

48) Gegeben sei ein Winkel, eine Ebene und eine diese unter einem kleineren Winkel schneidende Gerade. Durch den Schnittpunkt soll in der Ebene eine Gerade gezogen werden, die mit der gegebenen Geraden den gegebenen Winkel einschlieſst.

Auflösung. Ist $\alpha$ der gegebene Winkel, so fälle man von einem Punkte $A$ des einen Schenkels ein Lot $AC$ auf den anderen, so daſs ein rechtwinkeliges Dreieck $ABC$ entsteht. Die Hypotenuse $BA$ trage man vom Durchstoſspunkte $B_1$ aus auf der gegebenen Geraden ab, was $A_1$ giebt. Von $A_1$ aus fälle man auf die Ebene ein Lot, was den Fuſspunkt $D_1$ giebt. In der Ebene zeichne man einen Kreis über $B_1 D_1$ als Durchmesser. In diesen Kreis trage man $BC$ von $B_1$ aus als

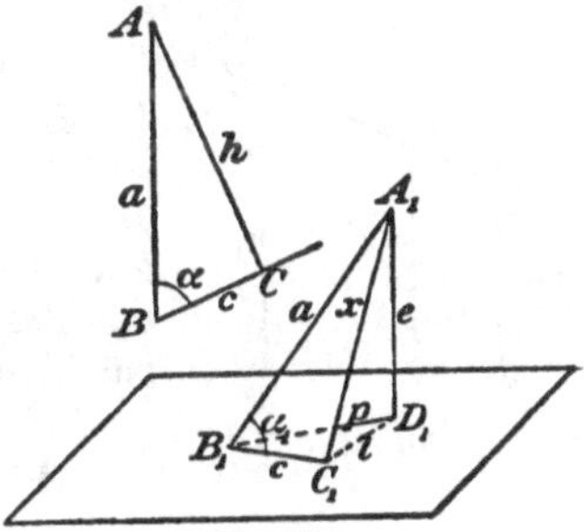

Fig. 11.

Sehne ein, was auf jeder Seite eine Gerade $B_1 C_1$ giebt, die die gesuchte ist.

Beweis. In den Bezeichnungen der Figur ist 1) $h^2 = a^2 - c^2$, 2) $x^2 = e^2 + l^2 = e^2 + (p^2 - c^2) = (e^2 + p^2) - c^2 = a^2 - c^2$, folglich 3) $h^2 = x^2$. Daraus folgt die Kongruenz der Dreiecke $ABC$ und $A_1 B_1 C_1$ also auch die Gleichheit der Winkel $\alpha$ und $\alpha_1$.

Bemerkung. Ist $\alpha$ ein stumpfer Winkel, so mache man die Konstruktion mit Hilfe des Nebenwinkels. Die dann bestimmte Linie $B_1 C_1$ ist über $B_1$ hinaus zu verlängern.

49) Gegeben seien nPunkte im Raume. Es soll der Punkt konstruiert werden, der von jeder beliebigen Ebene einen Abstand hat, der das arithmetische Mittel sämtlicher Abstände ist.

Auflösung. Man führe in beliebiger Reihenfolge folgende Konstruktion durch: Man halbiere die Verbindungslinie eines ersten und eines zweiten Punktes, was den Punkt $S_2$ gebe. Man verbinde $S_2$ mit einem dritten Punkte und schneide auf der Verbindungslinie $S_2 S_3$ als ihren dritten Teil ab. Man verbinde $S_3$ mit einem vierten Punkte und schneide $S_3 S_4$ als den vierten Teil dieser Linie ab. So fahre man fort bis zum letzten Punkte.

Beweis. Von den Punkten $P_1$ und $P_2$ fälle man Lote $P_1 Q_1$ und $P_2 Q_2$ auf eine beliebige Ebene. An dem entstehenden Trapeze ergiebt sich, wenn die Lotlängen mit $l_1$ und $l_2$ bezeichnet werden, dafs das von $S_2$ aus auf die Ebene gefällte Lot die Länge $\frac{l_1 + l_2}{2}$ hat.

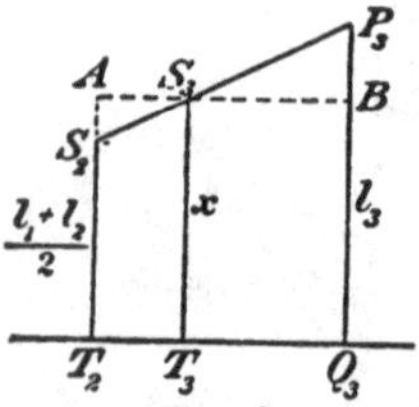

Fig. 12.

Auch von $P_3$ aus fälle man ein Lot $P_3 Q_3 = e_3$ auf die Ebene. Jetzt ist die Länge $x$ des von $S_3$ aus gefällten Lotes am Trapez $S_2 P_3 Q_3 T_2$ zu bestimmen. Man lege durch $S_3$ zur Grundlinie $T_2 Q_3$ die Parallele $AB$ von Lot zu Lot. Dann ist $S_2 A : BP_3 = 1 : 2$ oder

$$\left(x - \frac{l_1 + l_2}{2}\right) : (l_3 - x) = 1 : 2.$$

Daraus ergiebt sich $x = \frac{l_1 + l_2 + l_3}{3}$.

Das nächste Trapez giebt auf demselben Wege

$$x = \frac{l_1 + l_2 + l_3 + l_4}{4},$$

das letzte giebt

$$x = \frac{l_1 + l_2 + l_3 + \ldots + l_n}{n}.$$

Legt man die Ebene so, dafs die Punkte auf beiden Seiten derselben verteilt liegen, so ist die eine Gruppe von Loten als positiv anzunehmen, die andere als negativ. Legt man jetzt eine Ebene durch den gefundenen Punkt, so dafs der Wert von $x$ gleich Null wird, so ist $l_1 + l_2 + l_3 + \ldots + l_n = 0$. Daher kann die Summe für eine parallele Ebene nicht Null sein, denn die eine Lotgruppe wird vergröfsert, die andere verkleinert. Folglich kann nur ein einziger solcher Punkt mittleren Abstandes vorhanden sein. Die Reihenfolge bei der Konstruktion ist also gleichgültig. Diese führt stets auf denselben Punkt.

50) Bemerkung. Man bezeichnet diesen Punkt aus Gründen der Mechanik als den Schwerpunkt des Punktsystems. (Die Punkte werden sämtlich als homogen, d. h. als gleich schwer angenommen.) An den Trapezfiguren erkennt man, dafs mit den Projektionen der Punkte in der Ebene dieselbe Konstruktion stattfindet. Folglich: Der Schwerpunkt eines homogenen Punktsystems liegt senkrecht über dem Schwerpunkte des auf eine Ebene projizierten Punktsystems. (Der letztere ist der Punkt mittleren Abstandes von jeder Geraden der Ebene. Fallen jedoch zwei Projektionen in einen zusammen, so ist der Punkt als doppelt so schwer anzunehmen.)

Legt man durch das Punktsystem nach einer Ebene hin parallele Gerade von beliebiger Richtung, so entsteht die Schrägprojektion des Punktsystems. Der Schwerpunkt ist dann Punkt mittleren Schrägabstandes.

Aus dem Satze werden später wichtige Folgerungen gezogen. Eine auf vier Punkte bezügliche sei hier angegeben. Verbindet man vier Raumpunkte auf alle Arten mit einander durch Gerade, so erhält man einen von vier Dreiecken umschlossenen Körper, das Vierflach oder Tetraeder. Macht man für dessen Eckpunkte die obige

Konstruktion auf alle Arten, so erhält man auf jedem Dreieck die sich in einem Punkte schneidenden Mittellinien. Die Verbindungslinie dieses Schnittpunktes mit der gegenüberliegenden Ecke soll eine Mittellinie des Tetraeders genannt werden. Von dieser wird bei obiger Konstruktion der vierte Teil abgeschnitten. Folglich gilt der Satz: Die vier Mittellinien des Tetraeders schneiden sich in einem Punkte und teilen einander im Verhältnis 1:3.

51) Wie viele Gerade sind zwischen n Raumpunkten höchstens möglich.

Auflösung. Zwei Punkte geben zu einer Geraden Veranlassung, ein dritter höchstens zu zwei neuen, ein vierter höchstens zu drei neuen, der $n^{te}$ höchstens zu $(n-1)$ neuen. Die Anzahl ist also höchstens $1+2+3+\ldots+(n-1)$ oder $\frac{n(n-1)}{2}$.

Die Frage, wie viele Schnittpunkte n Gerade im höchsten Falle haben, führt auf dieselbe Lösung. Die Höchstzahl kann aber nur erreicht werden, wenn alle Gerade sich schneiden, d. h. wenn alle in derselben Ebene liegen.

52) In wievielen Geraden können sich n Ebenen höchstens schneiden?

Auflösung. Ebenfalls in höchstens $\frac{n(n-1)}{2}$ Geraden.

53) Wie viele Ebenen sind zwischen n Raumpunkten höchstens möglich?

Auflösung. Die Punkte mögen mit a, b, c, d, e.. bezeichnet werden; a, b, c geben zu einer Ebene Veranlassung; d bringt höchstens die Ebenen (d, a, b), (d, a, c), (d, b, c), also $3 = 1 + 2 = \frac{2.3}{2}$ Ebenen dazu. Der Punkt e bringt höchstens die Ebenen (e, a, b), (e, a, c), (e, a, d), (e, b, c), (e, b, d), (e, c, d), also $6 = 1 + 2 + 3 = \frac{3.4}{2}$ Ebenen dazu; der nächste $10 = 1 + 2 + 3 + 4 = \frac{4.5}{2}$ u. s. w. So entsteht die bekannte arithmetische Reihe höherer Ordnung $1 + 3 + 6 + 10 + \ldots + \frac{(n-2)(n-1)}{2} = \frac{n(n-1)(n-2)}{1.2.3}$.

Diese Reihe kommt auch im Pascalschen Zahlendreieck für den binomschen Lehrsatz als Schrägreihe vor.

Zu wie vielen Punkten im Raume geben n Ebenen Veranlassung?

Auflösung. Zwei Ebenen bestimmen eine Gerade. Um einen Punkt zu bestimmen, hat man also drei Ebenen nötig. Folglich bestimmen n Ebenen höchstens $\frac{n(n-1)(n-2)}{1.2.3}$ Punkte. Der Nachweis geschieht wie vorher.

55) Bemerkungen über Reciprocität oder Dualität im Raume. Man bemerkt in diesen Sätzen volle Gegenseitigkeit (Reciprocität) zwischen Punkt und Ebene und volle Übereinstimmung zwischen den für Punkte und Gerade einerseits und für Ebene und Gerade andrerseits geltenden Beziehungen. Man kann aus der einen Gruppe von Sätzen sofort auf die andere schliefsen. Dieser Ausgangspunkt zur neueren Raumgeometrie soll durch einige Beispiele verdeutlicht werden.

$\alpha$) Durch einen Punkt gehen unendlich viele Ebenen, von denen je zwei eine Gerade gemein haben und unendlich viele Gerade, die zu je zweien Ebenen bestimmen. Der Komplex aller dieser Ebenen und Geraden heifst das Strahlenbündel des Punktes. Der Punkt heifst Träger des Bündels, oder dessen Scheitel oder Centrum.

$\alpha_1$) Auf einer Ebene befinden sich unendlich viele Punkte, von denen je zwei eine Gerade bestimmen und unendlich viele Gerade, die zu je zweien einen Durchschnittspunkt bestimmen. Der Komplex aller dieser Punkte und Geraden heifst das zur Ebene gehörige ebene System. Die Ebene heifst der Träger dieses Systems.

$\beta$) Durch zwei Punkte ist eine Gerade bestimmt, durch die sich unendlich viele Ebenen legen lassen. Der Komplex dieser Ebenen heifst das Ebenenbüschel der Geraden.

$\beta_1$) Durch zwei Ebenen ist eine Gerade bestimmt, auf der unendlich viele Punkte liegen. Der Komplex dieser Punkte heifst die Punktreihe der Geraden.

$\gamma$) Die Ebenen des Büschels der Geraden können in gleichen Winkeln aufeinander folgen.

$\gamma_1$) Die Punkte der Geraden können in gleichen Abständen aufeinanderfolgen.

Jeder Winkel kann halbiert werden.

$\delta$) Die Halbierungsebene eines Winkels und seines Nebenwinkels im Büschel der Geraden giebt *vier harmonische Ebenen durch die Gerade.* Schneidet man diese Ebenen durch eine beliebige Ebene (die durch einen Punkt E der Geraden geht), so erhält man harmonische Strahlen durch den Punkt E.*)

$\varepsilon$) Zu drei Ebenen des Büschels, von denen zwei einander zugeordnet sind, läfst sich die vierte harmonische konstruieren.

$\zeta$) Harmonische Strahlen durch einen Punkt P einer Ebene E und eine Gerade aufserhalb der Ebene durch den Punkt P bestimmen vier harmonische durch die Gerade gehende Ebenen.

Bildet man auf dieselbe Weise noch ein zweites harmonisches Büschel, so sagt man, die beiden Gruppen harmonischer Ebenen befänden sich in perspektivischer Lage in Bezug auf die Ebene E.

$\eta$) Ein harmonisches Ebenenbüschel und eine beliebige

Jede Strecke kann halbiert werden.

$\delta_1$) Die Halbierung einer Strecke giebt mit dem unendlich fernen Punkte der Geraden *vier harmonische Punkte auf der Geraden.* Verbindet man diese Punkte mit einem beliebigen Punkte (der in einer durch die Gerade gelegten Ebene liegt), so erhält man harmonische Strahlen in der Ebene E.

$\varepsilon_1$) Zu drei Punkten der Geraden, von denen zwei einander zugeordnet sind, läfst sich der vierte harmonische konstruieren.

$\zeta_1$) Harmonische Strahlen in einer Ebene P durch einen Punkt E und eine nicht durch E gehende Gerade in der Ebene P bestimmen vier harmonische Punkte auf der Geraden.

Bildet man auf dieselbe Weise noch eine zweite Gruppe, so sagt man, die beiden Gruppen harmonischer Punkte befänden sich in perspektivischer Lage in Bezug auf den Punkt E.

$\eta_1$) Harmonische Punkte und eine beliebige Gerade geben

---

*) Projektion harmonischer Punkte giebt harmonische Punkte; Strahlen, die von einem Punkte aus nach harmonischen Punkten gehen, sind harmonische Strahlen. Folglich giebt Projektion harmonischer Strahlen stets harmonische Strahlen. Die Projektion der harmonischen Strahlen erfolgt hier durch Parallele zur Geraden des Ebenenbüschels.

Gerade geben harmonische Punkte auf dieser.

$\vartheta$) Harmonische Strahlen und ein beliebiger Raumpunkt geben harmonische Ebenen.

$\iota$) Durch drei Punkte, die nicht in einer Geraden liegen, ist eine Ebene bestimmt, in der zugleich drei Gerade bestimmt sind. Dieses Gebilde heifst D r e i e c k bezw. D r e i s e i t.

$\varkappa$) Durch vier Punkte wird im allgemeinen ein räumliches Viereck bestimmt, welches vier bestimmte Ebenen und 6 geradlinige Kanten besitzt.

$\lambda$) Durch n Punkte des Raumes gehen höchstens $\frac{n(n-1)}{2}$ Gerade und $\frac{n(n-1)(n-2)}{1.2.3}$ Ebenen.

harmonische Ebenen durch diese Gerade.

$\vartheta_1$) Harmonische Strahlen und eine beliebige Ebene geben harmonische Punkte.

$\iota_1$) Durch drei Ebenen, die nicht durch eine Gerade gehen, ist ein Punkt bestimmt. Zugleich sind drei durch ihn gehende Geraden bestimmt. Dieses Gebilde heifst D r e i f l a c h bezw. D r e i k a n t.

$\varkappa_1$) Durch vier Ebenen wird im allgemeinen ein räumliches Vierflach bestimmt, welches vier bestimmte Eckpunkte und 6 geradlinige Kanten besitzt.

$\lambda_1$) Durch n Ebenen sind höchstens $\frac{n(n-1)}{2}$ Gerade und $\frac{n(n-1)(n-2)}{1.2.3}$ Punkte bestimmt.

Zu dieser Art von Dualismus sollen später interessante Beispiele gegeben werden.

J e d e m **ebenen**, a u s S t r a h l e n u n d P u n k t e n e n t s t a n d e n e n G e b i l d e e n t s p r i c h t e i n r ä u m l i c h e s a u s S t r a h l e n u n d E b e n e n e n t s t e h e n d e s, d e s s e n E l e m e n t e d u r c h e i n u n d d e n s e l b e n P u n k t g e h e n. J e d e m S a t z e d e r e b e n e n G e o m e t r i e d e r L a g e e n t s p r i c h t e i n S a t z d e r r ä u m l i c h e n G e o m e t r i e d e s S t r a h l e n b ü n d e l s.

## h) Eckenbildung und Sätze über die Ecken.*)

56) Werden zwei sich schneidende Ebenen von einer dritten geschnitten, so hat die letztere mit der Schnittlinie einen Punkt gemein, der nun allen drei Ebenen angehört.

---

*) Auch dieser Abschnitt kann zurückgestellt werden, obwohl er systematisch hierher gehört.

Die drei Schnittlinien müssen also durch diesen Punkt gehen. Läfst man ihn auf einer der Schnittlinien ins Unendliche rücken, so werden die drei Schnittlinien schliefslich parallel. Also gilt folgendes:

Satz. Die drei Schnittlinien dreier Ebenen treffen sich entweder in einem endlichen Punkte, oder sie sind parallel.

Treffen sie sich in einem Punkte, so sagt man, die drei Ebenen bilden eine dreiseitige Ecke oder ein Dreikant. Seine Schnittlinien oder Kanten erstrecken sich von der Ecke aus ins Unendliche. Sind sie parallel, so sagt man, sie bilden ein dreiseitiges oder dreikantiges Prisma, welches sich beiderseits ins Unendliche erstreckt.

57) Jedes Dreikant hat einen Innenraum und einen Aufsenraum. Denkt man sich den ersteren als Körper, so nennt man die Ecke konvex. Denkt man sich den letzteren als Körper, so nennt man sie konkav. Bei der konvexen Ecke bilden die Ebenen, als zum Körper gehörig aufgefafst, Winkel, die kleiner sind als 180°, bei der andern Winkel, die gröfser sind als 180°. In der Regel soll nur von konvexen Ecken gesprochen werden.

Die von den Kanten gebildeten Winkel sollen Kantenwinkel oder Seiten der Ecke heifsen, die von den Ebenen gebildeten sollen Flächenwinkel oder kurz Winkel genannt werden.

Begrenzt man das Dreikant durch eine vierte Fläche, so ensteht ein ringsumgrenzter Körper, den man als dreiseitige Pyramide oder auch als Vierflach (Tetraeder) bezeichnet. Der ursprüngliche Eckpunkt soll Spitze der Pyramide, die begrenzende Fläche Grundfläche heifsen. Das von der Spitze auf die Grundfläche gefällte Lot heifst Höhe des Körpers.

58) Um einige Eigenschaften der Dreikantecke kennen zu lernen, mache man die Kanten gleich lang und lege die vierte Fläche durch die Endpunkte der Kanten. Die Seitenflächen sind dann gleichschenklige Dreiecke, während die Grundfläche im allgemeinen ein unregelmäfsiges Dreieck ist. Von so begrenzten Dreikanten gilt der

Satz: Die Projektion der Spitze auf die Grundfläche ist der Mittelpunkt des der letzteren unbeschriebenen Kreises.

Unter den durch die Höhe gelegten Normalebenen der Grundfläche gehen drei durch die Halbierungspunkte der Grundkanten. Jede schneidet das zugehörige gleichschenklige Dreieck in dessen Höhe, die Grundfläche in der Projektion dieser Höhe. Diese Projektion ist die Mittelsenkrechte der Grundkante, die drei Mittelsenkrechten aber treffen sich im Mittelpunkte des Um-Kreises.

59) Figur 13 stellt die Ecke von oben gesehen dar, so daſs der Mittelpunkt $M$ des der Grundfläche $ABC$ unbeschriebenen Kreises durch $P$ gerade verdeckt wird. $PA$, $PB$ und $PC$ sind die die Winkel $\alpha$, $\beta$, $\gamma$ bildenden Kanten, $PD$, $PE$ und $PF$ die Höhen der gleichschenkligen Dreiecke. Die Kanten sind gegen die Grundfläche gleich geneigt, denn die Dreiecke $APM$, $BPM$ und $CPM$ sind kongruent. Zur gröſsten Grundkante (in der Figur $a$) gehört der gröſste Kantenwinkel ($\alpha$), die kleinste Dreieckshöhe ($PD = h_1$) und daher das steilste Dreieck. Zur kleinsten Grundkante (in der Figur $b$) gehört der kleinste Kantenwinkel ($\beta$), die gröſste Dreieckshöhe ($PE = h_2$) und das am wenigsten steile Dreieck. Je steiler man aber eine der Dreiecksseiten macht, um so mehr verkleinert man den Flächenwinkel. Folglich wird der kleinste Flächenwinkel von den beiden steilsten Flächen gebildet, der gröſste von den beiden am wenigsten steilen.

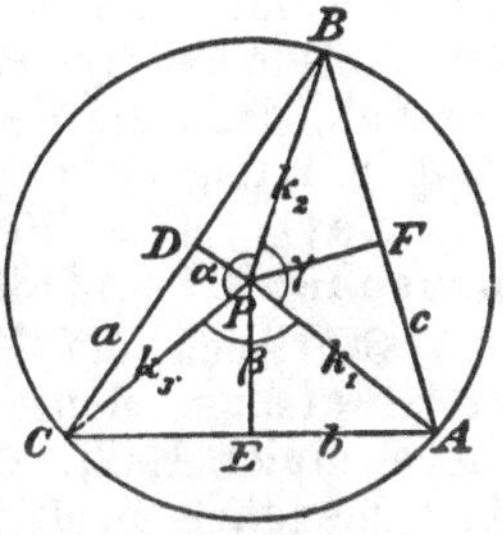

Fig. 13.

(In der Figur ist bei $k_2$ der kleinste, bei $k_1$ der gröſste Flächenwinkel.) Daher gilt der

Satz: Der gröſseren von zwei Dreikantseiten liegt der gröſsere Winkel gegenüber.

60) Das Grunddreieck $ABC$ kann gleichschenklig werden, dann nennt man das Dreikant ein gleichschenkliges. Dann sind die entsprechenden Kantenwinkel gleich, die Höhen der entsprechenden Dreiecke gleich, also auch ihre Flächenwinkel (mit der dritten Fläche) gleich. (In der Figur ist $AB = CB$, $\alpha = \gamma$, $PD = PF$, der Flächen-

winkel für $k_1$ gleich dem für $k_3$.) Die Normalebene $BPE$ ist Symmetrieebene des Dreikants, dessen Raum also halbiert wird. Wie beim Dreieck gilt der

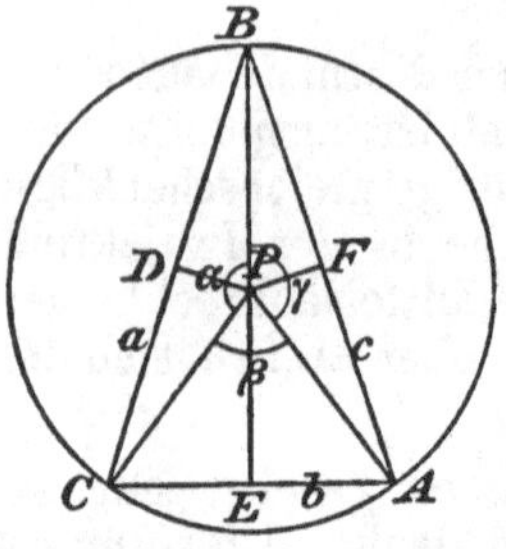


Fig. 14.

Satz: Gleichen Dreikantseiten liegen gleiche Winkel gegenüber.

61) Das Grunddreieck kann regelmäfsig werden, dann nennt man das Dreikant ein gleichseitiges oder regelmäfsiges. (Die Regelmäfsigkeit bezieht sich aber nicht auf das Tetraeder.) Dann sind alle Kantenwinkel gleich, alle Flächenwinkel gleich, alle Flächen gleich steil, die Dreieckshöhen gleich lang. Dabei sind drei Symmetrieebenen vorhanden.

62) Je gröfser man die Höhe eines Dreikants macht, um so kleiner werden die Kantenwinkel. Am gröfsten sind sie für die Höhe Null, am kleinsten für eine unendlich grofse Höhe. Im ersteren Falle ist ihre Summe gleich $360^0$ (Winkelsumme um einen Punkt der Ebene), im andern ist sie Null, denn die Kanten sind schliefslich parallel geworden. Also gilt folgendes:

Satz: Die Seitensumme des Dreikants liegt zwischen $0^0$ und $360^0$.

63) Auch die Flächenwinkel werden mit wachsender Höhe kleiner, denn die Flächen werden steiler. Ist die Höhe gleich Null, so ist jeder Flächenwinkel gleich $180^0$, bei unendlich grofser Höhe stehen die Flächen senkrecht auf der Grundebene, die Winkel der Grundfläche sind also zugleich die Flächenwinkel. Folglich:

Satz: Die Winkelsumme des Dreikants liegt zwischen $540^0$ und $180^0$.

Beide Sätze zeigen einen wichtigen Unterschied zwischen Dreikant und Dreieck bezüglich der Winkelsumme an.

64) Verlängert man die Kanten und Ebenen eines Dreikants über den Eckpunkt $P$ hinaus, so entsteht seine Scheitelecke. In der Figur habe die Ecke $P$ ($A_1$ $B_1$ $C_1$) gleiche Kanten. Denkt man sich $PA_2 = PA$ gemacht und Ebene $II$ parallel zu $I$ durch $A_2$ gelegt, so wird auch die

Ecke $P(A_2 B_2 C_2)$ eine von gleich langen Kanten (Warum?) und die Flächen $A_1 B_1 C_1$ und $A_2 B_2 C_2$ sind kongruent. Trotz der Übereinstimmung in allen Stücken sind aber die beiden Ecken nicht kongruent. Stellt man nämlich beide mit der Grundfläche auf dieselbe horizontale Ebene, so ist der Drehungssinn für die Grundfläche $A_1 B_1 C_1$ entgegengesetzt dem für die Grundfläche $A_2 B_2 C_2$. Deckt man ferner die Grundflächen in horizontaler Lage, so liegt die eine Spitze oben, die andere unten, die eine Höhe $P_2 M_2$ ist die Fortsetzung der andern, $M_1 P_1$, jede Kante $PA_2$, $PB_2$, $PC_2$ ist das Spiegelbild der zugehörigen Kante, die eine Ecke ist also das Spiegelbild der andern, beide Ecken sind also wohl symmetrisch, aber im allgemeinen nicht kongruent. (Sie verhalten sich so, wie die rechte und die linke Hand, die auch nur symmetrisch sind. Vgl. 21.)

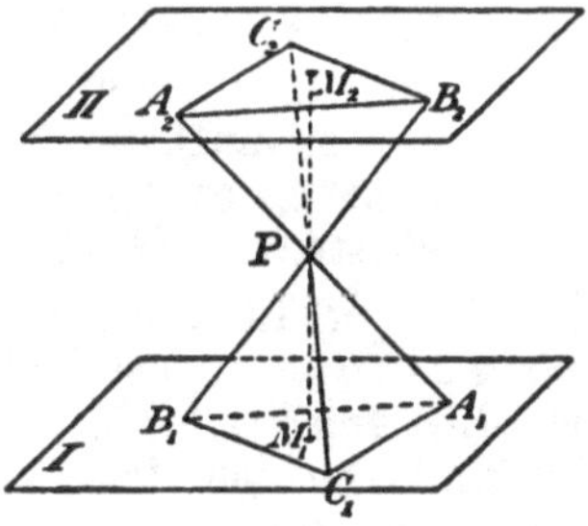

Fig. 15.

65) Bemerkungen über Symmetrie. Symmetrische Gebilde der Ebene kann man zur Deckung bringen, z. B. symmetrische Dreiecke. Die Deckung geschieht aber mit Hülfe des Umklappens, d. h. mit Hülfe einer Bewegung im dreidimensionalen Raume, während das Dreieck zweidimensional war. Sollen also symmetrische Gebilde, die dreidimensional sind, zur Deckung gebracht werden, so müfste analoger Weise mit ihnen eine Bewegung im vierdimensionalen Raume vorgenommen werden, die jenen Umklappen entspricht. In unserem Erfahrungsraume aber steht uns eine vierte Dimension nicht zur Verfügung, und daher ist die Deckung von Gebilden, die nur symmetrisch sind, unmöglich. [Mit Hülfe abstrakter, aber streng logischer Denkprozesse hat man die Geometrie des vierdimensionalen und n-dimensionalen Raumes wissenschaftlich durchgeführt, obwohl sie keine reale Bedeutung hat. Jedenfalls wird es dem Anfänger schwer werden, sich vorzustellen, dafs ein „Umklappen" der rechten Hand mit Hülfe der vierten Dimension diese als linke Hand erscheinen lassen soll.]

66) Die dreiseitige Ecke und ihre Polarecke.

Errichtet man im Eckpunkte $P$ eines Dreikants auf den Ebenen nach aufsen gehende Lote, so bilden diese eine neue dreiseitige Ecke, die Polarecke oder das Polardreikant. Nach 25) sind die Kantenwinkel der Polarecke die Supplemente von den Flächenwinkeln der Ecke, die Kantenwinkel der Ecke die Supplemente von den Flächenwinkeln der Polarecke. Die Ecke ist auch in anderer Hinsicht polar zur neugebildeten Ecke, es findet volle Gegenseitigkeit in den Beziehungen statt.

Man erhält die Polarecke einer Ecke auch dadurch, dafs man von einem beliebigen Punkte ihres Innenraums auf die drei Seitenflächen Lote fällt. Diese bilden ein Dreikant von denselben Eigenschaften.

In Fig. 16 stellt $P_1$ $(A_1 B_1 C_1)$ ein Dreikant vor. Von $P_2$ aus sind Lote $P_2 A_2$, $P_2 B_2$, $P_2 C_2$ auf die Ebenen gefällt, die die Polarecke $P_2$ $(A_2 B_2 C_2)$ geben. Die Ebenen der letzteren geben mit denen der ersteren die Schnitte $A_1 B_2$, $B_2 C_1$, $C_1 A_2$, $A_2 B_1$, $B_1 C_2$, $C_2 A_1$. Es entsteht ein unregelmäfsiges Sechsflach, in dem z. B. $\alpha_2$ der Supplementwinkel des zur Kante $K_a$ gehörigen Flächenwinkels ist, $\gamma_2$ das Supplement zu dem Flächenwinkel bei $K_c$.

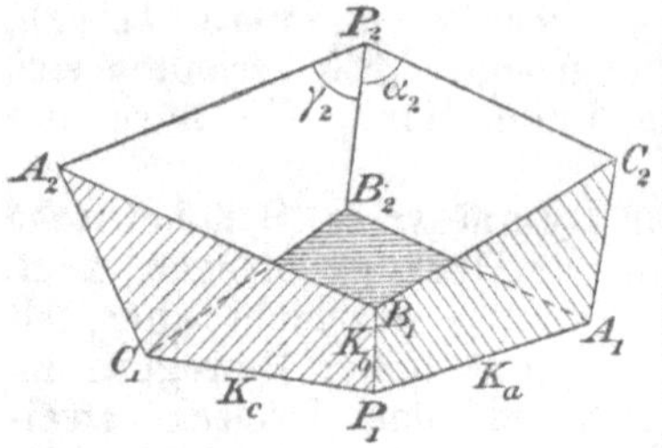

Fig. 16.

Legt man durch $P_1$ Parallele zu $P_2 A_2$, $P_2 B_2$ und $P_2 C_2$, so erhält man die zuerst besprochene Polarecke.

67) Symmetrie und Kongruenz der Dreikante. Sind zwei Dreikante kongruent, so sind es auch ihre Scheitelecken, ebenso ihre Polarecken. Sind zwei Dreikante symmetrisch, so ist jedes kongruent zur Scheitelecke des andern. Um nicht immer die Fälle der Symmetrie und Kongruenz auseinander halten zu müssen, kann man das gesamte aus Dreikant und Scheitelecke bestehende Gebilde als das vollständige Dreikant betrachten und stets von diesem reden. Stimmen dann zwei vollständige Dreikante in den Seiten und in den Winkeln überein, so

läfst sich stets Deckung erzielen. Um die Kongruenz nachzuweisen, braucht man, wie beim Dreieck, nur drei unabhängige Stücke. Dies soll hier für 4 Fälle nachgewiesen werden.

68) Satz: Zwei vollständige Dreikante sind kongruent, wenn sie übereinstimmen,

$\alpha$) in zwei Seiten und dem eingeschlossenen Winkel,

oder $\beta$) in einer Seite und den beiden anliegenden Winkeln,

oder $\gamma$) in den drei Seiten,

oder $\delta$) in den drei Winkeln.

Beweis für $\alpha$. Die Seiten $\alpha_1$ und $\beta_1$ und der Flächenwinkel $c_1$ der einen Ecke mögen übereinstimmen mit den Seiten $\alpha_2$ und $\beta_2$ und dem Flächenwinkel $c_2$ der andern. Man kann zunächst die Seite $\alpha_1$ auf $\alpha_2$ so legen, dafs die zugehörigen Kanten einander decken und die gleichen Flächenwinkel $c_1$ und $c_2$ zusammenfallen. Dabei fallen die Kanten von $\beta_1$ und $\beta_2$ ebenfalls zusammen. Zwischen den frei liegenden Kanten ist nur eine einzige Ebene möglich, also deckt sich auch $\gamma_1$ mit $\gamma_2$. Je zwei der drei Ebenen können nur einen Winkel einschliefsen, also ist auch $a_1 = a_2$ und $b_1 = b_2$. Es findet also volle Übereinstimmung statt.

Beweis für $\beta$. Stimmen die Dreikante in einer Seite und den beiden anliegenden Winkeln überein, so stimmen ihre Polarecken in einem Winkel und den anliegenden Seiten überein. Die Kongruenz der Polarecken ist durch den Beweis $\alpha$) nachgewiesen, folglich sind auch die Ecken kongruent.

Der Beweis kann auch selbständig nach Art des entsprechenden Kongruenzbeweises für Dreiecke gegeben werden.

Beweis für $\gamma$. Man wähle die beiden Teile der vollständigen Dreikante zur Vergleichung, bei denen, wenn die Grundflächen gleichsinnig sind, die Spitzen nach derselben Seite liegen. Man mache die sämtlichen Kanten der Dreikante gleich lang, so dafs es sich bei den Seitenflächen um gleichschenklige Dreiecke handelt, die bei Übereinstimmung des Winkels an der Spitze kongruent sind. Da dieser Fall vorliegt, sobald $\alpha_1 = \alpha_2, \beta_1 = \beta_2, \gamma_1 = \gamma_2$ vorausgesetzt wird, so sind auch die Grundkanten paarweise von gleicher Länge, die Grundflächen $A_1 B_1 C_1$ und $A_2 B_2 C_2$ also kongruent. Deckt man die eine Grundfläche auf die andere, so fallen auch die Mittelpunkte $M_1$ und $M_2$ der Um-Kreise aufeinander, folglich fällt die Höhe $h_1$ auf $h_2$. Beide Höhen aber sind gleich lang, denn die Dreiecke $A_1 M_1 P_1$ und $A_2 M_2 P_2$ sind

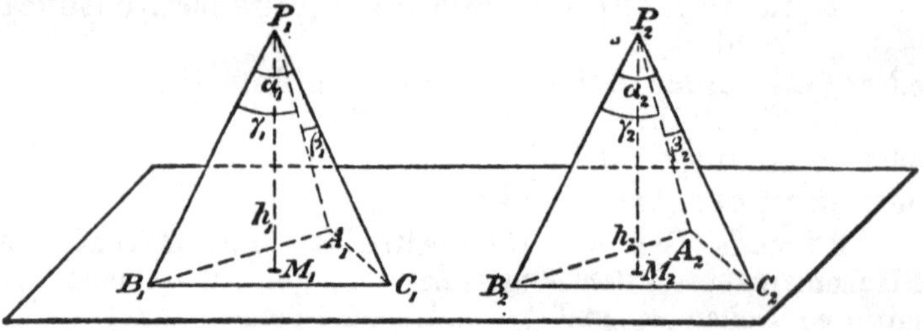


Fig. 17.

kongruent. Folglich fallen auch $P_1$ und $P_2$ zusammen. Da sich sämtliche Eckpunkte decken, decken sich auch die noch nicht besprochenen Kanten und Flächen. Damit ist die Kongruenz nachgewiesen, also auch die Übereinstimmung in den Winkeln.

B e w e i s f ü r $\delta$. Stimmen die Winkel $a_1, b_1, c_1$ der einen Ecke mit den Winkeln $a_2, b_2, c_2$ der andern überein, so stimmen die zugehörigen Polarecken in den Seiten überein. Die Polarecken sind nach Beweis $\gamma$) kongruent, folglich sind auch die Ecken kongruent. —

B e m e r k u n g über Konstruktionen. Die Sätze lassen sich noch auf andere Arten beweisen. Sie können dahin vermehrt werden, daſs auch zwei Seiten und ein gegenüberliegender Winkel, oder zwei Winkel und eine gegenüberliegende Seite als übereinstimmend vorausgesetzt werden. Dabei findet aber auch für das vollständige Dreikant keine Eindeutigkeit mehr statt. Die Untersuchung bietet aber ein lehrreiches Übungsbeispiel.

Jedem Kongruenzsatze über dreiseitige Ecken entspricht eine Konstruktionsaufgabe über solche.

Soll z. B. eine Ecke konstruiert werden aus zwei Seiten $\alpha_1$ und $\beta_1$ und dem eingeschlossenen Winkel $c_1$, so kann dies folgendermaſsen geschehen. Man zeichne in beliebiger

Ebene an beliebiger Stelle und in beliebiger Lage einen Winkel $\alpha_1$. Zu einem seiner Schenkel bilde man an beliebiger Stelle $Q$ die Normalebene, welche die Fläche von $\alpha_1$ in einer Geraden schneidet. An die letztere trage man in der Normalebene den Winkel $c_1$ so an, dafs der Scheitel nach $Q$ fällt. Durch den entstehenden Schenkel und den benutzten Schenkel von $\alpha_1$ ist eine Ebene bestimmt. In diese Ebene trage man im Scheitelpunkte $P$ des Winkels $\alpha_1$ den Winkel $\beta_1$ an $PQ$ an. Durch die freien Schenkel lege man eine Ebene. Damit ist das eine Dreikant konstruiert. Das zweite erhält man durch Verlängerung der Kanten über den Scheitel $P$ hinaus.

69) Satz. Im Dreikant ist die Summe zweier Seiten stets gröfser als die dritte.

Beweis. Es braucht nur gezeigt zu werden, dafs die Summe der beiden kleinsten Seiten gröfser ist, als die dritte, z. B. $\alpha + \beta > \gamma$, wenn $\gamma$ die gröfste Seite ist. Man begrenze das Dreikant jetzt anders, als vorher, man lege $\sphericalangle \beta$ als $\sphericalangle APD$ in die Ebene von $\gamma$ und mache den Schenkel $PD = m$. Durch die Endpunkte $D$ und $C$ lege man die Grenzebene $ABC$ beliebig. Dann ist $\triangle APC \cong APD$, also $AD = AC$, und $BD = AB - AC$. Nun ist aber $AB - AC < BC$ (Satz von der Differenz der Dreiecksseiten) also auch $BD < BC$. Nun stimmen die Dreiecke $BDP$ und $BCP$ in den Seiten $m = PD$ und $l$ überein, aber

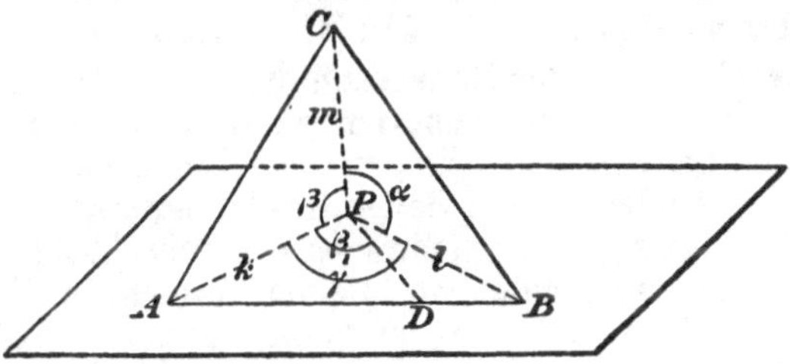


Fig. 18.

die Seite $BD$ ist kleiner als $BC$, folglich ist nach bekanntem Satze der Planimetrie $\sphericalangle \alpha > \sphericalangle BPD$, d. h. $\alpha > \gamma - \beta$ und $\alpha + \beta > \gamma$.

Für die Flächenwinkel der Polarecke, also überhaupt jeder dreiseitigen Ecke folgt hieraus

$$(2R - a) + (2R - b) > 2R - c,$$

oder

$$2R > a + b - c,$$

d. h. die Summe zweier Flächenwinkel im Dreikant, vermindert um den dritten, ist stets kleiner als zwei Rechte.

70) Verbindet man die Ecken eines konvexen ebenen Polygons mit einem beliebigen Punkte $P$ des Raumes, so entsteht, wenn das Polygon ein $n$-Eck ist, eine $n$-seitige Ecke. Ist das Polygon regelmäſsig, und liegt $P$ auf der Normalen für den Mittelpunkt, so heiſst die Ecke eine regelmäſsige Ecke. Ist das Polygon einfach symmetrisch, und wählt man $P$ in der zur Symmetrieachse gehörigen Normalebene, so wird die Ecke einfach symmetrisch. Ebenso kann mehrfache Symmetrie eintreten.

71) Satz. Die $n$-seitige Ecke und ihre Scheitelecke sind symmetrische Gebilde.

Der Beweis wird ähnlich, wie oben geliefert.

72) Satz. Die $n$-seitige Ecke und ihre Polarecke stehen in der Beziehung, daſs die Winkel der einen die Supplemente zu den Seiten der andern, die Seiten die Supplemente zu den Winkeln der andern sind. Beweis wie oben.

73) Satz. In der $n$-seitigen Ecke ist jeder Kantenwinkel kleiner, als die Summe der übrigen.

Beweis. Von der Ecke kann durch eine Diagonalebene eine Dreikantecke abgeschnitten werden, welche die entsprechende Seite enthält, die nun nach 69) kleiner ist als die Summe der beiden andern Seiten des Dreikants. Durch eine zweite Diagonalebene schneide man das benachbarte Dreikant ab, in dem die Diagonalebene 1) einen Kantenwinkel hat, der kleiner ist, als die Summe der beiden andern. Folglich ist in der bis jetzt abgeschnittenen Vierkantecke die untersuchte Seite erst recht kleiner, als die Summe der drei andern. So fahre man fort.

74) Satz. In jeder $n$-seitigen Ecke ist die Summe aller Kantenwinkel kleiner als 360°.

Beweis: Wird die Ecke durch eine Ebene geschnitten, so entsteht ein $n$-Eck, dessen Winkelsumme gleich $(2n - 4)$

Rechten ist. Die Summe sämtlicher Winkel in den begrenzten Seitendreiecken ist gleich $2n$ Rechten, ist also $s$ die Summe der Kantenwinkel, so ist die Summe der Winkel an den Grundlinien der Seitendreiecke gleich ($2n$ Rechten — $s$). Nun befindet sich aber an jeder Polygonecke ein Dreikant, jeder Polygonwinkel ist also kleiner, als die Summe der beiden anstofsenden Dreieckswinkel; folglich ist die Summe aller Polygonwinkel kleiner als Summe aller anstofsenden Dreieckswinkel, d. h. es ist

$$(2n - 4 \text{ Rechte}) < 2n \text{ Rechte} - s.$$

Daraus folgt

$$s < 4 \text{ Rechte}.$$

75) Satz. In jeder $n$-seitigen Ecke ist die Summe aller Flächenwinkel gröfser als ($2n$ — 4) Rechte.

In der Polarecke ist $s$, die Summe der Kantenwinkel, kleiner als 4 Rechte. Für jeden Kantenwinkel kann geschrieben werden 2 Rechte — Flächenwinkel der andern Ecke. Sind $n$ Flächenwinkel vorhanden, so hat man

$$2n \text{ Rechte} - (\text{Summe } s_1 \text{ der Flächenwinkel}) < 4 \text{ Rechte}.$$

Daraus folgt

$$s_1 > (2n - 4) \text{ Rechte}.$$

[Im Dreikant z. B. ist $s_1 > 2$ Rechte.]

**Zweiter Abschnitt.**

# Das stereometrische Zeichnen der wichtigsten Polyeder.

## a) Die schräge Parallelperspektive.

### α) Schrägbilder einfacher Körper, besonders der fünf regelmäfsigen Polyeder.

76) Da Konstruktionen im Raume schwierig auszuführen sind, versucht man die dreidimensionalen Gebilde auf der zweidimensionalen Ebene darzustellen. Diese Darstellungskunst heifst die darstellende Geometrie. Sie soll hier nicht in ihrem vollen Umfange behandelt werden, sondern nur soweit, als das korrekte stereometrische Zeichnen es erfordert, zur Erläuterung kommen. Diese Erläuterung soll zunächst mit Hülfe des als Grundform bekannten Würfels geschehen, dessen Entstehungsweise z. B. folgende ist. Auf der Ebene der Zeichnung liege ein Quadrat. Auf dessen Ebene errichte man in den Eckpunkten Lote und mache diese so lang, wie die Quadratseite. Da die Endpunkte gleiche Entfernungen von der Ebene haben, liegen sie in einer parallelen Ebene. Auch durch je zwei Lote (von den Diagonalrichtungen abgesehen) lassen sich Ebenen legen. Die sechs Ebenen sind paarweise parallel, je drei Nachbarebenen stehen aufeinander senkrecht. Alle Würfel von gleicher Kantenlänge sind kongruent. Die Deckung kann so erfolgen, dafs beliebige Ebenen aufeinandergelegt werden. Der Würfel ist also ein regelmäfsiger Körper. Seine Ecken sind rechtwinklige Dreikante. Zum Unterschied von anderen Dreikanten soll ein solches ein Dreibein heifsen.

77) Man denke sich das Drahtmodell eines Würfels auf die Ebene der Zeichnung gestellt, z. B. so, dafs die Grundfläche $A_1 B_1 C_1 D_1$ mit den Kanten den Grenzen der Papierfläche parallel gestellt wird. Scheint nun die Sonne auf das Modell, so wirft dieses einen Schatten auf die Ebene der Zeichnung. Zeichnet man ihn nach, so ensteht z. B. Figur 19. Die Linien $AA_1$, $BB_1$, $CC_1$, $DD_1$ sind die Schatten der senkrechten Drähte am Modell. Sie sind parallel, denn die Sonne ist so weit von uns entfernt, dafs man dies für die Verhältnisse der Zeichnung annehmen kann. Steht z. B. die Sonne in der Richtung Süd-Südwest, so müssen alle genannten Linien dorthin zeigen.

Denkt man sich in $B_1$ die wirkliche Würfelkante als Lot auf der Zeichnung errichtet, z. B. als $B_1 B_2$, so würde die Gerade $BB_2$ nach der Sonne hinzeigen. Winkel $B_1 BB_2$ zeigt an, wie viele Grad die Sonne über dem Horizonte steht. Steht sie z. B. $60^0$ über dem Horizonte, so wird $BB_1$ die Hälfte der Hypotenuse, d. h. das $\sqrt{\frac{1}{3}}$ fache der wirklichen Würfelkante als Länge haben. Senkt sich dagegen die Sonne bis auf $45^0$, so wird $BB_1$ so lang wie $B_1 B_2$. Bei $30^0$ Sonnenhöhe ist $BB_1$ $\sqrt{3}$ fach so lang wie $B_1 B_2$. Bei Sonnenuntergang dehnt sich der Schatten ins Endlose. Könnte die Sonne senkrecht über dem Würfel stehen, so würde $BB_1$ gleich Null sein, d. h. die Vorderfläche würde sich mit der hinteren decken. In diesem Falle würde man die senkrechte (orthographische oder orthogonale) Projektion des Würfels haben, im andern Falle die schräge Parallelprojektion, die kurz als Schrägbild bezeichnet werden möge.

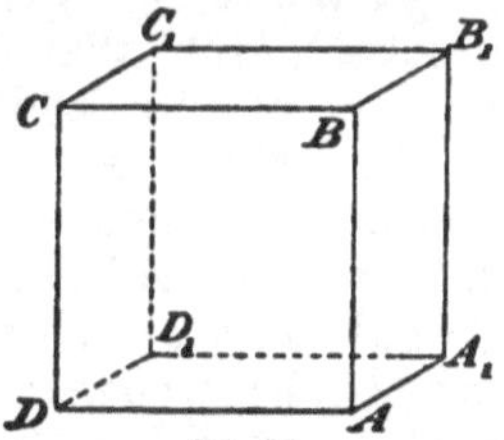

Fig. 19.

78) Bei der senkrechten Projektion erscheint ein Teil der Würfelkanten als Punkte, andere Punkte und Linien treten gar nicht auseinander. Deshalb nimmt man bei ihr in der Regel neben dem Grundrisse, der soeben behandelt wurde, den Aufrifs zu Hülfe. Letzteren werden die Strahlen der untergehenden Sonne als Schatten auf einer senkrechten Wand geben. Reicht dieser noch nicht aus, das Bild voll-

ständig erkennen zu lassen, so wird noch eine Seitenansicht gezeichnet. Trotzdem ist diese Methode in der Technik die alleinherrschende geworden, denn aus ihr kann man die wirklichen Maſse des Dargestellten leicht ableiten.

79) Für Schulzwecke ist vielfach, besonders hinsichtlich der ebenflächigen Körper oder Polyeder, das Schrägbild vorzuziehen, weil es in einem Bilde das Nötige zur Anschauung bringt. Über die dabei auftretenden Schräglinien hat man hinsichtlich der Richtung und Länge vollständig freie Wahl, man kann sich also der Körperform anbequemen. In der Regel sollen die senkrecht gegen die Zeichnungsebene stehenden Geraden auf den dritten Teil der wirklichen Länge verkürzt und unter 30 Grad gegen die Horizontale geneigt werden. Für den Winkel 30° sprechen mancherlei Umstände, vor allen Dingen haben wir Winkellineale mit den Winkeln 30° und 60°.

Vor allem aber achte man auf das aus diesen Betrachtungen folgende Gesetz: Orthogonal-Projektion und ebenso schräge Parallelprojektion verwandelt gleich lange parallele Gerade in unter sich parallele Linien gleicher Länge. Verhalten sich demnach zwei Parallele oder zwei Abschnitte derselben Geraden, wie a : b, so findet dasselbe mit den Projektionen statt.

Von einer dritten Darstellungsmethode, der Centralperspektive, soll gewisser Schwierigkeiten halber erst später gesprochen werden. Einige Übungsaufgaben werden die bequeme Herstellungsweise der Schrägbilder erläutern.

80) Aufgabe. Das Achsenkreuz des Würfels und das dem letzteren einbeschriebene regelmäſsige Achtflach (regelm. Oktaeder) zu konstruieren.

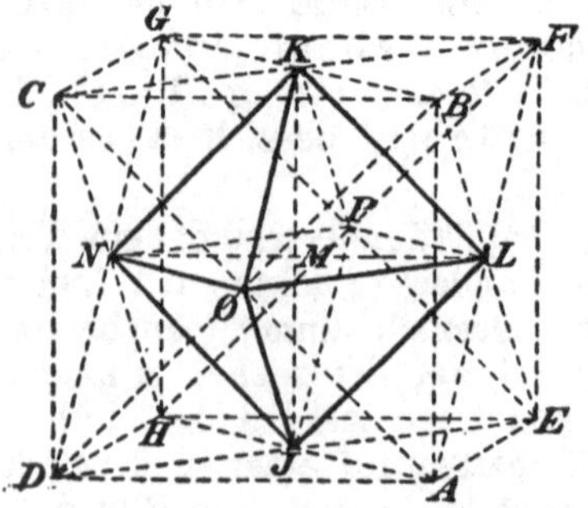

Fig. 20.

Auflösung. Mit Hülfe der Diagonalen findet man die Mittelpunkte sämtlicher Würfelflächen. Verbindet man je zwei gegenüberliegende, so erhält man das Achsenkreuz $JK$, $NL$, $OP$

mit dem Durchschnittspunkt $M$ in der in der Krystallographie üblichen Stellung. Verbindet man die Eckpunkte jedes Dreibeins durch Gerade, so entstehen acht gleichseitige Dreiecke. Diese umschliefsen einen Körper, der als das *regelmäfsige Achtflach* bezeichnet wird. Der Beweis für die Regelmäfsigkeit folgt aus der leicht nachzuweisenden Kongruenz der acht Teile (Oktanten) des Körpers, die sich also gegenseitig vertreten können. Berechnungen sollen erst später stattfinden.

81) *Aufgabe. Das dem Würfel einbeschriebene regelmäfsige Tetraeder mit dem krystallographischen Achsenkreuze zu zeichnen.*

*Auflösung.* Man zeichne auf der Würfeloberfläche von $A$ aus die Diagonalen $AB$, $AC$ und $AD$ und endlich das Dreieck $BCD$. Dadurch entsteht der aus vier gleichseitigen Dreiecken gebildete regelmäfsige Körper, das *regelmäfsige Vierflach* oder *Tetraeder*. Das Achsenkreuz des Würfels ist zugleich das des Tetraeders. Jede Tetraederkante wird durch die Endpunkte der Achsen halbiert. Die Stellung der dreiseitigen Pyramide ist die krystallographische.

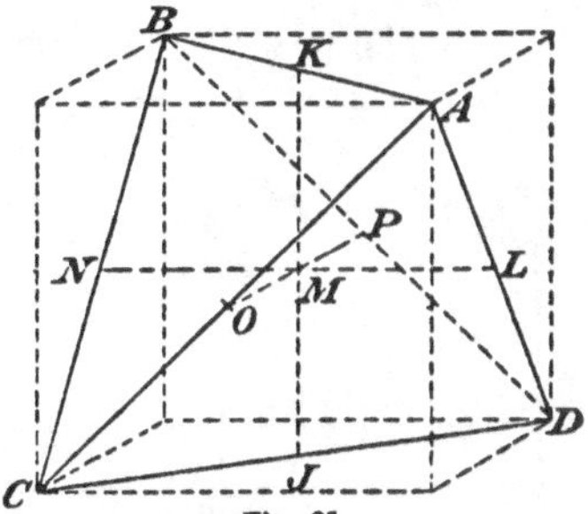


Fig. 21.

82) *Aufgabe. Die beiden dem Würfel einbeschriebenen regelm. Tetraeder in ihrer gegenseitigen Durchdringung zu zeichnen.*

*Auflösung.* Man mache dieselbe Konstruktion wie vorher und wiederhole sie dann mit der zweiten Gruppe von Diagonalen. Die Schnittpunkte je zweier Diagonalen sind mit dem der Diagonalen jedes Nachbarquadrats zu verbinden, denn in solchen Linien schneiden sich je zwei der Dreiecksflächen. In der Figur ist nur das sichtbare ausgezogen.

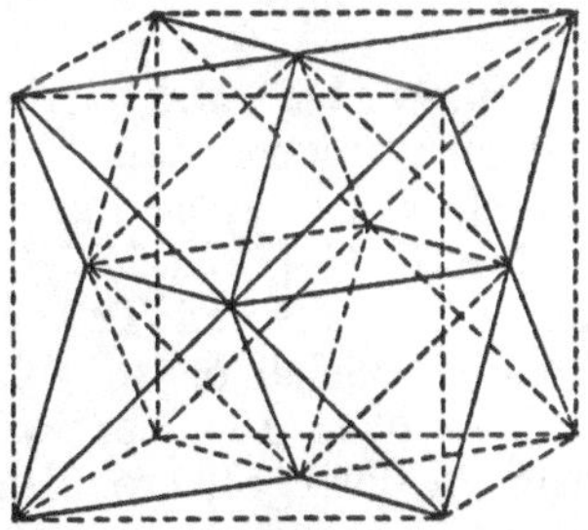

Fig. 22.

Die gestrichelten Schräglinien deuten an, dafs beide Körper ein regelmäfsiges Achtflach umschliefsen. Erweitert man dessen Flächen, so erhält man acht aufgesetzte kleinere Tetraeder, die als Vorsprünge dieses „Sternkörpers" erscheinen. Jedes einzelne der obigen Tetraeder entsteht, wenn man nur die Hälfte der Flächen des Oktaeders erweitert, nämlich die eine Gruppe von 4 Flächen, die nur mit den Ecken zusammenstofsen.

Deshalb bezeichnet man das Tetraeder als den Halbflächner (die Hemiedrie) des Oktaeders.

82) Aufgabe. Das regelmäfsige Zwanzigflach (Ikosaeder) aus dem Achsenkreuz zu konstruieren.

Auflösung. Man zeichne das Achsenkreuz $AB$, $CD$, $EF$ und teile eine der Achsen, z. B. $MD$ (auch eine der Schrägachsen, z. B. $ME$) nach dem goldenen Schnitt. Den gröfseren Teil der Achse trage man in $C$ und $D$ als Senkrechte nach oben und unten an, in $E$ und $F$ als Parallele zu $CD$, in $A$ und B trage man $MH$ parallel zu $EF$ an. Die angetragenen Hülfslinien geben die zwölf Ecken des gesuchten Zwanzigflachs.

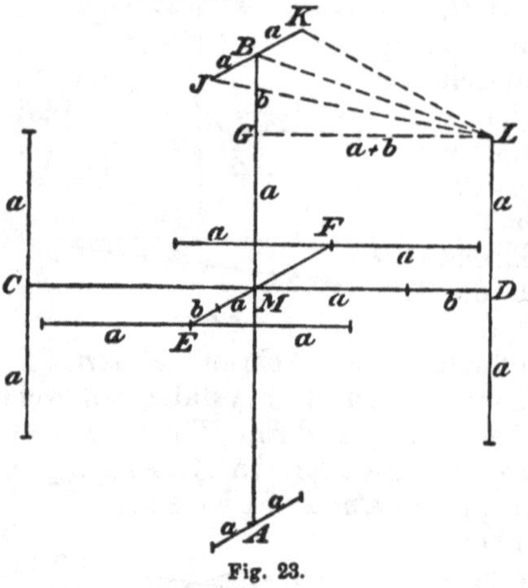

Fig. 23.

Beweis. Man verbinde z. B. $J$ und $K$ mit $L$, dann läfst sich zeigen, dafs $JKL$ ein gleichseitiges Dreieck ist. Zum Beweise ziehe man noch $BL$ und $GL$, dann ist $JL^2 = BJ^2 + BL^2 = BJ^2 + GL^2 + BG^2$. Setzt man nun den gröfseren Teil der geteilten Achse gleich $a$, den kleineren gleich $b$, so folgt aus letzterem $JL^2 = a^2 + b^2 + (a + b)^2$. Aus der Geometrie ist nun bekannt, dafs, wenn $a$ der gröfsere Teil der stetig geteilten Linie ist, der kleinere Teil $b = \frac{a}{2}(\sqrt{5} - 1)$, die ganze Linie

$a + b = \frac{a}{2}(\sqrt{5} + 1)$ ist.*) Daraus folgt $JL^2 = a^2 + \frac{a^2}{4}(\sqrt{5} - 1)^2 + \frac{a^2}{4}(\sqrt{5} + 1)^2 = 4a^2$, also ist $JL$ und ebenso $KL$ gleich $2a$, d. h. ebenso lang, wie $JK$. Das Dreieck ist also gleichseitig. Dasselbe findet an allen andern Stellen in gleicher Weise statt, so dafs der Körper regelmäfsig wird.

Figur 24 stellt den Körper dar. In jeder Ecke stofsen 5 gleichseitige Dreiecke zusammen.

Jeder ebene Schnitt durch eine Kante und den Mittelpunkt $M$ des Körpers ist eine Symmetrieebene desselben. Er durchschneidet gewisse Dreiecke senkrecht in der Mittellinie. Für jedes Dreieck giebt es drei solcher Schnitte, die ein Lot in der Mitte des Dreiecks geben. In einem äufseren Punkte dieses auch durch $M$ gehenden Lotes schneiden sich die drei verlängerten Kanten und bilden eine Pyramide über dem Dreieck. Weil aber die Kanten sich schneiden, liegen je zwei in einer Ebene, in der nun auch die verbindende Kante liegt. Folglich: Die in einer Ecke zusammenstofsenden Dreiecke bilden eine fünfseitige Pyramide mit ebener Grundfläche.

Verlängert man $MD$ um $a$ und $MB$ um $a$, so fallen die neuen Endpunkte mit $L$ in dieselbe Gerade. Daraus folgt:

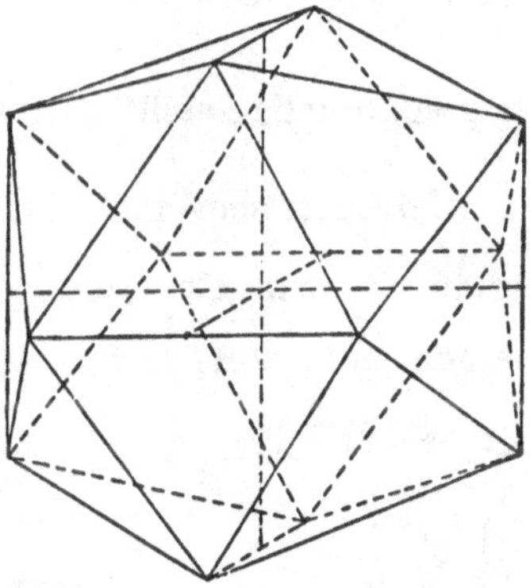
Fig. 24.

Teilt man die Halbachsen eines Oktaeders nach dem goldenen Schnitte so, dafs der gröfsere Teil von $M$ ausgeht, und zieht man durch die Teilpunkte jeder vollen Achse paarweise Parallele bis zu den Kanten, aber so, dafs alle drei Achsenrichtungen zur

*) Aus $b : a = a : (a + b)$ folgt $b^2 + ab = a^2$, also durch Auflösen der quadratischen Gleichung $b = \frac{a}{2}(\sqrt{5} - 1)$. Der andere Wert von $b$ ist negativ und bedeutet daher eine hier nicht verlangte äufsere Teilung der Linie.

Geltung kommen, so werden die Kanten in den Punkten eines Ikosaeders getroffen. Das Oktaeder also wird abgestumpft, von jeder Abstumpfungsfläche aber wird nur die Hälfte der Ecken benutzt.

84) Bemerkung über das Pentagondodekaeder. Bestimmt man die Mittelpunkte aller regelmäfsigen Dreiecke des Ikosaeders, so entsteht ein neuer regelmäfsiger Körper, aber da hier jedesmal fünf Dreiecke in jeder Ecke zusammenstofsen, ein von regelmäfsigen Fünfecken begrenzter Körper, das Zwölfflach oder Pentagondodekaeder. Dieses ist dem Ikosaeder genau so einbeschrieben, wie das Oktaeder dem Würfel. Es kann aber auch selbständig aus dem Würfel abgeleitet werden. Dazu sind einige Vorkenntnisse über das regelmäfsige Fünfeck nötig. Aus der Planimetrie ist bekannt, dafs je zwei Diagonalen desselben einander stetig teilen. So ist die Diagonale $EC = a$ in $H$ stetig geteilt. Dabei ist $CH = b$ und $a = \frac{b}{2}(\sqrt{5} + 1)$. Auch die Höhe $FD$ ist durch die Diagonale stetig geteilt. Der gröfsere Teil ist $e = b\sqrt{\frac{5+\sqrt{5}}{8}}$.

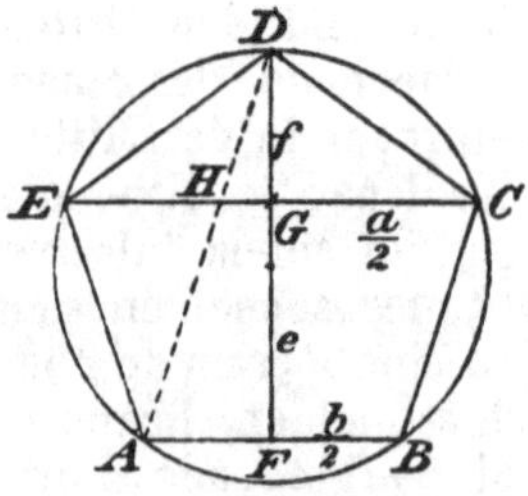

Fig. 25.

Zeichnet man nun ein Quadrat von der Seite $\frac{a}{2}$, und verlängert man eine seiner Seiten um $\frac{b}{2}$, so ist die ganze Gerade, z. B. $MK$, stetig geteilt. In der Figur zeichne man noch Dreieck $JKH$. Macht man in der gegenüberliegenden Quadratseite $OP = \frac{b}{2}$, so ist bekanntlich auch diese Seite $OH$ stetig geteilt. Vollendet man das Quadrat $OPLN$, so liegt $L$ in der Verlängerung von $KH$, denn der obere Teil der Figur ist dem unteren ähnlich, also $\sphericalangle LHP = \sphericalangle HKJ$. Dabei ist $KL$ in $H$ stetig geteilt und

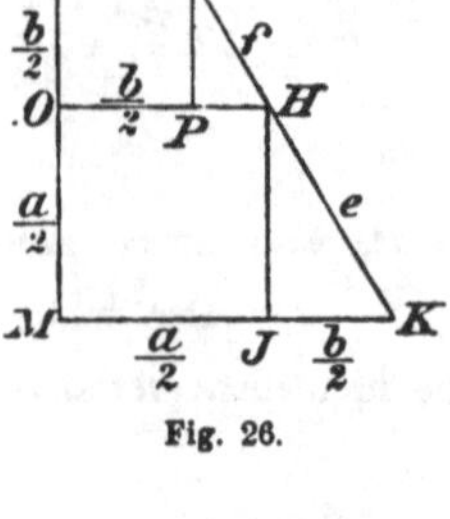

Fig. 26.

$HK = \sqrt{\frac{a^2}{4} + \frac{b^2}{4}} = e$, $HL$ also der stetigen Teilung wegen gleich $f$. Dies ist das, was bei der Konstruktion des Zwölfflachs aus dem Würfel in dessen einer Mittelebene geschehen wird.

Der Würfel hat nämlich 12 Kanten. Ist nun seine Kante gleich der Diagonale $a$ des obigen Fünfecks, so läfst sich an jede Kante ein solches Fünfeck mit der Diagonale so anlegen, dafs ein geschlossener Körper entsteht. Dieses Anlegen soll in folgender Aufgabe geschehen.

85) Aufgabe. Das regelmäfsige Zwölffach mit Hülfe des Würfels zu konstruieren.

Auflösung. Man zeichne einen Würfel, dessen Kante gleich der Diagonale eines regelmäfsigen Fünfecks ist. In ihn zeichne man das Achsenkreuz. Jede Halbachse $\frac{a}{2}$ verlängere man nach aufsen um das Stück $\frac{b}{2}$, d. h. um die halbe Seite des regelmäfsigen Fünfecks, oder man verlängere sie so weit, dafs die ganze Linie stetig geteilt ist. Man verbindet nun den Endpunkt der verlängerten Achse mit dem Halbierungspunkte einer zugehörigen Quadratseite.

Durch die Quadratseite und jenen Endpunkt ist eine Ebene bestimmt, in die man das Fünfeck so zu legen hat, dafs seine Diagonale $a$ mit der Quadratseite, der Fufspunkt $K$ der Höhe mit dem Endpunkte der Achsenverlängerung zusammenfällt. Dafs dies möglich ist, ergiebt sich aus der vorigen Betrachtung. So ist die Fläche $ABCDE$ ($D$ fällt nach $L$) in die richtige Lage gebracht. In der Figur ist dies für den Mittelschnitt $MJHO$ des Würfels durchgeführt. Die Buchstaben sind dieselben, wie in Figur 26.

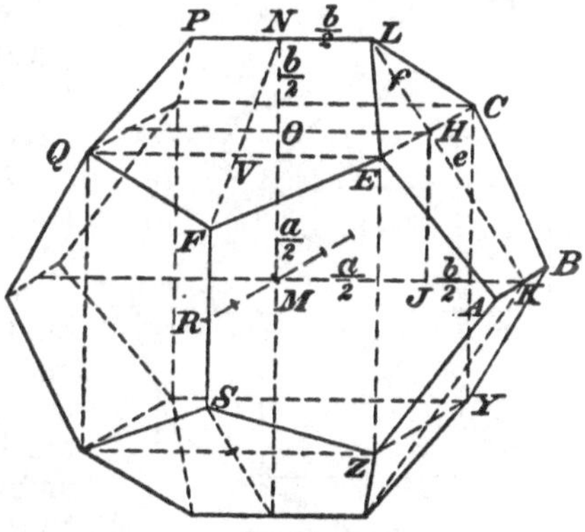

Fig. 27.

Jetzt ist oben $LN$ um sich selbst zu verlängern, und

der Endpunkt $P$ mit $Q$ zu verbinden. Statt das Fünfeck $QPLEF$ zu vervollständigen, kann man die Mittellinie $NV$ soweit verlängern, bis sie die durch den Endpunkt $R$ der verlängerten dritten Würfelachse gehende Senkrechte in $F$ trifft. Dann ist $PQFEL$ ein neues Fünfeck. $N$ und $F$ haben ebenso, wie $K$ und $L$ von den zugehörigen Würfelflächen die Entfernung $\frac{b}{2}$. Daher haben sie gegen den Würfel dieselbe Lage.

Macht man $FS = b$, so giebt $AEFSZ$ ein neues Fünfeck u. s. w.

86) Bemerkungen. Jeder Schnitt durch eine Kante und den Mittelpunkt $M$ des Körpers ist eine Symmetrieebene, welche die anstofsenden Fünfecke in einer Mittellinie schneidet. Die Verlängerungen der an ein Fünfeck anstofsenden Kanten bilden also über dem Fünfeck eine fünfseitige Pyramide, deren Höhe durch den Mittelpunkt $M$ des Körpers geht.

Die Punkte $Q, F, A, B$ und noch zwei Punkte der Rückseite liegen in einer zu $PEC$ parallelen Ebene. Man suche noch andere Gruppen von je sechs Punkten, die in einer Ebene liegen. (Demnach müssen am regelm. Zwanzigflach sich ebenso viele Gruppen von je sechs Flächen befinden, die durch einen Punkt gehen.)

Bei der Ausführung der obigen Konstruktion lassen sich erhebliche Abkürzungen anwenden.

87) Das regelmäfsige Zwölfflach als Halbflächner eines bestimmten Pyramidenwürfels abzuleiten.

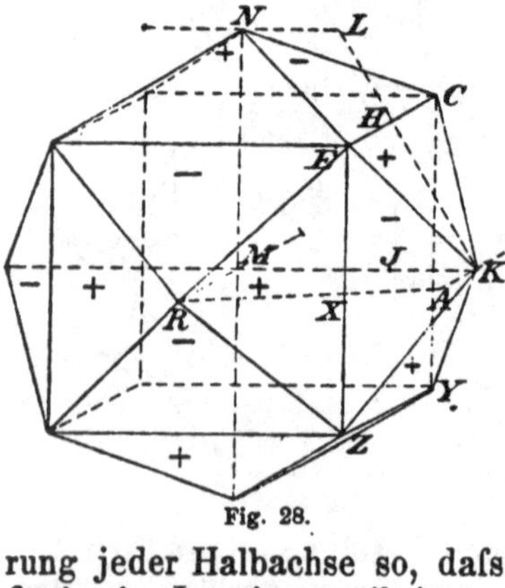

Fig. 28.

Auflösung. Errichtet man auf den Würfelflächen in den Mittelpunkten gleich lange Lote nach aufsen und verbindet man ihre Endpunkte mit den Ecken der zugehörigen Quadratfläche, so werden auf die Würfelflächen Pyramiden aufgesetzt, und so entsteht der Pyramidenwürfel.

Wählt man die Verlängerung jeder Halbachse so, dafs z. B. $MK$ durch die Quadratfläche in $J$ stetig geteilt ist, so hat man dasselbe wie vorher.

Man bezeichne die Flächen des Pyramidenwürfels abwechselnd mit + und —, so dafs je zwei in einer Kante zusammenstofsende entgegengesetzte Bezeichnung erhalten. Die mit — bezeichneten Flächen denke man sich weg, die übrigen aber so erweitert, dafs wieder ein geschlossener Körper entsteht. Erweitert man z. B. die Flächen $ECK$ und $ZYK$, so schneiden sie sich in einer durch $K$ gehenden und zu $EC$ und $ZY$ parallelen Schnittlinie, die, bis zum Schnitt mit der Mittellinie des Dreiecks $ERZ$ verlängert, genau der Linie $KA$ in der vorigen Figur entspricht. Ebenso ergeben sich die übrigen Eckpunkte.

88) Bemerkungen. Andere regelmäfsige Polyeder, als die oben konstruierten giebt es nicht, weil die Summe der in einer Ecke zusammenstofsenden Winkel unter 360° bleiben mufs. Da 3 . 60°, 4 . 60° und 5 . 60° unter 360° bleiben, so sind regelmäfsiges Tetraeder, Oktaeder und Ikosaeder möglich, andere von gleichseitigen Dreiecken begrenzte aber nicht. Da 3 . 90° ebenfalls darunter bleibt, ist der Würfel möglich, andere von Quadraten begrenzte Polygone aber sind unmöglich. Auch 3 . 108° bleibt darunter, daher ist das Pentagondodekaeder möglich. Andere Fälle giebt es nicht. Es giebt also nur fünf regelmäfsige Polyeder, die sogenannten Platonischen Polyeder. (Plato Tim. pag. 55 und de anima mundi p. 98.) Ihre Entdeckung wird der Pythagoreischen Schule zugeschrieben.

89) Vorbemerkung zu den reciproken Konstruktionen. Zwischen Würfel und Oktaeder findet Reciprocität statt, denn 6 Flächen, 8 Ecken, 12 Kanten des einen entsprechen 6 Ecken, 8 Flächen, 12 Kanten des andern. Dasselbe gilt vom regelm. Zwölf- und Zwanzigflach, 12 Flächen, 20 Ecken, 30 Kanten des einen entsprechen 12 Ecken, 20 Flächen, 30 Kanten des andern. Das Tetraeder ist mit 4 Ecken, 4 Flächen, 6 Kanten zu sich selbst reciprok. Reciprocität gilt auch für eine Reihe von Konstruktionen, die mit krystallographischen Körpern vorgenommen werden können.

$\alpha$) Einem durch die Ecken gehenden umbeschriebenen Körper entspricht ein die Flächen des reciproken Körpers berührender einbeschriebener

Körper. Berührt ein Eckpunkt des letzteren die Flächen in den Mittelpunkten, so steht die Fläche des ersteren senkrecht auf der durch Ecke gehenden Achse. Es giebt aber auch umbeschriebene Körper, deren Flächen durch die Kanten gehen, ihnen entsprechen einbeschriebene, deren Ecken auf den Kanten liegen. Die Kante wird halbiert, wenn vorher der äufsere Kantenwinkel halbiert wurde. Endlich giebt es umbeschriebene Körper, die durch Erweiterung der Flächen entstehen, ihnen entsprechen einbeschriebene, deren Flächen z. B. durch die Mittelpunkte der ersteren Flächen gehen.

β) Dem Aufsetzen von Pyramiden auf die Flächen des einen Körpers entspricht das Abstumpfen der Ecken des andern.

γ) Dem Abkanten des einen, wobei zwei Kanten an Stelle der einen treten, entspricht das Brechen der Kanten des anderen.

δ) Dem sogenannten Zuschärfen des Flächenwinkels entspricht das Zuspitzen der Ecken.

ε) Dem „Halbflächner" des einen Körpers entspricht der „Halbecker" des anderen.

ζ) Den rechtwinkligen Achsen entsprechen rechtwinklige Achsen, den Verbindungslinien der Ecken mit den Mittelpunkten entsprechen die vom Mittelpunkte auf die entsprechenden Flächen gefällten Lote, genauer ihre Verlängerung bis ins Unendliche.

Setzt man die Pyramiden nach innen auf, d. h. schneidet man sie aus dem Körper aus, so entspricht dies dem Abstumpfen der Scheitelecken, so dafs die neuen Pyramiden nur im Eckpunkte mit dem Körper zusammenhängen. Macht man die nach aufsen gesetzten Pyramiden zu hoch, so bleibt der Körper nicht überall konvex. Entsprechendes geschieht bei zu weit getriebener Abstumpfung. Schnittebenen durch die Kanten (Diagonalschnitten) entsprechen Schnittpunkte von Kanten, Schnitten der Diagonalebenen entsprechen Verbindungslinien von Kanten-Schnittpunkten. Halbierten Flächenwinkeln entsprechen halbierte Kanten.

Die hier gebrauchten Ausdrücke werden sich gelegentlich der Beispiele erläutern.

**β) Reciproke Konstruktionsaufgaben (krystallographische Körper und ihre reciproken, krystallographische Operationen und ihre reciproken, Archimedische Körper und ihre reciproken).**

90) Die Mittelpunkte der Würfelflächen so durch Gerade zu verbinden, dafs das einbeschriebene Oktaeder entsteht. (Vgl. Fig. 20.)

90′) Durch die Oktaederecken Normalebenen zu den Achsen so zu legen, dafs der umbeschriebene Würfel entsteht.

91) Durch die Würfelecken Normalebenen zu den Hauptdiagonalen zu legen und so das umbeschriebene Oktaeder zu konstruieren.

91′) Die Mittelpunkte der Oktaederflächen so durch Gerade zu verbinden, dafs der einbeschriebene Würfel entsteht.

92) Durch je drei Würfelecken Ebenen so zu legen, dafs die beiden einbeschriebenen einander durchdringenden Tetraeder entstehen. (Vgl. Fig. 22.)

92′) Zu je drei Oktaederflächen die gemeinsamen Schnittpunkte zu bestimmen, so dafs die beiden umbeschriebenen einander durchdringenden Tetraeder entstehen. (Fig. 22.)

93) Durch je drei Eckpunkte des Würfels Normalebenen zu den Hauptdiagonalen zu legen und soweit zu erweitern, dafs zwei umbeschriebene einander durchdringende Tetraeder entstehen.

93′) Durch je drei Flächen-Mittelpunkte des Oktaeders Ebenen zu legen, die zwei einander durchdringende einbeschriebene Tetraeder geben.

94) Auf die Würfelflächen gleich hohe Pyramiden aufzusetzen, deren Spitzen in den verlängerten Achsen liegen. Der entstehende Körper heifst P y r a m i d e n w ü r f e l. (Fig. 28.)

94′) Durch die Oktaederachsen in gleichem Abstande vom Mittelpunkte Normalebenen zu legen und so die Ecken des Körpers abzustumpfen. So entsteht das a b g e s t u m p f t e  O k t a e d e r.

95) Wird dabei die Pyramidenhöhe gleich der Halbachse gemacht, so fallen je

95′) Wird dabei die Halbachse halbiert, so entsteht ein besonderer Körper, der als zwei Flächen zusammen und es entsteht das Rhombendodekaeder (Granatoeder). Figur 29.

Seine Flächen halbieren die äufseren Flächenwinkel des Würfels. Er hat Drei- und Vierkantecken.

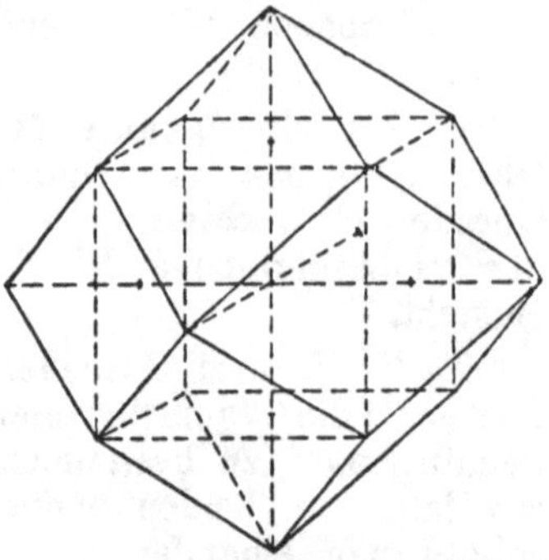

Fig. 29.

96) Die Hauptdiagonalen des Würfels um gleiche Stücke zu verkürzen und durch Normalebenen in den Teilpunkten die Würfelecken abzustumpfen.

So entsteht der abgestumpfte Würfel.

97) Die Abstumpfung so weit zu treiben, dafs die Abstumpfungsflächen in den Halbierungspunkten der Kanten zusammenstofsen. Es entsteht der einbeschriebene „Halbstumpf" des Würfels, der mit dem des Oktaeders übereinstimmt.

Halbstumpf des Oktaeders bezeichnet werden soll. Figur 30.

Seine Ecken halbieren die Oktaederkanten. Die Flächen sind teils dreiseitig, teils vierseitig.

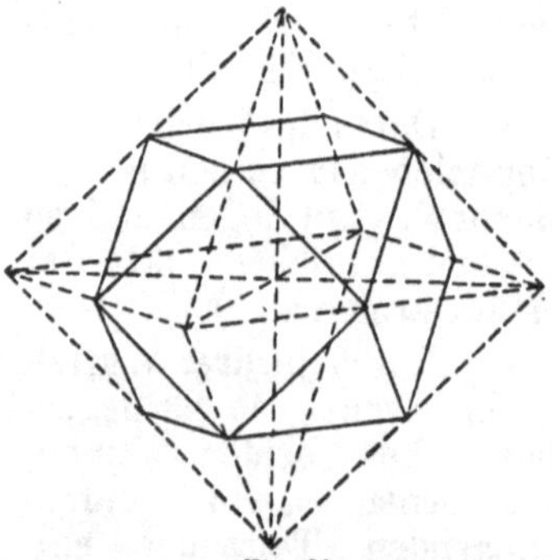

Fig. 30.

96') Die vom Mittelpunkte auf die Oktaederflächen gefällten Lote um gleiche Stücke zu verlängern und die Endpunkte zu Spitzen von aufgesetzten Pyramiden zu machen.

So entsteht das Pyramidenoktaeder.

97') Die Verlängerung so zu wählen, dafs je zwei Flächen in eine zusammenfallen.

Es entsteht wieder ein umbeschriebenes Rhombendodekaeder.

98) Den Würfel gleichmäfsig abzukanten.

Auflösung. Man lege parallel zu den Kanten Schnittflächen unter 45° Neigung gegen die Würfelebenen, überall in demselben Abstande von den Kanten. Von je drei bei derselben Ecke liegenden Schnittflächen suche man je zwei gemeinschaftliche Punkte und verbinde sie, was die Schnittlinien giebt.

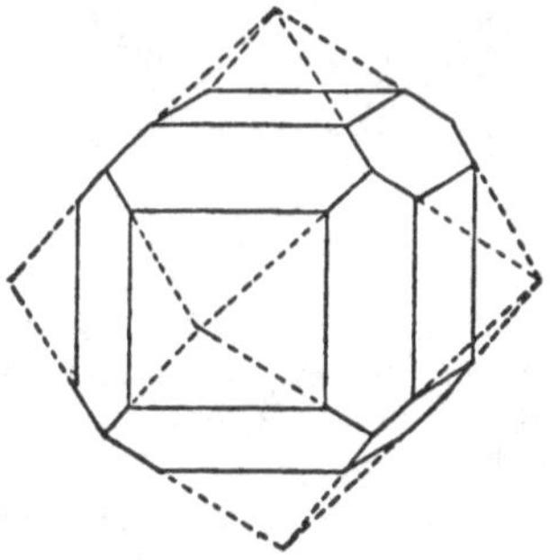

Fig. 31.

Die Flächen des abgekanten Würfels sind Quadrate und Sechsecke, die Ecken sämtlich dreikantig, acht davon regelmäfsige.

Der Körper kann als Granatoeder betrachtet werden, welches an den Vierkant-Ecken abgestumpft ist. Die Abstumpfung führt schliefslich auf dessen einbeschriebenen Würfel.

99) Die Abkantung des Würfels so weit zu treiben,

98') Die Oktaederkanten gleichmäfsig nach aufsen zu brechen.

Auflösung. Man fälle Lote von der Mitte auf die Kanten, verlängere diese um gleiche Stücke und verbinde die Endpunkte mit den zur Kante gehörigen Ecken. So entsteht die gebrochene Kante. Man verbinde die Bruchstellen, was gleichseitige Dreiecke giebt.

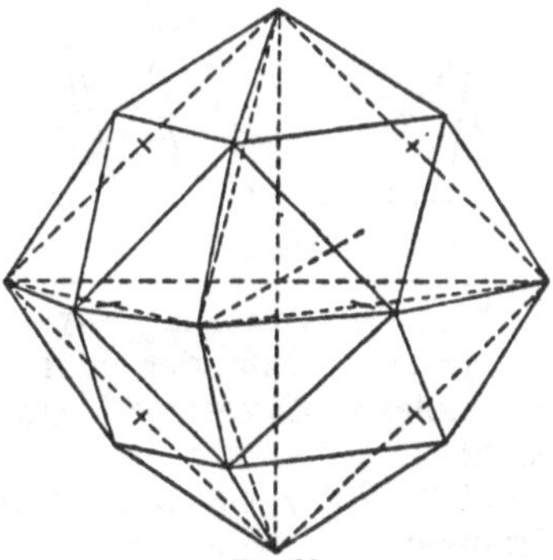

Fig. 32.

Die Ecken des gebrochenen Oktaeders sind vier- und sechskantig, die Flächen sämtlich Dreiecke, acht davon sind regelmäfsig.

Der Körper kann als Halbstumpf betrachtet werden, dessen Quadratflächen Pyramiden aufgesetzt sind. Dies führt schliefslich auf dessen umbeschriebenes Oktaeder.

99') Die Brechung der Kanten des Oktaeders soweit

dafs das einbeschriebene Rhombenzwölfflach entsteht.

100) Die Würfelkanten gleichmäfsig nach aufsen zu brechen.*) Figur 33.

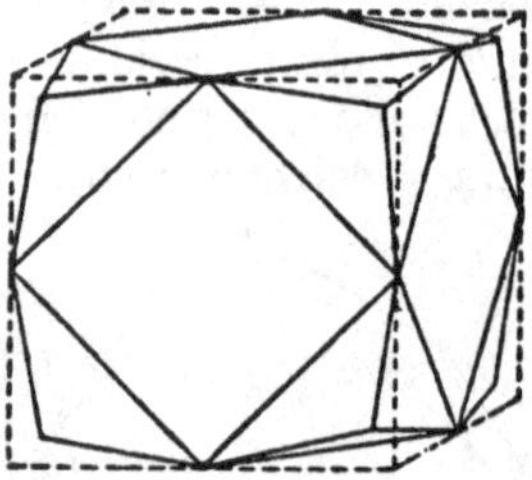

Fig. 33.

101) Die Brechung soweit zu treiben, dafs der umbeschriebene Halbstumpf entsteht.

102) Figur 33 aus dem Halbstumpf entstehen zu lassen, auf dessen Dreieckflächen Pyramiden aufgesetzt werden.

103) Die Pyramiden des Pyramidenwürfels gleichmäfsig abzustumpfen, so dafs zugleich der Würfel mit zugeschärften Kanten entsteht.

104) Auf die Dreiecksflächen des abgestumpften

zu treiben, dafs der umbeschriebene Halbstumpf entsteht.

100′) Die Oktaederflächen gleichmäfsig abzukanten. Figur 34.

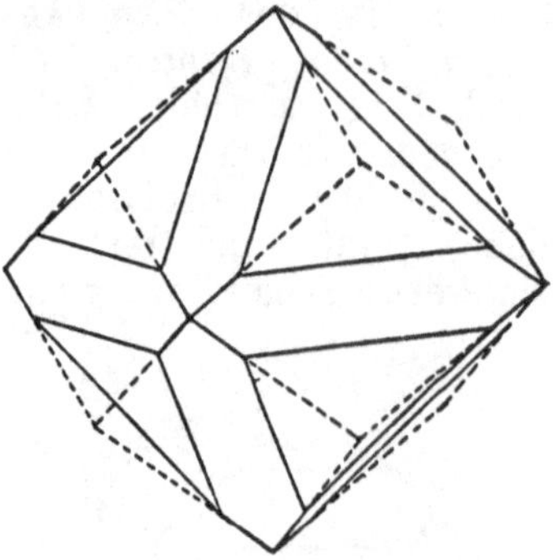

Fig. 34.

101′) Die Abkantung soweit zu treiben, dafs das einbeschriebene Rhombenzwölfflach entsteht.

102′) Figur 34 aus dem Granatoeder entstehen zu lassen, dessen Dreikantecken abzustumpfen sind.

103′) Auf die Quadratflächen des abgestumpften Oktaeders Pyramiden aufzusetzen, (so dafs das Oktaeder mit zugespitzten Ecken entsteht).

104′) Die Pyramiden des Pyramidenoktaeders abzu-

*) In der Figur ist aus Gründen bequemerer Zeichnung ein gröfserer Würfel angedeutet. Die geforderte Konstruktion geht von dem durch die Dreikantecken des fertigen Körpers gebildeten Würfel aus und erfolgt ähnlich, wie unter 98′.

Würfels Pyramiden aufzusetzen.

stumpfen, so dafs zugleich das Oktaeder mit zugeschärften Kanten entsteht.

105) Den Würfel nur an vier tetraedrisch liegenden Ecken abzustumpfen.

105') Dem Oktaeder nur an vier tetraedrisch liegenden Flächen Pyramiden aufzusetzen.

106) Auf diese Aufstumpfungsflächen Pyramiden aufzusetzen.

106') Diese Pyramiden abzustumpfen.

107) Das regelmäfsige Zwölfflach als Halbflächner des Pyramidenwürfels zu konstruieren, wenn dessen Halbachse stetig geteilt ist. Figur 28.

107') Das regelmäfsige Zwanzigflach als Halbecker des nach stetiger Teilung der Halbachse abgestumpften Oktaeders zu konstruieren. Figur 23 und 24.

108) Dieser Pyramidenwürfel giebt zu zwei solchen Zwölfflachen Anlafs. Diese sollen in ihrer gegenseitigen Durchdringung gezeichnet werden.

108') Dieses abgestumpfte Oktaeder giebt zu zwei solchen Zwanzigflachen Anlafs. Diese sollen in ihrer gegenseitigen Durchdringung gezeichnet werden.

109) Die vorstehenden Aufgaben, so weit dies möglich ist, auf das Tetraeder und die ihm ein- und umbeschriebenen Tetraeder, Würfel, Oktaeder, auf seine Abstumpfung, Abkantung, Pyramidenaufsetzung u. s. w. zu übertragen.

109') Zu jeder dieser Tetraederaufgaben die reciproke Aufgabe zu bilden.

110) Den Würfel durch Verlängerung oder Verkürzung einer Achse in ein quadratisches Prisma zu verwandeln.

110') Das Oktaeder durch Verkürzung oder Verlängerung einer seiner Achsen in ein quadratisches Oktaeder zu verwandeln.

111) Das quadratische Prisma durch Verlängerung oder Verkürzung einer andern

111') Das Oktaeder durch Verkürzung oder Verlängerung einer andern Achse in ein

Achse in ein Prisma von rechteckigem Querschnitt zu verwandeln.

112) An den durch 110) und 111) charakterisierten Körpern irgend welche Aufgaben der Krystallographie zu lösen. (Vgl. die Lehrbücher der Mineralogie und Chemie.)

113) Bemerkung. Wird ein Körper von regelmäfsigen Flächen verschiedener Arten begrenzt, so heifst er ein halbregelmäfsiger Körper (Archimedischer Körper im Gegensatz zum ganz regelmäfsigen Platonischen Körper).

Hierher gehört z. B. der Halbstumpf des Würfels oder Oktaeders. Das Oktaeder kann so abgestumpft werden, dafs es von Quadraten und regelmäfsigen Sechsecken begrenzt wird; der Würfel so, dafs er von gleichseitigen Dreiecken und regelmäfsigen Achtecken begrenzt wird.

rhombisches Oktaeder zu verwandeln.

112') An den durch 110') und 111') charakterisierten Körpern die reciproken Aufgaben der Krystallographie zu lösen.

113') Bemerkung. Wird ein Körper von gleichkantigen und gleichwinkligen (regelmäfsigen) Ecken verschiedener Arten gebildet, so heifst er ein halbregelmäfsiger Körper, (jedoch nicht im Sinne des Archimedes, dem das Gesetz der Reciprocität nicht bekannt war). Man kann also von den reciproken Körpern der Archimedischen reden.

Hierher gehört z. B. das Granatoeder, bei dem zwei Arten solcher Ecken vorkommen. Der Würfel kann so mit Pyramiden versehen werden, dafs sechs vierkantige Ecken oktaedrischer Art und acht sechskantige mit Kantenwinkeln von 60° entstehen, die aber abwechselnd konkave und konvexe Flächenwinkel erhalten. Dem Oktaeder können Würfelecken als Pyramiden aufgesetzt werden, wobei die Oktaederecken in acht Ecken mit Kantenwinkeln

*) Sie werden bisweilen als antarchimedrische bezeichnet.

von 45° übergehen, deren Flächenwinkel abwechselnd konkav und konvex sind.

Sämtliche halbregelmäfsigen Körper können aus den regelmäfsigen durch Abstumpfung und Abkantung erhalten werden.

Die reciproken Körper der Archimedischen können aus den regelmäfsigen durch Aufsetzung von Pyramiden oder durch Kantenbrechung erhalten werden.

114) Man konstruiere alle halbregelmäfsigen Körper mit zwei Arten von Flächen.

α) 8-flach mit 4 Dreiecken und 4 Sechsecken,
β) 14-flach mit 6 Quadraten und 8 Dreiecken,
γ) 14-flach mit 6 Quadraten und 8 Sechsecken.
δ) 14-flach mit 6 Achtecken und 8 Dreiecken,
ε) 26-flach mit 8 Dreiecken und 18 Quadraten,
ζ) 32-flach mit 12 Fünfecken und 20 Dreiecken.
η) 32-flach mit 12 Fünfecken und 20 Sechsecken.
ϑ) 32-flach mit 12 Zehnecken und 20 Dreiecken.
ι) 38-flach mit 32 Dreiecken und 6 Quadraten.
κ) 92-flach mit 80 Dreiecken und 12 Fünfecken.

114') Man konstruiere einige reciproke Körper zu den links aufgezählten.

115) Man konstruiere alle halbregulären Körper mit drei Arten von Flächen.

a) 26-flach mit 6 Achtecken, 8 Sechsecken, 12 Quadraten,
b) 62-flach mit 12 Fünf-

115') Man konstruiere reciproke Körper zu den links aufgezählten.

ecken, 20 Dreiecken, 30 Quadraten,

c) 62-flach mit 12 Zehnecken, 20 Sechsecken, 30 Quadraten.

116) Man suche zu beweisen, dafs ein halbregelmäfsiger Körper höchstens von drei Arten von regelmäfsigen Vielecken begrenzt sein kann und dafs die Zahl der Kanten jeder Ecke höchstens fünf ist; dafs ferner alle Ecken vom Mittelpunkte gleiche Entfernungen haben. Mehr solcher Körper als die 13 aufgezählten giebt es nicht.

116′) Man beweise, dafs die reciproken Körper der Archimedischen höchsten drei Arten von regelmäfsigen Vielkanten haben können und dafs die Zahl der Seiten jeder Fläche höchstens 5 ist; dafs ferner alle Flächen vom Mittelpunkte gleiche Entfernungen haben. Mehr solcher Körper, als die 13 zu den links besprochenen reciproken, giebt es nicht.

Die Mehrzahl der halbregulären Körper findet man gezeichnet in der genetischen Stereometrie von Heinze-Lucke (Leipzig bei Teubner), ihre vollständige Behandlung bei Heinze im Schulprogramm 1868 des Gymnasiums Cöthen. Die Entdeckung wird dem Archimedes zugeschrieben. Vgl. Pappus V, Einleitung zu prop. 18, und Keppler, harmonice mundi II, 28. Ihre reciproken Körper werden zuerst erwähnt bei J. H. T. Müller, Trigon. 1852, Seite 345.

### γ) Einige Aufgaben der axonometrischen Krystallographie.

117) Vorbemerkung. Man markiere auf den Linien des Achsenkreuzes die Punkte, zu denen die Entfernungen 1, 2, 3, 4 ... (in gleichem Mafsstabe) gehören. Unter einer Fläche 1 : 2 : 3 versteht man dann eine Fläche jedes Oktanten, die auf der einen Achse das Stück 1, auf der andern das Stück 2, auf der andern das Stück 3 abschneidet. Ebenso kann man allgemein von einer Fläche a : b : c sprechen, wo die Buchstaben ganz allgemeine reelle Zahlen bedeuten können. In jedem Oktanten sind aber sechs solche Flächen möglich $a_x : b_y : c_z$, $a_x : c_y : b_z$, $a_y : b_z : c_x$, $a_y : b_x : c_z$, $a_z : b_y : c_x$, $a_z : b_x : c_y$, je nachdem die einzelnen Entfernungen auf der X-Achse, Y-Achse oder Z-Achse markiert werden.

Man nennt das daraus hervorgehende Krystallsystem das gleichgliedrige (regelmäfsige), weil auf jeder Achse dasselbe stattfindet. Der allgemeinste einfache Körper dieses Systems ist also das 48-Flach.

Die Zahl der Flächen wird geringer, wenn zwei Zahlen der Proportion übereinstimmen, z. B. bei a : b : b, wobei nur drei Flächen in jedem Oktanten möglich sind, oder a : a : a, wo nur eine möglich ist. Der letztere Fall giebt die Flächen des Tetraeders und Oktaeders.

Eine oder zwei der Entfernungen können aber auch unendlich grofs werden. So giebt a : ∞ : ∞ Normalebenen zu den Achsen in der Entfernung a, was auf Würfelflächen führt; a : a : ∞ giebt Granatoederflächen, a : b : ∞, giebt Zuschärfungsflächen des Würfels, Flächen des Pyramidenwürfels und seines Halbflächners u. s. w.

118) Aufgabe. Man versuche für sämtliche bisher behandelten Körperformen die zugehörigen Proportionen aufzustellen.

119) Aufgabe. Man versuche neue Konstruktionen für die Körper auf Grund dieser Proportionen ausfindig zu machen.

120) Aufgabe. Den Körper *1 : 2 : 2* zu konstruieren.

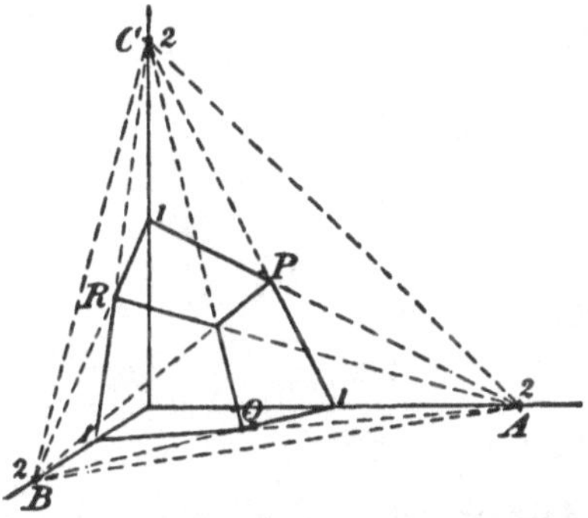

Fig. 35.

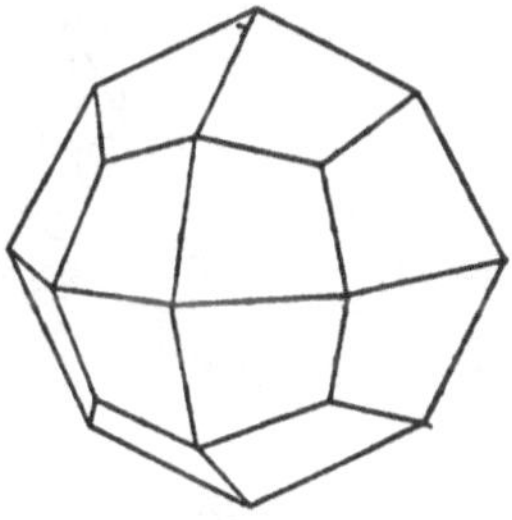
Fig. 36.

Auflösung. Die Flächen *1 : 2 : 2* sind leicht zu zeichnen. Je zwei schneiden sich in zwei bekannten Punkten, z. B. in $P$ und $B$, so dafs $PB$ die Schnittlinie wird; oder in $Q$ und $C$, oder in $R$ und $A$.

Bemerkung. Denkt man sich den Oktanten in Form einer Lehmmasse, so geben die durch die Flächen angedeuteten Schnitte die Form des gesuchten Körpers. In Figur 36 ist er vollständig dargestellt. In allen Oktanten geschieht dasselbe. Der Körper a : b : b heifst Trapezoeder. (In ihm krystallisiert z. B. der Analcym.) Er ist ein 3 . 8-Flach oder 24-Flach.

121) Aufgabe. Den Körper $1:2:3$ zu konstruieren.

Auflösung. Man zeichne zunächst $ABC$ und $DEC$ als Flächen $1:2:3$. Die Schnittpunkte beider sind $K$ und $C$, so dafs $KC$ der Schnitt ist. Für die anderen Achsen geschieht dasselbe. In den Achsenflächen also bleiben nur Linien $1:2$, die Schnitte $K$, $L$, $M$ geben. Von diesen Punkten aus gehen Schnittlinien nach den Punkten $3$, die sich in $N$ schneiden. Endlich sind noch Schnitte $AN$, $DN$, $FN$ vorhanden. Die übrigen Oktanten sind ebenso zu behandeln.

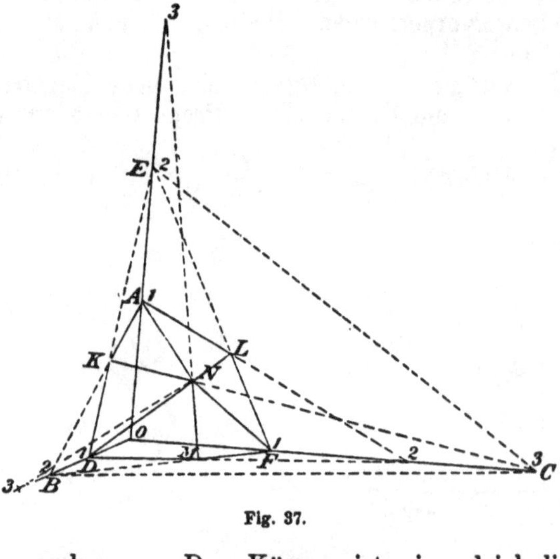


Fig. 37.

Bemerkung. Der Körper ist ein gleichgliedriges 48-Flach. In der Form $a:b:c$ krystallisiert z. B. der Diamant, daher spricht die Krystallographie vom Diamantoeder.

122) Stumpft man den abgekanteten Würfel an den ursprünglichen Würfelecken so ab, dafs die Quadrate sich in Achtecke verwandeln, so erhält man den reciproken

Körpers eines 48-Flachs. Bei einer bestimmten Abkantung und Abstumpfung entsteht ein Archimedischer Körper, der von regelmäſsigen Sechsecken, Achtecken und Quadraten bestimmt ist. (Vgl. No. 115.) Wählt man die abstumpfende Fläche so, daſs die Quadrate unangetastet bleiben und die abstumpfende Fläche ein gleichseitiges Dreieck wird, so hat man den reciproken Körper eines Trapezoeders.

Nimmt man auf den Achsen für die Einteilungen verschiedene Maſsstäbe an, so gelangt man zu den Formen des quadratischen und rhombischen Krystallsystems. Über die sonstigen Krystallsysteme, das hexagonale und die mit schiefwinklig aufeinanderstehenden Achsen versehenen Systeme vergleiche man die Lehrbücher der Mineralogie und Krystallographie, z. B. C. F. Naumann: Anfangsgründe der Krystallographie, Dresden und Leipzig, bei Arnoldi, 302 Seiten und 26 Tafeln mit 270 Figuren, 1841, und desselben Lehrbuch der reinen und angewandten Krystallographie, 2 Bände, Leipzig bei Brockhaus, 1870.

### δ) Reciproke Konstruktionsaufgaben schwieriger Art, besonders Sternkörper betreffend.

123) Mit Hülfe der Flächenmittelpunkte des regelmäſsigen Zwanzigflachs das einbeschriebene Zwölfflach zu zeichnen.

124) Durch die Ecken des regelmäſsigen Zwanzigflachs Ebenen so zu legen, daſs das umbeschriebene Zwölfflach entsteht.

125) Beim regelmäſsigen Zwanzigflach stoſsen an jedes Dreieck drei Nachbardreiecke mit den Kanten an. Die Flächen der letzteren sollen so erweitert werden, daſs ein bestimmtes Pyramiden-Ikosaeder entsteht.

123′) Durch die Ecken des regelmäſsigen Zwölfflachs Ebenen so zu legen, daſs das umbeschriebene Zwanzigflach entsteht.

124′) Mit Hülfe der Flächenmittelpunkte des regelmäſsigen Zwölfflachs das einbeschriebene Zwanzigflach zu zeichnen.

125′) Am regelmäſsigen Zwölfflach soll durch die Grundpunkte jedes Dreikants ein Schnitt gelegt werden, so daſs ein bestimmter abgestumpfter Körper entsteht. (Bei dem Körper spielt die stetige Teilung eine groſse Rolle.)

126) Am regelmäſsigen Zwanzigflach soll durch die Grundpunkte jedes Fünfkants eine Ebene gelegt werden. Mit Hülfe dieser Ebenen soll über jeder Dreiecksfläche eine nach innen gerichtete Pyramide errichtet werden.

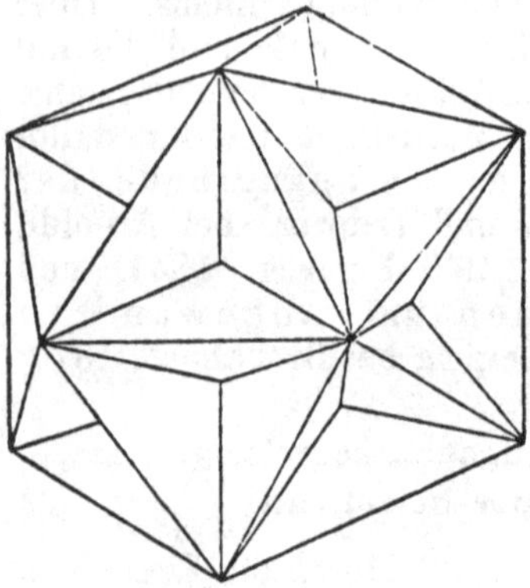

Fig. 38.

Der entstehende Körper ist, da zwölf solche Schnitte möglich sind, ein Dodekaeder, und zwar heiſst er das sterneckige Dodekaeder. Über jeder Schnittebene bleibt nämlich eine fünfteilige Sternecke stehen. Die Schnittebenen umhüllen ein einbeschriebenes Zwölfflach.

Die äuſseren Sternecken bilden das ursprüngliche Zwanzigflach, die dreikantigen inneren Ecken das einbeschriebene Zwölfflach. Der

126′) Durch Erweiterung sämtlicher Flächen (oder Kanten) des regelmäſsigen Zwölfflachs entsteht ein bestimmtes Pyramiden-Dodekaeder. Dieses soll gezeichnet werden.

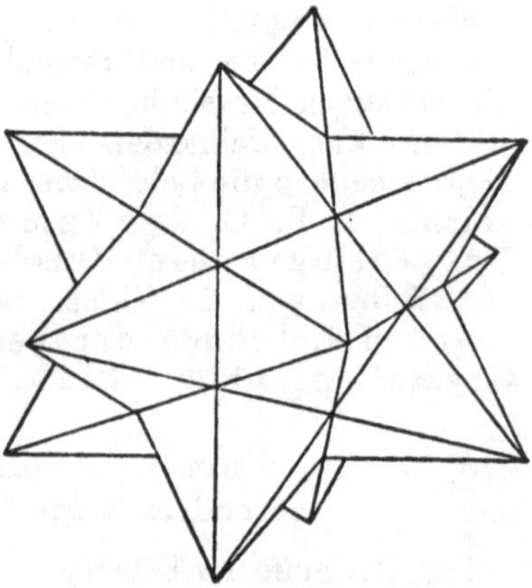

Fig. 39.

Da zwölf Flächen erweitert werden, ist der entstehende Körper ein Dodekaeder, jedoch sternförmiger Art. Er heiſst das zwölfeckige Sterndodekaeder. Jedes Fünfeck ist in einen fünfeckigen ebenen Stern verwandelt. Die äuſseren Eckpunkte geben ein umbeschriebenes Zwanzigflach.

Die Ebenen der fünfteiligen Sterne umhüllen das ursprüngliche Zwölfflach. Die durch je drei benachbarte Auſsenecken gelegten Ebenen bilden

Körper hat 30 eigentliche (und 30 uneigentliche) Kanten.

127) Verlängert man sämtliche 30 Kanten eines regelmäſsigen Zwanzigflachs, so erhält man, da je drei sich in einem Punkte schneiden, über jeder Fläche eine senkrechte Pyramide. Die Spitzen dieser Pyramiden geben die 20 Eckpunkte eines äuſseren Dodekaeders. Der neue Körper hat $3 \cdot 20 = 60$ Einzelflächen, da aber je fünf von diesen einen ebenen Stern bilden, so sind im Ganzen nur 12 Flächen vorhanden, die ein inneres das umbeschriebene Zwanzigflach. Der Körper hat dreiſsig Kanten.

127') Verlängert man alle Kanten eines regelmäſsigen Zwölfflachs, so erhält man zunächst den in Fig. 39 dargestellten Kantenkomplex. Je drei dieser verlängerten Kanten bilden ein gleichseitiges Dreieck, z. B. das durch Verlängerung von $AJ$, $CG$ und $NO$ entstehende. Solcher ebenen Dreiecksschnitte giebt es 20. Sie umhüllen ein inneres Zwanzigflach und verwandeln jede Pyramide der Fig. 39 in eine Sternecke. Zwischen je zwei

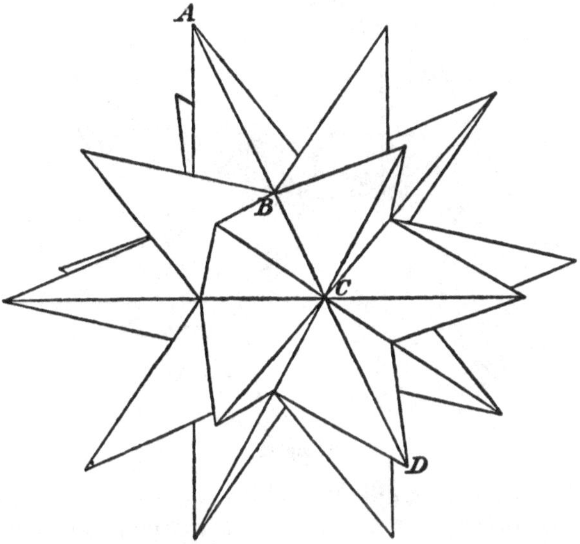


Fig. 40.

Dodekaeder umhüllen. Der Körper heifst daher das **zwanzig-eckige Sterndodekaeder.** Fig. 40.

Sternecken bleibt ein Keil stehen. Der Körper heifst das **zwanzigflächige Sternzwölfeck** oder auch das **sterneckige Ikosaeder.** (Fig. 41 stellt ihn nur teilweise dar.)

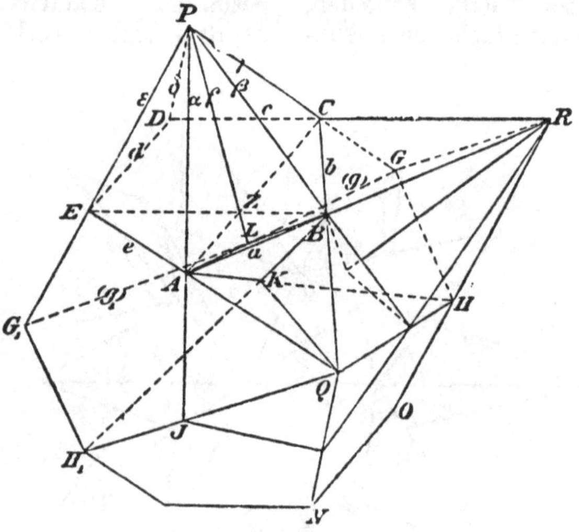


Fig. 41.

Die Zeichnung des 20-eckigen Sterndodekaeders macht keine Schwierigkeiten. Die Konstruktion des zu ihm reciproken Sternzwölfecks geschieht nach Vollendung der Figur 39 folgendermafsen. Zu dem durch Verlängerung von $AJ$, $CG$ und $NO$ entstehenden Dreiecksschnitt gehört die Fläche $APC$, also auch die Fünfecksdiagonale $AC$. Zu einem der gleichseitigen Nachbardreiecke gehört ebenso die Fläche $PBE$ und die Diagonale $BE$, die $AC$ in $Z$ schneidet. Demnach ist $PZ$ ein Teil des Schnittes beider Flächen und eine innere Kante der Sternecke $P$. Ebenso werden die vier übrigen Innenkanten konstruiert. Durch $AR$ und $RG$ ist ein dritter Dreiecksschnitt angedeutet, der die Fläche $APG$ in $AG$, die Fläche $PBG_1$ in $BG_1$ schneidet. Ist $L$ der Schnittpunkt dieser beiden Geraden, so geht auch

$PZ$ durch diesen. Aus der Pyramide $P(ABCDE)$ ist also ein Tetraeder $L(ABP)$ auszuschneiden, ebenso noch vier andere Tetraeder. So entstehen alle 12 Sternecken. Zwischen den zu $P$ und $Q$ gehörigen bleibt das Tetraeder $AKBL$ als Keil stehen. Die Vollendung der Zeichnung macht keine Schwierigkeit. —

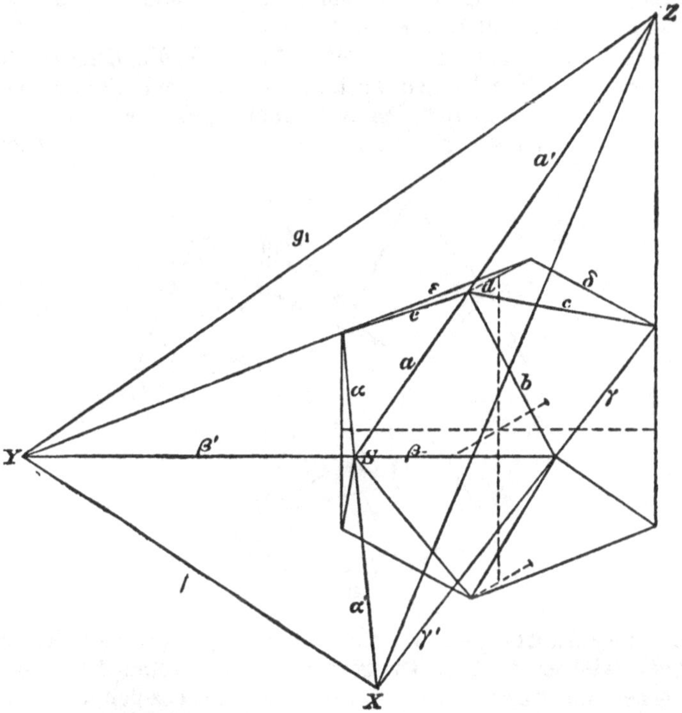


Fig. 42.

Zur Übung in der reziproken Transformation suche man umgekehrt aus dem Sternzwölfeck das zwanzigeckige Sterndodekaeder abzuleiten. Man bildet zu dem Dodekaeder der Fig. 41 zunächst das reziproke Ikosaeder der Fig. 42. Die von $P$ ausgehenden Kanten $\alpha$, $\beta$, $\gamma$, $\delta$, $\varepsilon$ der ersteren Figur geben das ebene Fünfeck $\alpha$, $\beta$, $\gamma$, $\delta$, $\varepsilon$ der anderen. Das ebene Fünfeck $a$, $b$, $c$, $d$, $e$ giebt das Fünfkant $a$, $b$, $c$, $d$, $e$.

Die aus $\alpha$ und $\gamma$ gebildete Ebene wird zum Schnittpunkte $X$ von $\alpha$ und $\gamma$ in Fig. 42, die aus $\beta$ und $\varepsilon$ gebildete zum Punkte $Y$. Die uneigentliche Kante $f$ geht in die Linie $XY$ über, die aber zu streichen ist, die Ebene $ABL$ wird zu dem in Fig. 42 mit $Z$ bezeichneten Punkte. Den Geraden $f, g, g_1$ entsprechen die Seiten des Dreiecks $XYZ$, da aber diese Kanten uneigentliche sind, so hat man in 42) $f$, $g$ und $g_1$ zu streichen, u. s. w.

128) Zeichnet man in Fig. 40 noch die Kanten des äufseren Zwölfflachs, so bestimmen diese mit den Kanten der aufgesetzten Pyramiden nach innen gehende Pyramiden, deren Seitenflächen gleichseitige Dreiecke sind. So entsteht

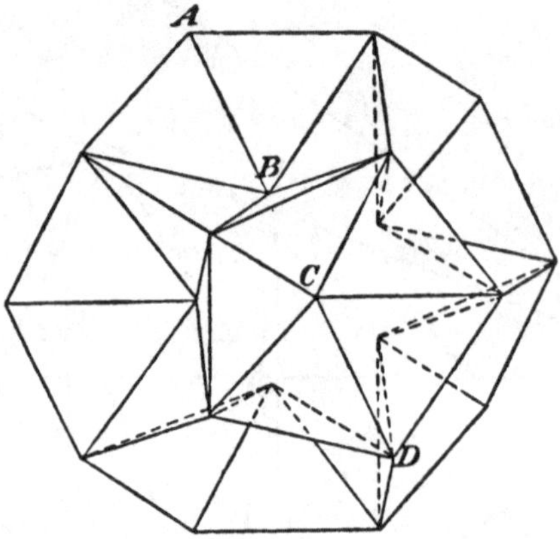


Fig. 43.

ein regelmäfsiges Pyramidenzwölfflach konkaver Art, wie es in Fig. 43 gezeichnet ist. (Man hat diesen Körper als konkaves Sternikosaeder bezeichnet, ohne dafs er ein Sternkörper ist; auch der Name Keilikosaeder ist vorgeschlagen worden.) Die Trichterflächen sind dieselben, wie die des vorigen Körpers, so dafs es sich bezüglich der Flächen um ein Ikosaeder handelt. Der Körper ist zu sich selbst reciprok. In Fig. 40 und 43 ist $AD$ in $B$ und $C$ stetig geteilt, was aus den Eigenschaften des ebenen Fünfecksterns folgt.

Bemerkung. Schon Keppler hat in der im Jahre 1619 erschienenen „Harmonice mundi“, Lib. II, 26 das zwanzigeckige Sterndodekaeder und das zwölfeckige Sterndodekaeder gezeichnet und beschrieben. Nach der Betrachtung der regelmäfsigen Körper sagt er: „Addi possunt congruentis perfectissimis regularibus duae etiam congruentiae, stellarum duodecim planarum pentagonicarum“ u. s. f. Keppler hatte sich schon in seinem Erstlingswerke „Prodomus dissertationum cosmographicarum continens Mysterium cosmographicum de admirabili proportione orbium coelestium“ Tübingen, 1596, mit den regelmäfsigen Körpern beschäftigt. Seine mystische Anschauung bestand in folgendem: Um die Kugel der Erdbahn beschreibe man ein regelmäfsiges Dodekaeder, dann ist dessen umbeschriebene Kugel die der Marsbahn. Um diese neue Kugel beschreibe man ein regelmäfsiges Tetraeder, dessen umbeschriebene Kugel die Jupiterbahn enthält. Der letzteren Kugel umschreibe man einen Würfel, dessen umbeschriebene Kugel enthält die Bahn des Uranus. Beschreibt man in die der Erdbahn entsprechende Kugel ein regelmäfsiges Ikosaeder, so ist dessen einbeschriebene Kugel die der Venusbahn. Wird dieser Kugel ein regelmäfsiges Oktaeder eingezeichnet, so ist dessen einbeschriebene Kugel die der Merkurbahn.*) Später hat K. diese Pythagoreischen Träumereien fallen lassen. Diese aber waren es, durch die er zu stereometrischen Betrachtungen schwierigerer Art veranlafst wurde. Poinsot fügte im Jahre 1801 hinzu das sterneckige Ikosaeder und das sterneckige Dodekaeder. Diese vier Sternpolyeder werden in der Regel als Poinsotsche Körper bezeichnet. Diese Körper spielen in der Raumlehre dieselbe Rolle, wie die ebenen Sterne der regelmäfsigen Figuren in der Planimetrie. Von praktischer Bedeutung sind sie nicht, wohl aber von Bedeutung für die Übungen in der räumlichen Anschauung. Vgl. Poinsot: Journal de l'Ec. polyt. Cah. 10, p. 39, 1801. Cauchy: dasselbe Journal, Cah. 16, p. 68. Bertrand: Compt. rend. 1858, p. 79. Wiener: Über Vielecke und Vielflache, 1864.

Dafs die Sternpolyeder zu gewissen Durchdringungen in Beziehung stehen, wird sich aus einigen der folgenden Aufgaben ergeben. Von Interesse ist bei sämtlichen Körpern dieser Art das immerwährende Auftreten der stetigen Teilung.

---

*) Vgl. die Abbildungen 22 und 23 auf Seite 151 und 152 von Dannemann: Grundrifs einer Geschichte der Naturwissenschaften, Bd. II. Leipzig, bei Engelmann.

Über den Begriff des Flächeninhalts der Sternkörper bestanden ursprünglich Meinungsverschiedenheiten. A. Cayley nämlich faſste, wie Wiener in seiner vortrefflichen Schrift mitteilt, in der Note „on Poinsot's four Regular Solids" (Philosophical magazin vol. 17, 1859, p. 123) den Begriff des Flächeninhalts anders als Poinsot auf. Diese Änderung fand W. dadurch fruchtbar, daſs sie, auf einige Entwickelungen Poinsots angewandt, diesen die bis dahin fehlende Gültigkeit für alle regelmäſsigen Vielflache erteilte. Wiener hat wohl auch die ersten exakten Figuren veröffentlicht, Modelle scheint man schon früher in Paris besessen zu haben (vgl. Bertrand).

Wie die regelmäſsigen Sternecke der Ebene zur Kreisteilung in Beziehung stehen, so hängen die regelmäſsigen Sternkörper mit der Kugelteilung zusammen. Darüber vergleiche man das Werk von Heſs über die Kugelteilung (Leipzig bei Teubner).

Heſs hat auſserdem die Archimedischen Körper und ihre reciproken zur Herstellung von Sternkörpern benutzt.

129) Den Halbstumpf des regelmäſsigen Zwanzigflachs zu zeichnen.

Auflösung. Man halbiere sämtliche Kanten. Je fünf Halbierungspunkte liegen in einer Abstumpfungsfläche, die ein regelmäſsiges Fünfeck giebt.

Bemerkungen. Die 20 stehen bleibenden regelmäſsigen Dreiecke gehören einem regelmäſsigen Zwanzigflach an, die zwölf regelmäſsigen Fünfecke einem regelmäſsigen Zwölfflach. Sämtliche 60 Kanten sind von gleicher Länge. Die 30 Ecken sind übereinstimmende Vierkantecken.

Der Körper gehört zu den

129') Den Körper zu zeichnen, der folgendermaſsen entsteht: Man verbinde die Halbierungspunkte je zweier Gegenkanten des regelmäſsigen Zwölfflachs und lege durch die Endpunkte der Verbindungslinie die zugehörigen Normalebenen.

Auflösung. Die Ecken des Zwölfflachs bleiben bestehen, auſserdem entstehen Ecken eines regelmäſsigen Zwanzigflachs. Daraus ergiebt sich folgende selbständige Konstruktion: Man zeichne ein regelmäſsiges Achsenkreuz, teile eine der Halbachsen nach dem goldenen Schnitt, lege durch die

Archimedischen. Die Mittelpunkte seiner Flächen sind die Ecken des einbeschriebenen Rhombendreifsigflachs, dessen Konstruktion nebenstehend behandelt ist. Die Normalebenen in den Endpunkten der Verbindungslinie je zweier Gegenecken geben das umbeschriebene Rhombendreifsigflach.

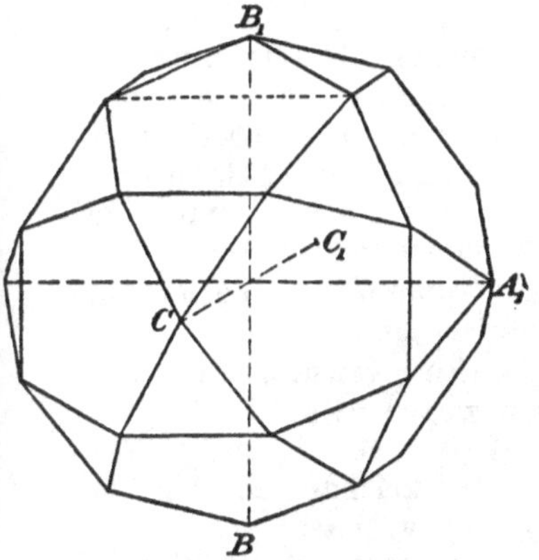


Fig. 44.

(Je sechs Ecken lassen sich als oktaedrische betrachten, so dafs sich 5 Oktaeder einbeschreiben lassen; je sechs Dreikantflächen ebenfalls als oktaedrische u. s. w. Darüber soll später gesprochen werden.)

Endpunkte der Achsen Lote $AB$, $A_1 B_1$, $A_2 B_2$ nach Art der Figur 23, deren Hälften gleich den kleineren Teilen der geteilten Geraden sind und senkrecht dagegen Lote $CD$, $C_1 D_1$, $C_2 D_2$, deren Hälften gleich den gröfseren Teilen sind. So erhält man Eckpunkte eines Zwölf- und eines Zwanzigflachs, denen

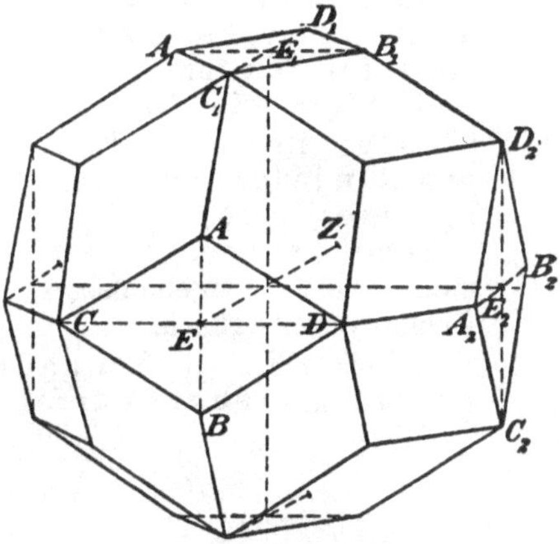


Fig. 45.

noch die Ecken des zum ersteren gehörigen Würfels beizufügen sind. Die Verbindungslinien dieser Ecken geben lauter Rhomben. Es entsteht ein Rhombendreifsigflach. Der Beweis sei als Übungsaufgabe gestellt.

Bemerkungen. Der Körper hat 60 gleichlange Kanten, 12 ikosaedrische Fünfkantecken und 20 dodekaedrische Dreikantecken. Die Flächenmittelpunkte sind die Ecken des einbeschriebenen ikosaedrischen Halbstumpfs; ein solcher läſst sich auch parallelflächig durch die Ecken legen.

130) Den Körper zu zeichnen, der folgendermaſsen entsteht: Man verbinde die Halbierungspunkte je zweier Gegenkanten eines regelmäſsigen Zwanzigflachs und bilde die Normalebenen in den Endpunkten jeder dieser Verbindungslinien.

Bemerkungen. Es entsteht ein regelmäſsiges Rhombendreiſsigflach.

130′) Den Halbstumpf des regelmäſsigen Zwölfflachs zu zeichnen.

Bemerkungen. Der Halbstumpf ist derselbe Körper, wie der des regelmäſsigen Zwanzigflachs. (Das Rhombendreiſsigflach und der Halbstumpf des regelmäſsigen 20- oder 12-Flachs gehören ebenso zusammen, wie das Rhombendodekaeder und der Halbstumpf des Würfels und Oktaeders.)

131) Die dodekaedrische Durchdringung zweier gleicher Würfel zu zeichnen.

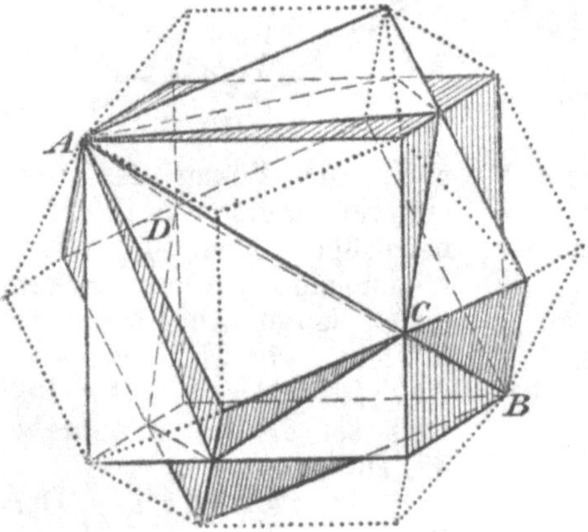

Fig. 46.

Auflösung. Man zeichne in ein gegebenes Dodekaeder nach Art von Figur 27 zunächst einen Würfel ein, sodann noch einen zweiten. Da man von je zwei einander schneidenden Flächen beider Würfel jedesmal zwei Schnittpunkte auffinden kann, sind auch die Schnittlinien leicht zu zeichnen.

Bemerkungen. Die eine Hälfte der beiderseitigen Kanten erhält keine Schnittpunkte, die andere Hälfte erhält solche, und zwar wird jede Kante stetig geteilt, denn es handelt sich um Diagonalen der Fünfecke des Zwölfflachs. Die Ebene *ACBD* ist Symmetrieebene des Gebildes.

131') Die ikosaedrische (oder dodekaedrische) Durchdringung zweier gleicher regelmäfsiger Oktaeder zu zeichnen.

Auflösung. Man gehe vom Dodekaeder oder Ikosaeder aus und verfahre wie vorher.

132) Aufgabe. Die dodekaedrische Durchdringung zweier regelmäfsiger Tetraeder zu zeichnen, bei der beide Körper keine Ecke gemein haben.

Auflösung. Man zeichne zunächst zwei Würfel in dodekaedrischer Durchdringung, und in jeden ein Tetraeder, jedoch so, dafs, wenn das eine die eine der gemeinsamen Würfelecken zur Ecke hat, das andere die andere gemeinsame Ecke der beiden besitzt.

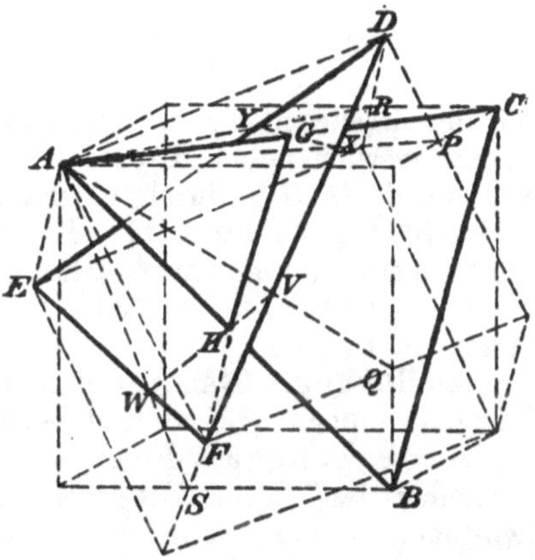

Fig. 47.

Jetzt handelt es sich darum, die Durchdringungslinien der Flächen zu zeichnen. Wie dies geschieht, ist in Figur 47 an zwei Flächen *ABC* und *DEF* dargestellt. *DF* schneidet die Schnittlinie *AP* der entsprechenden Würfelflächen in *X*, *DE* schneidet die Schnittlinie *AR* in *Y*, folglich ist *XY* die Schnittlinie der Fläche *DEF* mit der oberen Fläche des normal stehenden Würfels. Zu dieser Fläche gehört die Tetraederkante *AC*, die von *XY* in *G* geschnitten wird. *G* ist also der eine Schnittpunkt der beiden Flächen. Ebenso schneiden sich *AQ* und *DF* in *V*, *AS* und *EF* in *W*, also ist *VW* die Schnittlinie für *DEF* und die Vorderfläche des normal stehenden Würfels. Diese wird von *AB* in *H* geschnitten, dies ist also ein zweiter Schnittpunkt der beiden Flächen. Folglich schneiden sich die

Tetraederflächen $ABC$ und $DEF$ in der Linie $GH$. Ebenso verfährt man mit den anderen Flächen. In Fig. 48 ist das Sichtbare der gesuchten Durchdringung dargestellt.

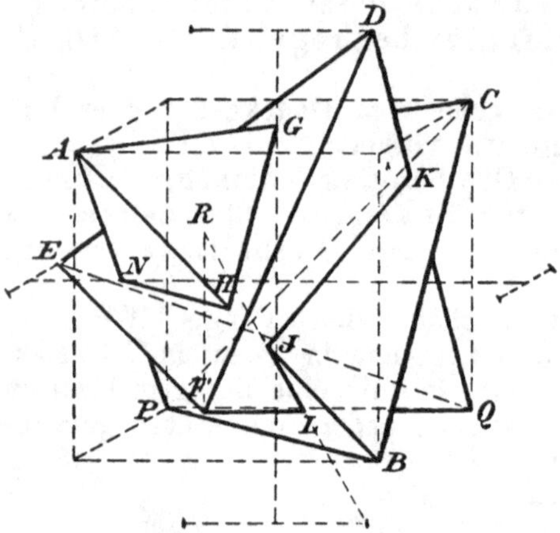


Fig. 48.

Bemerkungen. Suche zu beweisen, dafs $G$, $H$ und $N$ Halbierungspunkte der Kanten $AC$, $AB$ und $AP$ sind. (Ebenso sind auf der Rückseite die von $Q$ ausgehenden Kanten $QD$, $QE$ und $QF$ halbiert. Suche ferner an den Kanten stetige Teilungen aufzufinden. So ist z. B. $AB$ in $J$ stetig geteilt, ebenso $QD$ in $K$ und $QF$ in $L$. Bei der Besprechung der nachstehenden Aufgabe soll dies gezeigt werden, ebenso, dafs $GH$ durch $F$, $HN$ durch $E$, $NG$ durch $D$, $JK$ durch $C$ und $F$ geht.

133) Aufgabe. Die dodekaedrische Durchdringung von fünf gleichen regelmäfsigen Tetraedern zu zeichnen, die keine Ecken gemein haben.

Auflösung. Man hat den beiden vorher gezeichneten Tetraedern noch drei andere beizufügen.

Bemerkungen. Figur 49 stellt den Stern der fünf Tetraeder dar, deren Ecken naturgemäfs ein regelmäfsiges Zwölfflach bilden. Die Regelmäfsigkeit der Lage ihrer Flächen fordert, dafs von diesen ein regelmäfsiges Zwanzigflach umhüllt wird. Je fünf Flächen schneiden sich also derartig, dafs die Schnittlinien die Verlängerungen der Kanten des einbeschriebenen Zwanzigflachs sind.

Stellt man den Stern mit fünf Ecken auf den horizontalen Tisch, so liegen zweimal je 5 Kanten des umhüllten Zwanzigflachs in horizontalen Ebenen, und in denselben Ebenen liegen je fünf Ecken des Tetraedersterns. Folglich gehen die horizontalen Kanten des Zwanzigflachs verlängert durch je zwei Ecken des Sterns. (So geht z. B. in Figur 48 $KJ$ sowohl durch $C$, als auch durch $F$.) Also: Die von den Trichterpunkten ausgehenden Schnittlinien der Flächen gehen verlängert durch zwei Ecken des Sterns und sind parallel zu je zwei Ebenen des den Stern umbeschriebenen Zwölfflachs und zu je einer Diagonale dieser Ebenen.

So ist in der (anders gestellten) Figur 49 die durch $BPE$ bestimmte Ebene parallel zur Ebene des Fünfecks $DHJKC$ (welches man sich horizontal denke). Beide

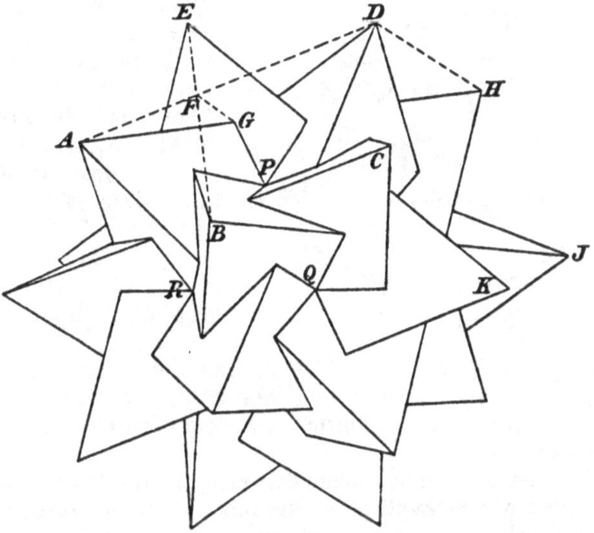


Fig. 49.

Ebenen werden durch die Ebene $ADH$ geschnitten, folglich sind die Schnittlinien $FG$ und $DH$ parallel. Da nun die Fünfecksdiagonale $AD$ in $F$ durch $BE$ stetig geteilt wird, so ist auch $AH$ durch $FG$ in $G$ stetig geteilt. Folglich: Jede Tetraederkante ist an zwei Stellen stetig geteilt, aufserdem ist sie aus Symmetriegründen halbiert. Dafs auch der Rest der Schnittlinien nach den Aufsenecken geht, ergiebt sich bei der Erläuterung der Figur 50.

Verlängert man die ikosaedrischen Schnittlinien bis zu den Ecken des Sterns, so entsteht das zwanzigeckige Sterndodekaeder, welches dem Tetraederstern so einbeschrieben ist, daſs seine Kanten in die Flächen des letzteren fallen. Zugleich erhält man die Trichterlinien des konkaven Sternikosaeders.

Jede Tetraederfläche $A_1 A_2 A_3$ wird von je zwölf Tetraederflächen in übersichtlicher Weise geschnitten. Das Dreieck $B_1 B_2 B_3$ hat seine Eckpunkte in den Halbierungspunkten der Seiten von $A_1 A_2 A_3$, die sowohl durch $C_1, C_2, C_3$, als auch durch $D_1, D_2, D_3$ stetig geteilt sind. Die Linien $A_1 C_1, A_2 C_2, A_3 C_3$ führen auf die Trichterpunkte $P_1, P_2, P_3$, die Ecken des umhüllten Ikosaeders sind. Die Geraden $A_1 P_2$, $A_2 P_3$, $A_3 P_1$ geben ein Dreieck $F_1, F_2, F_3$. Man ziehe noch $D_3 F_1 E_1$, $D_1 F_2 E_2$, $D_2 F_3 E_3$. Dann ist $F_1 F_2 F_3$ der Schnitt von $A_1 A_2 A_3$ mit dem einen Tetraeder, $D_1 E_2$, $E_2 C_2$ und $B_2 B_1$ geben den Schnitt mit dem andern, cyklisch folgen die Schnitte mit dem dritten und vierten Tetraeder.

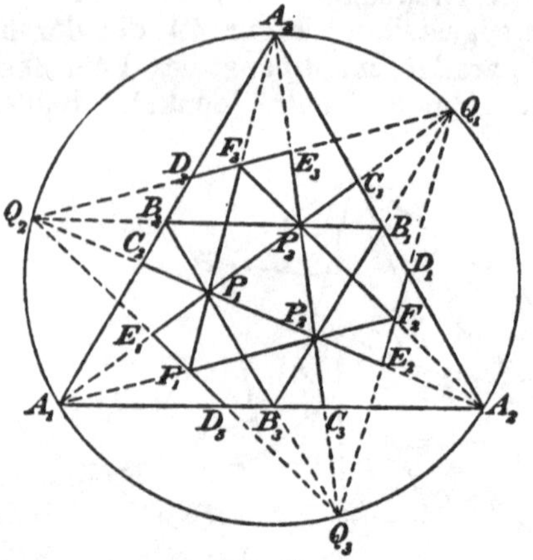

Fig. 50.

Je vier der Linien schneiden sich in Punkten $Q_1, Q_2, Q_3$, den Ecken des Sternkörpers, die mit $A_1, A_2, A_3$ in derselben Ebene liegen.

Das Dreieck $P_1 P_2 P_3$ des umhüllten Ikosaeders kann also sowohl zum Dreieck $A_1 A_2 A_3$, als auch zum Dreieck $Q_1 Q_2 Q_3$ erweitert werden, wobei die kongruenten Dreiecke $B_1 B_2 B_3$ und $F_1 F_2 F_3$ ihre Rollen vertauschen. Dem Ikosaeder können also zwei solche Sterne umbeschrieben werden, wobei je zwei Flächen der beiden Sterne in eine zusammenfallen. Ebenso lassen sich dem regelmäſsigen Zwölfflach zwei solcher Sterne einbeschreiben, wobei je zwei Ecken beider Körper in eine zusammenfallen.

Der Tetraederstern ist sich selbst reciprok. Er steht nach Obigem in Beziehung zum regelmäſsigen Zwölf- und Zwanzigflach, zum zwanzigeckigen Sterndodekaeder und zum konkaven Sternikosaeder. Je drei seiner Ecken gehören dem reciproken Körper des sterneckigen Ikosaeders an, folglich je drei seiner Flächen dem letzteren. Der Sternkörper steht also, da auch der Würfel und das Oktaeder an ihm Rolle spielen, zu sämtlichen regelmäfsigen Polyedern und Sternpolyedern in Beziehung.

Zahlreiche Eigenschaften sind an der Dreiecksfigur 50 zu erkennen, wo z. B. $D_1 F_2 = F_2 E_2$, $P_3 C_1 = P_3 E_3$ u. s. w. ist, wo $D_1 E_2 \parallel F_1 F_3$ ist und eine ganze Reihe stetiger Teilungen stattfindet.

Von geringerem Interesse sind die beiden folgenden Aufgaben, die nur der Vollständigkeit halber angegeben werden, und die mit dem Halbstumpf des Ikosaeders und dem Rhombendreifsigflach zusammenhängen.

134) F ü n f  e i n a n d e r  d o d e k a e d r i s c h  d u r c h d r i n g e n d e  W ü r f e l  z u  z e i c h n e n.

Es handelt sich nur um eine Vervollständigung der Figur 46. Die fünf Würfel umhüllen ein Rhombendreifsigflach, ihre Ecken bilden ein regelmäfsiges Zwölfflach.

135) F ü n f  e i n a n d e r  i k o s a e d r i s c h  d u r c h d r i n g e n d e  O k t a e d e r  z u  z e i c h n e n.

Die Oktaederecken liegen in den Halbierungspunkten der Kanten eines Ikosaeders, bilden also den Halbstumpf des letzteren. Die Flächen umhüllen ein regelmäfsiges Zwanzigflach.

### ε) Schrägprojektion oder Parallelperspektive des Kreises.

136) In Figur 51 ist ein Kreis mit dem umbeschriebenen Quadrate dargestellt. Zur Quadratseite $AD$ ist eine Schar

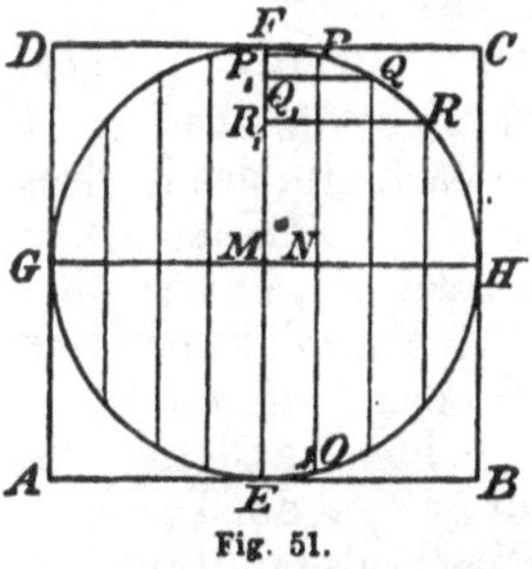

Fig. 51.

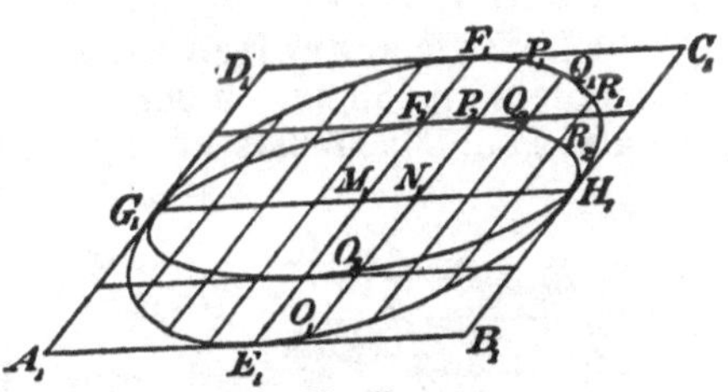

Fig. 52.

paralleler Sehnen gezogen, und zwar durch Punkte, die den sie senkrecht schneidenden Durchmesser $GH$ in gleiche

Teile teilen. Zu den Sehnen gehört der Durchmesser $EF$. Sämtliche Sehnen sind halbiert.

Durch Parallelprojektion der Figur 51 erhält man ein Parallelogramm von beliebiger Gestalt mit den Mittellinien $E_1 F_1$ und $G_1 H_1$ von denen die letztere in gleiche Teile eingeteilt wird. Figur 52.

Bestimmt man jetzt $N_1 P_1$ mit Hülfe der Proportion $MF : M_1 F_1 = NP : N_1 P_1$, und trägt man $N_1 P_1 \parallel M_1 F_1$ in die neue Figur ein, so hat man vier Punkte der Kurve

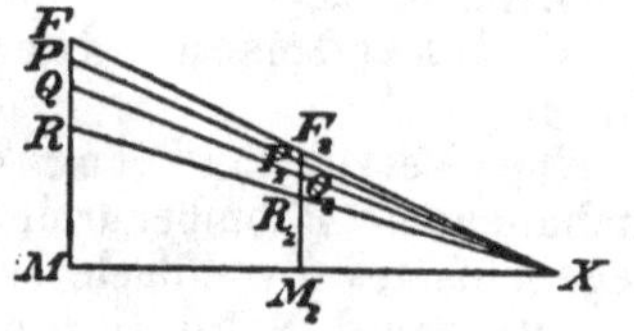


Fig. 53.

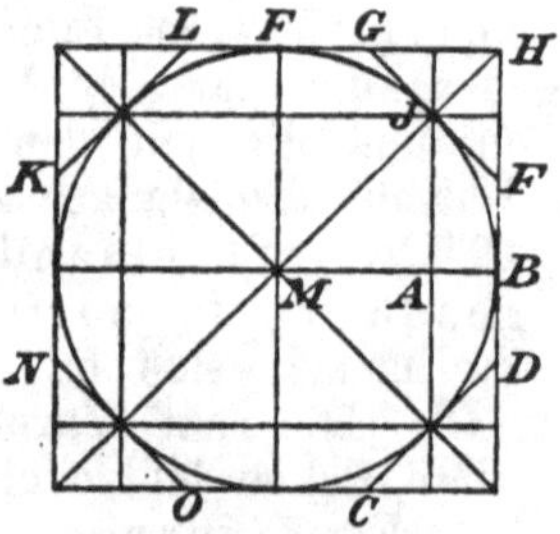


Fig. 54.

bestimmt, denn $N_1 Q_1 = N_1 P_1$ und die auf der andern Seite von $MF_1$ liegenden Geraden $(N_1 P_1)$ und $(N_1 Q_1)$ sind leicht einzutragen, denn alle Sehnen sind halbiert. Um nicht mit jeder Sehne dasselbe machen zu müssen, denke man sich in Figur 51 $PQR$ auf $MF$ projiziert und $MX$ senkrecht zu $MF$ besonders gezeichnet, darauf $X$ mit den Teilpunkten verbunden. Dies giebt den sogenannten Proportionsrifs. Legt man $M_1 F_1 \parallel MF$ als $M_2 F_2$ hinein, so erhält man in $M_2 P_2$, $M_2 Q_2$, $M_2 R_2$ die gesuchten Längen.

137) Zum schnellen Skizzieren reicht die aus Fig. 54 abgeleitete Fig. 55 aus, in der die Diagonalschnitte des Kreises benutzt sind. Macht man $M_1 A_1 : A_1 B_1 = MA : MB$, so erhält man zwei Diagonalschnitte der Kreisprojektion und durch Parallele zu $M_1 B_1$ die beiden andern. In Figur 54 geht die Tangente im Diagonalschnitt durch G. Macht man $F_1 G_1 : G_1 H_1 = FG : GH$, so giebt die Verbindungslinie von $G_1$ nach

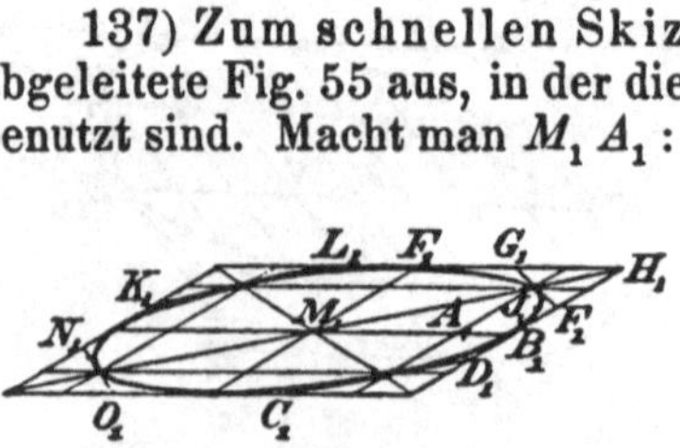

Fig. 55.

dem Diagonalschnitte die Tangente der Projektionskurve, die nun leicht skizziert werden kann.

138) Es sind aber noch andere Vereinfachungen möglich. Soll in das Parallelogramm $A_1 B_1 C_1 D_1$ die Kreisprojektion eingetragen werden, so zeichne man einen Kreis mit der Mittellinie $EF$ als Durchmesser, dazu das umbeschriebene, zu $EF$ gehörige Quadrat. Man hat nun für die einander entsprechenden Punkte parallele Projektionsstrahlen, denn $AA_1 \parallel BB_1 \parallel CC_1 \parallel DD_1$.

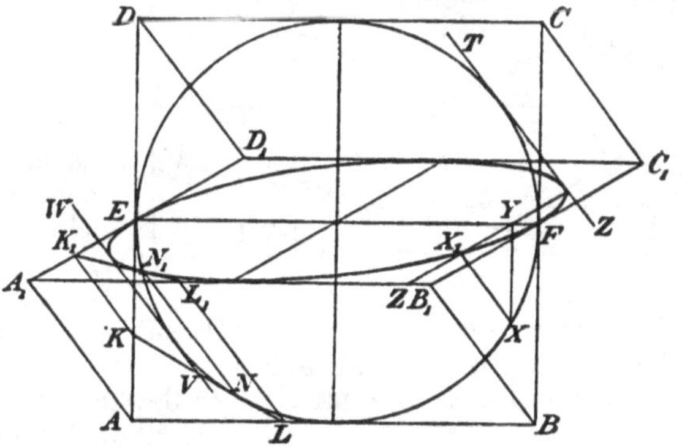


Fig. 56.

Um einen Kreispunkt $X$ zu projizieren, ziehe man $XY \parallel BF$, $YZ_1 \parallel B_1F$ und $XX_1 \parallel BB_1$ bis zum Schnittpunkte mit $YZ_1$, dann ist $X_1$ der entsprechende Punkt. Soll eine Kreistangente $KL$ übertragen werden, so ziehe man $KK_1 \parallel AA_1$ und $LL_1 \parallel AA_1$, dann ist $K_1L_1$ die gesuchte Tangente. (Zieht man noch $NN_1 \parallel AA_1$ bis zum Schnitt mit $K_1L_1$, so hat man auch den Berührungspunkt.

Man kann also beliebig viele Punkte und Tangenten der Kreisprojektion zeichnen. Die beiden zu $AA_1$ parallelen Kreistangenten sind zugleich solche der Projektionskurve.

139) Die entstehende Kurve heißt Ellipse. Es giebt aber noch andere, dem Parallelogramm einbeschriebene Ellipsen, die nicht in den Halbierungspunkten der Seiten berühren. Die hier gezeichnete soll die einbeschriebene Hauptellipse heißen. Die umbeschriebene Hauptellipse

ist ihr ähnlich. Macht man $MC : MD = MA : MB$, so erhält man das der umbeschriebenen Ellipse zugehörige Parallelogramm. In Figur 57 ist der Fall des Rechtecks dargestellt, und zwar unter Ableitung aus der Kreisfigur. Für einander entsprechende Punkte $X$ u. $X_1$ ist $MX : MX_1 = MA : MB$. Zieht man eine tangierende Sehne $KL$ und eine zweite $LN_1$, so schneiden sich die (parallelen) Tangenten $KO$ und $NO$ auf einem Punkte der äufseren Ellipse. Beide haben also unendlich viele Tangentensehnen-Parallelogramme. Der Beweis liegt darin, dafs dasselbe bei den konzentrischen Kreisen der Fall ist, die einem Quadrate ein- und umbeschrieben sind.

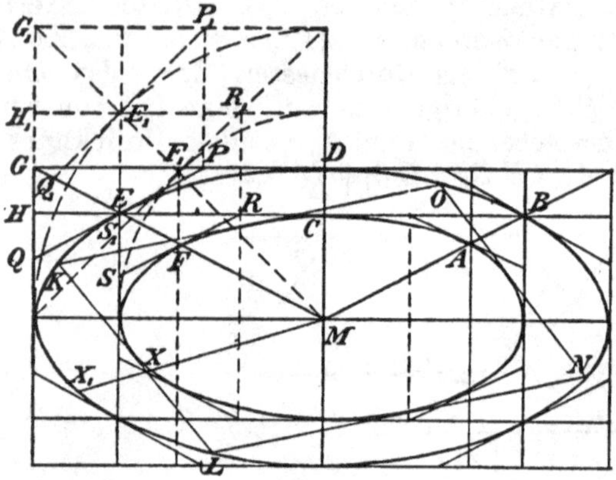


Fig. 57.

140) Für die Ellipse ergiebt sich dabei folgendes:

Die Halbierungspunkte paralleler Sehnen liegen auf einem Durchmesser der Ellipse. Die Richtung dieses Durchmessers und die der Sehnenschar heifsen konjugierte Richtungen. Die Tangenten im Endpunkte eines Durchmessers sind parallel dem konjugierten Durchmesser. Ein aus konjugierten Tangenten gebildetes Parallelogramm heifst ein Konjugientenparallelogramm. Es verhält sich zur Ellipsenfläche wie das umbeschriebene Quadrat des Kreises zur Kreisfläche. Ist also $\gamma$ der Winkel zwischen zwei Tangenten, so ist $ABCD$ : Ellipsenfläche $= 4\,r^2 : r^2\pi = 4 : \pi$, d. h. jedes Konjugientenparallelogramm ist gleich $\frac{4}{\pi}$. Ellipsenfläche. Ist das Parallelogramm ein Rechteck, so sind seine Seiten gleich den doppelten Halbachsen der Ellipse, d. h. gleich 2 a und 2 b, der Inhalt gleich 4 a b, also die Ellipsenfläche gleich $\frac{\pi}{4} 4\,ab$ oder gleich $ab\pi$. Ist eine Parallelogrammseite gleich $2a_1$, die andere gleich $2b_1$, der eingeschlossene Winkel gleich $\gamma$, so ist die Fläche gleich $4a_1 b_1 \sin\gamma$, die Ellipsenfläche ist also auch gleich $\frac{\pi}{4} 4\,a_1 b_1 \sin\gamma = \pi a_1 b_1 \sin\gamma$, wo $a_1$ und $b_1$ konjugierte Halbmesser mit dem eingeschlossenen Winkel $\gamma$ sind. Demnach ist stets

$$a_1 b_1 \sin\gamma = ab.$$

141) In Figur 58 ist aus dem Kreise die Parallelprojektion mit ∡ 90° und einer willkürlich gewählten Verkürzung abgeleitet und dabei zugleich die Kreisteilung in 16 Teile übertragen. Legt man die Linien *AB*, *CD* u. s. w. als schräge Parallele a an, so erhält man das Schrägbild der Kreisteilung. Im Schrägbilde der Kreisteilung wird durch die Parallelschar der Sehnen der konjugierte Durchmesser ebenso eingeteilt, wie beim Kreise.

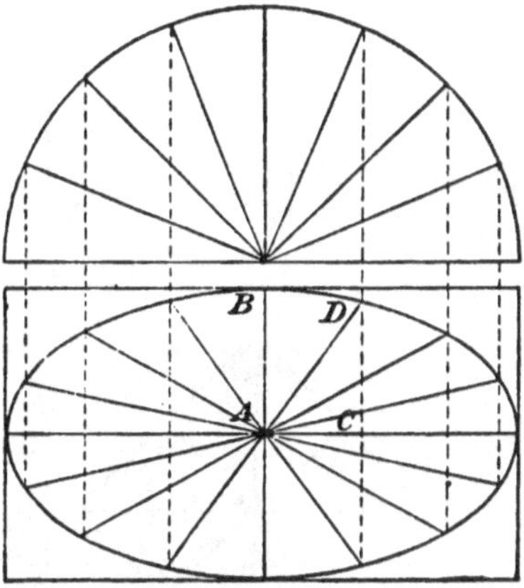


Fig. 58.

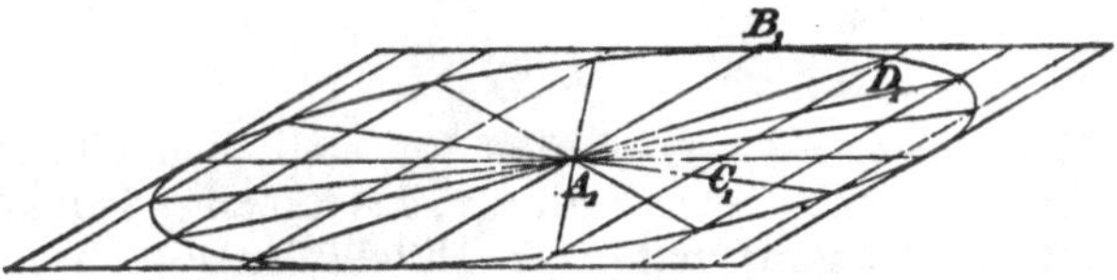


Fig. 59.

## b) Senkrechte Projektionen.

### α) Die regelmäfsigen Polyeder und einige Krystallformen in einfachster Stellung.

142) Bemerkungen. Beschränkt man sich auf die einfachsten Stellungen, so sind sämtliche bisherigen Konstruktionen leicht in senkrechter Projektion darzustellen. Der Würfel z. B. erscheint als einfaches Quadrat Fig. 60 a, das Oktaeder z. B. als auf der Ecke stehendes Quadrat mit

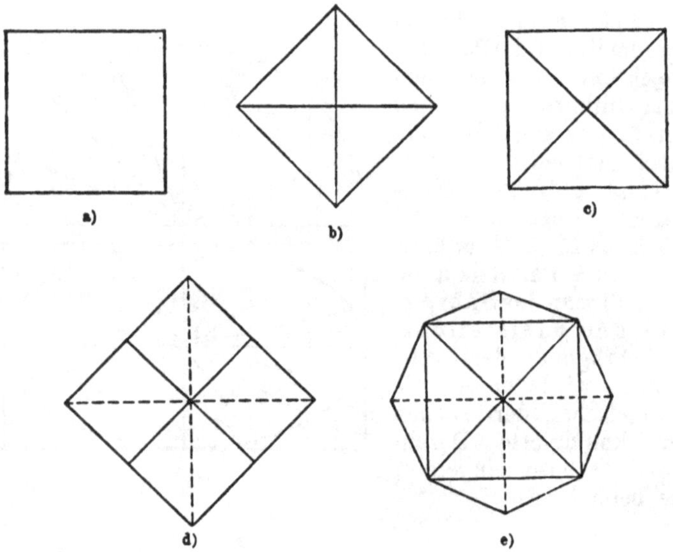


Fig. 60.

zwei Diagonalen, Fig. 60 b; Fig. 60 c stellt den Würfel mit den einbeschriebenen Tetraedern dar, das Rhombendodekaeder erscheint als Quadrat mit zwei Mittellinien Fig. 60 d, der Pyramidenwürfel als Quadrat mit den Diagonalen und aufgesetzten gleichschenkligen Dreiecken, Fig. 60 e. Die eine Achse des Achsenkreuzes erscheint als Punkt. Da die Figuren dabei nicht plastisch erscheinen, pflegt man zwei Projektionen, den Grundrifs und Aufrifs, zu zeichnen, bisweilen auch noch eine Seitenansicht beizufügen.

143) Aufgabe. Das regelmäfsige Zwölfflach in der früheren Stellung im Aufrifs zu zeichnen.

Auflösung. Man zeichne den Würfel mit den Mittellinien, verlängere die eine so, dafs z. B. $MAB$ eine stetige Teilung wird und verlängere jede Mittellinie um $AB$. Oben und unten trage man $AB$ nach links und rechts als Lot an die Mittellinie an, was $FC$ und $GH$ giebt. Ebenso schneide man von $M$ aus auf der senkrechten Mittellinie dasselbe Stück nach oben und unten ab, was $J$ und $N$ giebt. Die nötigen Verbindungslinien vollenden die Zeichnung. Der Beweis ergiebt sich aus den früher angestellten Betrachtungen.

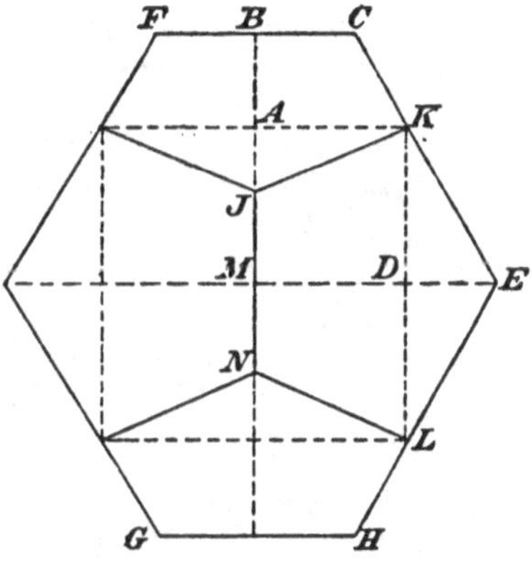

Fig. 61.

144) Aufgabe. Das Ikosaeder in der früheren Stellung zu zeichnen. (Vgl. Figur 23 und 24.)

Auflösung. Man zeichne das Achsenkreuz und teile z. B. die Halbachse $MA$ stetig. Das gröfsere Stück $MB$ trage man bei $C$ als Lot nach oben unten an, was $DE$ giebt, ebenso bei $F$, was $GH$ giebt. Die Verbindungslinien $GJ$, $HA$, $AE$ und $DJ$ geben die Schnittpunkte $K$ und $L$. Die Gerade $KL$ wird von selbst gleich $2\,MB$.

Auch hierfür ergiebt sich der Beweis aus dem früher gesagten.

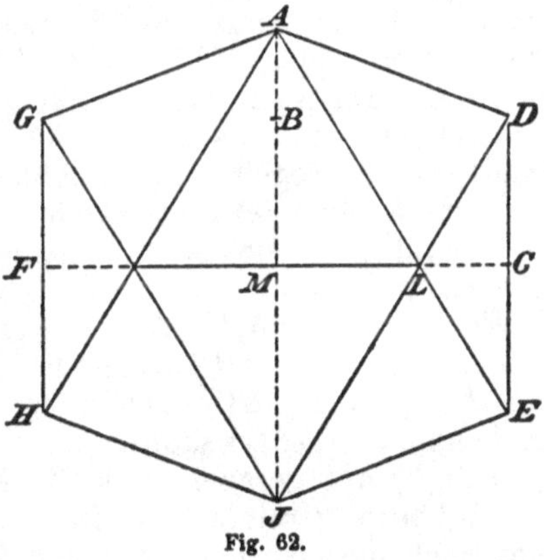

Fig. 62.

145) Eine andere Darstellung des regelmäfsigen Zwölfflachs.

Man denke sich an das regelmäfsige Fünfeck $ABCDE$ in der Ebene der Zeichnung fünf gleiche Fünfecke angelegt, die durch Drehung um die Berührungslinien so aufgeklappt werden können, dafs eine Art von Schüssel entsteht. In Figur 63 sind nur zwei der angelegten Fünfecke gezeichnet.

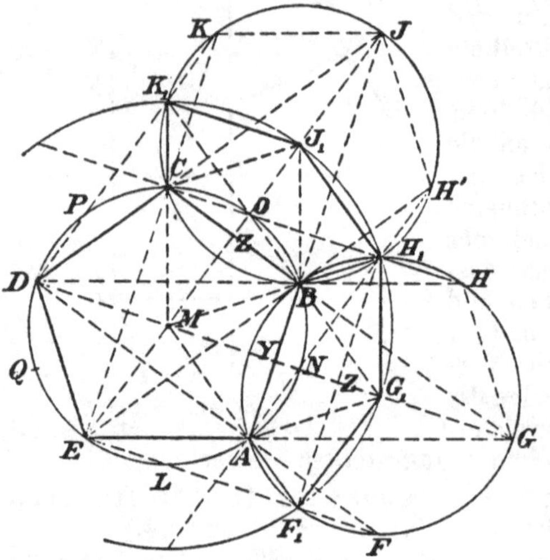


Fig. 63.

Denkt man sich $ABHGF$ um $AB$ gedreht, so beschreiben die Punkte $H$, $G$ und $F$ Wege, deren Projektionen durch $HC$, $GD$ und $FE$ gegeben sind. Entsprechendes geschieht mit dem Fünfeck $BCKJH'$. Die Projektionen $HC$ und $H'A$ schneiden sich in $H_1$. Dadurch ist die Lage der Fünfecke für den Fall der Schüsselbildung bestimmt. Durch eine zweite Schüssel, deren Projektion symmetrisch gegen die vorige liegt, wird die Zeichnnng vollendet. Da aber dabei Punkte wie $H_1$ und $J_1$ ihre Rolle vertauschen, so mufs in der Projektion der Schüssel die Randfigur ein regelmäfsiges Zehneck sein. Dies läfst sich auch durch planimetrische Rechnung leicht bestätigen.

Denkt man sich in die kleinen Kreise statt der Fünfecke Zehnecke einbeschrieben, so ist die Zehnecksseite $CO$ die Fortsetzung von $H_1 H$, also werden durch $HC$ die Bogen $BH$ und $BC$ halbiert. Aufserdem folgt aus dem Bemerkten, dafs $MH_1$ in $B$ stetig geteilt ist. Durch $M$, $B$, $H_1$, $J_1$ ist die bekannte Zehneckskonstruktion dargestellt, so dafs auch $J_1, B, N, F_1$ auf gerader Linie liegen, was die Konstruktion des Gebildes vereinfacht. (Die stetige Teilung von $MH_1$ folgt auch daraus, dafs $AB$ und $F_1 H_1$ sich wie die Teile einer nach dem goldenen Schnitt geteilten Geraden verhalten.)

Denkt man sich den Rhombus $AGBD$ mit dem Fünfeck $AFGHB$ in die neue Lage gedreht, so fällt dann die Projektion von $BD$ in die Lage $B_1 M$, denn $HD$ geht in die Lage $H_1 M$ über. Der Rhombus nimmt also in der Projektion die Gestalt des Rhombus $AG_1 BM$ an. Aus der Symmetrie folgt, dafs ebenso wie $M$ auch $G_1$ Mittelpunkt des einen Fünfecks ist. Demnach ist $MG_1 = 2MY$, oder, wenn r der Radius des Zehneckskreises, $\varrho$ der des Fünfeckskreises, $\varrho_1$ der Radius des ein-

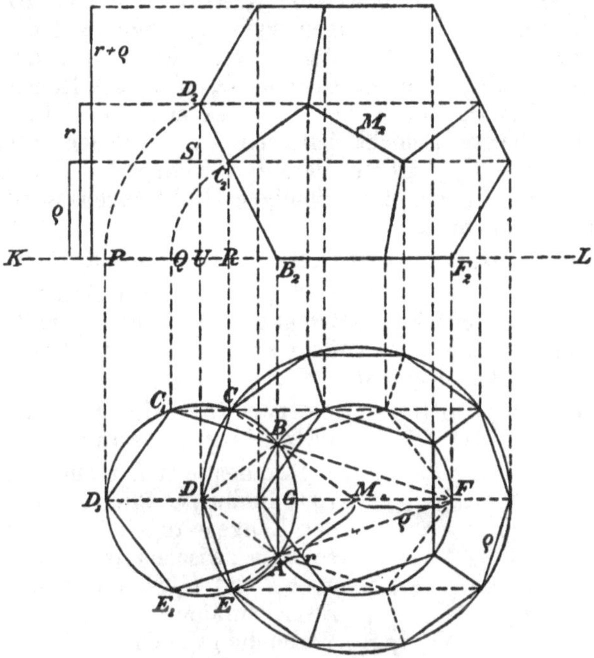


Fig. 64.

beschriebenen Kreises für das Fünfeck ist, $r = 2\varrho_1$ oder $\frac{\varrho}{2}(\sqrt{5}+1) = 2\varrho$, d. h. $\varrho_1 = \frac{\varrho}{4}(\sqrt{5}+1)$. (Die Fünfeckshöhe ist $h = \varrho + \varrho_1 = \varrho_1\sqrt{5} = \sqrt{\varrho_1^2(4+1)} = \sqrt{r^2 + \varrho_1^2}$.)

Alle diese planimetrischen Bemerkungen lassen sich durch Rechnung leicht bestätigen. Sie sind von Wichtigkeit für die Eigenschaften des regelmäſsigen Zwölfflachs, wie sich sofort zeigen wird.

In Figur 64 ist dargestellt, wie man aus der gewonnenen Grundriſszeichnung den Aufriſs ableiten kann. Die Fünfecksseite $AB$ ist senkrecht gelegt, damit die Kreisbahnen, die bei der Drehung um $AB$ von den Punkten $C_1$, $D_1$, $E_1$ zurückgelegt werden, bei der Projektion auf die durch $KL$ gelegte Normalebene als Kreise erscheinen. (Man denke sich den oberen Teil der Figur durch Umknicken des Papiers bei $KL$ senkrecht gestellt.) Der um $B_2$ mit $B_2P$ beschriebene Kreisbogen geht zu Ende in dem senkrecht über $D$ liegenden Punkte $D_2$. Entsprechendes gilt vom Bogen $QC_2$. Durch $C_2$ und $D_2$ sind die Höhenlagen für zwei Punktgruppen des Aufrisses bestimmt. Die noch fehlende oberste Schicht hat von $D_2$ denselben Abstand, wie $KL$ von $C_2$. Durch Heraufprojizieren der Ecken der Grundriſsfigur nach den richtigen Höhenlagen wird die Zeichnung vollendet.

Nun ist $B_2 D_2$ die Fünfeckshöhe $h = \varrho_1 \sqrt{5}$, $B_2 U = \varrho_1$, folglich $UD_2^2 = 5\varrho_1^2 - \varrho_1^2 = (2\varrho_1)^2 = r^2$. Da ferner $B_2 D_2$ in $C_2$ stetig geteilt ist, so ist auch $UD_2$ stetig geteilt, also $RC_2 = \varrho$; folglich haben die vier Schichten der Punkte im Aufriſs die Höhenlagen $0$, $\varrho$, $r$ und $r + \varrho$.

146) Darstellung des regelmäſsigen Zwanzigflachs mit Hülfe des regelmäſsigen Zehnecks.

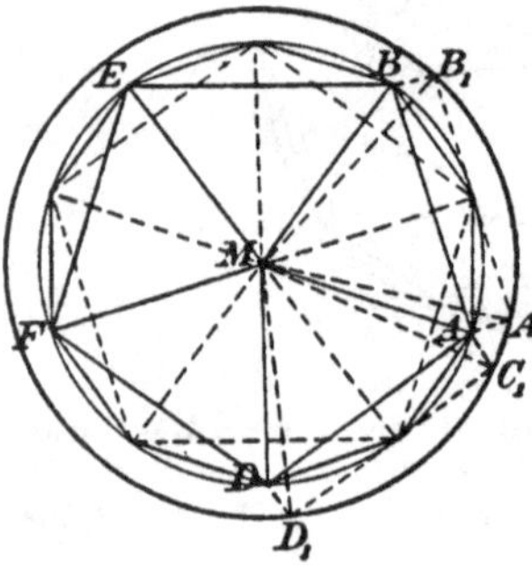

Fig. 65.

Man denke sich in einem Kreise vom Radius $a$ fünf Sehnen von der Länge $a$ regelmäſsig verteilt, so daſs zwischen je zweien, wie $A_1 B_1$ und $C_1 D_1$ ein bestimmter Zwischenraum $C_1 A_1$ bleibt. Die Verbindungslinien der Endpunkte mit dem Mittelpunkte geben dann fünf gleichseitige Dreiecke. Jedes denke man sich um den zur Grundlinie parallelen Durchmesser so weit nach oben gedreht, daſs wieder eine Art von „Schüssel“ entsteht, eine regelmäſsige fünfseitige Pyramide, die auf der Spitze steht, deren Grundfläche $ABEFD$ ist. Dieser

Pyramide liegt am Körper eine kongruente gegenüber, jedoch ist ihre Grundfläche gegen die der anderen so weit gedreht, dafs ihre Projektionen symmetrisch gegeneinander liegen, was ein regelmäfsiges Zehneck giebt. Die Verbindungslinien benachbarter Ecken vollenden die Zeichnung. Der Aufrifs kann jetzt in ähnlicher Weise, wie der des Dodekaeders, aus dem regelmäfsigen Grundrifs abgeleitet werden. Es entsteht z. B. Figur 62, jedoch mit einer durch $H$ gehenden Grundlinie, die parallel zu $GJ$ ist.

147) Zwei zusammengehörige symmetrische Darstellungen des regelmäfsigen Zwölf- und Zwanzigflachs.

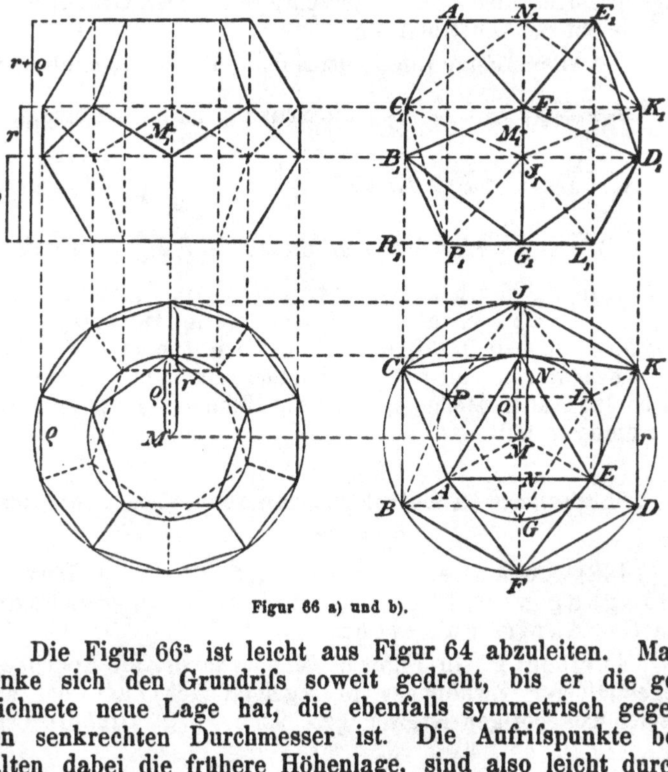


Figur 66 a) und b).

Die Figur 66ᵃ ist leicht aus Figur 64 abzuleiten. Man denke sich den Grundrifs soweit gedreht, bis er die gezeichnete neue Lage hat, die ebenfalls symmetrisch gegen den senkrechten Durchmesser ist. Die Aufrifspunkte behalten dabei die frühere Höhenlage, sind also leicht durch senkrechte Übertragung aus dem Grundrifs abzuleiten.

Beim Grundriſs der Figur 66[b] ist das Ikosaeder auf einer seiner Flächen stehend zu denken. In der Mitte der Figur befinden sich also zwei gleichseitige Dreiecke, in symmetrischer Lage in einen Kreis eingezeichnet, der den Radius $\varrho$ der Figur 66[a] haben soll. $ABGDE$ ist die Darstellung eines regelmäſsigen Fünfecks,*) so daſs $AE$ und $BD$ sich verhalten, wie die Teile einer stetig geteilten Geraden, folglich ist $MD$ in $E$ stetig geteilt. Da aber $D$ auch dem Fünfeck $GFEKL$ als Spitze angehört (welches dem vorher betrachteten kongruent ist), so liegt $F$ auf dem mit $MD$ um $M$ beschriebenen Kreise, dessen Radius nun gleich dem Radius $r$ der Figur 66[a] sein muſs. Diesem Kreise ist ein regelmäſsiges Sechseck einbeschrieben. Der Grundriſs ist also leicht zu konstruieren.

Die wahre Länge von $AB$ ist $AE = \varrho\sqrt{3}$, die scheinbare ist $AB = r - \varrho = \varrho\frac{\sqrt{5}-1}{2}$, die Senkung ist nach Pythagoras

$$h = \sqrt{AE^2 - AB^2} = \varrho\sqrt{\frac{3+\sqrt{5}}{2}} = \frac{\varrho}{2}\sqrt{6 + 2\sqrt{5}}$$

$= \frac{\varrho}{2}(\sqrt{5} + 1) = r$. Ist aber die Höhe $J_1 N_1$ des Fünfecks $A_1 C_1 J_1 K_1 E_1$ gleich $r$, so folgt, weil sie in $F_1$ stetig geteilt ist, $N_1 F_1 = \varrho$, ebenso $J_1 G_1 = \varrho$. Die Höhenlagen im Aufriſs sind also in Figur 66[b] dieselben wie in 66[a]. Auch die Ikosaederzeichnung läſst sich daher erheblich vereinfachen. In beiden Aufriſszeichnungen ist die Höhe $r + \varrho$ auf zweierlei Art stetig geteilt.

### β) Schwierigere Konstruktionsaufgaben, besonders über Sternkörper.

148) Aufgabe. Die dodekaedrische Durchdringung von fünf regelmäſsigen Tetraedern im Grundriſs zu zeichnen.

Auflösung. In Figur 67 sind zunächst die Ecken des regelmäſsigen Zwölfflachs in regelmäſsiger Lage auf den beiden zugehörigen Kreisen gezeichnet. (Vgl. Grundriſs von

---

*) $AG$ und $GE$ sind in der Figur zu ergänzen.

Figur 66a.) Je zwei äufsere Ecken und zwei innere bilden ein regelmäfsiges Tetraeder, z. B. $A_1 B_1 C_1 D_1$, wobei die Punkte der Höhenlage entsprechend genannt sind. Jede

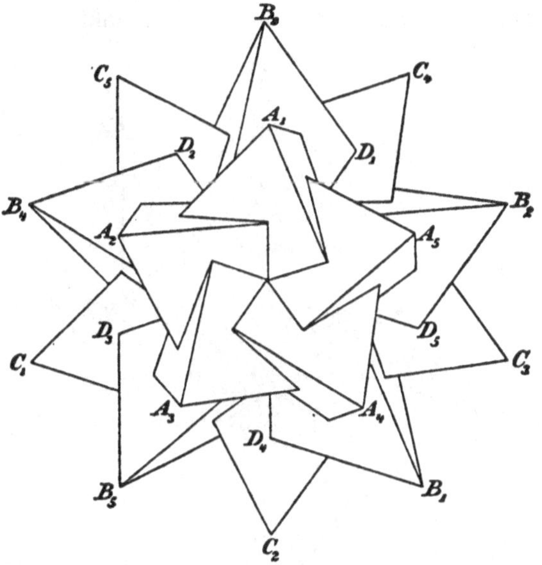


Fig. 67.

Kante ist, wie in No. 133 gezeigt war, halbiert und zweimal stetig geteilt, und alle sichtbaren Schnittlinien sind nach den Ecken des Dodekaeders hin gerichtet.

149) Aufgabe. Das sterneckige Ikosaeder im Grundrifs zu zeichnen.

Auflösung. Man zeichne die Ecken eines regelmäfsigen Ikosaeders in regelmäfsiger Lage und bilde durch entsprechende Sehnen das Fünfeck $ABCDE$ und die übrigen Flächen des zugehörigen Zwölfflachs, über dessen Flächen nun die fünfseitigen Pyramiden stehen. Die innere Sternecke wird gebildet mit Hülfe der Geraden $AC_1$ und $BE_1$, welche den Punkt $N$ geben u. s. w. Die Verbindungslinie $MN$ geht auch durch den Schnitt von $AC$ und $BE$. Letzteres kann man benutzen, um die übrigen Sternecken zu bilden. Im Fünfeck $CC_1H_1D_1D$ geben die Diagonalen die Schnitte $H, Y, Z, W, X$, welche die Projektion eines regelmäſsigen Fünfecks darstellen. Verbindet man diese Punkte mit $H_2$, so erhält man die inneren Kanten der Sternecke. Diese sind aber noch in gleichem Verhältnis zu verlängern, z. B. $H_2 H$ bis zum Schnittpunkte $P_1$ der Ge-

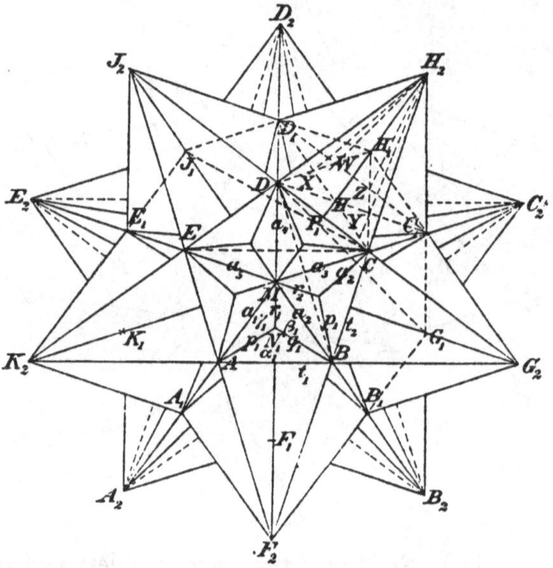

Fig. 68.

raden $C J_1$ und $D G_1$, wobei $J_1$ und $G_1$ ebenfalls Ecken des inneren Dodekaeders sind. Sämtliche Endpunkte $P_1$ u. s. w. bilden ein Fünfeck, welches dem Fünfeck $H\,Y\,Z\,W\,X$ ähnlich ist und mit ihm $H_2$ als äuſseren Ähnlichkeitspunkt hat. In entsprechender Weise ist bei den anderen Pyramiden zu verfahren.

150) Aufgabe. Das sterneckige Dodekaeder im Grundriſs zu zeichnen.

In Figur 69 befindet sich neben der Lösung anderer Aufgaben auch die der geforderten. Das im Inneren liegende gestrichelte Ikosaeder und der punktierte Stern geben die Darstellung des Körpers.

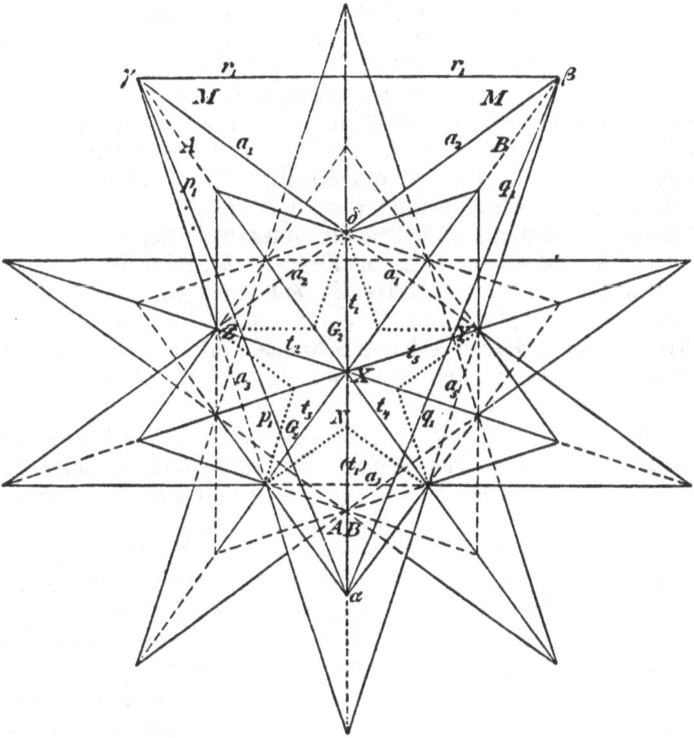


Fig. 69.

151) Aufgabe. Das zwanzigeckige Sterndodekaeder zu zeichnen.

Figur 69 enthält die Lösung der Aufgabe, die durch das Ikosaeder und die seinen Flächen aufgesetzten Dreikante gegeben ist.

152) Aufgabe. Den reciproken Körper des sterneckigen Ikosaeders zu zeichnen.

Die Ausführung der Aufgabe soll dem Leser überlassen bleiben, einige Andeutungen aber mögen im Anschlufs an Nr. 128 gegeben werden. Die Ikosaederkanten der Figur 69 entsprechen den Dodekaederkanten von Figur 68. Den Verlängerungen der letzteren bis zu den ikosaedrischen Aufsenecken entsprechen die dodekaedrischen Schnitte des Ikosaders, die auf das sterneckige Dodekaeder führen. Den 20 Flächen der Figur 68 entsprechen die dodekaedrischen Aufsenecken der Figur 69. Den Schnittkanten $p$, $q$, $r$, die von den Punkten $A$, $B$, $M$ aus nach $N$ gehen, entsprechen die in Figur 69 eingetragenen Verbindungslinien $p$, $q$, $r$, welche zwei ikosaedrische Flächen $A$ und $B$ und eine dodekaedrische $M$ begrenzen und aufserdem eine Dreiecksfläche $N$ (d. h. $\alpha$, $\beta$, $\gamma$) bilden. Den Tetraederkanten $a_1$, $a_2$, $t_1$, $p_1$, $q_1$, $r_1$ entsprechen also die gleichnamigen Tetraederkanten in Figur 69. Solcher Tetraeder sind 60 zu zeichnen. Zeichnet man die 60 Dreiecksflächen $N$, die den Punkten $N$ entsprechen, so entstehen zunächst 12 fünfkantige Trichter, deren Flächen mit den oktaedrischen Flächen scharfe Schneiden bilden. Die Trichterpunkte bestimmen sich leicht mit Hilfe der Mittellinien der Flächen.

Wie Figur 68 aufsen Ikosaederecken, innen Ikosaederflächen und dazwischen Dodekaederkanten hat, so zeigt die verlangte Figur innen Dodekaederflächen, aufsen Dodekaederecken und dazwischen Ikosaederkanten.

Man versuche die Reciprozität für alle Gruppen von Punkten, Kanten und Flächen auf das genaueste darzustellen. An der fertigen Figur erkennt man auch die der fünf Würfel, die einander dodekaedrisch durchdringen. Nur einige Verbindungslinien und Schnitte sind beizufügen.

153) Aufgabe. Sämtliche vorher im Schrägbild dargestellten Körper und Durchdringungen sollen in den dort gewählten Stellungen im Grund- und Aufrifs dargestellt werden.

### $\gamma$) Allgemeine Lagen; Sätze von Gaufs und Weisbach.

154) Aufgabe. Den in Grund- und Aufrifs gezeichneten Würfel durch Drehungen aus der einfachsten in beliebige Lagen zu bringen.

Auflösung. Der Würfel sei zunächst so gezeichnet, dafs er in Grund- und Aufrifs als Quadrat erscheint. Die einander entsprechenden Ecken sind in beiden Zeichnungen gleichnamig bezeichnet. Dreht man den Würfel um die Kante $A_1 E_1$, so findet im Aufrifs eine Drehung, z. B. um den Winkel $\alpha$ statt; jedoch ohne sonstige Umänderung der dortigen Figur. Da aber sämtliche Punkte sich parallel zur

Aufrifsebene bewegen, so finden im Grundrifs nur Horizontalverschiebungen statt. Durch Herabprojizieren aus dem Aufrifs wird jeder Grundrifspunkt bestimmt.

Jetzt denke man sich die Grundrifsfigur um einen beliebigen Winkel $\beta$ gedreht, wobei im Aufrifs nur Horizontalverschiebungen stattfinden. Durch Heraufprojizieren aus dem Grundrifs bestimmen sich die Aufrifspunkte der dritten Zeichnung. Der neue Aufrifs kann schon als eine allgemeine Darstellung des Würfels betrachtet werden, denn alle Punkte sind auseinander getreten. Um jedoch auch im Grundrifs eine allgemeine Lage zu erhalten, drehe man die Aufrifsfigur noch um einen Winkel $\gamma$, während im Grundrifs nur Horizontalverschiebung stattfindet. Damit ist die allgemeine Lage hergestellt.

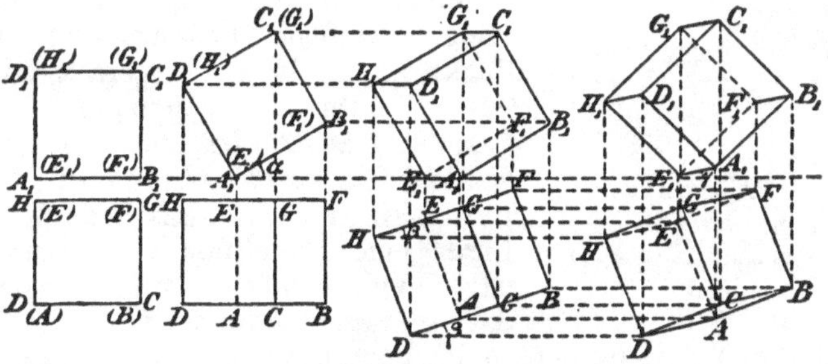

Fig. 70.

155) Aufgabe. Aus der gewonnenen allgemeinen Lage des Würfels die entsprechenden Zeichnungen für das einbeschriebene Oktaeder und Tetraeder, für den Pyramidenwürfel, für das zugehörige regelmäfsige Zwölfflach und Zwanzigflach und für alle anderen früher besprochenen Körper in allgemeiner Lage auszuführen.

Die Ausführung geschieht im Grund- und Aufrifs nach den früher gelehrten Methoden. Da jedoch die entsprechenden Punkte des Grundrisses senkrecht unter denen des Aufrisses liegen, treten nach Vollendung der einen Zeichnung für die andern Vereinfachungen ein.

156) Bemerkung. Während bei den Schrägbildern die Achsenlängen und Achsenrichtungen willkürlich angenommen werden konnten, ist bei der senkrechten Projektion

die Willkür beschränkt. Das rechtwinklige Dreikant oder kürzer das Dreibein zeigt bei senkrechter Projektion zwischen den Kantenlängen und Kantenrichtungen einen gewissen Zusammenhang, so dafs von den sechs Elementen (drei Längen und drei Richtungen) nur vier willkürlich angenommen werden können, z. B. zwei Längen und zwei Richtungen.

Leitet man Zeichnungen von Körpern aus den Achsenkreuze ab, so nennt man die Zeichnungsmethode eine axonometrische. Bei den Schrägbildern handelt es sich um schräge, bei den senkrechten Projektionen um senkrechte Axonometrie.

Beim Schrägbilde kann das Dreibein $P(ABC)$ durch drei nach Länge und Richtung ganz beliebige Strecken $PA$, $PB$, $PC$ dargestellt werden, nur dürfen die vier Punkte nicht in eine gerade Linie fallen. Durch Vollendung der Parallelogramme ist die Zeichnung des Würfels leicht auszuführen. Der Beweis liegt darin, dafs jede solche Figur eine Projektion von Figur 71 ist. (Vgl. Pohlkes Fundamentalsatz der (schrägen) Axonometrie.)

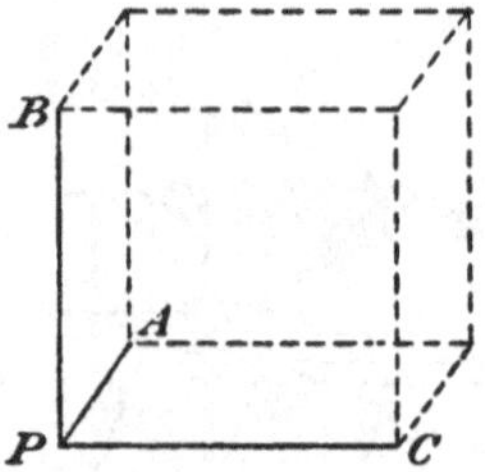

Fig. 71.

Bei der senkrechten Projektion dagegen findet der bemerkte Zusammenhang in dem Gaufsschen Fundamentalsatze der senkrechten Axonometrie seinen Ausdruck. Dieser Satz soll in folgendem abgeleitet werden.

157) Der Gaufssche Fundamentalsatz der orthographischen Axonometrie.

Das Dreibein $O(ABC)$ werde, wie oben, im Aufrifs um einen Winkel $\alpha$, dann im Grundrifs um einen Winkel $\beta$ gedreht, so dafs die einfachste Lage in eine zweite und dritte übergeht. Setzt man die Länge jeder Kante gleich $1$, so werden die absoluten Längen der in der zweiten Lage mit $p$ und $q$ bezeichneten Stücke $p = \cos\alpha$ und $q = \sin\alpha$. In der dritten Lage wird $O_1 D_1 = OD = p \cos\beta = \cos\alpha \cos\beta$, $O_1 E_1 = OE = q \cos\beta = \sin\alpha \cos\beta$, $O_1 F_1 = OC = (1 . \sin\beta) = \sin\beta$. In der zweiten und dritten Lage ist $DA = \sin\alpha$ und $EB = \cos\alpha$.

Wendet man nun die Schreibweise der komplexen

Grüfsen (oder die Streckentheorie) an,*) und betrachtet man im Aufrifs der dritten Lage $O$ als Nullpunkt des Koordinantensystems, so ist

$$OA = \cos\alpha \cos\beta + i \sin\alpha,\quad OB = -\sin\alpha \cos\beta + i \cos\alpha,$$
$$OC = \sin\beta.$$

Die Quadrate der Strecken sind

$$OA^2 = \cos^2\alpha \cos^2\beta - \sin^2\alpha + 2\,i \sin\alpha \cos\alpha \cos\beta,$$
$$OB^2 = \sin^2\alpha \cos^2\beta - \cos^2\alpha - 2\,i \sin\alpha \cos\alpha \cos\beta$$
$$OC^2 = \sin^2\beta.$$

Daraus folgt: $OA^2 + OB^2 + OC^2 = O$. Also:

Sind $OA$, $OB$, $OC$ die senkrechten Projektionen der Kanten eines Dreibeins, so ist die Summe der Quadrate dieser drei Strecken gleich Null.

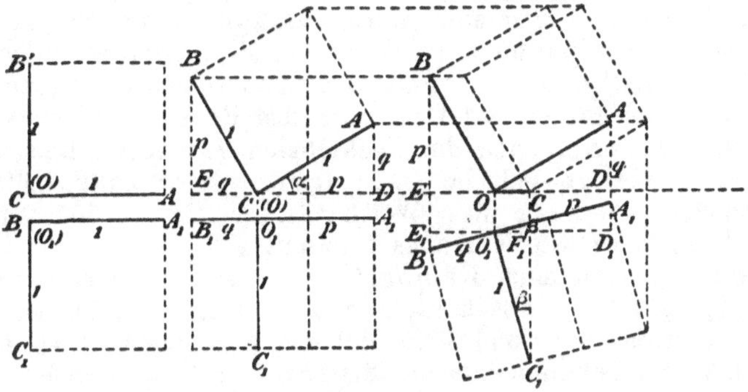

Fig. 72.

(Fafst man die drei Streckenquadrate als Kräfte auf, so stehen die Kräfte im Gleichgewicht.

Eigentlich hätte man noch eine Drehung um den Winkel $\gamma$ im Aufrifs machen müssen. Diese ändert aber am Resultate nichts, denn sie bedeutet Multiplikation jeder Strecke mit dem Faktor $(\cos\gamma + i \sin\gamma)$, jedes Quadrates also mit $(\cos\gamma + i \sin\gamma)^2$ oder $(\cos 2\gamma + i \sin 2\gamma)$, wodurch an dem Werte Null der Summe nichts geändert wird.)

*) Bei der die Linien wie die Kräfte in der Mechanik addiert werden. Für Nichtkenner dieser Methode wird unter 160) ein anderer Beweis gegeben.

158) Bemerkungen. Der Satz befindet sich ohne Beweis in Bd. II der Gaufsschen Werke, Nachlafs, Seite 309. Um ihn gruppiert sich eine ganze Litteratur. Da er mit dem Weisbachschen Fundamentalsatze der Axonometrie zusammenhängt, sind auch dessen Bearbeitungen hierher zu rechnen. Gaufs scheint die Priroritát zu gehören. Man vergleiche Weisbachs Abhandlung über Axonometrie in den polytechnischen Mitteilungen von Volz und Karmarsch, Bd. I, Tübingen 1844 und Weisbachs Anleitung zum axonometrischen Zeichnen, Freiburg 1857. Sowohl Weisbach, als auch Pohlkes darstellende Geometrie, 3. Aufl. 1872, Seite 89 bis 92, enthalten dabei zu viel Rechnung. Peschka behandelt den Satz in seiner darstellenden und projektiven Geometrie (Wien 1883) graphisch, rechnend im 19. Bd. der Zeitschr. deutscher Ingenieure (1875). Den obigen Beweis, wohl den kürzesten, gab Verfasser in der Zeitschr. für math. u. nat. Unterricht im Bd. XVII (1886). Kurz darauf entwickelte ihn Prof. Schlegel in derselben Zeitschr. auf Grund der Grafsmannschen Ausdehnungslehre. Auf analytische Geometrie des Raums gründen sich andere in Vorlesungen der Hochschulen gegebenen Beweise. J. E. Böttcher gab im Jahre 1897 eine verhältnismäfsig einfache Ableitung des Weisbachschen Satzes in seiner Festschrift zu C. Neumanns Jubiläum. Über Axonometrie vergleiche man noch Lambert: Freie Perspektive, Zürich 1759, 2. Aufl. 7. Abschnitt, Farish: Isometrical perspective: Transactions der Cambridge philosph. Soc. 1820. Über den Pohlkeschen Fundamentalsatz der schrägen Axonometrie siehe H. A. Schwarz, Crell. Journal Bd. 63 und Gesammelte Abhandlungen Bd. II. Pohlke hat den Satz 1853 ausgesprochen. Deschwandens Einwurf und Steiners Brief an Pohlke kommen dabei zur Sprache. Vgl. auch Pelz: 76. Band der Sitzungsberichte der Wiener Akademie, 1877. Ein älteres umfangreiches Werk ist das Lehrbuch der axonometrischen Projektionslehre von Dr. C. Th. Meyer und Dr. M. H. Meyer, Leipzig, bei Haessel, 1855/63, 410 + 71 Seiten und 51 Tafeln. Die neueren Lehrbücher der darstellenden Geometrie reichen jedoch für die Axonometrie aus.

Bemerkenswert an Fig. 72 ist folgendes: Nach Lage 2) ist $p^2 + q^2 = 1^2$, also ist auch in der allgemeinen Aufrifslage 3) $EB^2 + DA^2 = 1^2$. Folglich:

Sind $OA$, $OB$, $OC$ senkrechte Projektionen der Achsen eines Dreibeins, und projiziert man zwei dieser Geraden auf die dritte, so ist die Pythagoreische Summe der Quadrate der projizierenden Lote das Quadrat der wahren Länge der Dreibeinkanten. Dieser Satz erleichtert viele Konstruktionen.

159) Weisbachs Fundamentalsatz ergiebt sich folgendermaſsen:

$O(ABC)$ sei die senkrechte Projektion eines Dreibeins, $\sphericalangle BOC = \alpha$, $COA = \beta$, $\sphericalangle AOB = \gamma$; $OA$ werde horizontal gelegt und gleich $1$ gesetzt. Man mache $\triangle OBB_1 \sim \triangle OAB$ und $\triangle OCC_1 \sim \triangle OAC$, dann ist $OB_1 = q^2$ das Quadrat der Strecke $OB = q$ und hat die Neigung $2\gamma$; ebenso ist

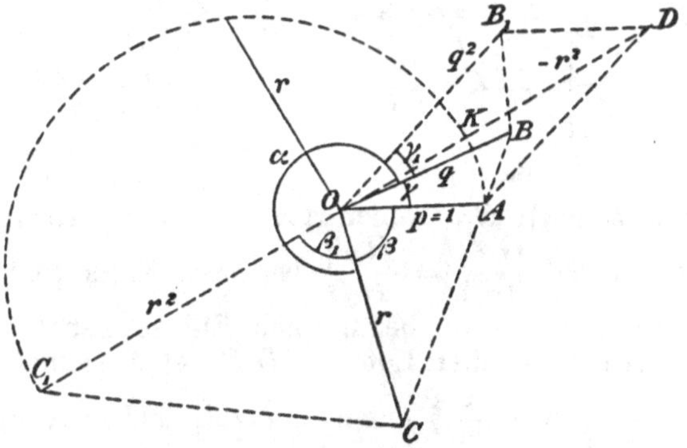


Fig. 73.

$OC_1 = r^2$ das Quadrat der Strecke $OC = r$, und hat die Neigung $2\beta$. Nach Gauſs stehen die „Kräfte" $OA^2 = 1^2 = OA$, $OB_1$ und $OC_1$ im Gleichgewicht, d. h. die Diagonale $OD$ des Parallelogramms aus $OA$ und $OB_1$ ist die Verlängerung von $OC_1$ über $C_1$ hinaus um sich selbst. Im Dreieck $OAD$ ist nach dem Sinussatze

$$OA : AD : DO = \sin ADO : \sin DOA : \sin OAD,$$

also ist absolut genommen

$$p^2 : q^2 : r^2 = \sin(180^0 - 2\alpha) : \sin(180^0 - 2\beta) : \sin(180^0 - 2\gamma)$$

oder

$$p^2 : q^2 : r^2 = \sin 2\alpha : \sin 2\beta : \sin 2\gamma.$$

In Worten:

**Die Quadrate der senkrechten Projektionen der Kanten eines Dreibeins verhalten sich wie die Sinus der doppelten Achsenwinkel.**

160) **Anderer Beweis des Weisbachschen Satzes** (**nach J. E. Böttcher**).

Das Dreibein $O(ABC)$ liege mit $OA$ und $OB$ in der Ebene der Zeichnung, so dafs $C$ mit $O$ zusammenzufallen scheint. Durch $A$ und $B$ lege man den Kreis, dessen Mittelpunkt $O$ ist und begrenze ihn durch einen Durchmesser $DE$, den man z. B. horizontal lege. Dreht man den Kreis um $DE$ und projiziert man ihn senkrecht auf die Zeichnungsebene, so gelangt z. B. $A$ nach

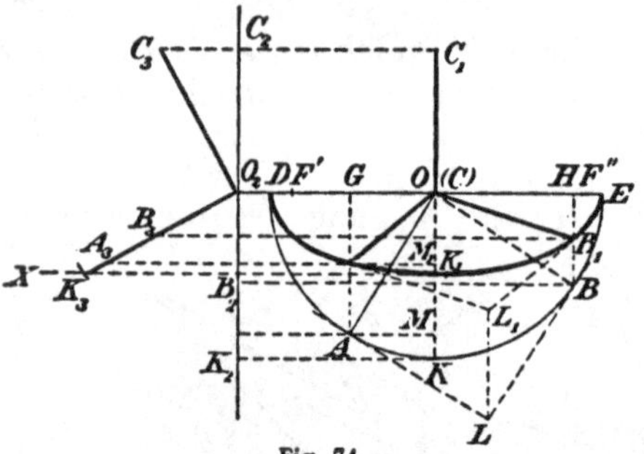


Fig. 74.

$A_1$*) und $B$ nach $B_1$, wobei $AA_1$ und $BB_1$ senkrecht zu $DE$ stehen und $\frac{GA_1}{GA} = \frac{HB_1}{HB}$ ist. Der Kreis geht in eine Kurve über, die man bekanntlich Ellipse nennt und die durch Verkürzung aller Lote zu $DE$ auf denselben Bruchteil $\left(\text{z. B. } \frac{1}{2} \text{ oder } \frac{1}{3}\right)$ entsteht. $OA_1$ und $OB_1$ sind dann die Kanten $OA$ und $OB$ in der neuen Lage. $C$ mufs sich in der durch $Q$ gelegten Normalebene zu $DE$, die als gerade Linie erscheint, bewegt haben. Um zu erfahren, wie weit diese Bewegung geht, denke man sich die Figur um 90° nach links umgeklappt (um irgend eine Senkrechte gedreht), so dafs $DOE$ als Punkt $O_2$ erscheint und die Senkrechten $O_2A_2$ und $O_2B_2$ die neuen Darstellungen von $OA$ und $OB$ sind. (Die ursprüngliche Kreisfläche erscheint jetzt als die Gerade $O_2K_2$.) Die zweite Lage der Kreisfläche findet man mit Hülfe einer Horizontalen $K_1X$ und eines um $O_2$ mit $OK$ geschlagenen Kreisbogens, der auf ihr den Schnitt-

*) In der Figur ist der Schnitt der Geraden $AG$ und der Ellipse mit $A_1$ zu bezeichnen.

punkt $K_3$ giebt. $O_2 K_3$ ist die neue Lage der Halbkreisfläche. (Die Horizontalen $A_1 A_3$ und $B_1 B_3$ geben die Kanten $O_2 A_3$ und $O_2 B_3$.) Das Lot $O_2 C_3 = OK$ giebt die dritte Kante. Die Horizontale durch $C_3$ giebt den Punkt $C_1$ in der gesuchten Lage.

Dabei ist das Quadrat $AOBL$ in das Parallelogramm $A_1 O B_1 L_1$ übergegangen, die Tangenten $AL$ und $BL$ in die Ellipsentangenten $A_1 L_1$ und $B_1 L_1$. Zwei Halbmesser der Ellipse aber, von denen jeder parallel zur Tangente im Endpunkte des andern ist, heifsen konjugierte Halbmesser. Schlägt man ferner um den Endpunkt $K_1$ der kleinen Halbachse der Ellipse einen Kreisbogen mit der grofsen Halbachse, so erhält man als Schnittpunkte auf dieser die sogenannten Brennpunkte $F'$ und $F''$, über die später zu sprechen ist und die Excentricität $OF'$ oder $OF''$. Nun ist aber $\triangle OK_1F_1 \cong O_2B_2K_3 \cong O_2C_3C_2$, also $OF_1 = B_2K_3 = O_2C_2 = OC_1$, d. h. $OC_1$ ist gleich der Excentricität der Ellipse. So hat man den Hülfssatz:

Die senkrechte Projektion $O(A_1 B_1 C_1)$ eines Dreibeins ist so beschaffen, dafs zwei der Kanten,

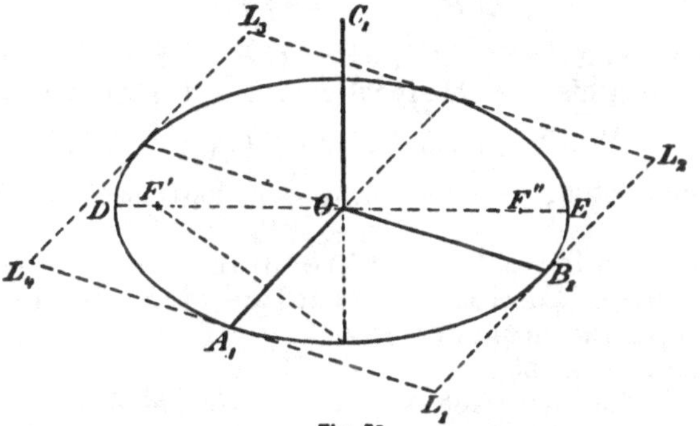


Fig. 75.

z. B. $OA_1$ und $OB_1$, konjugierte Halbmesser der dem zugehörigen Parallelogramme (z. B. $L_1 L_2 L_3 L_4$) einbeschriebenen und dessen Seiten in den Halbierungspunkten berührenden Ellipse sind, während die dritte Achse $OC_1$ gleich der Excentricität dieser Ellipse ist und in die Richtung ihrer kleinen Achse fällt.

(Daraus und aus dem Vergleich mit dem Gaussschen Satze folgt z. B. dafs die grofse Halbachse $OD$ dieser Ellipse, die senkrecht zu $OC_1$ liegt, die wahre Kantenlänge angiebt und dafs die von $A_1$ und $B_1$ auf $OC_1$ gefüllten Lote Pythagoreisch addiert die Halbachse $OD$ geben.)

Aus dieser Betrachtung ergiebt sich bequem der Weisbachsche Satz. In Figur 76 betrachte man die Rechtecke $OGAM$ und $OHBP$, die gleichen Inhalt haben.

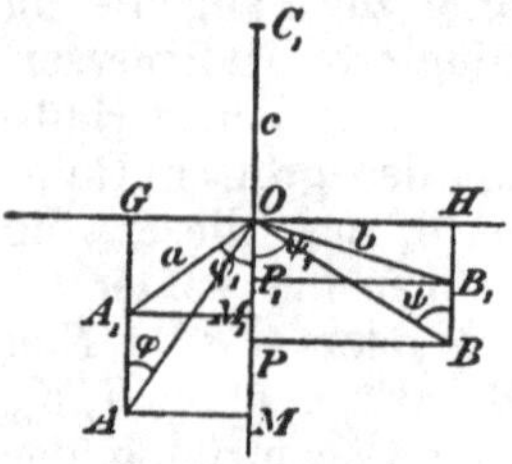

Fig. 76.

Wegen der konstanten Verkürzung $\left(\text{z. B. } \frac{1}{2} \text{ oder } \frac{1}{3}\right)$ sind auch die Rechtecke $OGA_1M_1$ und $OHB_1P_1$ inhaltsgleich, also

$$OG.OM_1 = OH.OP_1$$

oder

$$(OA_1 . \sin \varphi_1)(OA_1 . \cos \varphi_1) = (OB_1 \sin \psi_1)(OB_1 \cos \psi_1),$$

also

$$\frac{OA_1^2}{OB_1^2} = \frac{\sin(2\psi_1)}{\sin(2\varphi_1)}.$$

Setzt man also $OA_1 = a$, $OB_1 = b$, $OC_1 = c$, und beachtet man die Gleichberechtigung der drei Achsen, so folgt

$$a^2 : b^2 : c^2 = \sin 2(bc) : \sin 2(ca) : \sin 2(ab).$$

Damit ist der Weisbachsche Satz bewiesen. In Worten lautet er:

Die Quadrate der senkrechten Projektionen der Kanten eines Dreibeins verhalten sich wie die Sinus der doppelten Achsenwinkel.

Bildet man also z. B. ein Dreieck aus den Strecken $a^2$, $b^2$, $c^2$, die sich nach Annahme einer beliebigen Längeneinheit aus $a$, $b$ und $c$ leicht konstruieren lassen (nach der Proportion 1 : a = a : x u. s. w.), so sind nach dem Sinussatze die Winkel dieses Dreiecks die doppelten Achsenwinkel des projizierten Dreibeins. Diese lassen sich also aus den Längen leicht konstruieren. Als Einheit wählt man am bequemsten eine der Achsen, die dann beim Quadrieren ungeändert bleibt. Sollen z. B. die Achsen sich verhalten wie 1 : 2 : 3, so bilde man das Hülfsdreieck aus 1, 4 und 9.

Durch Vergleich mit Figur 72 folgt daraus sofort der Gausssche Fundamentalsatz, aus dem sich leicht die wichtigsten Konstruktionen ableiten lassen.

161) Aufgabe 1. Von einem orthographischen Dreibein seien die Kanten $OA$ und $OB$ nach Länge und Richtung gegeben. Die Würfelzeichnung soll fertig konstruiert werden.

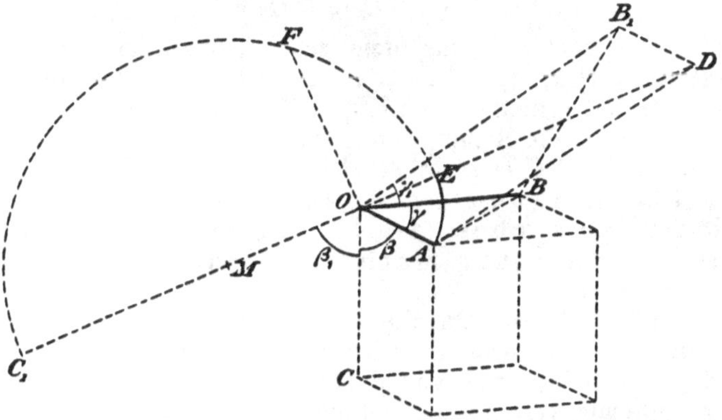


Fig. 77.

Auflösung. Man mache $\triangle OBB_1 \sim \triangle OAB$, ziehe $B_1D \#\, OA$, verlängere $DO$ um sich selbst bis $C_1$, mache auf $OD$ die Strecke $OE = OA$, bilde einen Halbkreis über dem Durchmesser $C_1E$ und errichte auf diesem das Lot $OF$ bis zur Peripherie. Man halbiere den Winkel $OAC_1$ und mache $OC = OF$, dann ist $OC$ die dritte Kante des Dreibeins nach Gröfse und Richtung. Die Würfelzeichnung ist durch Parallelogramme leicht zu vollenden.

Der Beweis ergiebt sich aus den Vorbetrachtungen, sobald man $OA = 1$ setzt.

Bemerkung. Statt den konkaven Winkel $OAC_1$ zu halbieren, kann man auch den konvexen Winkel halbieren, was einen zweiten Würfel giebt. Jeder der beiden Würfel kann auf zweierlei Art gedeutet werden. Man kann z. B. $A$ als vorn liegend und sichtbar, oder als hinten liegend und unsichtbar auffassen. Die Konstruktion giebt also im ganzen vier Würfel.

162) Aufgabe. $OA$, $OB$, $OC$ seien der Länge nach, $OA$ auch der Richtung nach gegeben. Die Würfelzeichnung soll vollendet werden.

Auflösung. Man setze $OA = 1$, bilde die Länge $OB$ mit Hülfe der Proportion

$$OA : OB = OB : x,$$

$OC^2$ mit Hülfe von

$$OA : OC = OC : y$$

und bilde $\triangle OAD$ aus dem nach Gröſse und Richtung gegebenen $OA$, aus $AD = x$ und $OD = y$ und vollende das Parallelogramm $OADB_1$. Halbierung des Winkels $AOB_1$ giebt die Richtung von $OB$, Halbierung des Nebenwinkels von $AOD$ giebt die Richtung von $OC$ u. s. w.

163) Aufgabe. $OA$ sei nach Länge und Richtung gegeben, die beiden anderen Kanten nur der Richtung nach. Die Würfelzeichnung zu vollenden.

Auflösung. Da die Lage von $OA$ gegeben ist, folgen aus den beiden anderen Richtungen die Winkel $\gamma$ und $\beta$. Verdoppelung von $\beta$ giebt die Richtung von $OC_1$, Verdoppelung von $\gamma$ die Richtung $OB_1$. Verlängerung von $C_1O$ und Konstruktion der Parallele zu $OB_1$ durch $A$ giebt das Dreieck $OAD$. Die mittlere Proportionale zu $OA$ und $AD = OB_1$ giebt die Länge von $OB$, die mittlere Proportionale zu $OA$ und $OC_1$ die Länge von $OC$ u. s. w.

164) Aufgabe. $OA$ sei nach Länge und Richtung, $OB$ der Länge nach, $OC$ der Richtung nach gegeben. Die Würfelzeichnung soll vollendet werden.

Auflösung. $OA$ und $\measuredangle \beta$ sind vollständig gegeben. Verdoppelung von $\beta$ und Verlängerung des neuen Schenkels über $O$ hinaus giebt die Richtung der Diagonale $OD$. Man konstruiere die Länge $OB^2$ mit Hülfe der Proportion $OA : OB = OB : x$ und schlage mit $OB_2 = x$ um $A$ einen Bogen, der die Diagonale im Punkte $D$ schneidet. Das Dreieck $OAD$ ist jetzt bestimmt, das Parallelogramm $OADB_1$ leicht zu vollenden. Halbierung des Winkels $AOB_1$ giebt die Richtung von $OB$, Konstruktion der mittleren Proportionale von $OA$ und $OD$ giebt die Länge von $OC$ u. s. w.

165) Bemerkung. Durch das Dreibein ist zugleich das Achsenkreuz bestimmt. Den Würfelaufgaben entsprechen also solche über das Oktaeder, Tetraeder, Ikosaeder, Pentagondodekaeder und sämtliche früher gezeichneten Gebilde der Stereometrie und Krystallographie. Man kann dabei von einem gegebenen Achsenverhältnis $a:b:c$ ausgehen, die zugehörigen Winkel mit Hülfe von $a^2:b^2:c^2$ konstruieren und die entsprechenden Zeichnungen ausführen. Damit ist für die Methode der Axonometrie ein überreiches Aufgabenmaterial gegeben.

Die senkrechte Projektion des Kreises ist in der Schrägprojektion als besonderer Fall enthalten und bietet zu neuen Bemerkungen keinen Anlafs.

## c) Die Grundlagen des perspektivischen Zeichnens.

### α) Die grundlegenden Aufgaben und die Grundbegriffe.

166) Bild eines Punktes. In Figur 78 sei $B_1 C_1$ der Grundrifs einer senkrecht stehenden Glastafel, $B_2 C_2 D_2 E_2$ ihr Aufrifs; $A_1$ und $A_2$ seien Grund- und Aufrifs für das Auge des Beobachters, $P_1$ und $P_2$ Grund- und Aufrifs eines hinter der Tafel befindlichen Punktes. An welcher Stelle $P$ erscheint der Punkt $P$ dem Beobachter auf der Tafel ?. Offenbar an der Stelle, wo der Sehstrahl die Glastafel schneidet. Nun ist aber $A_1 P_1$ der Grundrifs, $A_2 P_2$ der Aufrifs des Sehstrahles, der Schnittpunkt $P_4$ also der Grundrifs des

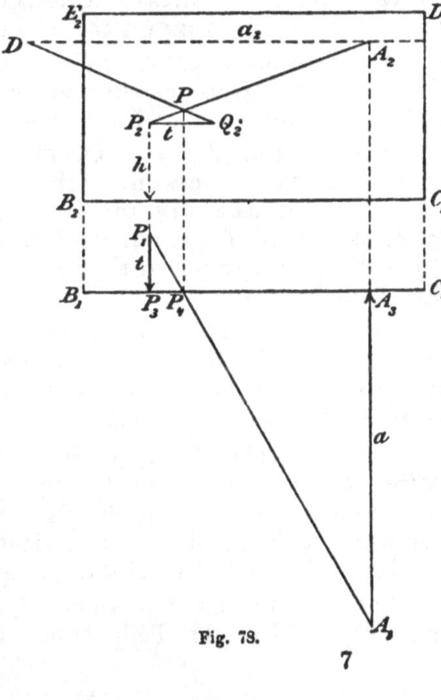

Fig. 78.

Durchstoſspunktes (der Spur). Senkrecht über diesem, also in $P$ auf $A_2 P_2$ liegt der letztere. $P$ ist das Bild des durch $P_1$ und $P_2$ gegebenen Punktes auf der Glasplatte für das Auge.

Bezeichnet man den horizontalen Abstand des Auges von der Glasplatte mit $a$, den des Punktes $P_1$ von der Platte mit $t$ (Tiefe), so ist $a:t = A_1 P_4 : P_4 P_1 = A_2 P : P P_2$.

Bezeichnet man ferner den Aufriſs $P_2 A_2$ des Sehstrahls als den Fahrstrahl des Punktes $P_2$, so folgt:

Das Bild $P$ jedes Punktes liegt auf seinem Fahrstrahle und teilt diesen im Verhältnis des Augenabstandes zur Tiefe des Punktes.

167) Macht man die Horizontale $A_2 D = a$, die Horizontale $P_2 Q_2 = t$, so teilt auch $D Q_2$ den Fahrstrahl im Verhältniſs $a:t$, geht also ebenfalls durch das Bild $P$ des Punktes. Man findet also das Bild des Punktes auch so, daſs man vom Aufriſs des Punktes aus seine Tiefe $t$ als Horizontale anträgt und den Endpunkt $Q_2$ mit dem **Distanzpunkte** $D$ verbindet.

Es giebt noch einen zweiten Distanzpunkt rechts von $A_2$, der zur Anwendung kommt, wenn man $t$ von $P$ aus nach links statt nach rechts zeichnet.

Faſst man $P_2$ als Aufriſs einer horizontalen Geraden auf, die senkrecht zur Glasplatte steht und von ihr aus bis ins Unendliche reicht, so ist $P_2 A_2$ das Bild dieser Geraden und $A_2$ ist das Bild ihres unendlich fernen Punktes. (Fluchtpunkt dieser Geraden.)

Man bezeichnet $A_2$ als Augenpunkt oder Hauptpunkt. Die Bilder aller Geraden, die senkrecht zur Zeichnungsebene stehen, sind also nach dem Augenpunkte hin gerichtet.

168) Auf einer solchen Geraden seien von der Glasplatte aus gleiche Stücke $b$ abgetragen. Die Bilder der Teilpunkte erhält man nach Obigem, indem man auf der Horizontalen $P_2 Q_2$ dieselben gleichen Stücke abträgt und die Teilpunkte mit dem Distanzpunkte verbindet.

Die Schnitte mit dem Bilde $P_2 A_2$ der Geraden geben dann die Bilder der Teilpunkte. Diese folgen nach $A_2$

hin immer dichter aufeinander und häufen sich bei $A_2$ zu unendlicher Dichte an. Diese Einteilung der Linie $P_2 A_2$ be-

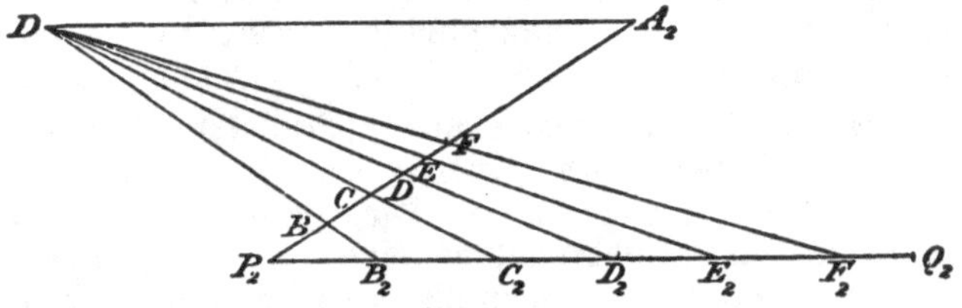


Fig. 79.

zeichnet man als den perspektivischen Maſsstab für die Linie.

169) Bild der Geraden. Durch das Auge und eine Gerade im Raume wird im allgemeinen eine Ebene bestimmt. Die Gerade, in der die Glastafel von dieser Ebene geschnitten wird, ist das Bild der Geraden.

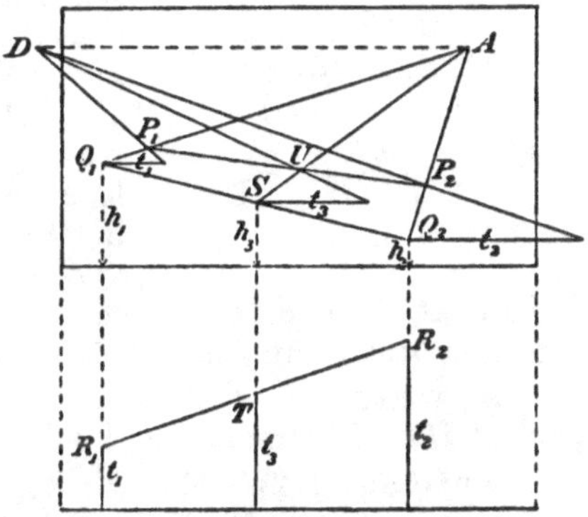


Fig. 80.

Ist $R_1 R_2$ der Grundriſs der Geraden, $Q_1 Q_2$ ihr Aufriſs, so bestimme man, um ihr Bild $P_1 P_2$ zu finden, die Bilder der Endpunkte in der oben besprochenen Weise und verbinde sie durch eine Gerade.

Ebenso ist das Bild $U$ des durch $S$ und $T$ dargestellten Halbierungspunktes der Geraden zu konstruieren. Im Grundriſs sind die Punkte $R_1$, $R_2$, $T$ und der unendlich ferne Punkt der Geraden harmonische Punkte, ebenso die entsprechenden Punkte im Aufriſs. Harmonische Punkte gehen bekanntlich bei jeder Projektion in harmonische über. Folglich: Der vierte harmonische Punkt zu $P_2$, $U$ und $P_1$ ist das Bild des unendlich fernen Punktes der Geraden, er ist also zugleich Durchstoſspunkt der vom Auge aus zu der gegebenen Geraden gelegten Parallelen. Die Bilder sämtlicher zur gegebenen parallelen

Geraden sind also nach diesem Punkte hingerichtet. Er heifst der Fluchtpunkt der Parallelenschar. Die Verbindungslinie des Durchstofspunktes mit dem Augenpunkte ist die Projektion der vom Auge aus zur gegebenen Geraden gelegten Parallelen.

Parallele Gerade haben aber parallelen Aufrifs, folglich ist jene Verbindungslinie parallel zum Aufrifs der gegebenen Geraden. Dies ermöglicht eine zweite Konstruktion des Fluchtpunktes eine Parallelenschar. Die betreffenden Gerade kann man als ihren schiefen Horizont bezeichnen.

170) Aufgabe. Auf dem Bilde einer Geraden, deren Fluchtpunkt man kennt, gleiche Strecken abzutragen.

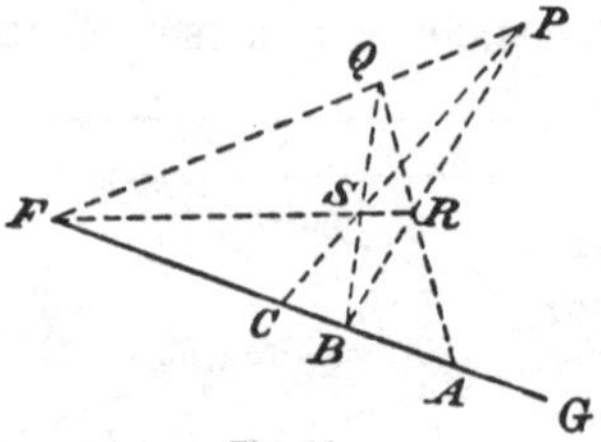

Fig. 81.

Auflösung 1). Ist $G F$ die gegebene Gerade im perspcktivischen Bilde, $F$ ihr Fluchtpunkt und $A B$ die Strecke, die mehrfach abgetragen werden soll, so verbinde man $F$ und $B$ mit einem beliebigen Punkte $P$ und lege durch $A$ eine beliebige, in $Q$ und $R$ schneidende Gerade. $Q B$ und $R F$ geben $S$, $P S$ giebt den Punkt $C$ so, dafs $A B$ und $B C$ die Projektionen gleicher Strecken sind. Ähnlich ist fortzufahren.

Beweis. Nach dem Satze vom vollständigen Vierseit sind $A B C F$ harmonische Punkte.

Auflösung 2). Man ziehc, wie vorher, $F P$ beliebig und $A Z \parallel P F$; man ziehe $P B$ bis $B_1$ und mache $B_1 C_1$, $C_1 D_1$ ... gleich $A B_1$. Die Geraden $P C_1$, $P D_1$ u. s. w. geben auf $A F$ den perspektivischen Mafsstab.

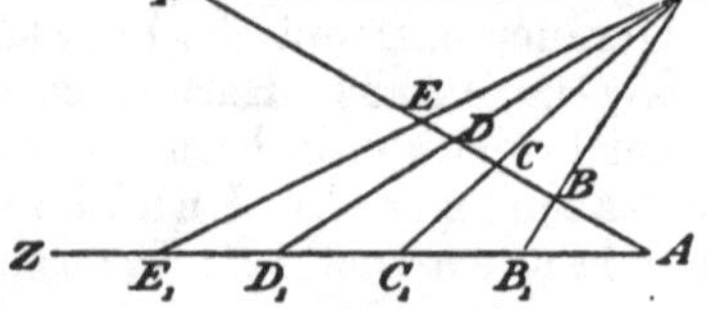

Fig. 82.

Beweis: $A, B_1, C_1$ und $\infty$ sind harmonische Punkte, folglich auch die Projektionen $A, B, C$ und $F$.

Bemerkung. Wegen dieser Eigenschaft des Fluchtpunktes, durch vierte harmonische Punkte die Einteilung in gleiche Teile zu geben, heifst er auch der Teilpunkt. Die benutzte Gerade $AZ$ möge der Teilstrahl heifsen.

171) Aufgabe. Wo liegen die Fluchtpunkte für Parallelenscharen, welche die Zeichnungsebene unter einem gegebenen Winkel $\alpha$ schneiden?

Auflösung. Ist $A$ der Augenpunkt und $AD = AD_1$ der Abstand, so liegen die Fluchtpunkte aller senkrecht zur Tafel stehenden Geraden in $A$; alle die Tafel unter $45^0$ schneidenden Parallelenscharen haben ihre Fluchtpunkte auf dem um $A$ mit dem Abstande $AD$ geschlagenen Kreise. Bemerkenswerte Fluchtpunkte sind der oberste und unterste.

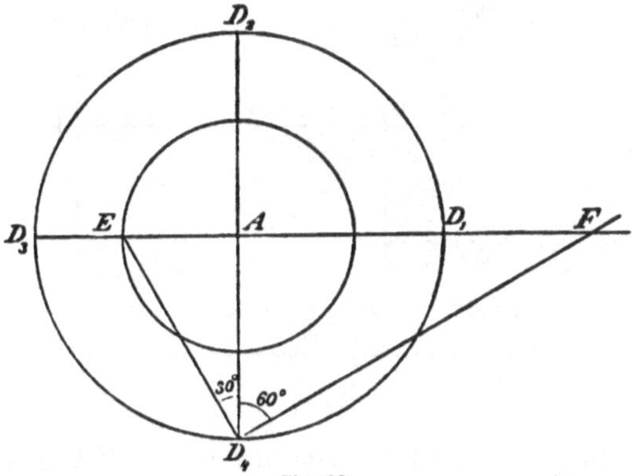


Fig. 83.

Letzteren kann man zugleich als Grundrifs des Auges betrachten, sobald man den Horizont als Grundrifs der Glasplatte betrachtet. Legt man an $AD_4$ z. B. den Winkel $30^0$ an, so wird $\measuredangle\, D_4 EA = 60^0$. Der um $A$ mit $AE$ geschlagenen Kreis enthält also die Fluchtpunkte für alle die Tafel unter $60^0$ schneidenden Parallelenscharen. Um die allgemeine Aufgabe zu lösen, lege man den Winkel $(90^0 - \alpha)$ an $AD_4$ an. Der Schnittpunkt $S$ des freien Schenkels mit dem Horizonte giebt den Radius $AS$ für den gesuchten Fluchtpunktkreis.

Nach diesen Bemerkungen ist man imstande, nicht nur jedes in Grund und Aufrifs gegebene Gebilde Punkt für Punkt in Centralperspektive zu übertragen, sondern auch andere Aufgaben zu lösen.

## β) Übungen an Körpern und Herstellung stereoskopischer Bilder.

172) Aufgabe. Den in Grund- und Aufriſs gegebenen Würfel in Centralperspektive zu zeichnen.

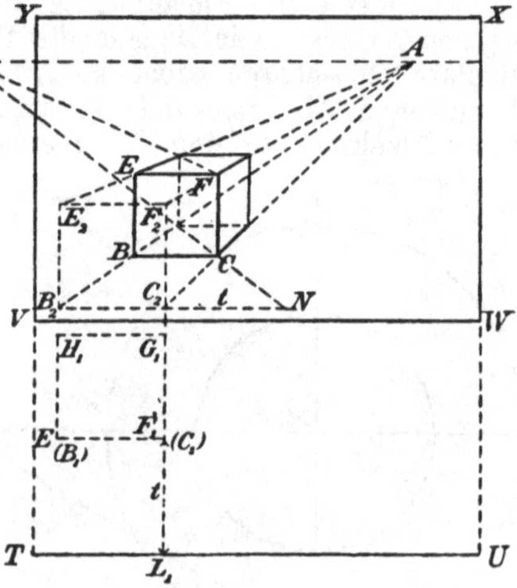


Fig. 84.

a) Einfachste Frontstellung. $VWXY$ und $TU$ seien Grund- und Aufriſs der Glastafel, $AD$ sei gleich dem Augenabstand, $B_2\,C_2\,F_2\,E_2$ der Aufriſs des Würfels, $E_1\,F_1\,G_1\,H_1$ der Grundriſs, $L_1\,F_1$ sei die Tiefe der Punkte $F_1$ und $C_1$. Man verbinde die Aufriſspunkte mit $A$, mache $C_2\,N = t$ und ziehe $ND$, was den Schnittpunkt $C$ und den zugehörigen Diagonalpunkt der Grundfläche giebt. Von da aus ist die Figur mit Hülfe von Senkrechten und Horizontalen leicht zu vervollständigen. Die ausgezogenen Linien stellen den Würfel in der verlangten Perspektive dar.

b) Stellung über Eck. $F_1\,E_1\,L_1\,G_1$ sei Grundriſs, $B_2\,C_2\,J_2\,E_2\,F_2\,G_2$ Aufriſs des Würfels. Man mache $C_2\,P = t = X_1\,F_1$; $C_2\,Q = X_1\,M_1$, $C_2\,R = X_1\,L_1$, und verfahre wie vorher. Das Ausgezogene stellt den Würfel vor.

Frage: In welchen Fluchtpunkten schneiden sich im Falle a) die in Wirklichkeit parallelen Diagonalen der

Würfelflächen; wo schneiden sich im Falle b) die Geraden $CJ$ und $FE$, $BN$ und $GL$; und in welchen Fluchtpunkten schneiden sich die in Wirklichkeit parallelen Diagonalen der verschiedenen Würfelflächen?

c) Allgemeine Lage des Würfels in Grund- und Aufrifs.

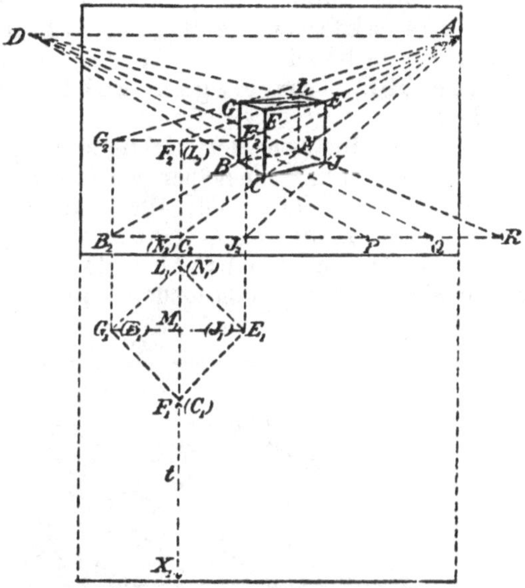


Fig. 85.

Ist z. B. der Würfel in der letzten Stellung der Figur 70 gegeben, so verbinde man alle Eckpunkte des Aufrisses mit dem Augenpunkte und zu jedem konstruiere man mit Hülfe der horizontal angelegten Tiefe $t$ das Bild. Der Fluchtpunkt für jede Gruppe von Parallelen erlaubt Abkürzung der Konstruktion, die also auf mehrere Arten geschehen kann.

173) Aufgabe. Irgend welche aus dem Würfel oder Achsenkreuze ableitbare Polyeder in einfachster und in allgemeiner Lage perspektivisch zu zeichnen.

Beispiele: Oktaeder, Tetraeder, Pyramidenwürfel, Rhombendodekaeder, Ikosaeder, Pentagondodekaeder u. s. w.

174) Aufgabe. Prismen und Pyramiden mit regelmäfsiger und unregelmäfsiger Grundfläche in einfachster und allgemeinster Lage perspektivisch zu zeichnen.

175) Einige allgemeine Bemerkungen. In der Centralperspektive erscheinen senkrechte Gerade als senkrechte Gerade, horizontale, die zur Glastafel parallel

sind, als horizontale. Überhaupt werden Gerade, die zur Tafel parallel sind, im Bilde dem Aufriſs parallel. Gleichen Stücken auf solchen Geraden entsprechen auch im Bilde gleiche Stücke, nur in anderem Maſsstabe. Ebene Gebilde, die der Tafel parallel sind, geben ähnliche Bilder.

Perspektivische Bilder erscheinen dem Auge richtig, sobald dieses sich im richtigen Abstande $AD$ dem Augenpunkte gegenüber befindet.

Man erhält also den richtigen körperlichen Eindruck bei der Betrachtung einer perspektivischen Konstruktion nur von einer Stelle aus. Für alle anderen Lagen des Auges treten Verzerrungen ein.

176) Stereoskopische Bilder. Wird für jedes der beiden Augen ein besonderes Bild konstruiert und ge-

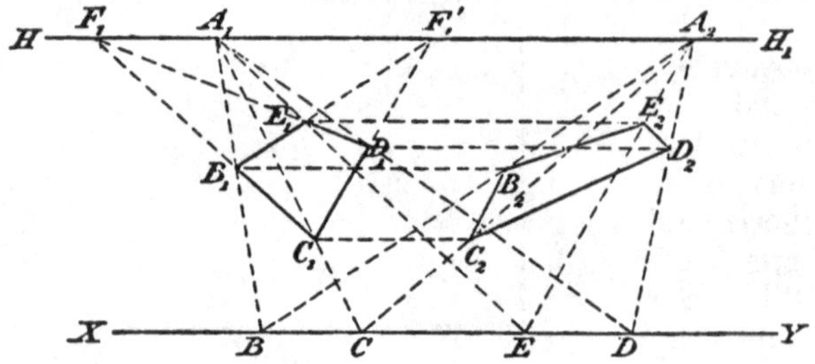


Fig. 86.

lingt es, z. B. mit Hülfe des Stereoskopes, beide Bilder subjektiv zur Deckung zu bringen, so ist der körperliche Eindruck ein vollkommener. Die beiden Augenpunkte sind in eine Horizontale zu legen, und ihr Abstand muſs der der beiden Augen sein, denn diese werden normal auf die Bildfläche projiziert. Die beiden Bilder jedes Punktes fallen ebenfalls in eine Horizontale. Ihre gegenseitige Entfernung ist Null, wenn der Punkt in der Glastafel liegt, sie ist gleich $AA_1$, wenn er unendliche Entfernung von dieser hat. Mit zunehmender Entfernung also wächst der gegenseitige Abstand seiner Bilder von $O$ bis $AA_1$ an. Er erscheint stets in der richtigen Tiefe.

Ist z. B. $HH_1$ der Horizont, $B_1 C_1 D_1 E_1$ das Bild eines horizontalen Quadrates mit den Fluchtpunkten $F_1$ und

$F_1'$, $XY$ der Tafelrifs seiner Ebene, so ziehe man von $A_1$ aus nach den Ecken $B_1$, $C_1$, $D_1$, $E_1$ Gerade, die auf dem Tafelrifs die Punkte $B$, $C$, $D$, $E$ geben. Diese verbinde man mit $A_2$, und auf den Verbindungslinien bestimme man die Punkte $B_2$, $C_2$, $D_2$, $E_2$, die in gleicher Höhe mit $B_1$, $C_1$, $D_1$, $E_1$ liegen. So erhält man das zweite Bild. Man suche noch weitere Beziehungen zwischen beiden Bildern auf, z. B. solche, welche die Fluchtpunkte und deren Entfernungen von einander betreffen.

Aus Grund- und Aufrifs also lassen sich die stereoskopischen Darstellungen jedes Raumgebildes herstellen.

Läfst man die Hülfslinien weg, bringt man die beiden Augen in die richtige Entfernung und trennt man beide Bilder durch ein senkrecht dazwischen geschobenes Kartenblatt, so dafs jedes Auge nur das für dieses bestimmte Bild sehen kann, so gelingt es auch ohne Stereoskop nach einiger Übung, die Bilder subjektiv zur Deckung zu bringen. Allmählich gelingt der Versuch auch ohne das Kartenblatt. Es handelt sich dabei um Schielen nach auswärts.

(Verschiebt man $A_1$ mit dem zugehörigen Bilde parallel nach $A_2$, $A_2$ mit seinem Bilde nach $A_1$, so kann man den stereoskopischen Eindruck auch dadurch erreichen, dafs man mit Hülfe des entgegengesetzten Schielens Doppelbilder erzeugt und die inneren zur Deckung bringt. Man versuche dies bei verkehrt aufgeklebten Stereoskopen-Bildern von mathematischen Faden- oder Drahtmodellen.)

In Figur 87 ist das regelmäfsige Dodekaeder nach Hugl stereoskopisch dargestellt. Man versuche den körperlichen Eindruck zu gewinnen.

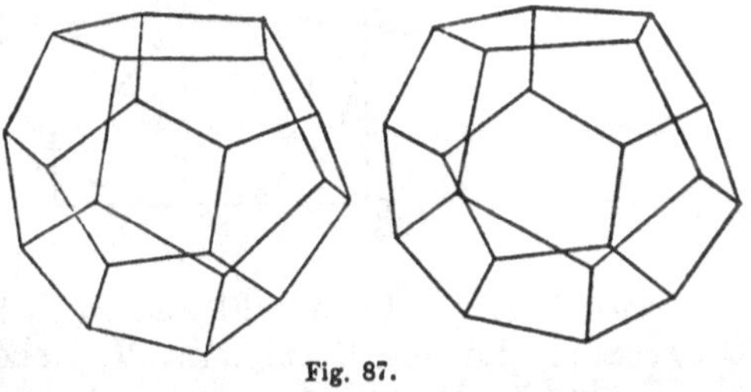

Fig. 87.

In 20 cm Entfernung vom Auge erscheint das Bild richtig. Nimmt man gröfsere Entfernung, so erscheint der Körper nach vorn in die Länge gezogen, bei kleinerem Abstande dagegen zusammengedrückt. Dadurch bestätigt sich, dafs ein korrekt perspektivisch gezeichnetes Bild nur dann ganz richtig erscheint, wenn man das Auge dem Augenpunkt gegenüber in die richtige Entfernung bringt.

Auf besonderen Tafeln ist am Schlusse des Buches die stereoskopische Konstruktion für das regelmäſsige Pentagondodekaeder in Figur 87 a und für das Ikosaeder in Figur 87 b durchgeführt. Aus Raumgründen ist der Grundriſs neben den Aufriſs gelegt, jedoch ist die Tiefe t eines Punktes angegeben. Nach jedem Augenpunkte hin sind nur je zwei der zu ziehenden Geraden gezeichnet worden, damit Verwirrung vermieden werde.

### $\gamma$) Vorläufiges über die Centralperspektive des Kreises.

177) Aufgabe. Den Flächen des in einfachster Frontstellung gezeichneten Würfels Kreise einzubeschreiben.

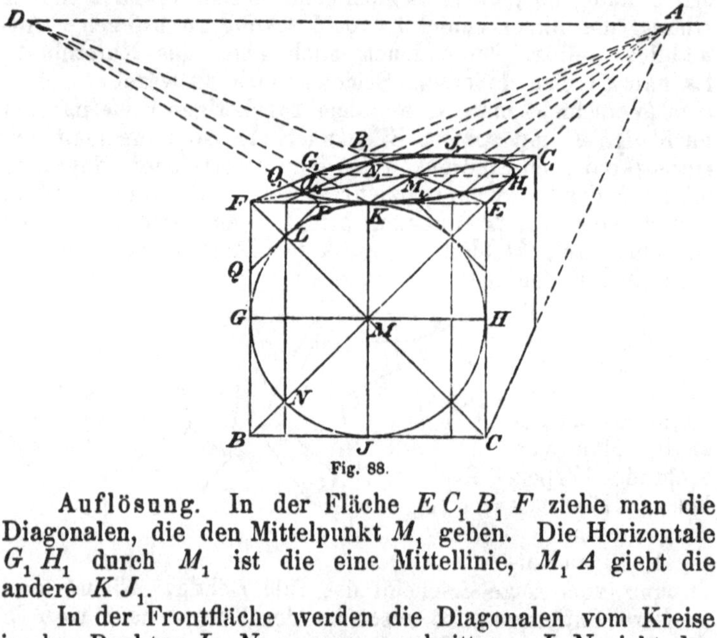


Fig. 88.

Auflösung. In der Fläche $E\,C_1\,B_1\,F$ ziehe man die Diagonalen, die den Mittelpunkt $M_1$ geben. Die Horizontale $G_1\,H_1$ durch $M_1$ ist die eine Mittellinie, $M_1\,A$ giebt die andere $K\,J_1$.

In der Frontfläche werden die Diagonalen vom Kreise in den Punkten $L$, $N$, u. s. w. geschnitten. $L\,N$ giebt den Punkt $O$ auf $F\,E$, $O\,A$ die Schnittpunkte $L_1$ und $N_1$. Ebenso ist rechts zu verfahren. Die Gerade $P L_1$ giebt als Bild die Tangente $Q_1 P$ des perspektivischen Kreises, $N_1 D_1$ eine andere, wenn $D_1$ der zweite Distanzpunkt ist, denn es handelt sich um Linien, die die Quadratseiten unter 45° treffen. So erhält man die perspektivische Zeichnung des regelmäfsigen Achtecks mit den Berührungspunkten des einbeschriebenen Kreises, was für Zwecke des Skizzierens ausreicht.

Um jedoch beliebige Kreispunkte zu finden, verfahre man folgendermafsen: $L$ sei ein beliebiger Punkt des Frontkreises. Man ziehe die Senkrechte $L O$ bis zur Geraden $F E$ und mache $O P = L O$. Die Geraden $O A$ und $P D$ schneiden sich im gesuchten Punkte $L_1$.

Um beliebige Tangenten zu zeichnen, verfahre man entsprechend. Ist z. B. $P Q$ eine beliebige Tangente, so giebt die Gerade von $Q$ nach dem senkrecht über $A$ liegenden Distanzpunkte $D_2$ den Punkt $Q_1$ auf $F B_1$ und $P Q_1$ ist die entsprechende Tangente. Zieht man die Tangenten in gröfserer Zahl, so wird die perspektivische Kurve so genau ausschattiert, dafs weiteres Zeichnen nicht mehr nötig ist.

Beiläufig sei bemerkt, dafs für den ersten Fall $K O = r\sqrt{\frac{1}{2}}$ ist, was bequem konstruiert werden kann.

Die senkrechte Würfelseite ist entsprechend zu behandeln. Jeder horizontale Kreis kann in ähnlicher Weise konstruiert werden. Auch beliebig stehende vertikale machen keine Schwierigkeiten. Jetzt soll aber sofort die allgemeine Lage behandelt werden.

178) Aufgabe. Einem beliebigen Viereck (welches als perspektivisches Quadrat betrachtet werden kann) den perspektivischen Kreis einzubeschreiben.

Auflösung. $A B C D$ sei das gegebene Viereck. Die Diagonalen geben den Punkt $M$, die Gegenseiten geben durch die Schnittpunkte $F_1$ und $F_2$ den schiefen Horizont $F_1 F_2$ des Vierecks, der von den Diagonalen in ihren Fluchtpunkten $F_3$ und $F_4$ geschnitten wird. Die Linien $F_1 M$ und $F_2 M$ geben die perspektivischen Mittellinien $E G$ und $H J$ und damit die Berührungspunkte des perspektivischen Kreises für die Vierecksseiten.

Nach den Sätzen vom vollständigen Vierseit sind $F_1 F_2 F_3 F_4$ und ebenso $A, E, B, F_2$ und $A, H, D, F_1$ u. s. w. harmonische Punkte.

Man ziehe $A F_2' \parallel F_1 F_2$ und ziehe $F_1 B$ bis $B_1$, $F_1 E$ bis $E_1$, dann ist $A B_1$ in $E_1$ halbiert, so dafs die Teilungen von $A B_1$ mit Hülfe von $F_1$ auf $A B$ übertragen werden können. (Perspektivischer Mafsstab.)

Über $A B_1$ errichte man jetzt ein Quadrat mit dem einbeschriebenen Kreise, der die Diagonalen in Punkten

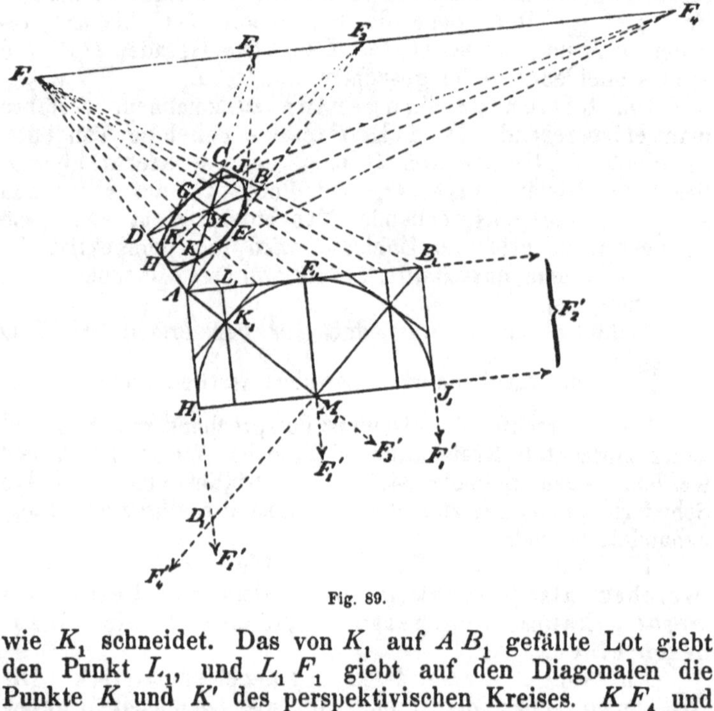


Fig. 89.

wie $K_1$ schneidet. Das von $K_1$ auf $A B_1$ gefällte Lot giebt den Punkt $L_1$, und $L_1 F_1$ giebt auf den Diagonalen die Punkte $K$ und $K'$ des perspektivischen Kreises. $K F_4$ und $K' F_3$ sind die Tangenten in diesen Punkten. So entsteht die Perspektive des regelmäfsigen Achtecks, die für Zwecke des Skizzierens ausreicht.

Um den entsprechenden Punkt zu einem beliebigen Punkte $P_1$ des Hülfskreises zu finden, fälle man das Lot $P_1 Q_1$ auf $A B_1$ und mache auf $A B_1$ die Strecke $Q_1 R_1$

$= Q_1 P_1$; $Q_1 F_1$ und $R_1 F_1$ geben jetzt die Punkte $Q$ und $R$ auf $AB$, $F_4 R$ aber schneidet (als die Entsprechende von $P_1 R_1$) auf $QF_1$ den gesuchten Punkt $P$ ab.

Um eine beliebige Tangente $V_1 W_1$ zu übertragen ($V_1$ z. B. auf $AD_1$, $W_1$ auf $AB_1$ liegend), kann man verschiedene Wege einschlagen. Für $V_1 W_1$ z. B. giebt $W_1 F_1$ auf $AB$ den Punkt $W$. Die Geraden $D_1 D$ und $H_1 H$ mögen sich in einem Punkte $Z$ schneiden, dann giebt $W_1 Z$ auf $AD$ den Punkt $V$, $VW$ aber ist die übertragene Tangente.

179) Konstruktionen nach Pascal und Brianchon. Nach Pascal gilt für den Kreis und seine Projektionen der Satz, dafs die Gegenseiten des einbeschriebenen Sechsecks sich in drei Punkten schneiden, die auf geraden Linien liegen. Nach Brianchon gilt der reciproke Satz, dafs die Verbindungslinien der Gegenecken jedes dem Kreise oder seiner Projektion umbeschriebenen Sechsecks sich in einem Punkte schneiden. Man spricht also von der Pascalschen Geraden und dem Brianchonschen Punkte. Die Sechsecke können auch überschlagene sein.

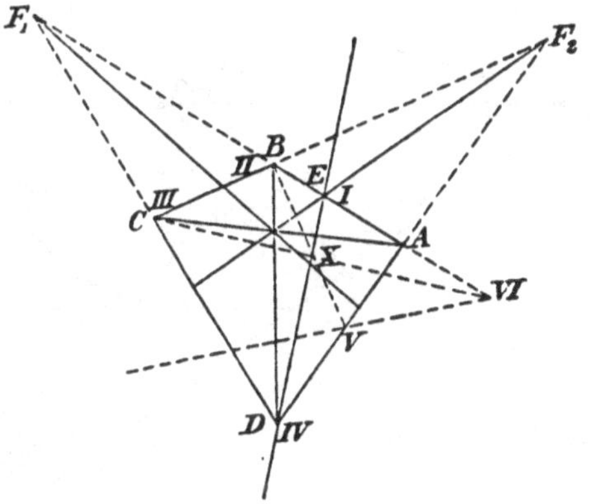

Fig. 90.

Nach Pascal kann man aus fünf Punkten, oder aus vier Punkten und der Tangente in einem davon, oder aus drei Punkten und der Tangente in zweien davon die Kreisprojektion mit dem Lineal allein fertig konstruieren; nach Brianchon aus fünf Tangenten, oder aus vier Tangenten und dem Berührungspunkte auf einer derselben, oder aus drei Tangenten und den Berührungspunkten aus zweien davon. Der vorletzte Fall ist in Figur 90 durchgeführt. $ABCD$ sei die Projektion eines Kreisvierseits, aus Tangenten gebildet, $M$ der Diagonalendurchschnitt, $F_1$, $F_2$ die Fluchtpunkte, also $E$ ein Berührungspunkt des einbeschriebenen perspektivischen Kreises. Man betrachte $AE$ als erste, $EB$ als zweite, $BC$ als dritte, $CD$ als vierte, $DA$ als fünfte Tangente, $D$ als Eckpunkt I, $B$ als II, $C$ als III, $D$ als IV, so dafs $ED$ die Verbindungslinie zweier Gegenecken ist. Auf ihr sei $X$ willkürlich als Brianchonscher Punkt angenommen. $BX$ giebt auf $AD$ den Punkt $Q$ oder V, $CX$ auf $EA$ den Punkt $P$ oder VI. Die Punkte I II III IV V VI

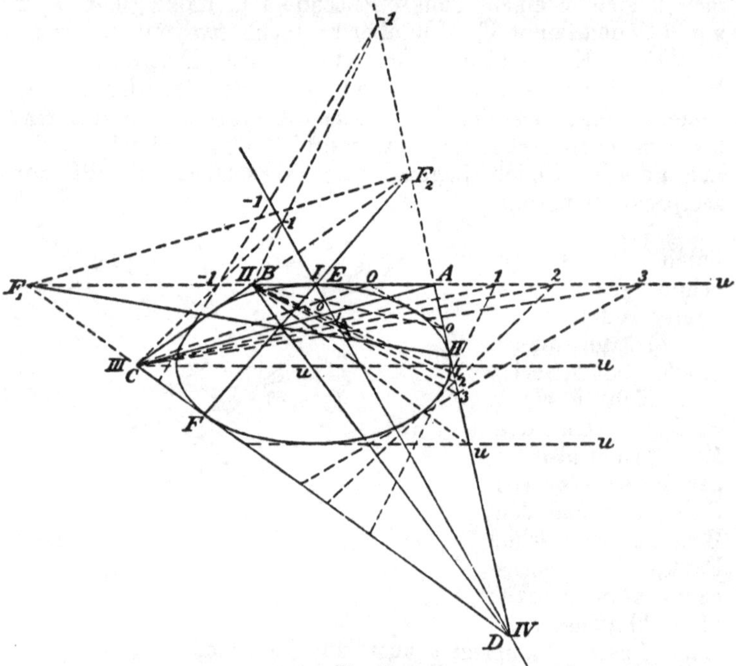


Fig. 91.

geben ein Brianchonsches Sechseck, $PQ$ ist also Tangente der einbeschriebenen Kreisprojektion. Wählt man $X$ beliebig oft auf der ins Unbegrenzte zu verlängernden Geraden $DE$, so giebt dieselbe Konstruktion beliebig viele Tangenten, so dafs die Projektion des Kreises bequem ausschattiert werden kann, wie es in Figur 91 begonnen ist. Halbiert man die drei Diagonalen des vollständigen Vierseits $ABCD$, also die Geraden $AC$, $BD$ und $F_1F_2$, was bekanntlich Punkte der sogenannten Gaufsschen Geraden giebt, so erhält man durch letztere einen Durchmesser der Ellipse. Macht man dasselbe mit einem zweiten der vorhandenen Tangentenvierecke, so erhält man einen zweiten Durchmesser und damit den Mittelpunkt der Ellipse. Den Beweis findet man in den Lehrbüchern der Kegelschnittslehre, z. B. bei Geiser-Steiner im Schlufskapitel, wo gezeigt wird, dafs

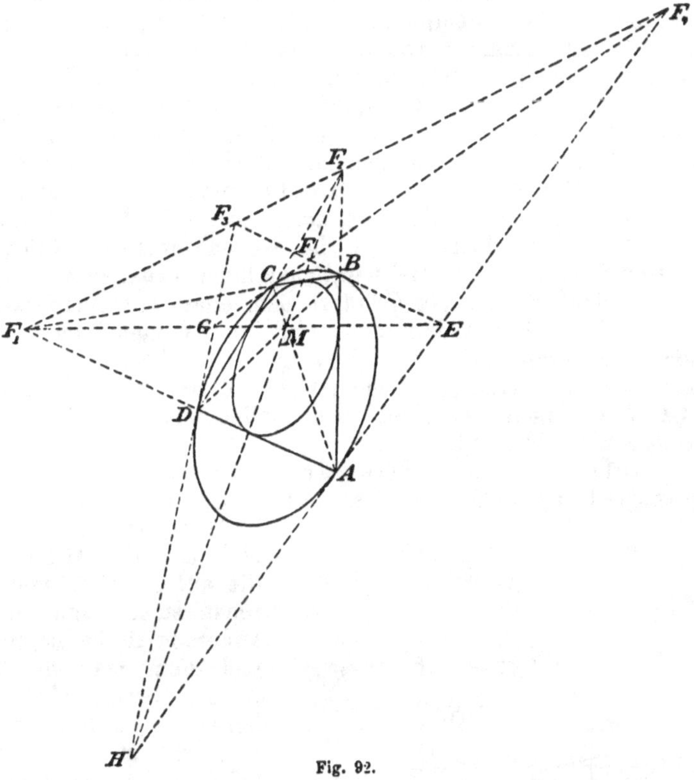


Fig. 92.

sämtliche Kegelschnitte, die vier gegebenen Geraden berühren, ihre Mittelpunkte auf der zugehörigen (von Newton entdeckten) Geraden haben. Auch diesen Satz kann man zur Konstruktion der Kurve benutzen.

(Man bezeichnet die Projektionen des Kreises als Kegelschnitte. Diese können nach Obigem gewissermafsen mit dem Lineal gezogen werden. Die Projektion kann auf den Kreis, die Ellipse, Hyperbel, Parabel oder auf gewisse Gerade führen. In der Malerperspektive handelt es sich in der Regel, wie in Figur 91 um Ellipsen.)

180) Aufgabe. Den einem perspektivischen Quadrate umbeschriebenen Kreis zu konstruieren.

Auflösung. $ABCD$ sei das perspektivische Quadrat, $F_1$ und $F_2$ die Fluchtpunkte seiner Seiten, $F_3$ und $F_4$ die seiner Diagonalen. Verbindet man die letzteren mit den Eckpunkten, so entsteht ein neues Quadrat $EFGH$ (dessen Seiten gegen die des ersteren in Wirklichkeit um $45^0$ geneigt sind). Der diesem einbeschriebene Kreis ist der dem andern umbeschriebene. Die Aufgabe ist also auf die vorige zurückgeführt. Man suche noch andere Lösungen. Vgl. Figur 92.

Bemerkung. Zeichnet man zu $ABCD$ den um- und den einbeschriebenen Kreis, so hat man die Bilder konzentrischer Kreise. Bei wirklichen konzentrischen Kreisen lassen sich, sobald ein Quadrat dem einen einbeschrieben und zugleich dem andern umbeschrieben ist, unendlich viele solche Quadrate zeichnen. Dies gilt auch von den perspektivischen Kreisen. Schliefst bei diesen das Viereck $ABCD$ einmal, so giebt es unendlich viele geschlossene Tangenten-Sehnen-Vierecke.

181) Aufgabe. Die drei Hauptkreise des perspektivischen Achsenkreuzes zu zeichnen.

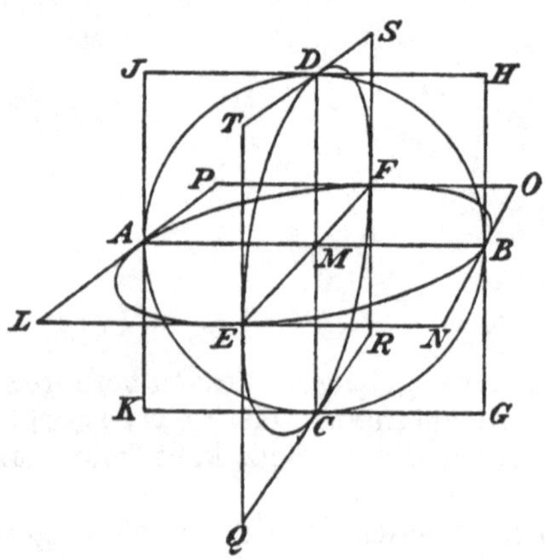

Fig. 93.

Auflösung. Sind $AB$ und $CD$ Gerade, die auf einander senkrecht stehen und einander in $M$ halbieren, und zieht man durch $M$ die Gerade $EF$ in beliebiger Richtung so, dafs sie in $M$ nicht halbiert ist, so giebt der Schnittpunkt von $EA$ und $BF$ den Distanzpunkt $D$, der Perspektive und damit den Horizont, $EF$ aber giebt auf diesem den

Augenpunkt. Die Quadrate $GHJK$, $LNOP$ und $QRST$ sind nun leicht zu vollenden. In das erstere ist der einbeschriebene Kreis zu zeichnen, in das zweite nach obiger Methode die in $A$, $E$, $B$, $F$ berührende Ellipse, in das dritte die in $C$, $D$, $E$, $F$ berührende.

182) Bemerkungen. Die Aufgabe ist wichtig für die Perspektive der Kugel. Man achte auf das sehr verschiedene Übereinandergreifen der Ellipsen und des Kreises. Nach der Methode der Drehungen oder nach dem Gauss-Weisbachschen Satz kann man das Achsenkreuz auch in beliebiger Lage zeichnen und die Projektionen der Quadrate konstruieren, in die dann Ellipsen einzuzeichnen sind, die in den Endpunkten der Achsen berühren. Dies ist dann in Perspektive zu übertragen. In das Viereck lassen sich unendlich viele berührende Ellipsen, an dasselbe beliebig viele berührende Kegelschnitte anlegen. Die hier einzuzeichnende Ellipse soll stets als die Hauptellipse bezeichnet werden.

Auch die harmonischen Eigenschaften des Kreises, die sich auf Pol und Polare beziehen und bei der Projektion erhalten bleiben, gestatten die Konstruktion beliebig vieler Punkte und Tangenten des entsprechenden Kegelschnitts, sobald 5 Elemente (Punkte oder Tangenten) gegeben sind.

183) Aufgabe. Die Kreisteilung (z. B. die 16 Teile gebende) soll in Centralperspektive (auf eine Ellipse) übertragen werden.

Man führe die Teilung am wirklichen Kreise aus und versuche den Kreis und das entsprechende Strahlenbüschel durch den Mittelpunkt in Perspektive zu übertragen. (Sobald $2^n + 1$ eine Primzahl ist, was nach Gauss nur für Zahlen von der Form $2^{(2^n)} + 1$ möglich, aber nicht notwendig ist, läſst sich die genaue Kreisteilung durchführen. Hierher gehören die Primzahlen 3, 5, 17, 257 ..., weitere Teilungen erhält man durch die fortgesetzte Bogen-Halbierung und durch Subtraktionen wie $\frac{1}{6} - \frac{1}{10} = \frac{1}{15}$, welche die Konstruktionen für den Fall der Produkte aus diesen Zahlen geben, wie z. B. $3 . 5 = 15$, $5 . 17 = 85$, $3 . 5 . 17 = 255$ geben.)

### δ) Ableitung planimetrischer Sätze und Konstruktionen mittelst der Centralperspektive. Begriff der Kollineation und Affinität.

184) Satz von Desargues. In Figur 94 sind ähnliche und ähnlich liegende Dreiecke mit dem äufseren Ähnlichkeitspunkte $P$ dargestellt. (Man zeichne die Figur auch für den

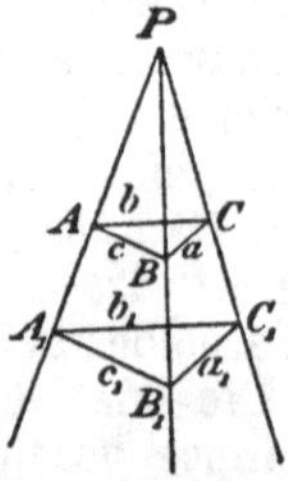


Fig. 94.

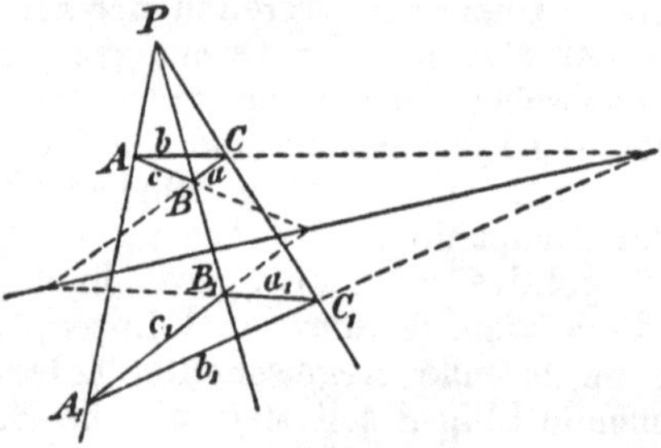


Fig. 95.

Fall, dafs ein innerer Ähnlichkeitspunkt vorhanden ist.) Die gleichnamigen Dreieckseiten sind parallel. Projiziert man die Ebene dieser Zeichnung auf eine andere Ebene, so geht im allgemeinen der unendlich entfernte Bereich der ersten Ebene auf der zweiten in eine Gerade über. Diese Gerade wird bestimmt durch den Schnitt der zweiten Ebene mit der durch das Projektionscentrum zur ersten gelegten Parallelebene. Nun lagen in Figur 94 die Schnitte der gleichnamigen Geraden in unendlicher Entfernung. In der entstehenden Figur 95 müssen sie (d. h. $X$, $Y$ und $Z$) also auf einer Geraden liegen. Daraus folgt der auch auf anderem Wege (z. B. nach Staudt) zu beweisende Satz von Desargues:

Liegen zwei Dreiecke so, dafs die Verbindungslinien entsprechender Eckpunkte sich in einem Punkte schneiden, so liegen die Schnittpunkte entsprechender Geraden auf einer Geraden.

Umgekehrt: Schneiden sich die gleichnamigen Dreiecksseiten auf einer Geraden, so gehen die Verbindungslinien der gleichnamigen Dreieckspunkte durch einen Punkt.

Der Satz kommt noch einmal zur Sprache.

185) Satz vom vollständigen Vierseit. Figur 96[a] stellt ein Parallelogramm mit seinen Diagonalen dar. Projiziert man die Figur central auf eine beliebige Ebene, so fallen die unendlich fernen Punkte aller Geraden wieder in eine Gerade der neuen Figur, nämlich in die Verbindungslinie der Schnittpunkte $K$ und $L$. Diese und $S_1$ und $S$ in Fig. 96[b] sind die Punkte, die den unendlich

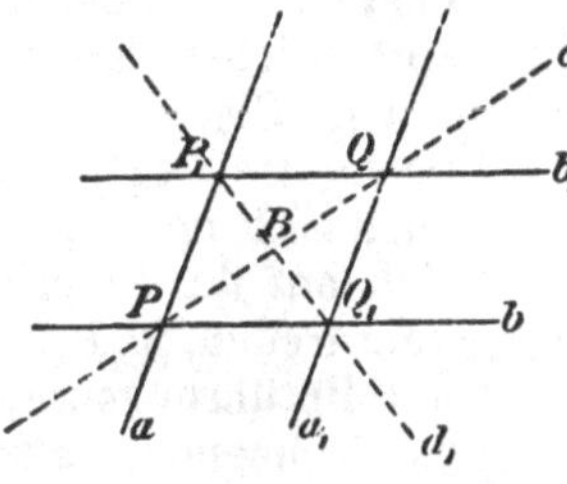

Fig. 96a.

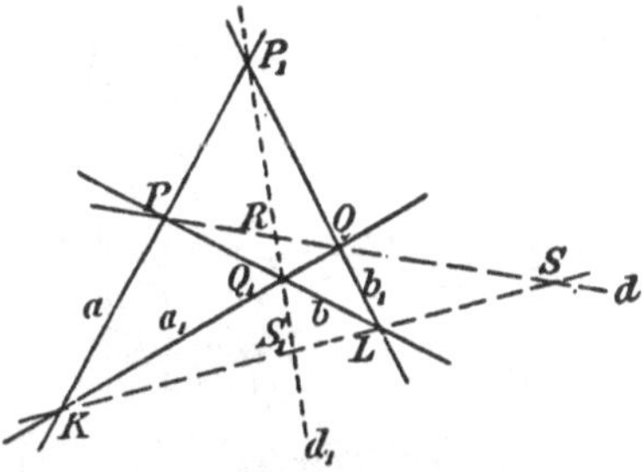

Fig. 96b.

fernen der Geraden in Fig. 96[a] entsprechen. Nun zeigt die Planimetrie, dafs durch Projektion harmonische Punkte wieder in harmonische verwandelt werden. Da nun in 96[a] $PRQ\infty$ und $P_1RQ_1\infty$ harmonische Punkte sind, so sind auch in 96[b] $PRQS$ und $P_1RQ_1S_1$ harmonische Punkte.*) Durch Projektion der ersten Gruppe von $P_1$ aus auf $KL$ gilt dies auch von den Punkten $KS_1LS$. Folglich:

Die drei Diagonalen des vollständigen Vierseits teilen einander harmonisch.

186) Zweifache perspektivische Beziehung zweier Kreise aufeinander. Ist $A$ der äufsere Ähnlichkeitspunkt zweier Kreise, so können sie zunächst perspektivisch ähnlich aufeinander bezogen werden, so dafs z. B. dem Bogen $KCDL$ der Bogen $K_1B_1E_1L_1$ entspricht. Man kann sich aber die Beziehung auch so denken, dafs dem Bogen $KCDL$ der Bogen $K_1C_1D_1L_1$ entspricht. Dabei entsprechen einander $BD$ und $B_1D_1$, $CE$ und $C_1E_1$, ebenso ihre Schnittpunkte $P$ und $P_1$, ebenso $CD$ und $C_1D_1$, $BE$ und $B_1E_1$ und ihre Schnittpunkte $Q$ nnd $Q_1$. $PQ$ und $P_1Q_1$ sind die Polaren des Ähnlichkeitspunktes $A$,

---

*) In Figur 96a ist $R$ an Stelle von $B$ zu setzen.

die sog. Ähnlichkeitspolaren. Diese entsprechen einander sowohl bei der perspektivisch ähnlichen, als auch bei der nichtähnlichen perspektivischen Beziehung. Der beide Kreise gleichartig berührende Kreis, der den einen in $B$ berührt, berührt den andern in $B_1$. Die Tangenten in $B$ und $B_1$ sind einander gleich, also liegt ihr Schnittpunkt $U$ auf der Potenzlinie der ursprünglichen Kreise.

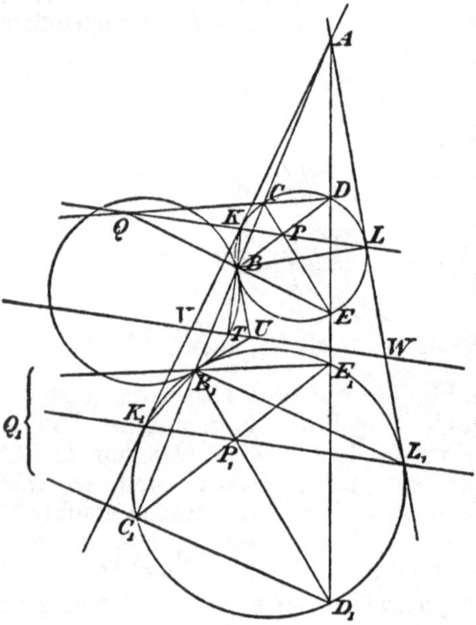


Fig. 97.

Die Elementargeometrie zeigt, daſs auch $KB$ und $K_1B_1$ sich auf der Potenzlinie treffen, in $T$, wo der Berührungskreis sie schneidet, also sind alle von $K$ und $L$ ausgehenden Sehnen und ihre entsprechenden derart beschaffen, daſs perspektivische Dreiecke $KBL$ und $K_1B_1L_1$ entstehen. Die Kreise sind also Punkt für Punkt perspektivisch. Alle einander paarweise entsprechenden Sehnen und ebenso Tangenten schneiden einander in der Potenzlinie. Man kann also die beiden Kreise als Darstellung von Kurven in zwei Ebenen auffassen, welche letzteren sich in der Potenzlinie schneiden. Aus den Eigenschaften des einen Kreises kann man auf die des andern schlieſsen.

Während bei der ähnlichen Zuordnung Durchmessern Durchmesser entsprechen, entspricht bei der andern Zuordnung dem Schnittpunkte zweier Durchmesser der Schnittpunkt der entsprechenden Sehnen, der nicht wieder der Mittelpunkt ist. Aus dieser Bemerkung lassen sich wichtige Folgerungen ziehen. Beiläufig sei bemerkt, daſs die Potenzlinie, da sie die gemeinschaftlichen Tangenten halbiert, auch den durch die Ähnlichkeitspolaren gebildeten Streifen halbiert, so dafs, wenn $P_1 K$ und $P_1 K$ einander entsprechen, $PKP_1$ gleichschenklig ist. Dem unendlich fernen Punkte von $PK$ entspricht auf $P_1 K$ ein Punkt $U_1$, der mittels der Parallelen $AU_1$ zu $PK$ gefunden wird. Die Projektion $H$ des Punktes $M_1$ auf die Centrale halbiert also die Strecke $AP_1$ (während $L$ die Strecke $PP_1$ halbiert) und ist Mittelpunkt des Kreises, der den Kreis $M_1$ rechtwinklig schneidet, so dafs $HN_1^2 = HC_1 . HD_1 = AH^2$ ist. Den harmonischen Punkten $DOC\infty$ des einen Kreises entsprechen die Punkte $D_1\, O_1\, C_1\, H$ des andern, so dafs der zugeordnete Pol $O_1$ des Halbierungspunktes $H$ der Strecke $AP_1$ dem Mittelpunkt $O$ des andern Kreises entspricht.

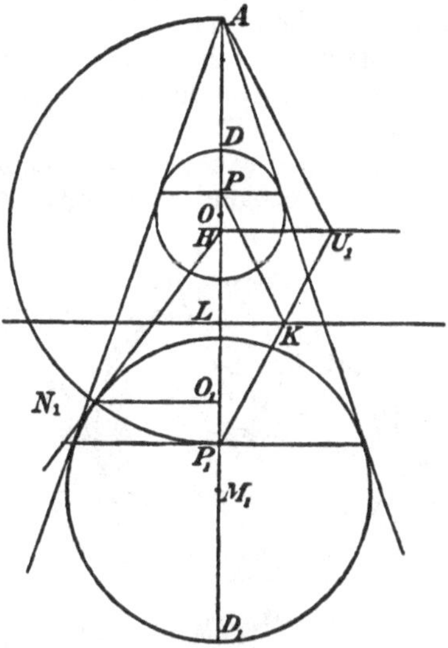

Fig. 98.

Nach der letzten Bemerkung ist man imstande, einen Kreis perspektivisch so auf einen andern abzubilden, dafs einem Punkte $O_1$ im Innern des einen der Mittelpunkt des andern Kreises entspricht. Ist $O_1$ dieser Punkt im Kreise $M_1$, so konstruiere man seine Polare $HU_1$ in Bezug auf den Kreis $M_1$ und mache $HA$ gleich der Tangente $HN_1$. In das zu $A$ gehörige Tangentenpaar des Kreises $M_1$ ist nun ein beliebiger Berührungskreis einzulegen, dessen Mittelpunkt $O$ nun dem Punkte $O_1$ entspricht. Man kann also Figuren, bei denen der Mittelpunkt des Kreises als Schnittpunkt von Geraden auftritt, in solche verwandeln, bei denen ein beliebiger Punkt zum Schnittpunkt wird, und auch das umgekehrte ist möglich.

So läfst sich z. B. das umbeschriebene gleichseitige Dreieck, bei dem die Verbindungslinien der Ecken mit den

Berührungspunkten der Gegenseiten sich im Mittelpunkte schneiden, in ein anderes umbeschriebenes Dreieck projizieren, bei dem nun die Verbindungslinien sich wieder in einem Punkte schneiden, der aber nicht Mittelpunkt ist.

Beispielsweise mögen die Sätze von Pascal und Brianchon zunächst für den Kreis projektivisch bewiesen werden.

Im Kreise seien von einem Peripheriepunkte aus Sehnen $a$ und $b$ gezogen, von einem beliebigen andern Punkte aus die zu ihnen parallelen Sehnen $a_1$ bezw. $b_1$, dann ist $\measuredangle \xi = \xi_1$ (oder gleich $180^0 - \xi_1$), folglich die Verbindungslinie $d = d_1$. Gleiche Sehnen haben eine durch $M$ gehende Symmetrieachse, folglich sind die Verbindungslinien ihrer symmetrisch liegenden Endpunkte auf dieser Achse senkrecht und daher parallel. Folglich: Zieht man die aufeinander folgenden Sehnen $a$, $b$, $c$ und fährt man fort mit den parallelen Sehnen $a_1$, $b_1$, $c_1$, so kommt man an den Ausgangspunkt zurück.

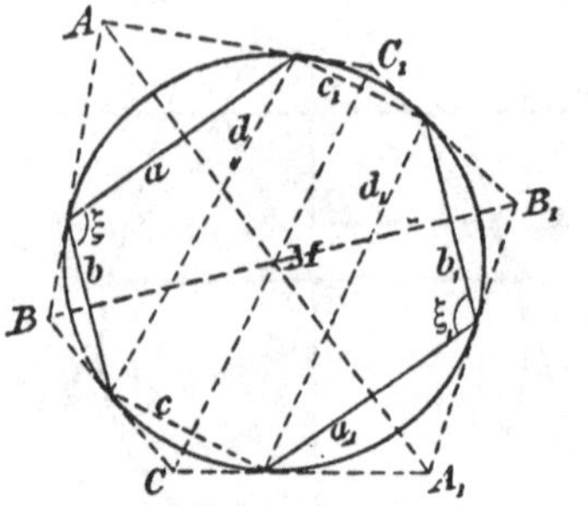


Fig 99 a.

Bildet man jetzt zu $a$ und $a_1$ die Pole, so geht deren Verbindungslinie aus Symmetriegründen durch $M$. Dasselbe gilt von den Polen zu $b$ und $b_1$ und von denen zu $c$ und $c_1$. Man erhält also ein umbeschriebenes Sechseck, bei dem die Verbindungslinien der Gegenecken durch den Mittelpunkt gehen.

Bezieht man den Kreis perspektivisch auf einen andern Kreis, und führt man die Transformation der Figuren (für den Fall der Nichtähnlichkeit) aus, so erhält man ein einbeschriebenes Sechseck von allgemeiner Form, ebenso ein allgemeines umbeschriebener Art. Bei dem einen folgt aus dem Parallelismus der früheren Gegenseiten, dafs die Gegenseiten der andern Figur sich in Punkten einer Geraden schneiden; bei dem andern folgt, dafs die Verbindungslinien der Gegenecken durch einen Punkt gehen. Beide Sätze, die von Pascal und Brianchon gefunden sind, gelten nun allgemein für ein- und umbeschriebene Sechsecke.

Es sei darauf aufmerksam gemacht, dafs die Sechsecke, wie in Fig. 99[b] auch überschlagene sein können.

Man kann den Kreis aber auch in demselben Sinne perspektivisch in andere Kurven transformieren, wie die folgende Aufgabe zeigt. Von solchen Kurven gilt dann sowohl der Pascalsche, als auch der Brianchonsche Satz.

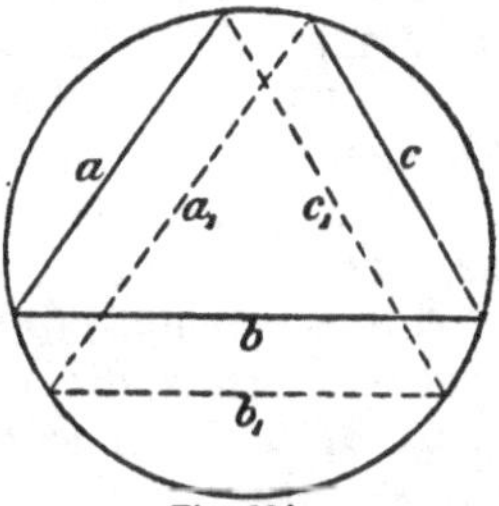

Fig. 99b.

187) Aufgabe. Von einer zu irgend einem Kreise im besprochenen Sinne perspektivischen Kurve seien zwei Tangenten und drei Punkte gegeben; beliebig viele ihrer Punkte und Tangenten sollen konstruiert werden.

Auflösung. Die Geraden $t_1$ und $t_2$ mit dem Schnittpunkte $P$ seien die gegebenen Tangenten, $A$, $B$ und $C$ die gegebenen Punkte. Man lege zwischen die Tangenten einen beliebigen Berührungskreis und ziehe $PA$, $PB$ und $PC$, die auf dem Kreise z. B. die Punkte $A_1$, $B_1$, $C_1$ geben (man kann auch drei andere der sechs Schnittpunkte gruppieren). $AB$ und $BC$ geben mit $A_1B_1$ und $B_1C_1$ die Schnittpunkte $X$ und $Y$, die eine Gerade $XY$, die Schnittlinie der Ebenen beider Kurven bestimmen (die perspektivische Achse). Soll nun z. B. zum Kreispunkte $K_1$ der entsprechende konstruiert werden, so ziehe man $K_1A$ bis zum Schnittpunkte $Z$

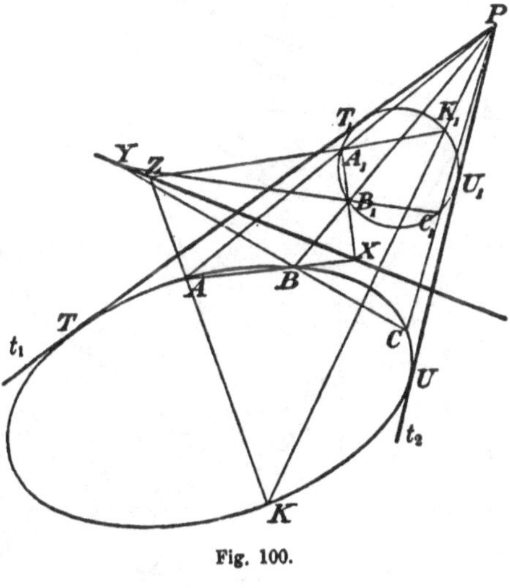

Fig. 100.

mit $XY$, sodann $ZA$ und $PK_1$, die den gesuchten Punkt $K$ geben. Will man auch die Tangente in $K$ haben, so ziehe man die Kreistangente in $K_1$ bis zum Schnitte $V$ mit $XY$ und dann die Gerade $VK$, welche die gesuchte Tangente ist. Von der gefundenen Kurve gilt nach Obigem der Pascalsche und Brianchonsche Satz, sie soll daher zunächst als eine **Pascalsche Kurve** bezeichnet werden. (Später zeigt sich, daſs hierher Ellipsen, Parabeln und Hyperbeln gehören. Daſs die Pascalsche Kurve durch die fünf Stücke $t_1$, $t_2$, $A$, $B$, $C$ eindeutig bestimmt ist, so daſs die Wahl des Kreises gleichgültig ist, kann jetzt noch nicht gezeigt werden. Es handelt sich zunächst nur darum, für diese Projektionsmethode zu interessieren.)

188) **Aufgabe. Von einer zu irgend einem Kreise im besprochenen Sinne perspektivischen Kurve seien gegeben drei Tangenten und zwei Punkte, sie soll konstruiert werden.**

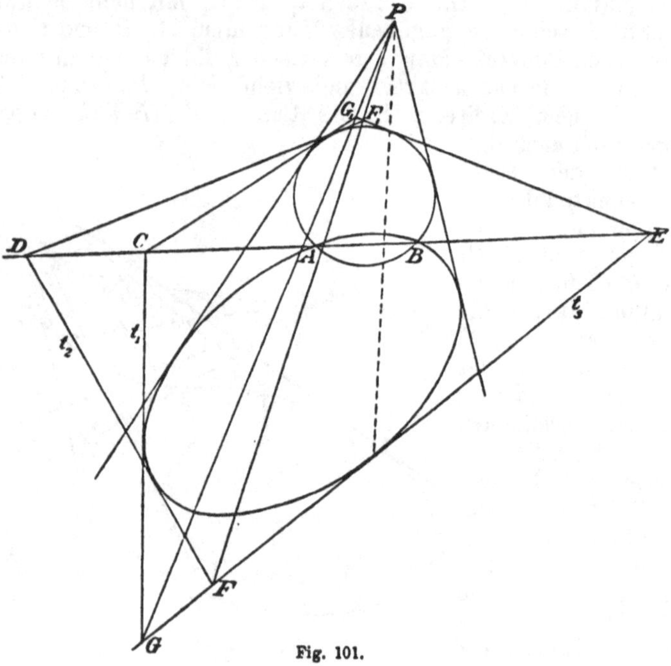


Fig. 101.

Auflösung. Sind $A$, $B$, $t_1$, $t_2$, $t_3$ die gegebenen Stücke, so lege man durch $A$ und $B$ einen beliebigen Kreis und betrachte $AB$ als perspektivische Achse für den Kreis und die Kurve. $C$, $D$ und $E$ seien die Schnittpunkte der Tangenten mit dieser Achse. Von ihnen aus lege man Tangenten an den Kreis. Den Tangentenschnitten $F$ und $G$ der Kurve entsprechen die Tangentenschnitte $F_1$ und $G_1$ beim Kreise. $FF_1$ und $GG_1$ geben das perspektische Centrum $P$. Die Tangenten von $P$ an den Kreis sind zugleich solche der gesuchten Kurve, man kann also fortfahren, wie bei der vorigen Aufgabe. Von der Kurve gelten die Sätze von Pascal und Brianchon.

189) Bemerkungen. In Nr. 179 wurde gezeigt, wie man eine Pascalsche Kurve eindeutig konstruieren kann, wenn 5 Punkte, oder 4 Punkte und die Tangente in einem davon, 3 Punkte und die Tangenten in zweien davon, 3 Tangenten und die Berührungspunkte für zwei dieser Tangenten, 4 Tangenten und der Berührungspunkt für eine davon, 5 Tangenten gegeben sind. Insbesondere läfst sich zu jeder Tangente der Berührungspunkt, zu jedem Punkte die Tangente konstruieren. Also läfst sich jeder Fall auf die beiden soeben betrachteten Aufgaben zurückführen, wobei jedoch zunächst stillschweigend vorausgesetzt wird, dafs jede Pascalsche Kurve perspektivisch auf einen beliebigen Kreis bezogen werden könne. Der Beweis dafür soll unten nach einigen Vorbemerkungen über Kollination geführt werden.

Sind von der zum Kreise im besprochenen Sinne perspektivischen Kurve vier Punkte und eine beliebige Tangente gegeben, so hilft ein bekannter Satz der Polarentheorie des Kreises über die Schwierigkeit. Ist nämlich $ABCD$ ein Sehnenviereck mit den Ergänzungsecken $E$ und $F$, und ist $t$ eine in $T$ berührende Tangente des Kreises, welche die Diagonale $r$ in $G$ schneidet, so giebt die zweite von $G$ aus mögliche Tangente einen Berührungspunkt $T_1$, der mit $T$ und $R$ auf derselben Geraden liegt und zwar so, dafs $T\,R\,T_1\,S$ harmonische Punkte, also die von $G$ nach dort gezogenen Strahlen harmonische Strahlen sind. Die zweite Tangente ist daher als zugeordneter Strahl zur ersten leicht zu konstruieren. Wie $R$ und $r$, so geben auch $P$ und $Q$ mit Hülfe von $p$ und $q$ zu solchen zugeordneten Tangenten Veranlassung.

Durch zwei der Tangenten und drei der Punkte hat man die Aufgabe auf No. 187 zurückgeführt, denn was vom Kreise gilt,

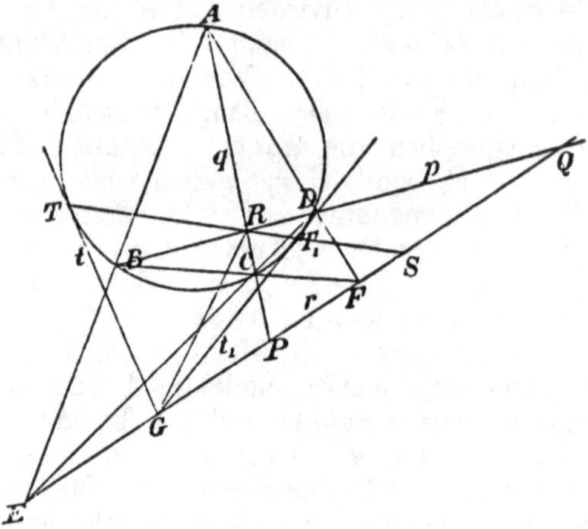


Fi. 102.

gilt von jeder aus ihm durch Projektion hervorgehenden Curve.

Sind endlich vier Tangenten und ein Punkt gegeben,

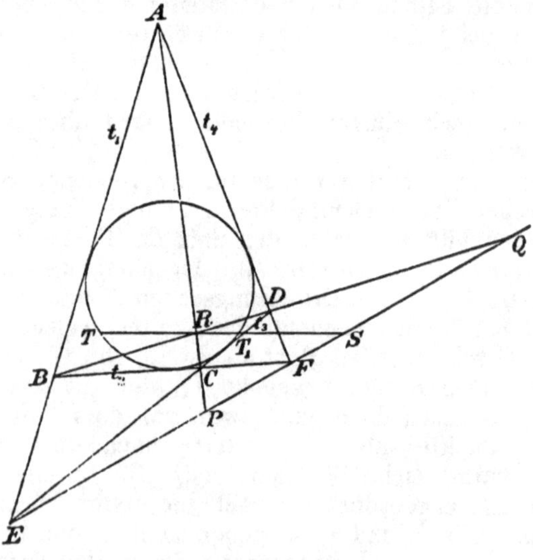


Fig. 103.

so hilft die reciproke Betrachtung. Beim Kreise zunächst sei das umbeschriebene Vierseit $t_1\, t_2\, t_3\, t_4$ gegeben und ein Punkt $T$. Dieser giebt mittels $R$ und der Polare $r$ zu harmonischen Punkten $T\, R\, T_1\, S$ Veranlassung, von denen auch $T_1$ auf dem Kreise liegt. Durch Projektion gilt dies auch von den im genannten Sinne perspektivischen Curven des Kreises. Die Aufgabe läſst sich also auf No. 188 zurückführen. Kreisprojektionen können also durchkonstruiert werden, so bald von ihnen 4 Punkte und eine beliebige Tangente, 3 Punkte und 2 beliebige Tangenten, 2 Punkte und 3 beliebige Tangenten, oder 1 Punkt und 4 beliebige Tangenten gegeben sind. Diese Konstruktionen sind weitergehend, als die gewöhnlich nach Pascal und Brianchon abgeleiteten.

Diese Beispiele mögen den Nutzen der räumlichen Anschauungsweise ins Licht setzen, die als Kollineation mathematisch formuliert worden ist. Darüber sollen einige Andeutungen gegeben werden.

190) Begriff der Kollineation. Man denke sich zwei Ebenen durch Centralprojektion von einem Raumpunkte $P$ aus perspektivisch auf einander bezogen. Dann gehen die Verbindungslinien sämtlicher einander entsprechender Punkte durch $P$, jeder Punkt der Schnittlinie beider Ebenen entspricht sich selbst, einander entsprechende Gerade schneiden sich gegenseitig in Punkten jener Schnittlinie. Sind zwei ebene Gebilde in dieser Weise aufeinander bezogen, und stellt man das Ganze durch Zeichnung in der Ebene dar, so müssen auch in dieser Darstellung die Verbindungslinien einander entsprechender Punkte durch das Centrum $P$ gehen, einander entsprechende Gerade sich in dem Bilde jener Schnittlinie treffen.

Von zwei so zusammengehörigen Gebilden der Ebene sagt man, sie seien perspektivisch kollinear. Der Punkt $P$ heiſst das Centrum der Kollineation, die Gerade heiſst die Kollineationsachse. So waren in Figur 95 zwei Dreiecke perspektivisch kollinear auf einander bezogen.

Während perspektive Dreiecke stets kollinear sind, ist bei Vierecken, deren einander entsprechende Ecken perspektivisch liegen, (so daſs die Verbindungslinien durch einen Punkt gehen) nur dann von Kollineation die Rede, wenn nicht nur drei Seitenpaare, sondern auch die vierten ihre Schnittpunkte auf derselben Geraden haben. Der vierte

Punkt des zweiten Vierecks kann also auf den Strahlen nicht mehr willkürlich gegeben werden, er mufs jener Bedingung entsprechend konstruiert werden, was keine Schwierigkeiten macht. Ebenso mufs man bei anderen perspektivischen Gebilden erst untersuchen, ob eine Kollineationsachse vorhanden ist, z. B. bei einem Kreise und einer Ellipse, die auf den Schnittpunkt zweier gemeinschaftlicher Tangenten zunächst nur perspektivisch bezogen werden können, während die Kollineation erst als möglich nachzuweisen ist. In kollinearen Gebilden entsprechen harmonischen Punkten harmonische Punkte, harmonischen Strahlen harmonische Strahlen.

Die Lage kollinearer Ebenen oder Gebilde, in der die Verbindungslinien der entsprechenden Punkte durch ein und dasselbe Centrum gehen, nennt man also aus leicht erklärlichen Gründen die perspektivische Lage. Bringt man die Gebilde in eine andere gegenseitige Lage, die nicht mehr perspektivisch ist, so besteht das gegenseitige Entsprechen der Punkte fort, und man bezeichnet die Verwandtschaft beider Gebilde noch immer als kollinear, während sie vorher perspektivisch kollinear war.

Schneiden sich die Verbindungslinien aller entsprechender Punkte in dem Kollineationscentrum, so schneiden sich alle einander entsprechenden Geraden auf der Kollineationsachse; ist umgekehrt das letztere der Fall, so findet das erstere statt. Dreht man die eine Ebene ohne Verschiebung um die Achse, so mufs daher das perspektivische Verhalten bestehen bleiben, was auch besonders bewiesen werden kann.

191) Quadratnetz und kollineares Netz.

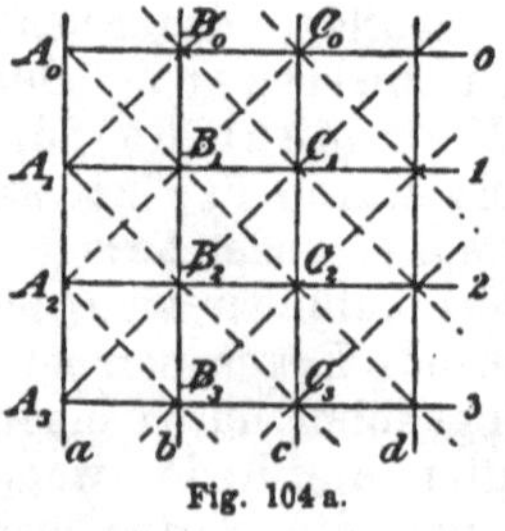

Fig. 104 a.

Es ist nützlich, das gegenseitige Entsprechen unabhängig von der perspektivischen Lage abzuleiten. Man gehe z. B. vom Netz der Quadrate (Figur 104 a) in der einen Ebene aus. Man nehme an, dem Quadrate $A_0 A_1 B_1 B_0$ entspreche in der andern Ebene ein Viereck $A_0' A_1' B_1' B_0'$. Ist es möglich, das ganze Quadratnetz abzubilden? Ja, sogar ohne Anwendung des Zirkels ist diese Abbildung möglich. Die Schnittpunkte $U_1'$ und $U_2'$ der Gegenseiten entsprechen dem unendlich fernen Punkte aller Parallelen $0, 1, 2 \ldots$ bezw. $a, b, c \ldots$ Die Diagonalschnitte $U_3'$ und $U_4'$ auf der Geraden $U_1' U_2'$ den unendlich fernen Punkten aller Diagonalen des Quadratnetzes. Die Gerade $U_4' B_1'$ giebt den Punkt $A_2'$, $A_2' U_2'$ giebt den Punkt $B_2'$, $U_4' B_2'$ den Punkt $A_3'$, $A_3' U_2'$ den Punkt $B_3'$ u. s. w. Zugleich findet man die Punkte $C_0'$, $D_0'$ u. s. w. Man kann das gegenseitige Entsprechen durch fortgesetzte Einschaltung von Parallelen durch die Diagonalschnitte in Figur 104a bis ins Kleinste durchführen.

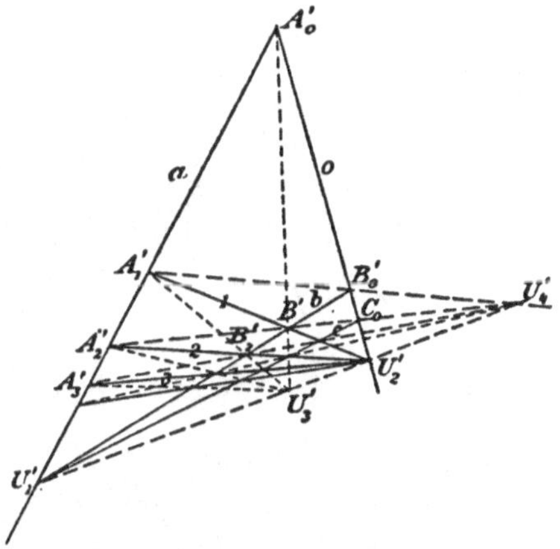


Fig. 144 b.

Es fragt sich nun erstens, welche Gerade dem unendlich fernen Bereich der zweiten Ebene entspricht und ob es möglich ist die beiden Gebilde in perspektivische Lage zu bringen. Dazu reicht die Lösung der nachstehenden Aufgabe aus.

192) Aufgabe. Ein gegebenes Viereck und ein gegebenes Quadrat sollen in kollinear perspektivische Lage gebracht werden.

Auflösung. $ABCD$ sei das gegebene Viereck. Man bilde die Ecken $U_1$ und $U_2$ und auf $U_1 U_2$ die Diagonalschnitte $U_3$ und $U_4$. Über $U_1 U_2$ als Durchmesser zeichne man einen Halbkreis, über $U_1 U_3$ einen Kreisbogen, der einen Peripheriewinkel von 45° giebt. Man erhält einen Schnittpunkt $P$, der das gesuchte Kollineationscentrum ist. In das Strahlenbüschel $P(ABCD)$ lassen sich beliebig viele Quadrate legen, die ihre Ecken auf den Strahlen haben. Beginnt man willkürlich bei $A_1$ so hat man nur $A_1 B_1 \parallel P U_1$ und $A_1 D_1 \parallel P U_2$ zu ziehen und das Quadrat zu vollenden.*)

---

*) In Figur 105 ist bei dem Quadrate $A_1$ statt $A$ zu lesen.

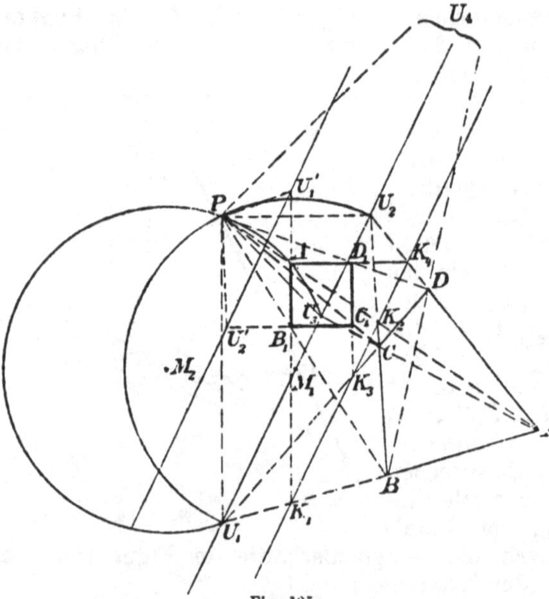


Fig. 105.

Unter diesen Quadraten das von der gegebenen Gröfse zu erhalten, macht keine Schwierigkeit.

193) Bemerkungen. Zieht man $A_1 B_1$ bis zum Schnitte $U_1'$ mit der durch $P$ gelegten Parallelen zu $AB$, so erhält man den Punkt der in der Quadratebene dem unendlich fernen Punkte der Geraden $AB$ der Viereckebene entspricht. Ebenso giebt $B_1 C_1$, bis zum Schnitte mit der durch $P$ gelegten Parallelen zu $BC$ verlängert, den Punkt $U_2'$, der dem unendlich fernen Punkte der Geraden $BC$ entspricht. Die Gerade $U_1' U_2'$ ist parallel der Geraden $U_1 U_2$ und zugleich parallel zur Kollineationsachse. $P$ ist von $U_1' U_2'$ ebenso weit entfernt, wie die Kollineationsachse $K_1 K_2 K_2 K_4$ von $U_1 U_2$.

194) Aufgabe. Ein Kegelschnitt*) sei gegeben durch vier Tangenten und den Berührungspunkt auf einer von ihnen, der auf der Verbindungslinie des Diagonalschnitts mit einem Schnitte zweier Gegenseiten liegen soll. Der Kegelschnitt soll kollinear

*) Pascalsche Kurve.

perspektivisch auf einen Kreis von gegebener Gröfse übertragen werden, und zwar so, dafs die entsprechenden Tangenten ein Quadrat geben.

Auflösung. Man bilde das Tangentenviereck des Kegelschnitts in der soeben dargestellten Weise auf das verlangte Tangentenquadrat ab. Dadurch ist die Aufgabe erledigt.

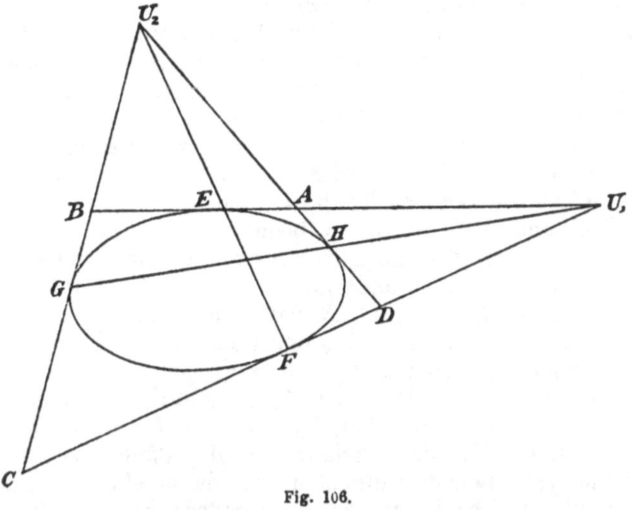


Fig. 106.

Bemerkungen. Definiert man den Kegelschnitt als eine dem Pascalschen oder Brianchonschen Satze genügende Kurve, so folgt ohne Weiteres, dafs sich ihm Tangentenvierecke der besprochenen Art umbeschreiben lassen. Man gehe von einem beliebigen Punkte $U_1$ aus und zeichne von dort aus Tangenten, die in $E$ und $F$ berühren mögen. Von einem beliebigen Punkte $M_2$ der Geraden $EF$ aus ziehe man wiederum Tangenten. Berühren diese in $G$ und $H$, so geht durch $U_1$ und der Kegelschnitt ist Hauptkegelschnitt des $GH$ Vierecks $ABCD$.

Daraus folgt, dafs jede „Pascalsche“ oder „Brianchonsche“ Kurve sich auf einen Kreis kollinear beziehen läfst.

Da hierbei aber Sätze über Pol und Polare angewandt werden, ist es wünschenswert, von diesen befreit zu sein. Dem genügt die Lösung der folgenden Aufgabe.

195) Ein beliebiges Fünfeck soll kollinear auf irgend ein Kreisfünfeck übertragen werden. (Die durch das Fünfeck definierte Pascalsche Kurve soll kollinear auf einen Kreis übertragen werden.)

Auflösung. Ist in Figur 107 $ABCDE$ das gegebene Fünfeck, so konstruiere man die Tangenten der Pascalschen Kurve in $A$ und $B$ nach dem Pascalschen Satze, wozu man nur das Lineal nötig hat. Die eine Tangente $TB$ ($T$ ist Schnittpunkt der Tangenten) betrachte man als Kollineationsachse der Kurve und des Kreises. Dieser Kreis braucht dann nur der Bedingung zu genügen, die Tangente in $B$ zu berühren; im übrigen kann er willkürlich sein. Der Tangente $TA$ der Pascalschen Kurve entspricht dann die Kreistangente $TA_1$. Der Geraden $ACK$ entspricht die Gerade $A_1C_1K$, $A_1A$ und $C_1C$ aber geben das Kollineationscentrum $P$. Schneiden sich $BC$ und $AD$ in $Q$, so bestimmt $BC_1$ mit $PQ$ den Punkt $Q_1$. Wie der Diagonalschnitt $R$ nach bekanntem Viereckssatze (der ein Sonderfall des Pascalschen ist) auf $TQ$ liegt, so giebt $TQ_1$ mit $A_1K$ den Schnittpunkt $R_1$ der auf $PR$ liegt. Wie $BR$ und $AQ$ den Punkt $D$ der Pascalschen Kurve geben, so geben $BR_1$ und $A_1Q_1$ den Punkt $D_1$ einer Pascalschen Kurve, die durch $A_1$, $B$ und $C_1$ geht und $TA_1$ und $TB$ zu Tangenten hat, so dafs fünf Stücke von ihr gegeben sind. Da der Kreis durch die Punkte $A_1$, $B_1$ $C_1$ geht und jene beiden Tangenten hat, da er eine Pascalsche Kurve ist und keine zweite diese Stücke haben kann, so mufs $D_1$ auf dem Kreise liegen.

Macht man dieselben Betrachtungen mit dem Viereck $ABCE$, wobei die Punkte $A$, $B$, $C$ und die Tangenten $TA$ und $TB$ dieselbe Rolle spielen wie vorher, so folgt, dafs auch der $E$ entsprechende Punkt auf dem Kreise liegt. [Wenn $E$ bei der Betrachtung nicht vorkam, so war dies nur scheinbar der Fall, denn $E$ war nötig zur Bestimmung der Tangenten der Pascalschen Kurve, die nur dann in $A$ und $B$ dieselben werden, wenn $E$ auf derselben Pascalschen Kurve sich bewegt.]*)

Damit ist gezeigt, dafs jede Pascalsche Kurve zunächst auf **einen** Kreis projiziert werden kann, also als Schnitt eines Kreiskegels betrachtet werden

*) Dieser Beweis rührt von Herrn Schur her.

darf. Ebenso folgt daraus, dafs jeder zu einer Pascalschen Kurve gehörige Kegel Kreisschnitte hat.

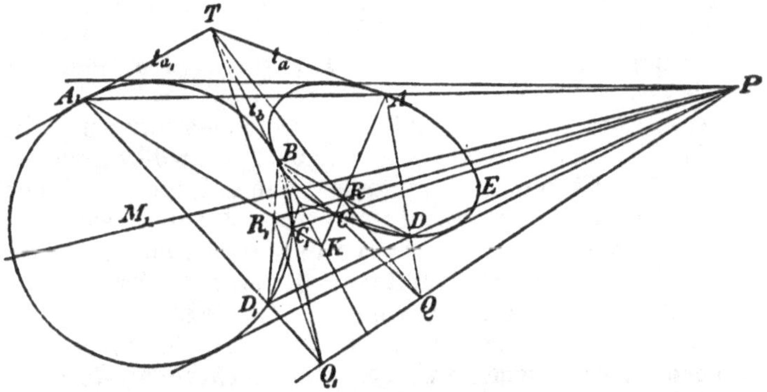


Fig. 107.

Mit Hülfe der Strahlen $P(A\,B\,C\,D\,E)$ kann aber die Pascalsche Kurve auf beliebig viele Kreise bezogen werden. Sämtliche berühren die von $P$ aus an den soeben gefundenen Kreis gehenden Tangenten. Auf jedem dieser Kreise geben die Strahlen $P(A\,B\,C\,D\,E)$, ein Kreisfünfeck welches zu dem gegebenen Fünfeck perspektivisch kollinear ist.

196) Die harmonische Transformation von Möbius führt ebenfalls auf kollineare Beziehungen. Nimmt man nämlich in der Ebene ein Centrum $P$ und eine Gerade $g$ willkürlich an, so kann man jeden Punkt $A$ der Ebene mit $P$ verbinden und auf $PA$, welches die Gerade in $B$ schneiden möge, den $A$ zugeordneten harmonischen Punkt bestimmen. Zu jedem Punkte $A$ gehört also ein Punkt $A_1$. Es zeigt sich ferner, dafs zu jeder Geraden eine Gerade gehört, dafs harmonischen Punkten harmonische Punkte entsprechen, harmonischen Strahlen harmonische Strahlen, dafs die Doppelverhältnisse erhalten bleiben, dafs also jedes Gebilde und seine Abbildung in Kollineation stehen. $P$ ist das Kollineationscentrum und g

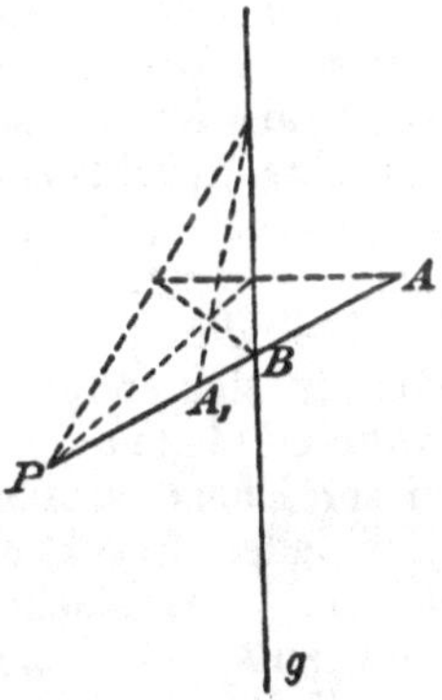


Fig. 108.

die Kollineationsachse für diese Verwandtschaft, denn die Punkte der Geraden $g$ entsprechen sich selbst, so daſs jede Gerade und ihr Bild sich auf $g$ schneiden. Nur handelt es sich um den besonderen Fall der Kollineation, bei dem (in perspektivischer Lage) $P A_1 B A$ jedesmal harmonische Punkte sind.

197) Dies läſst sich auf den dreidimensionalen Raum ausdehnen. Man nimmt einen Punkt $P$ willkürlich an, ebenso eine Ebene. Jeden Punkt $A$ des Raums verbindet man mit $P$, was einen Schnittpunkt $B$ auf der Ebene giebt. Zu $A$ bestimmt man wie vorher den zugeordneten harmonischen Punkt. Jedem Punkte des Raumes entspricht dann ein Punkt, jeder Geraden eine Gerade, jeder Ebene eine Ebene. Harmonischen Punkten auf einer Geraden entsprechen harmonische auf der entsprechenden Geraden; harmonischen Strahlen in einer Ebene entsprechen harmonische Strahlen in der entsprechenden Ebene, harmonischen Ebenen durch eine Gerade entsprechen harmonische Ebenen durch die zugehörige Gerade. Alle Doppelverhältnisse bleiben erhalten.

Diese Verwandtschaft ist ein leicht zu übersehender besonderer Fall der perspektivischen Kollineation zweier Räume. Die allgemeine Kollineationsbeziehung von Räumen ist folgendermaſsen zu definieren:

Jedem Punkte entspricht ein Punkt, jeder Geraden eine Gerade, jeder Ebene eine Ebene, harmonischen Punkten, Strahlen, Ebenen entsprechen harmonische Punkte, Strahlen, Ebenen. Die Doppelverhältnisse bleiben erhalten. Zwei kollineare Räume lassen sich (unter der Voraussetzung, daſs der eine gegebenenfalls durch den symmetrischen oder einen vergröſserten Raum ersetzt werden darf) in perspektivische Lage versetzen, bei der die Verbindungslinien je zweier Punkte durch einen Punkt gehen, einander entsprechende Gerade sich in einem Punkte der Kollineationsebene treffen, während einander entsprechende Ebenen sich in einer Geraden dieser Ebene schneiden.

Jeder Pascalschen Kurve entspricht dabei wieder eine solche. Jeder Fläche, deren ebene Schnitte Pascalsche Kurven sind, entspricht eine Fläche von derselben Eigenschaft u. s. w. Die Kollineation zweier Räume ist, wie beiläufig bemerkt werden mag, eindeutig bestimmt, sobald fünf Punkten des einen, von denen keine vier in derselben Ebene liegen, fünf ebensolche Punkte des andern zugeordnet werden. Reciprok gilt dasselbe von fünf Ebenen, von denen keine vier durch denselben Punkt gehen. Einige Beispiele von Kollineationsbeziehungen sollen noch zur Sprache kommen. Vorläufig mögen diese Andeutungen genügen.

Die Kollineation von Räumen dreier Dimensionen wird seit Breysig auch als Reliefperspektive bezeichnet und hat als solche künstlerische Verwertung gefunden.

198) Begriff der Affinität. Rückt in Figur 95 oder 100 oder 101 das Kollineationscentrum ins Unendliche, so werden die Projektionsstrahlen parallel und die Gebilde werden perspektivisch affin genannt. Die Kollineationsachse wird zur Affinitätsachse. Figur 109 läfst sich auffassen als Darstellung des Vorgangs der Parallelprojektion zweier Ebenen aufeinander.

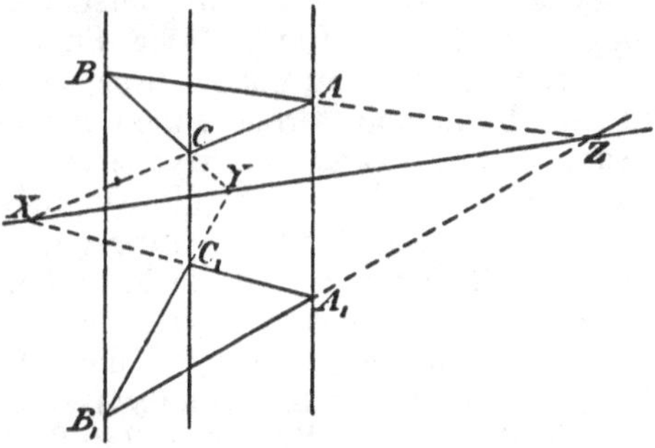

Fig. 109.

Während bei der Kollineation der unendlich ferne Punkt jeder Geraden im allgemeinen einem endlichen Punkte der entsprechenden Geraden entsprach, entspricht jetzt dem unendlich fernen Punkte jeder Geraden der unendlich ferne der entsprechenden Geraden. Die Affinität bleibt erhalten, wenn die Gebilde aus der perspektivischen Lage entfernt werden. Gebilde, die in diesem Sinne affin sind, können stets in perspektivische Lage gebracht werden.

199) Kollineation, Affinität, Ähnlichkeit und Kongruenz.

Rückt die Kollineationsachse ins Unendliche, während das Kollineationscentrum im Endlichen bleibt, so werden die entsprechenden Geraden einander parallel, wie in Figur 94. Die Kollineation geht über in Ähnlichkeit. Rückt nun auch noch $P$ ins Unendliche, so werden die

Gebilde kongruent. Die vier besprochenen Verwandtschaften haben also für beliebige Lagen folgende Charakteristik.

Bei der Kongruenz stimmen entsprechende Längen und entsprechende Winkel beider Gebilde überein. Perspektivische Lage und vollständige Deckung sind möglich. Im Falle der Symmetrie ist das symmetrische Gebilde des einen zu nehmen. Bei der Ähnlichkeit stimmen die entsprechenden Winkel überein, sämtliche entsprechenden Längen stehen in demselben Verhältnis. Perspektivische Lage ist möglich. (Fall der symmetrischen Ähnlichkeit wie vorher zu behandeln.)

Bei der Affinität stimmen die Verhältnisse auf jeder Geraden und ihrer entsprechenden überein, aber für verschiedene Richtungen ist das Verhältnis ein anderes. Die Verhältnisse für Strecken derselben Geraden und die Doppelverhältnisse für je vier Punkte auf einer Geraden oder für je vier Strahlen durch einen Punkt bleiben erhalten. Unendlich fernen Punkten entsprechen wie vorher, wieder solche. (Fall der Symmetrie wie vorher.) Bei der Kollineation bleiben nur die Doppelverhältnisse erhalten. Unendlich fernen Punkten entsprechen im allgemeinen endliche. (Fall der Symmetrie wie vorher.)

Bei der Kongruenz geht jedes Quadratnetz in ein gleiches Quadratnetz über; bei der Ähnlichkeit geht es in ein Quadratnetz von anderen Gröfsenverhältnissen über; bei der Affinität in ein Netz von Parallelogrammen, die durch zwei Scharen von Parallelen gebildet werden; bei der Kollineation in ein durch zwei Strahlenbüschel gebildetes Netz, wie es oben konstruiert wurde.

Der Begriff der Affinität kann noch dahin erweitert werden, dafs das eine Gebilde einer gesetzmäfsigen Vergröfserung oder Verkleinerung unterworfen wird. Dann handelt es sich allgemein um eine Verwandtschaft, bei der Punkten und Geraden Punkte und Gerade entsprechen, bei der die Verhältnisse und die Doppelverhältnisse erhalten bleiben, bei der unendlichen Punkten stets unendliche Punkte entsprechen, ohne dafs jedoch perspektivische Lage stets möglich ist. Neues für die Gestaltung ergiebt sich daraus nicht.

Die weitere Ausführung dieses Gegenstandes gehört in die Planimetrie bezw. in die darstellende Geometrie, für die auch die Ausdehnung auf den dreidimensionalen Raum von besonderer Wichtigkeit geworden ist. Für diesen ergiebt sich folgendes: Bei der Kollineation entsprechen Punkten Punkte, Geraden Gerade, Ebenen Ebenen. Die Doppelverhältnisse für je vier Punkte auf einer Geraden, für je vier Gerade einer Ebene durch einen Punkt, für je vier Ebenen durch eine Gerade bleiben erhalten. Jedem Würfel des einen Raums entspricht ein Sechsflach, dessen Kanten sich zu je vieren in drei Punkten schneiden. Die durch die letzteren bestimmte Ebene entspricht dem unendlich fernen Bereiche des anderen Raums (der unendlich fernen Ebene des letzteren). Mit Hülfe harmonischer Punkte und Strahlen läfst sich jetzt das ganze Würfelnetz des einen Raums auf den andern abbilden, wie es vorher in der Ebene geschah. Die beiden kollinearen Räume lassen sich (gegebenenfalls unter Zuhülfenahme der Symmetrie oder Vergröfserung) in perspektivische Lage bringen, was noch besonders bewiesen und konstruktiv durchgeführt werden kann. Dem Satze über perspektivische Dreiecke entspricht ein solcher über perspektische Tetraeder, der mit anderen Sätzen noch zur Sprache kommen wird.

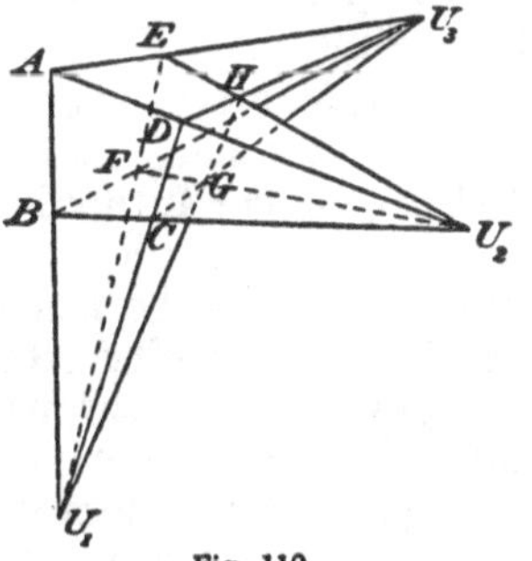

Fig. 110.

Rückt das Kollineationscentrum ins Unendliche, so werden die beiden Räume affin, jedem Würfelnetze der einen Ebene entspricht ein Netz von Parallelflachen (Parallelepipeden) in der anderen. Jetzt entsprechen unendlich fernen Punkten des einen Raumes unendlich ferne des anderen.

Über die Sonderfälle der Ähnlichkeit und Kongruenz lassen sich ähnliche Bemerkungen machen, wie vorher, dabei mufs jedoch wiederum zwischen wirklicher Ähnlichkeit bezw. wirklicher Kongruenz und symmetrischer Ähnlichkeit bezw. Kongruenz geschieden werden.

200) Litterarische Bemerkungen. Baltzer giebt in seinen Elementen nur wenig litterarische Bemerkungen, mehr findet man im Vorwort von Pohlke. Bei der Wichtigkeit der projektivischen Lehren soll eine Reihe von

Nachweisen über die Litteratur des darstellenden Gebietes gebracht werden.

Barozzi da Vignola: Le due regole della prospettiva, 1585 (con i comentarij del R. P. M. Danti, Roma 1611). Nach Pohlke war dieses Buch seiner Zeit allgemein verbreitet.

Blaise Pascal (1623—1662) veröffentlichte den berühmten Satz über das Sechseck im Alter von 16 Jahren. Essai pour les coniques, Oeuvres, édition Lahure, II Seite 639.

Girard Desargues (1593—1662) aus Lyon ist der Urheber des nach ihm genannten Satzes und Begründer der Lehre von der Involution. Sein Dreieckssatz war vergessen worden, und durch einen seiner Schüler Bosse wurde über dessen Vortrag berichtet. Philipp de la Hire entdeckte im Jahre 1679 eine Abschrift des schon 1639 erschienenen Hauptwerks. Desargues ist der bedeutendste unter den älteren Vorarbeitern der neueren Geometrie, fand aber erst spät gerechtere Anerkennung. Auch die Sätze über Pol und Polare sind schon von ihm entdeckt worden. Die Bezeichnungen rühren allerdings von Servois (Pol, 1811) und Gergonne (Polare, 1813) her.

Abr. Bosse gab 1648 ein gröſseres Werk über die Perspektive heraus. Er gilt als der begabteste von den Schülern des Desargues und war geschickter Kupferstecher.

Brook Taylor: New principles of linear perspektive. London 1719. Das Bestreben, die Centralprojektionen zu benutzen, neue Eigenschaften der geometrischen Gebilde zu erforschen, tritt nach Pohlke in diesem Werke schon weit stärker hervor, als bei Vignola.

Alexis Claude Clairault (1713—1765), ein Zögling der Baseler Universität, hatte gleichzeitig mit Euler das Funktionszeichen in die Analysis eingeführt. Im Alter von 16 Jahren reichte er der Akademie zu Paris seine berühmte Abhandlung über Kurven doppelter Krümmung ein: „Recherches sur les courbes à double courbure“, 1731. In dieser Schrift wurden zum erstenmale diejenigen Beziehungen erörtert, die man als perspektivisch affin bezeichnet. Seine bedeutenden analytischen Forschungen gehören weniger hierher.

Frézier (1682—1773), Offizier und Ingenieur, liefs 1738/39 zu Strafsburg erscheinen: La théorie et la pratique de la coupe des pierres et des bois. Er arbeitet mit Grundrifs und Aufrifs, behandelt auch windschiefe Flächen und vor allem Durchdringungen und Abwickelungen.

Leonhard Euler, 1707—1783, einer der bedeutendsten Mathematiker aller Zeiten, beschäftigte sich in der Introduktio, II, 18 mit den perspektivisch affinen Figuren und führte den Namen Affinität ein. Seine Definition der Affinität wurde von Möbius angenommen, jedoch dabei berichtigt und verschärft.

Abr. Gotth. Kästner (1719—1800) behandelt die Projektionslehre in Teil I seiner mathematischen Anfangsgründe, Göttingen 1758. Er weist unter anderem nach, dafs der Würfel als regelmäfsiges Sechseck erscheinen kann.

Lambert, der bekannte Vorkämpfer für die Lehre von den konformen Abbildungen und kartographischen Darstellungen schrieb eine „freie Perspektive,“ Zürich 1759 (mit Zusätzen 1774). Er giebt die erste wissenschaftliche Behandlung der schrägen Parallelperspektive (schiefe Axonometrie), deren Methoden noch heute mafsgebend sind.

Karsten behandelt die Projektionslehre in Teil VII seines Lehrbegriffs der gesamten Mathematik. Er entwickelt unter anderem die Formen für die isometrische Projektion und für andere Darstellungsmethoden, wenn auch in weitläufiger Form.

Monge: Traité de géometrie descriptive (sténographié dans les leçons, Paris, 1794, deutsch von Schreiber, Freib. 1822). Mit diesem Werke erscheint die darstellende Geometrie zum erstenmale in durchgreifender systematischer Anordnung und in eigentlich wissenschaftlicher Form. Die klassische Arbeit ist bis auf den heutigen Tag mafsgebend geblieben. Der Verfasser gilt als der wissenschaftliche Begründer der neueren Lehren, und man spricht geradezu von „Monges Schule“.

Lacroix: Essais de géometrie sur les plans et les surfaces courbes. Paris 1795, schliefst sich an Monge an.

Breysig: Versuch einer Erläuterung der Reliefperspektive, Magdeburg 1798. Es handelt sich um einen ersten Versuch der Bearbeitung desjenigen Gebietes, welches oben als Kollineation dreidimensionaler Räume bezeichnet wurde.

Lazare Nicolas Marguerite Carnot, 1753—1823, war nicht nur von weltgeschichtlicher, sondern auch von wissenschaftlicher Bedeutung. Von seinen mathematischen Schriften gehören hierher: De la corrélation des figures de géometrie, Paris 1801; sein Hauptwerk: Géometrie de Position, Paris 1803; Mémoire sur la relation qui existe entre les distances respectives de cinq points quelconques pris dans l'espace, suivi d'un Essai sur la théorie des transversales. Paris 1806. Sein Leben und seine Werke sind von K. Fink, Tübingen bei Laupp, 1894, ausführlich dargestellt. Er hat allerdings mehr die Formeln und Mafsbeziehungen, als das konstruktive Element gefördert, mufs aber hier genannt werden, da z. B. das vollständige Viereck und Vierseit von ihm eingeführt sind, wenn auch noch nicht in der scharfen Scheidung Steiners.

Brianchon veröffentlichte den nach ihm benannten Satz im Jahre 1806 im Journal de l'Éc. Polyt. Cah. 13, Seite 301. Im Jahre 1818 veröffentlichte er in Paris: Application de la theorie des transversales.

Weinbrenner: Architektonisches Lehrbuch I, geometrische Zeichnungslehre, Tübingen 1810. Über ihn äufsert sich Pohlke folgendermafsen: Die im vierten Kapitel enthaltenen Aufgaben sind besonders zu berücksichtigen. Weinbrenner suchte sie auf einfachere Weise zu lösen, er bemühte sich, „ohne mathematische Formeln und Lehrsätze durch blofse Zeichnungen“ den studierenden Künstler in den Stand zu setzen, alle Raumgebilde darzustellen, im Gegensatz zu Monge, „der die schwersten durch Zeichnung zu suchenden mathematischen Aufgaben in die geometrische Zeichnungslehre ziehe“. Sein Lehrgang ist für solche Schulen zu empfehlen, in denen geringere Kenntnisse in der Mathematik vorausgesetzt werden.

Farish: Isometrical perspective, in den Transactions of the Cambridge philosophical society, 1820. Die Kästnersche Bemerkung über die Würfelprojektion als regelmäfsiges Sechseck hat die Anregung zu diesem wichtigen Werke gegeben.

Poncelet: Traité des propriétés projectives des figures, Paris 1822. Das zwei umfangreiche Bände umfassende Werk gehört zu den bedeutendsten mathematischen Erscheinungen der neueren Zeit. Die Kunst, die Projektion in dem Dienst der Mathematik zu ziehen und die bei ihr invariant bleibenden Eigenschaften der Gebilde aufzudecken, wird durch P. in fruchtbarster Weise ausgebaut. Die perspektivisch kollinearen Figuren werden dort als homologische bezeichnet, von Chasles als homographische. Durch die Theorie der reciproken Polaren gab Poncelet den Anlafs zur wissenschaftlichen Begründung des Prinzips der Dualität, welches von Gergonne (Annalen 15, p. 302), später von Plücker und Steiner weiter ausgebaut wurde, wobei der erstere analytisch, der letztere rein geometrisch verfuhr.

Gregory: Mathematics for practical men. London 1825. Das Werk lehnt sich sehr eng an das von Farish an, ist also ohne wissenschaftliche Bedeutung, es hat aber zur Verbreitung der isometrischen Projektionen aufserordentlich beigetragen.

Moebius: Der barycentrische Kalkul. Leipzig 1827. Die Werke dieses hervorragenden Mathematikers sind von der Akademie der Wissenschaften zu Leipzig gesammelt und herausgegeben worden. Auf Seite 301 des hier genannten Werkes wird der Name kollinear (für homographisch und homologisch) eingeführt. Die nach M. genannte harmonische Verwandtschaft kam schon oben zur Sprache. Die affinen Figuren bespricht M. auf Seite 326. Eines seiner Hauptverdienste besteht in der Behandlung der sog. Doppelverhältnisse (Chasles bezeichnet sie als rapports anharmoniques), die bei der Centralprojektion erhalten bleiben. Auch die Kugelgeometrie (Kreisverwandtschaft), überhaupt die Lehre von den geometrischen Verwandtschaften, ist durch M. gefördert worden.

Le Blanc: Choix de modèles appliqués à l'enseignement du dessin des machines, Paris 1870. Der Lehrgang ist ein ähnlicher, wie bei Weinbrenner.

Jacob Steiner (1796—1863): Systematische Entwickelung der Abhängigkeit geometrischer Gestalten von einander. Berlin 1832. Steiner ist als der bedeutendste Geometer aller Zeiten zu betrachten. Die Berliner Akademie hat seine Werke in zwei starken Bänden herausgegeben. Seine Vorlesungen über synthetische Geometrie, von Geiser und Schröter besonders bearbeitet, erschienen bei Teubner (Leipzig). Ihm ist es gelungen, in die Überfülle von Material, welches die neuere Geometrie hervorgebracht hatte, System zu bringen, das Ganze in wohlbegrenzte Gruppen zu ordnen und das Studium ganz aufserordentlich zu erleichtern. Die Zahl seiner Entdeckungen ist eine fast unglaubliche. Er verdankte sie seiner ungewöhnlichen Begabung für räumliche Vorstellung und der strengen Schulung und Übung dieser Fähigkeit.

Bobillier hat sich in Gergonnes Annalen, Bd. 17, Seite 335, mit der Kollineation beschäftigt.

Magnus: Sammlung analytisch geometrischer Aufgaben. 1833. Das Werk wird hier genannt, weil Magnus die Bezeichnungen Kollineationscentrum und Kollineationsachse eingeführt hat. Statt perspektivisch sagt er kollinear liegend. (I, Seite 43.) Im übrigen hat Magnus mehr den analytischen Ausbau der Verwandtschaften gefördert. Er bezeichnet die z. B. in Figur 105 auftretenden zur Kollineationsachse parallelen Unendlichkeitsachsen als Gegenachsen.

Sopwith: A. treatise on isometrical drawing. London 1834. Die Methode von Farish wird erweitert, manches aber ohne Beweis gegeben.

Wolff: Die beschreibende Geometrie und ihre Anwendungen. Berlin 1835. Die von ihm gegebenen Bezeichnungen sind bis in die neuere Zeit im Gebrauch geblieben, z. B. bei Pohlke.

Leroy: Traité de géométrie descriptive. Paris 1834. Deutsch von Kaufmann, Stuttgart 1838.

Gugler: Lehrbuch der descriptiven Geometrie. Nürnberg 1841.

Broeker: Die geometrische Zeichenkunst. Berlin 1842. Eine Axonometrie nach Art des Karstenschen Werkes.

Olivier: Traité de géométrie descriptive. Paris 1842; Développements de géométrie descriptive, Paris 1843, Compléments de géométrie descriptive, Paris 1845. Addition au cours de géométrie descriptive. Paris, 1860 bis 1864. O. hat besonders die Methode eingeführt, die Lage der Projektionsebenen so zu ändern, dafs das Gebilde die einfachste Stellung zu ihnen erhält. Dies entspricht ganz den Koordinatentransformationen der analytischen Geometrie.

Pohlke schliefst sich dieser Methode an, hat aber die wenig verbreitete Bezeichnungsweise von O. nicht angewandt.

Hummel: Anleitung zum Projektions- oder geometrischen Zeichnen. Berlin 1844. Es handelt sich um eine Vervollkommnung der Weinbrennerschen Methode auf elementarster Grundlage.

J. Adhemar: Darstellende Geometrie. Deutsch bearbeitet und bereichert mit den neuesten Fortschritten der isometrischen Projektionslehre, nebst einer allgemeinen Begründung dieser Wissenschaft von O. Möllinger. Solothurn 1845. Ein praktisch angelegtes Werk, das Originalwerk: Cours de math; applications de géométrie descriptive, erschien 1838 zu Paris.

Weisbach. Die von ihm herausgegebenen Werke sind schon gelegentlich des Fundamentalsatzes genannt worden. Er führt für die Einheiten der drei Mafsstäbe rationale Verhältnisse ein und stellt neben die isometrische Methode die monodimetrische und anisometrische Axonometrie.

Chasles: a) Traité de géométrie supérieure. Paris 1852. Das Wort supérieure soll hier „neuere“ bedeuten. Ch. bezeichnet die kollinearen Gebilde als homographische, die Doppelverhältnisse als anharmonische. Besonders die französischen Methoden gelangen bei ihm zum Ausbau. b) Sections coniques. Paris 1865.

v. Staudt: Geometrie der Lage. Nürnberg 1847. Das berühmte Werk hatte die Absicht, die Geometrie der Lage ganz von der des Mafses zu befreien. Um dies für die ebene Geometrie durchzuführen, wurde es nötig, aus der Raumgeometrie den Satz von Desargues hereinzuziehen und an die Spitze zu stellen. Beiträge zur Geometrie der Lage. Nürnberg 1856—1860.

Skuhersky: Die orthographische Parallelperspektive. Prag 1858. Ein Ausbau der Axonometrie.

K. Pohlke: Darstellende Geometrie. I Berlin 1859, bezw. 1866. II Berlin 1876. Ein geradezu klassisches Werk, welches auf engstem Raume die gesamte Wissenschaft zu vereinigen beabsichtigt.

De la Gournerie: Traité de perspektive linéaire. Paris 1859 bis 1864. Enthält auch die räumliche Kollineation oder Reliefperspektive.

C. F. Geiser: Einleitung in die synthetische Geometrie. Leipzig 1869. Eine sehr gute elementare Einführung, die gleichzeitig die ebenen und räumlichen Gebilde behandelt.

Klingenfeld: Lehrbuch der darstellenden Geometrie. Nürnberg 1871 und 1874.

Brude: Stereoskopische Bilder aus der Stereometrie, 30 Tafeln. Stuttgart 1873. Enthält auch Krystallformen, Kegelschnitte, Kugel und Durchdringungen und Gewölbeformen.

Fiedler: Die darstellende Geometrie in organischer Verbindung mit der Geometrie der Lage. 3. Aufl. Drei Teile. Leipzig bei Teubner. Unter den neueren Lehrbüchern wohl das hervorragendste. Der Verfasser war als Bearbeiter der berühmten Werke von G. Salmon in der Lage, die neuere Geometrie nach analytischer und synthetischer Richtung hin zu beherrschen und das Ganze einheitlich zu gestalten. Auch auf seine Cyklographie und auf seine Elemente der neueren Geometrie sei hingewiesen.

G. A. Peschka: a) Die darstellende und projektivische Geometrie. 4 Bände. Wien 1883/85. Das umfangreichste der neueren Werke. b) Die freie Perspektive. 2 Bände. Leipzig 1888/89.

Rohn und Papperitz: Lehrbuch der darstellenden Geometrie. Leipzig 1893.

Von Schulbüchern für darstellende Geometrie sind die Werke von Weishaupt, Delabar und Schlotke zu empfehlen.

Sturm: Elemente der darstellenden Geometrie. Leipzig 1875. Gut für schnelle Einführung.

Wiener: Lehrbuch der darstellenden Geometrie. 2 Bde. Leipzig 1884/87.

Reye: Geometrie der Lage. Leipzig 1866, 4. Aufl. 1898. Um die Culmannschen Konstruktionen aus der graphischen Statik, die sich auf die neuere Geometrie stützen, den Studierenden des Ingenieurfachs zugänglich zu machen, hat Reye die Culmannsche Terminologie eingeführt, die Staudtschen Betrachtungen von ihren Einseitigkeiten befreit und mit Steinerschen Gedanken verschmolzen. Das Werk ist als klassisch zu bezeichnen. Auf die Kugelgeometrie des Verfassers wird noch besonders aufmerksam gemacht.

Thomae: a) Ebene geometrische Gebilde erster und zweiter Ordnung vom Standpunkte der Geometrie der Lage. Halle 1873. b) Die Kegelschnitte in rein projektiver Behandlung. Halle 1894. Beschränkt sich auf ebene Gebilde, schliefst aber die idealen ein und erreicht eine besondere Reinheit der Methode durch Befreiung von allen Mafsbeziehungen.

Rulf: Elemente der projektivischen Geometrie, auf Grund neuer von Professor Küpper herrührender Beweise leicht fasslich dargestellt. Halle 1890. Die grundlegenden Betrachtungen schliefsen die Doppelverhältnisse aus und beschränken sich auf die Benutzung von Proportionen. Auch imaginäre Elemente werden berücksichtigt.

Milinowski: Elementar-synthetische Geometrie der Kegelschnitte, Leipzig 1881; leitet alle Eigenschaften aus der harmonischen Verwandtschaft von Moebius ab. Das Buch ist reich an Übungsbeispielen.

Holzmüller: Einführung in das stereometrische Zeichnen. Leipzig 1886. Das Buch beschränkt sich auf den in höheren Lehranstalten üblichen Lehrstoff und giebt durchaus keine darstellende Geometrie im gebräuchlichen Sinne, sondern nur eine Anleitung zum schnellen Zeichnen korrekter Figuren für die Schule.

Von den neueren Schulbüchern der Elementarmathematik gehen die von Baltzer, Rausenberger, Holzmüller, Henrici-Treutlein und einige andere auf die Fragen der projektivischen Geometrie näher ein.

Obenrauch hat 1897 in Brünn eine Geschichte der darstellenden und projektiven Geometrie veröffentlicht, nach der sich die oben gegebenen Nachweise vervollständigen lassen werden. Bei der Auswahl war Wert darauf gelegt worden, möglichst solche Werke zu nennen, die einen wissenschaftlichen oder pädagogischen Fortschritt gegeben haben. Die Zahl der Werke hätte leicht vermehrt werden können.

### d) Bemerkungen über Flächennetze und Modelle.

201) Zum stereometrischen Zeichnen gehört auch die Darstellung der sogenannten Flächennetze, aus denen man die bekannten Körpermodelle aus Papier oder Pappe herstellt. Man hat sich dabei die Oberfläche des Körpers

in geeigneter Weise aufgeschnitten und in die Ebene ausgebreitet zu denken, vorausgesetzt, dafs diese sogenannte Abwickelung überhaupt möglich ist.

Am einfachsten ist dies bei den sogenannten Eulerschen Polyedern, die später besprochen werden, besonders bei

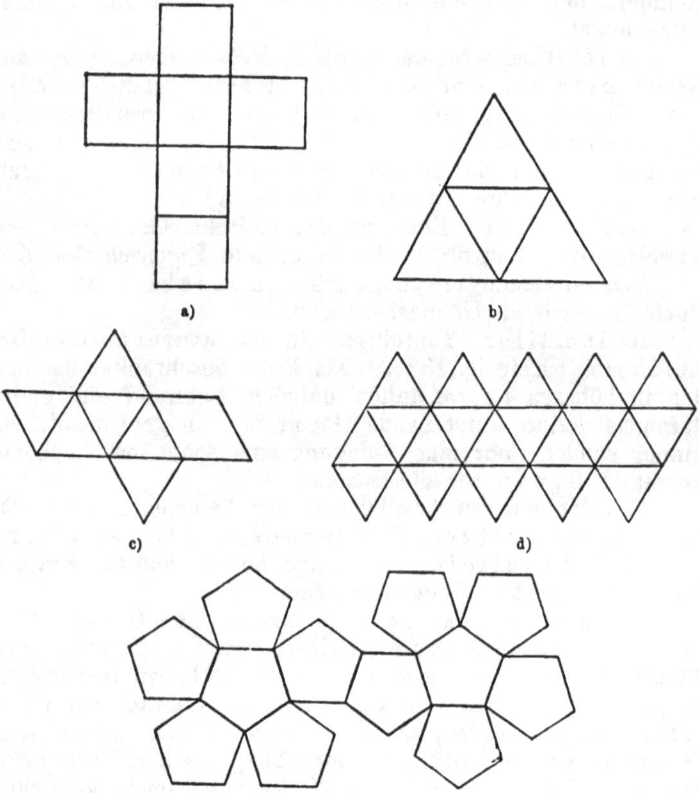

a) b) c) d) e)

Fig. 111.

den Platonischen und Archimedischen Körpern. Die beistehenden Zeichnungen stellen die bekannten Netze der Platonischen Körper dar.

202) Besonders lehrreich ist das Anfertigen von Modellen für die Durchdringungen. Als Beispiel diene die dode-

kaedrische Durchdringung zweier gleicher Würfel. Den einen stellt man in der gebräuchlichen Weise dar. Auf der Aufsenseite bringt man die Zeichnung der Flächenteile an, die ausgeschnitten zu denken sind, um die Durchdringung ermöglichen. Auf dem anderen Flächennetze thut man dasselbe, bildet aber nach dem wirklichen Ausschneiden jener Teile nur die einzelnen Ecken. Setzt man diese auf den ersten Würfel auf, so müssen die gezeichneten Umrisse sich mit denen der aufzusetzenden Ecken genau decken.

Man versuche dasselbe mit der dodekaedrischen Durchdringung zweier gleicher regelmäfsiger Tetraeder. Nur wenig schwieriger ist die Durchdringung von fünf regelmäfsigen Tetraedern. Man führt zunächst das Modell für zwei Tetraeder aus, schneidet dann nach Mafsgabe der Figur 50 aus den Netzen der übrigen die unsichtbar werdenden Teile aus und bildet nur noch die fehlenden 12 Ecken, die sämtlich kongruent sind. Das Modell veranschaulicht zugleich eine ganze Reihe anderer Körper und erleichtert das Verständnis der Poinsot-Kepplerschen Körper. Zugleich bietet sich eine interessante Anwendung der Lehre vom goldenen Schnitt.

203) Die Sternkörper lassen sich der einspringenden Winkel wegen nicht durch ein einheitliches Flächennetz darstellen, da bei der Abwickelung verschiedene Flächen übereinander fallen würden. Man stellt sie am besten so her, dafs man zunächst den Kernkörper anfertigt und dann die entsprechenden Pyramiden oder Sternecken aufsetzt.

204) Um die Lehre von den einbeschriebenen und umbeschriebenen Körpern der regelmäfsigen Körper zu veranschaulichen, wählt man für den äufseren Körper am besten Glasplatten, den inneren stellt man entweder massiv, oder mit Hülfe von Fäden dar.

(Holzmodelle kann man von verschiedenen Firmen beziehen, massive Glasmodelle versenden z. B. Warmbrunn und Quilitz. Die Anfertigung von Holz- und Pappmodellen ist für den sogenannten Handfertigkeitsunterricht eine gute Übung, die zugleich der Ausbildung des räumlichen Anschauungsvermögens und so der Schule zu gute kommt. Auf die schönen Modelle für die Methoden der darstellenden Geometrie, die besonders Schrödter in Darmstadt herstellt, sei besonders aufmerksam gemacht.)

**Dritter Abschnitt.**

# Geometrie der Vielflächner oder Polyeder.

## a) Rechteckskörper, Parallelflach und allgemeines Prisma.

205) Einige metrische Beziehungen. $\alpha$) Der Rechteckskörper ist eine senkrechte Säule (Prisma) mit rechteckiger Grundfläche. Man kann ihn entstanden denken durch geradlinige Parallelverschiebung der Grundfläche in einer zu dieser normalen Richtung. Die Parallelschnitte zur Grundfläche sind dieser kongruent. Jede der sechs Flächen kann als Grundfläche betrachtet werden. Der Körper hat Hauptdiagonalen wie $d$, Flächendiagonalen wie $e$ und $g$. Sind $a$, $b$ und $c$ die Kantenlängen, so ist $d^2 = a^2 + e^2 = a^2 + (b_1^2 + c_1^2)$ oder

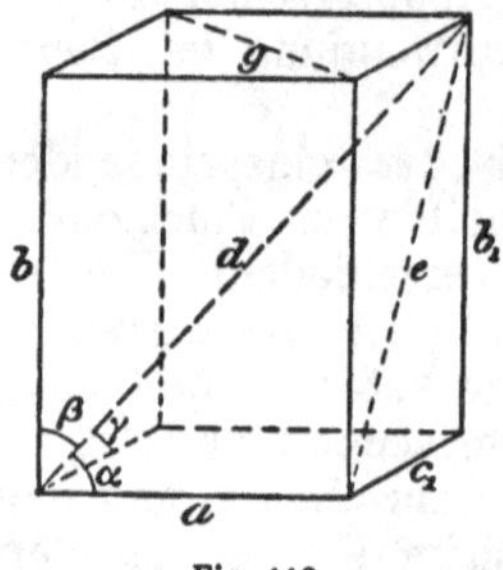


Fig. 112.

1) $$d^2 = a^2 + b^2 + c^2.$$

(Der Satz des Pythagoras ist ein Sonderfall dieses Satzes, z. B. für $c = 0$).

$\beta$) Aus 1) folgt $\frac{a^2 + b^2 + c^2}{d^2} = 1$ oder

2) $$\left(\frac{a}{d}\right)^2 + \left(\frac{b}{d}\right)^2 + \left(\frac{c}{d}\right)^2 = 1.$$

Sind $\alpha$, $\beta$, $\gamma$ die Winkel zwischen $d$ und den drei Kanten, so ist nach 2) in trigonometrischer Schreibweise

3) $$\cos^2 \alpha + \cos^2 \beta + \cos^2 \gamma = 1.$$

Geht also von dem Eckpunkte einer rechteckigen Ecke eine Gerade aus, und sind zwei der Winkel $\alpha$, $\beta$ und $\gamma$ bekannt, so kann man den dritten nach Gleichung 3) berechnen.

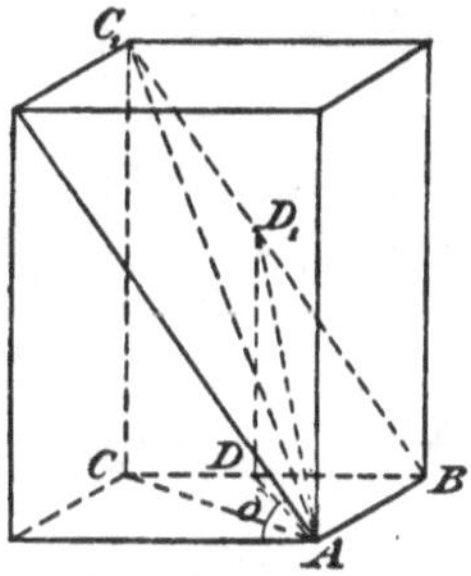

Fig. 113.

$\gamma$) Die durch je zwei Gegenkanten des Rechteckskörpers gelegten Ebenen heifsen Diagonalebenen. Ist $F$ die Fläche einer solchen, $\delta$ ihre Neigung gegen die anstofsende Grundfläche und $G$ der Inhalt der letzteren, so ist

$$\frac{G}{F} = \frac{c_1 a}{c_1 e} = \frac{a}{e} = \cos \delta,$$

oder

4) $$G = F \cos \delta.$$

Die Grundfläche also ist das Produkt aus der Diagonalfläche und dem Cosinus des von beiden Flächen eingeschlossenen Winkels. Das Gesetz gilt auch von den Dreiecken $ABC_1$ und $ABC$, ebenso von $ABD_1$ und $ABD$, wenn die erstgenannten senkrecht auf die Grundfläche projiziert werden; es gilt auch für Streifen, die durch Parallele zu $BC_1 = e$ auf der Diagonalfläche gebildet und durch Horizontale begrenzt werden, also von so liegenden Rechtecken und den durch ihre Diagonalen gebildeten Dreiecken.

Zeichnet man nun auf der Diagonalfläche eine in sich geschlossene Linie, so kann man die umschlossene Fläche in Rechtecke solcher Art einteilen und die Teilung soweit fortsetzen, dafs man die übrig bleibenden „Stufenflächen“ als Dreiecke ansehen darf, die der obigen Art angehören. Da nun Satz 4 von jedem Teilchen gilt und $\delta$ für alle denselben Wert hat, so gilt Gleichung 4) von beliebig gestalteten ebenen Flächen. Dies giebt bei anderer Bezeichnung den Satz:

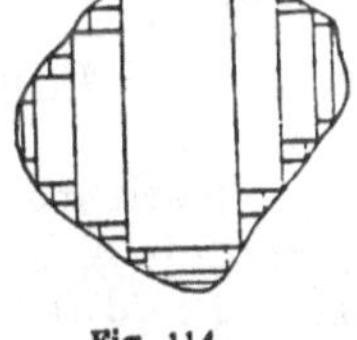
Fig. 114.

Die Projektion $F_1$ einer ebenen Fläche $F$ auf eine Ebene, die mit ihr den Winkel $\delta$ bildet, läfst sich berechnen mit Hülfe der Formel

5) $$F_1 = F \cos \delta.$$

$\delta$) Schneidet man einen Rechteckskörper durch eine Ebene von beliebiger Neigung so, dafs nur parallele Kanten getroffen werden, so ist die Schnittfläche ein Parallelogramm $A_1 B_1 C_1 D_1$, dessen senkrechte Projektion auf die Grundfläche das Rechteck $ABCD$ ist. Beide sind durch die Formel 5) verbunden.

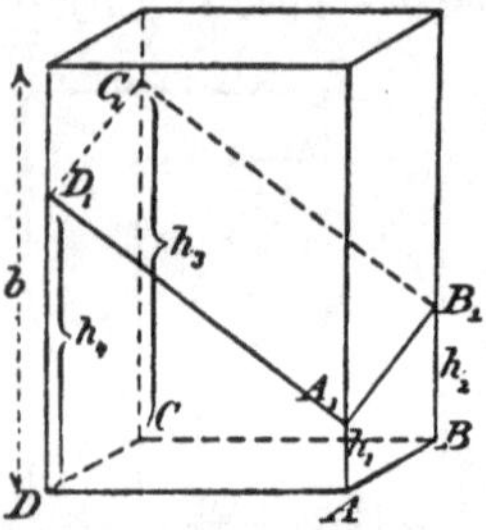

Fig. 115.

Sind $h_1, h_2, h_3, h_4$ die Höhen für die Punkte $A_1$, $B_1$, $C_1$, $D_1$, so ist
6) $(h_3 - h_1) = (h_2 - h_1) + (h_4 - h_1)$,
d. h. der Höhenabstand zwischen $C_1$ und $A_1$ ist gleich der Summe der Höhenabstände zwischen $B_1$ und $A_1$ einerseits und zwischen $D_1$ und $A_1$ andererseits, oder auch: $h_3 = h_2 + h_4 - h_1$.

Kennt man also $h_1$, $h_2$ und $h_4$ und $a$, $b$, $c$, so kennt man auch $h_3$ und damit die Seiten und Diagonalen von $A_1 B_1 C_1 D_1$, also auch die Winkel dieses Parallelogramms und seinen Inhalt. Da man auch die Grundfläche kennt, ist der Neigungswinkel $\delta$ der Schnittebene aus 5) leicht zu berechnen.

206) Inhalt des Rechteckskörpers. $\alpha$) Sind $a$, $b$ und $c$ ganze Zahlen, und teilt man die Kanten der Reihe nach in $a$, $b$, $c$ Teile ein, so sind diese einander gleich. Der Rechteckskörper läfst sich dann durch Parallelschnitte in Würfel gleicher Gröfse einteilen. Betrachtet man einen solchen Würfel als Raumeinheit, so hat der Körper $abc$ Raumeinheiten. Man sagt abgekürzt, es sei

6) $$J = abc$$

d. h. der Inhalt ist das Produkt aus den drei Kanten.

Bezeichnet man die Grundfläche $ac$ mit $G$ und die Höhe mit $h$, so ist auch $J = Gh$, d. h. der Inhalt gleich dem Produkt aus Grundfläche und Höhe.

Ist $a = b = c$, so ist $J = abc = a^3$, und dies die Inhaltsformel für den Würfel.

$\beta$) Formel 6) gilt jedoch nicht nur für ganze Zahlen, sondern ganz allgemein. Ist z. B. $a = 3\frac{1}{2}$, $b = 5\frac{1}{3}$, $c = 2\frac{1}{4}$, so mache man die Brüche gleichnamig, also $a = \frac{42}{12}$, $b = \frac{64}{12}$, $c = \frac{27}{12}$. Teilt man jetzt $a$ in 42, $b$ in 64, $c$ in 27 gleiche Teile, so sind sämtliche Teile einander gleich und daher kann man den Rechteckskörper in $42 \,.\, 64 \,.\, 27$ Würfel einteilen, von denen je $12 \,.\, 12 \,.\, 12$ einen Einheitswürfel bilden. Man erhält also an Raumeinheiten $\frac{42 \,.\, 64 \,.\, 27}{12 \,.\, 12 \,.\, 12} = (3\frac{1}{2})(5\frac{1}{3})(2\frac{1}{4}) = a\,b\,c$. Macht man dasselbe für $a = k_1 + \frac{m_1}{n_1}$, $b = k_2 + \frac{m_2}{n_2}$, $c = k_3 + \frac{m_3}{n_3}$, so erhält man Entsprechendes und erkennt, dafs der Satz auch für gebrochene Zahlen gilt, z. B. auch für endliche Dezimalbrüche.

$\gamma$) Kommen bei $a$, $b$, $c$ periodische Dezimalbrüche von unendlicher Stellenzahl vor, so verwandele man diese nach bekannter Regel in gewöhnliche Brüche, womit dieser Fall auf den vorigen zurückgeführt ist. [So ist z. B. $0{,}437\;8923\;8923\ldots = \frac{437\;8923 - 437}{999\;9000} = \frac{4\;378\;486}{9\;999\;000}$, wo der Zähler sich selbst erläutert, im Nenner aber die Anzahl der Nullen der Stellenzahl der Vorperiode entspricht, die Anzahl der Neunen der Stellenzahl der Periode.] Damit ist die Formel 6 für Rationalzahlen streng bewiesen.

$\delta$) Kommen unperiodische Dezimalbrüche von unendlicher Stellenzahl vor, also algebraische oder transscendente Irrationalzahlen, so läfst sich der Satz zunächst nur als mit beliebiger Annäherung richtig beweisen. Ist z. B. $a = 1$, $b = 1$, $c = \pi = 3{,}141\;59265\ldots$, so liegt der Inhalt zwischen $a\,b\,c = 3{,}141\;59265$ und $a\,b\,c_1 = 3{,}141\;59266$. Mit der ersten dieser Zahlen ist er so genau berechnet, dafs der Fehler kleiner ist als $\frac{1}{10^8}$ Raumeinheit. Nimmt man n Dezimalstellen von $\pi$ als bekannt an, so wird der Fehler kleiner als $\frac{1}{10^n}$ Raumeinheit, er kann also der Null beliebig genähert werden. Für unendlich viele Stellen ergiebt sich $J = a\,b\,\pi$. Damit kann man den Satz als richtig für alle reellen Werte von $a$, $b$ und $c$ betrachten.

207) Ähnliche Rechteckskörper. Hat ein Rechteckskörper die Kanten $a$, $b$, $c$, ein anderer die Kanten $a_1 = na$, $b_1 = nb$, $c_1 = nc$, so ist der eine die gesetzmäfsige Vergröfserung (oder Verkleinerung) des andern. Homologe Seiten, Hauptdiagonalen, Flächendiagonalen u. s. w. beider Körper sind proportional, d. h. sie verhalten sich wie $1 : n$; homologe Flächen, auch Diagonalflächen u. dergl. sind ebenfalls proportional und verhalten sich wie $1 : n^2$; homologe Körperteile (zunächst nur solche von der Form von Rechteckskörpern) verhalten sich wie $1 : n^3$, sind also ebenfalls proportional. Homologe Diagonalen und andere Linien bilden mit den Flächen bezw. Kanten, mit denen sie zusammenstofsen, in beiden Körpern gleiche Winkel, ebenso bilden die homologen Diagonalflächen mit homologen Seitenflächen gleiche Winkel. (Der Nachweis für diese Behauptungen kann als leichtes Übungsbeispiel dem Leser überlassen bleiben.) Beide Körper genügen also allen Anforderungen der Ähnlichkeit. Bezeichnet man mit $J$ und $J_1$ die Inhalte, mit $O$ und $O_1$ die Oberflächen beider Körper, so ist z. B. $J : J_1 = a^3 : a_1^3$; $O : O_1 = a^2 : a_1^2$. Also:

**Die Inhalte ähnlicher Rechteckskörper verhalten sich wie die dritten Potenzen homologer Kanten bezw. Geraden; die Oberflächen verhalten sich wie die Quadrate homologer Kanten.**

Daraus folgt $J : J_1 = O^{\frac{3}{2}} : O_1^{\frac{3}{2}}$ und $O : O_1 = J^{\frac{2}{3}} : J_1^{\frac{2}{3}}$, was leicht in Worten auszudrücken ist. Ebenso folgt $J : J_1 = Oa : O_1 a_1$; $O : O_1 = \frac{J}{a} : \frac{J_1}{a_1}$. Sind ferner $g$ und $g_1$, $h$ und $h_1$, $i$ und $i_1$ irgend welche Paare von homologen Geraden an beiden Körpern, so ist $J : J_1 = ghi : g_1 h_1 i_1$; $O : O_1 = gh : g_1 h_1$. Dafs $g : g_1 = \sqrt[3]{J} : \sqrt[3]{J_1}$ und $g : g_1 = \sqrt{O} : \sqrt{O_1}$ ist, folgt ohne Weiteres. Man drücke auch diese Sätze in Worten aus und beweise sie für irgendwie gewählte Fälle. [Diese Sätze sind von allgemeinster Geltung und lassen sich für ebenflächig und krummflächig begrenzte Körper als richtig beweisen.]

208) Durch die in Figur 113 dargestellte Diagonalebene wird der Rechteckskörper in zwei kongruente Teile zerlegt, die also auch gleichen Inhalt haben. Diese können als

senkrechte Prismen mit Grundflächen von der Form rechtwinkliger Dreiecke oder auch als sogenannte Dachkörper betrachtet werden, die auf Grundflächen von Rechtecksform stehen und eine schräge Dachfläche haben. Für die eine Auffassung giebt z. B. $J = \frac{abc}{2} = \frac{ab}{2}c = Gc$ den Satz, dafs auch für solche senkrechte Prismen der Inhalt gleich Grundfläche mal Höhe ist. Für die andere Auffassung folgt z. B. aus $J = \frac{abc}{2} = (ab)\frac{c}{2} = G\frac{c}{2}$, dafs der Inhalt solcher Dachkörper gleich dem halben Produkte aus Grundfläche und Höhe ist.

209) Das schräge Parallelflach. In Figur 116 ist gezeigt, wie aus dem Rechteckskörper durch horizontale Verschiebung der einzelnen als unendlich dünn aufzufassenden

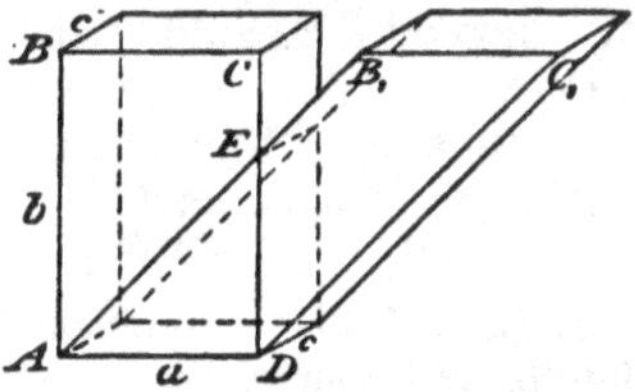


Fig. 116.

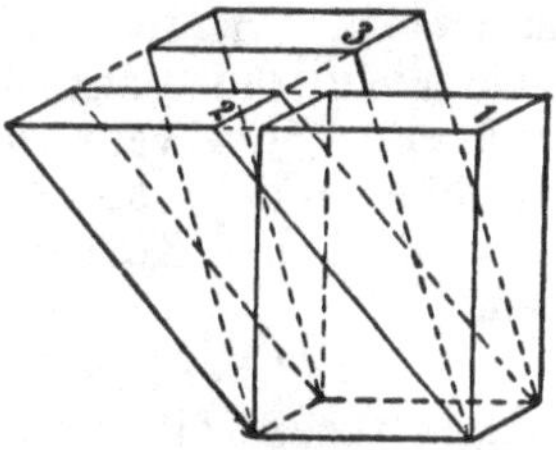


Fig. 117.

Schichten ein schräges Prisma abgeleitet werden kann, welches nun in jeder Höhe denselben Horizontalschnitt hat, wie jenes. Ähnlich wie in der Planimetrie beim Rechteck und Parallelogramm „von gleichem Grund und gleicher Höhe“, läfst sich auch hier zeigen, dafs die Körper denselben Inhalt haben. Die über $ABB_1$ und $DCC_1$ stehenden Prismen haben nach 208 gleichen Inhalt. Zieht man von jedem das über $ECB_1$ stehende Prisma ab, und fügt man zu jedem das über $ADE$ stehende zu, so erhält man Körper gleichen Inhalts. Diese Körper sind aber das senkrechte und das schräge Prisma. Damit ist die Behauptung bewiesen.

In Figur 117 ist aus dem senkrechten Körper zunächst der vordere Schrägkörper abgeleitet, aus diesem in ähnlicher Weise ein dritter Körper. Von dem dritten wird ebenso, wie vorher gezeigt, dafs er inhaltsgleich mit dem zweiten sei. Sein Inhalt stimmt also auch mit dem des ersten überein.

Man kann noch eine andere Umwandelung mit dem zweiten Körper vornehmen, indem man ihn als senkrechtes Prisma mit dem vorderen Parallelogramm als Grundfläche betrachtet und nun aus diesem senkrechten Prisma in entsprechender Weise ein schiefes von gleichem Inhalte macht, bei dem rechte Winkel nicht mehr vorkommen.

Einen so entstandenen Körper bezeichnet man als Parallelflächner oder kurz als Parallelflach. Welche der Flächen man auch als Grundfläche betrachte: bezeichnet man den Abstand von der zugehörigen Parallelfläche als Höhe, so folgt der Satz: $J = Gh$ oder:

Der Inhalt jedes Parallelflachs ist gleich dem Produkte aus Grundfläche und Höhe.

Schräge Parallelflache sind ähnlich, wenn die homologen Kanten proportional sind und alle homologen Winkel übereinstimmen. (Um die Ähnlichkeit zu beweisen, braucht man jedoch nicht die ganze hierin liegende Anzahl von Bedingungen.) Man versuche die in No. 207 angedeuteten Sätze über die Verhältnisse der Inhalte, Oberflächen und Kanten ähnlicher Körper für schräge Parallelflache zu beweisen.

210) Senkrechte Prismen (und Cylinder) von beliebiger Grundfläche. Entsteht ein senkrechtes Prisma (oder ein senkrechter Cylinder) durch Parallelverschiebung einer beliebig gestalteten Grundfläche, so läfst sich sein Inhalt folgendermafsen untersuchen. Man zeichne in die Grundfläche nach Art der Figur 118 lauter Rechtecke $F_1, F_2, F_3, \ldots$ mit parallelen Seiten ein. Dadurch, dafs man in die übrig bleibenden Stufenflächen kleinere und kleinere Rechtecke einzeichnet, kann man die Fläche vollständig mit Rechtecken ausfüllen. Man braucht aber nur so weit zu gehen, dafs man nur noch Rechtecke und „geradlinig" begrenzte rechtwinklige Dreiecke hat. In jedem Falle hat man zum Schlufs als Inhaltssumme sämtlicher über diesen Grundflächen stehenden Säulen $J = (F_1 h + F_2 h + \ldots + F_n h) = h (F_1 + F_2 + \ldots + F_n)$ oder $J = F . h$.

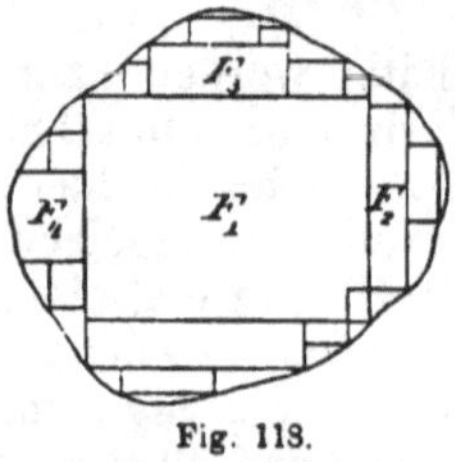

Fig. 118.

[Figur 119 zeigt, dafs bei Einschaltung von geeigneten Rechtecken von der Dreiecksfläche zunächst die Hälfte, dann $\frac{1}{4}$, dann $\frac{1}{8}$, dann $\frac{1}{16}$, dann ... $\frac{1}{2^n}$ übrig bleibt. Für $n = \infty$ ist der Rest gleich Null.]

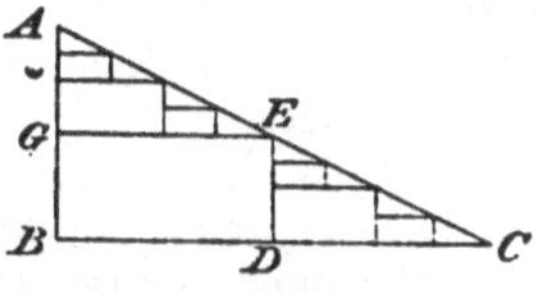

Fig. 119.

Der Inhalt eines senkrechten Prismas (oder Cylinders) ist also gleich dem Produkte aus Grundfläche und Höhe.

211) Schräge Prismen von beliebiger Grundfläche. Denkt man sich aus dem senkrechten Prisma in der oben besprochenen Weise ein schräges abgeleitet, so hat man über den einzelnen Rechtecken (und gegebenenfalls Dreiecken) schräge Prismen, die denselben Inhalt wie vorher haben. Der Gesamtinhalt also ändert sich nicht. Ist also $h$ die senkrechte Höhe, so gilt der Satz:

Schräge Prismen von beliebiger Grundfläche haben die Inhaltsformel $J = Gh$.

212) Grundsatz des Cavalieri. Man kann noch weiter gehen, das senkrechte Prisma in lauter Schichten von geringer Höhe zerlegen und diese Schichten beliebig horizontal gegen einander verschieben

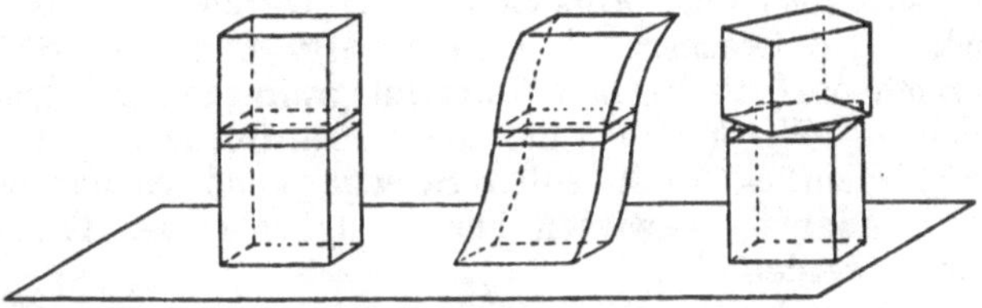
Fig. 120.

oder drehen, wodurch der Gesamtinhalt nicht geändert wird. Man kann sogar die Gestalt der Querschnittsflächen ändern, wenn nur der Inhalt derselbe bleibt. Stets entsteht ein Körper, dessen Horizontalschnitte von unten bis oben inhaltsgleich sind. Folglich:

Körper, deren Horizontalschnitte überall von der Gröfse $G$ sind, haben den Inhalt $J = Gh$, wenn $h$ die Höhe ist.

Da nun ein solcher Körper seinen Inhalt nicht ändert, wenn seine Querschnitte verschoben werden, so ist das Verschieben der Querschnitte in ihrer Ebene überhaupt ohne Einfluſs, ebenso das Ändern ihrer Gestalt. So läſst sich denn schon an dieser Stelle das Prinzip des Cavalieri aussprechen:

Zwei Körper, die in gleichen Höhen flächengleiche Querschnitte haben, sind inhaltsgleich.

(Reichen dabei Querschnitte ins Unendliche, so sind besondere Untersuchungen nötig, ebenso bei unendlicher Anhäufung von Unstetigkeiten in der Nähe einer Höhenlage. Diese Fälle werden vorläufig ausgeschlossen.)

Veranschaulichen läſst sich der Satz durch einen Stoſs von Schreibheften oder einzelnen Papierblättern, der auf den Tisch gelegt und verschiedenen Verschiebungen der Schichten gegen einander unterworfen wird.

Vergl. Bonaventura Cavalieri, 1591(8?)—1647, aktenmäſsig auch Cavallieri, Cavaglieri, Cavalerius, de Cavalleriis geschrieben, während die Briefe in der Regel die erstgenannte Unterschrift zeigen. Über sein Leben und seine Schriften vergl. Cantor, Geschichte der Math. II, Seite 649 u. s. w. Prof. zu Bologna, Mitglied des Ordens der Jesuaten. Sein Hauptwerk: Geometria indivisilibus continuorum nova quadam ratione promota erschien 1635, verbessert 1647, die Entstehung des Werks geht bis 1626 zurück. (Briefwechsel mit Galilei vergl. Cantor II, S. 759.) Das Buch darf als Vorläufer der Integralrechnung betrachtet werden. — Wir kommen auf dieses Prinzip, bezw. Satz noch mehrfach zurück. Mit voller Strenge kann es nur in der höheren Analysis bewiesen und bezüglich seiner Tragweite begrenzt werden.)

213) Sind zwei Körper in homologer Weise aus Rechteckskörpern zusammengesetzt, so sind sie ähnlich. Daſs dabei $J : J_1 = a^3 : a_1^3$ ist, folgt ohne weiteres. Sind zwei beliebig gestaltete Körper einander ähnlich, so läſst sich zunächst der eine in lauter Rechteckskörper zerlegen, indem man (ähnlich wie bei Figur 118) in die am Rande übrig bleibenden Teile kleinere und kleinere Rechteckskörper einzeichnet. Infolge der Ähnlichkeit kann man mit dem zweiten Körper eine homologe Einteilung vornehmen. Also gilt der Satz $J : J_1 = a^3 : a_1^3$ ganz allgemein.

## b) Die dreiseitige Pyramide oder das Tetraeder und die allgemeine Pyramide.

214) Drei Ebenen bestimmen im Ganzen acht Räume (4 Ecken und ihre Scheitelecken). Tritt eine vierte Ebene dazu, die nicht durch den gemeinschaftlichen Punkt der drei ersten geht, so entstehen 15 Räume, denn sieben der erstgenannten Räume werden geteilt, und einer bleibt ungeteilt. Einer dieser Räume ist vollständig begrenzt, die übrigen lassen sich so unterscheiden, dafs vier sich auf die Flächen, sechs auf die Kanten, vier auf die Ecken des erstgenannten stützen. Die der ersten Gruppe nimmt sämtliche sechs Kanten in Anspruch, die der zweiten je fünf, die der dritten je drei.

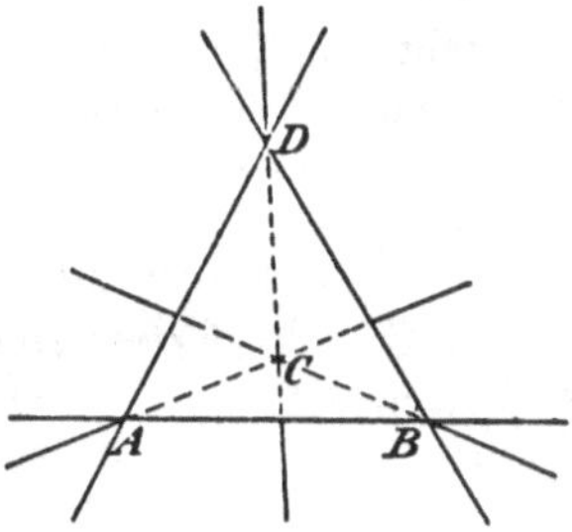


Fig. 121.

Der geschlossene Körper, das Vierflach oder Tetraeder, soll hier hauptsächlich zur Sprache kommen. Er kann auf vier Arten als dreiseitige Pyramide betrachtet werden, denn jede Fläche kann die Rolle der Grundfläche, die gegenüberliegende Ecke die der Spitze der Pyramide übernehmen. Die Eigenschaften seiner Dreikantecken sind bereits besprochen. Jede seiner Kanten wird von vier anderen Kanten geschnitten, von der letzten aber nicht. Es giebt also drei Paare einander nicht schneidender Kanten, z. B. $AB$ und $CD$. Solche Kanten sollen als einander gegenüberliegende bezeichnet werden.

215) Satz. Das Tetraeder wird durch eine Ebene, die zu einer der Flächen parallel ist, stets so geschnitten, dafs die Schnittfläche jener Fläche ähnlich ist, dafs überhaupt das abgeschnittene Tetraeder dem gegebenen ähnlich ist.

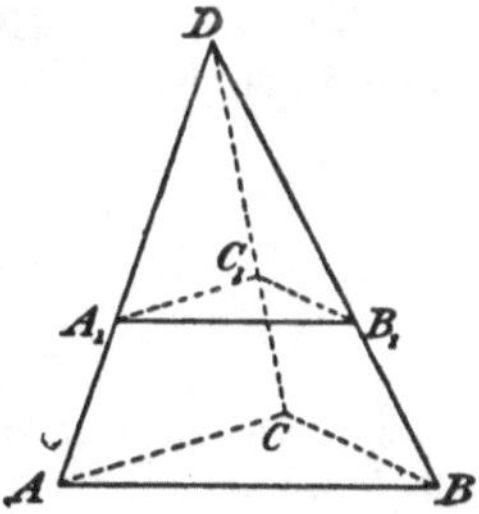


Fig. 122.

Beweis. Aus $AB \parallel A_1B_1$ und $BC \parallel B_1C_1$ folgt $\sphericalangle ABC = \sphericalangle A_1B_1C_1$. Ebenso wird die Gleichheit der Winkel bei $A$ und $A_1$ bewiesen, also ist $\triangle ABC \sim A_1B_1C_1$. Die Kanten des kleinen Tetraeders und die homologen des grofsen sind, wie aus den ähnlichen Seitendreiecken der Pyramide folgt, proportional. Die Seiten und ebenso die Winkel der homologen Ecken stimmen ebenfalls überein, die Ecken sind also paarweise kongruent. Demnach ist das kleinere Tetraeder die gesetzmäfsige, also ähnliche, Verkleinerung des grofsen.

Bemerkung. Wird der Parallelschnitt unterhalb $ABC$ gemacht, so findet Entsprechendes statt. Wird er oberhalb $D$ gemacht, so wird der abgeschnittene Körper dem gegebenen nicht ähnlich, sondern seinem symmetrischen Körper ähnlich. $D$ ist für den einen Fall der äufsere, für den andern der innere Ähnlichkeitspunkt der homologen Teile.

216) Die Grundfläche und die parallele Schnittfläche verhalten sich wie die Quadrate von $AB$ und $A_1B_1$, folglich auch wie die Quadrate homologer Kanten beider Körper überhaupt. Ist nun $DE$ bezw. $DE_1$ das von der Spitze $D$ auf die Grundfläche oder Parallelfläche gefällte Lot, so folgt aus der Ähnlichkeit der Dreiecke $AED$ und $A_1E_1D_1$, dafs $DE : DE_1 = AD : A_1D$ ist. Folglich verhalten sich die parallelen Flächen auch wie die Quadrate der zugehörigen Höhen. Demnach gilt folgender Satz:

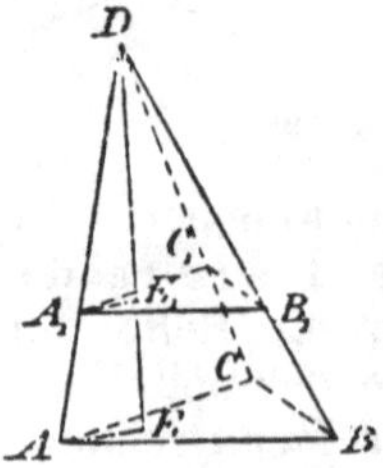

Fig. 123.

Satz: In jeder dreiseitigen Pyramide verhalten sich die Parallelschnitte zur Grundfläche wie die Quadrate der Abstände von der Spitze.

217) Wird die eine Fläche mit $F$, die andere mit $F_1$, der eine Abstand (Höhe) mit $h$, der andere mit $h_1$ bezeichnet, so ist

$$F : F_1 = h^2 : h_1^2,$$

also

$$F_1 = F\frac{h_1^2}{h^2}.$$

Haben nun zwei dreiseitige Pyramiden inhaltgleiche Grundflächen $F$ und gleiche Höhen $h$, und führt man bei beiden einen Parallelschnitt zur Grundfläche im Abstande $h_1$, so ist die Schnittfläche in jeder Pyramide gleich $F\frac{h_1^2}{h^2}$, beide Schnittflächen sind also inhaltsgleich. Folglich:

Dreiseitige Pyramiden von gleichen Grundflächen und gleichen Höhen haben in gleichen Höhenlagen flächengleiche Querschnitte.

[Daraus läfst sich auf Grund des Satzes von Cavalieri sofort auf die Inhaltsgleichheit solcher Pyramiden schliefsen, was jedoch erst später gezeigt werden soll.]

218) Satz. Führt man in einem Tetraeder einen Schnitt, der zu zwei einander gegenüberliegenden Kanten parallel ist, so entsteht ein Parallelogramm.

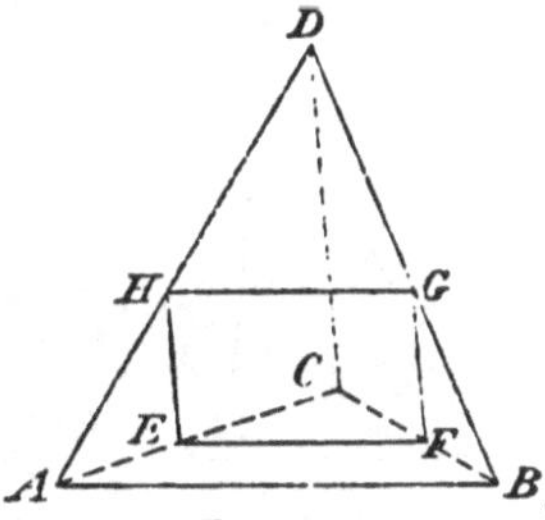

Fig. 124.

Bemerkung. Wenn die Ebene $EFGH$ parallel zu $AB$ ist, so mufs sowohl $EF \parallel AB$ als auch $GH \parallel AB$ sein. Wenn sie auch parallel zu $CD$ ist, so mufs sowohl $EH \parallel CD$ als auch $FG \parallel CD$ sein. Aus $EF \parallel GH$ und $EH \parallel FG$ folgt das behauptete. (Der Satz findet Anwendung bei der Inhaltsberechnung des Halbtetraeders und gewisser Räume, die paraboloidisch begrenzt sind.) Im besonderen Falle sind $E, F, G, H$ die Halbierungspunkte der Kanten $AD$, $BD$, $AE$ und $BC$. Die Schnittfläche heifst dann ein Mittelschnitt des Tetraeders. Solcher Mittelschnittsparallelogramme giebt es drei.

219) Satz von den Mittellinien des Tetraeders. Verbindet man eine Ecke des Tetraeders mit dem Schwerpunkte der gegenüberliegenden Fläche, so bezeichnet man die Verbindungslinie als Mittellinie des Tetraeders. Von seinen vier Mittellinien gilt folgender Satz:

Die Mittellinien des Tetraeders schneiden sich in **einem** Punkte, und dieser schneidet von jeder den vierten Teil ab.

Beweis I. Der Schwerpunkt der Fläche $ABC$ fällt zusammen mit dem der drei Eckpunkte $A$, $B$ und $C$. Verbindet man ihn mit dem vierten Eckpunkte $D$ und schneidet man auf dieser Linie den vierten Teil ab, so findet man nach Nr. 49 den Schwerpunkt der vier Punkte $A$, $B$, $C$ und $D$. Beim Aufsuchen des letzteren ist aber die Reihenfolge gleichgültig, also kann man auch von der Grundfläche $BCD$ ausgehen und deren Schwerpunkte mit $A$ verbinden und auf der Verbindungslinie den vierten Teil abschneiden u. s. w.

Beweis II. $E$ sei der Halbierungspunkt von $BC$, ferner sei $ES_4 = \frac{1}{3} EA$ und $ES_1 = \frac{1}{3} ED$, dann sind $S_4$ und $S_1$ die Schwerpunkte der Flächen $ABC$ und $BCD$. Zieht man in der Ebene $AED$ die Geraden $AS_1$ und $DS_4$, so schneiden sie sich in einem Punkte $S$ und es ist $S_1 S_4 \parallel AD$ (weil von $ED$ und $EA$ der dritte Teil abgeschnitten ist), also $\triangle S_1 S S_4 \sim ASD$. Nun ist aber $S_1 S_4 = \frac{1}{3} AD$, also ist auch $S_4 S = \frac{1}{3} SD$ und $S_1 S = \frac{1}{3} SA$.

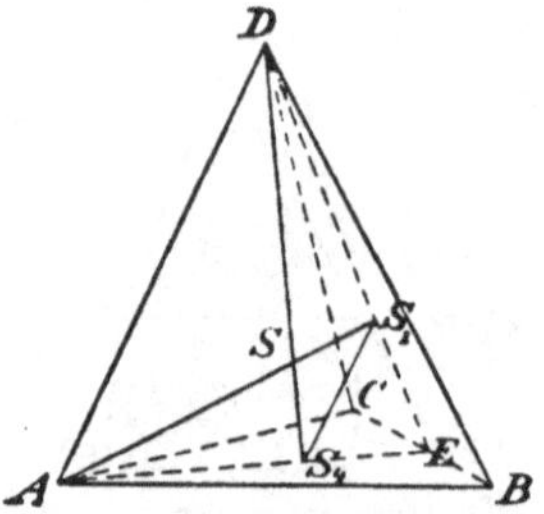


Fig. 125.

Daraus folgt $S_4 S = \frac{1}{4} DS_4$ und $S_1 S = \frac{1}{4} AS_1$. Ebenso, wie $DS_4$ von $AS_1$ in dem Punkte $S$ geschnitten wird, wird es auch von den Mittellinien $BS_2$ und $CS_3$ in diesem Punkte geschnitten.

220) Bemerkung. Sämtliche Parallelschnitte zu $ABC$ haben ihre Schwerpunkte auf der Mittellinie $DS_4$, was leicht an $A_1 B_1 C_1$ und $ABC$ mit Hülfe des Ähnlichkeitspunktes $D$ nachzuweisen ist. Daher heifst $DS_4$ eine Schwerlinie des Tetraeders. Auf ihr mufs der Schwerpunkt des Körpers liegen. Der oben besprochene Schnittpunkt $S$ ist also der Tetraederschwerpunkt, der demnach mit dem der vier Eckpunkte zusammenfällt. $ES$ halbiert sowohl $S_1 S_4$ als auch $AD$ in Punkten $G$ und $F$, die mit $E$ und $S$ harmonische sind. Folglich: Die Verbindungslinie

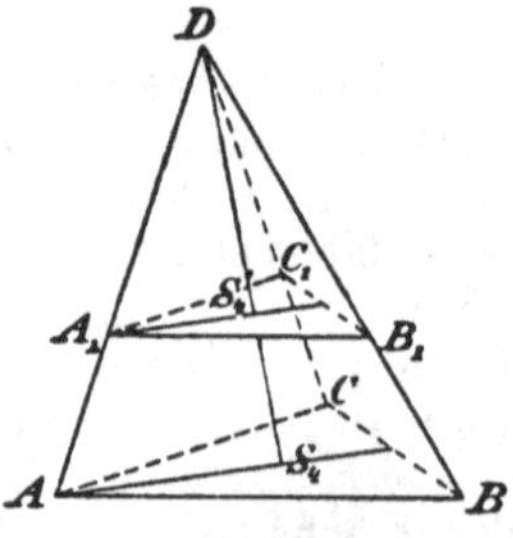


Fig. 126.

der Halbierungspunkte je zweier einander gegenüberliegender Kanten des Tetraeders geht durch dessen Schwerpunkt. Man suche ferner z. B. mit Hülfe der harmonischen Punkte $E$, $G$, $S$, $F$ nachzuweisen, dafs diese Verbindungslinie $EF$ durch den Schwerpunkt $S$ des Körpers halbiert wird.*) $\left[\frac{1}{3} : \left(\frac{2}{3} - x\right) = 1 : x.\right]$ Der Schwerpunkt ist also der gemeinschaftliche Mittelpunkt der drei Mittelschnitts-Parallelogramme.

(Den Schwerpunkt der Tetraederflächen findet man, indem man sich in den Einzelschwerpunkten der Flächen $F_1$, $F_2$, $F_3$ und $F_4$ entsprechende Massen angebracht denkt; den der Kanten $k_1$, $k_2$, ..., $k_6$, indem man sich in ihren Halbierungspunkten entsprechende Massen angebracht denkt. Zur Konstruktion dient eine ähnliche Methode, wie die in Nr. 49 behandelte.)

Die Schwerpunkte der Tetraederflächen bilden ein dem ursprünglichen symmetrisch ähnliches und perspektivisch liegendes Tetraeder, welches den dritten Teil des Mafsstabs hat.

221) Satz. Die auf den Tetraederflächen in den Mittelpunkten ihrer Um-Kreise errichteten Lote schneiden sich in **einem** Punkte, der von den Tetraederecken gleiche Abstände hat.

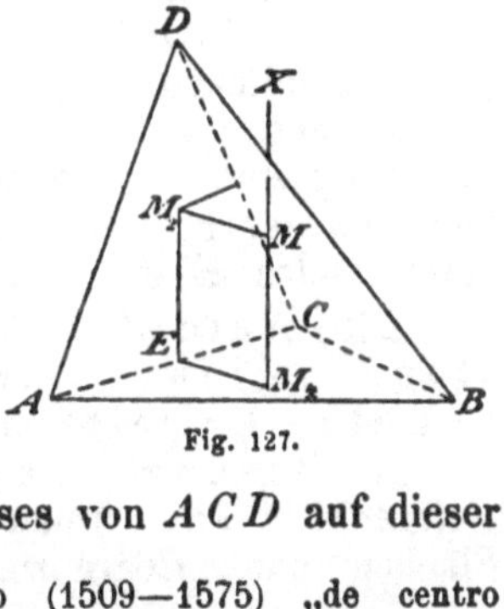

Fig. 127.

Beweis. Ist $M_4$ Mittelpunkt des Um-Kreises von $ABC$ und $M_4X$ das dort auf der Fläche errichtete Lot, so ist mit Hülfe des Pythagoreischen Lehrsatzes leicht zu zeigen, dafs jeder Punkt dieses Lotes von $A$, $B$ und $C$ gleiche Entfernungen hat. Dieses Lot liegt aber in der durch den Halbierungspunkt $E$ gelegten Normalebene von $AC$. In dieser liegt auch das in $M_2$, dem Mittelpunkte des Um-Kreises von $ACD$ auf dieser

*) Nach Federigo Commandino (1509—1575) „de centro gravitatis" (1565) hat schon Archimedes die Schwerpunkte schwimmender Körper bestimmt, also wohl auch den des Tetraeders. Linardo da Vinci (1452—1519) hat ihn selbständig wieder entdeckt. Maurolycus fand 1548 den der Pyramide und des Kegels.

Fläche errichtete Lot, welches die Eigenschaften des vorigen besitzt, beide Lote haben also einen Schnittpunkt $M$ und für diesen ist $MA = MB = MC = MD$. Durch denselben Punkt müssen die anderen Lote ebenfalls gehen, denn seine Projektion auf jede der beiden andern Flächen giebt nach Pythagoras den Mittelpunkt des Um-Kreises dieser Fläche.

Bemerkung. In $M$ schneiden sich die sechs in den Halbierungspunkten der Kanten errichteten Normalebenen. ($M$ wird später als Mittelpunkt der dem Tetraeder umbeschriebenen Kugel besprochen.)

222) Satz. Die sechs Ebenen, welche die an den Tetraederkanten befindlichen inneren Winkel halbieren, schneiden sich in einem Punkte, der von allen Tetraederflächen gleiche Abstände hat.

Beweis. Halbiert man die inneren Winkel an zwei Kanten einer Tetraederecke, so schneiden sich die halbierenden Ebenen in einer vom Eckpunkte ausgehenden Geraden, dem geometrischen Orte der Punkte, die gleiche Abstände von den drei Flächen haben. Daher ist die durch diese Schnittlinie und die dritte Kante bestimmte Ebene die Winkelhalbierende für die dritte Kante. Halbiert man durch eine vierte Ebene den Winkel an einer vierten Kante, so wird diese Ebene durch die obige Schnittlinie in einem Punkte geschnitten, der von sämtlichen Tetraederkanten denselben Abstand hat. Folglich gehört dieser Schnittpunkt sämtlichen sechs winkelhalbierenden Ebenen an.

Bemerkung. Später wird dieser Punkt als Mittelpunkt der einbeschriebenen Kugel des Tetraeders besprochen. Die von jeder Ecke ausgehende Schnittlinie der winkelhalbierenden Ebenen wird als Achse der Ecke bezeichnet.

223) Aufgabe: Wieviel Punkte gleichen Abstandes giebt es für die Flächen des Tetraeders und ihre Erweiterungen?

Auflösung. der innere Teil der Figur 128 stellt ein Tetraeder $ABCD$*) und die sichtbaren Erweiterungen seiner Flächen (unter Begrenzung durch Parallelschnitte) dar. Am

---

*) Man denke sich diese Buchstaben so eingeschrieben, dafs $A$ der Fläche $a$, $B$ der Fläche $b$ u. s. w. gegenüberliegt, so dafs $ABD$ die sichtbare Vorderfläche des eigentlichen Tetraeders wird.

Eckpunkte $D$ befinden sich acht dreikantige Ecken. Jede davon hat eine Achse im soeben angegebenen Sinne. Da aber je zwei Ecken Scheitelecken sind, ist die Achse einer jeden die Fortsetzung der Achse der Scheitelecke. Von $D$ gehen also vier Gerade als Achsen aus. Man denke sich nun durch eine nicht durch $D$ gehende Kante, z. B. durch $BC$ die winkelhalbierende Ebene gelegt. Diese wird von den vier Achsen in vier Punkten geschnitten, deren jeder von den Tetraederflächen gleiche Abstände hat. Legt man durch $BC$ die den Aufsenwinkel halbierenden Ebene, die zur vorigen normal ist, so wird auch diese von jenen vier Achsen in vier Punkten geschnitten, von denen dasselbe gilt. Diese acht Punkte sind die einzigen Punkte gleichen Abstandes von den Tetraederflächen. Verbindet man nämlich jeden mit den vier Eckpunkten, so erhält man, da je zwei Schnittpunkte auf derselben Achse liegen $\frac{8 \cdot 4}{2} = 16$ Achsen, d. h. sämtliche Achsen der vier Tetraederecken. Mehr Punkte jener Art sind also unmöglich.

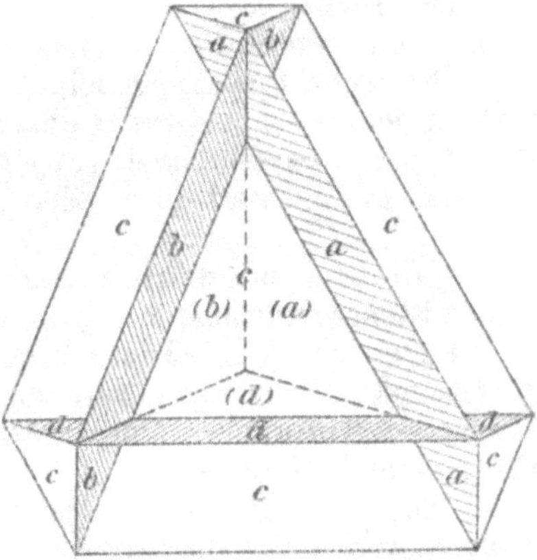

Fig. 128.

Ihre Lage bestimmt sich folgendermafsen. In den vier dreiseitigen Räumen, die über den Ecken des Tetraeders sich ins Unendliche erstrecken, kann keiner der Punkte liegen. Nur die 11 übrigen, vierflächig begrenzten Räume kommen in Frage. Der Innenraum und die vier über den Tetraederflächen ins Unendliche gehenden Räume erhalten je einen der Punkte. Die drei andern kommen den über den sechs Kanten stehenden Räumen zu. Die drei Paare gegenüberliegenden Kanten sind aber gleichwertig, also kommt jedem Paare ein Punkt zu. Befindet sich also einer in dem über einer Kante stehenden Raume, so befindet sich keiner in dem über der gegenüberliegenden Kante befindlichen. Welchen von diesen beiden Räumen er zukommt, das hängt von der besonderen Gestalt des Tetraeders ab.

Im ganzen findet nun folgendes statt:

Die zwölf winkelhalbierenden Ebenen schneiden einander $4 \cdot 4 = 16$ mal zu je dreien in den besprochenen Achsen und achtmal zu je sechs in den gefundenen Punkten.

Die sechzehn Achsen gehen zu je vier durch die acht Punkte und ebenfalls zu je vier durch die Tetraederecken.

Die acht Punkte gleichen Abstandes liegen sechzehnmal zu je zweien auf einer durch eine Tetraederecke gehenden Achse und zwölfmal zu je vier mit einer Kante des Tetraeders in derselben Ebene (der winkelhalbierenden Ebene).

Man untersuche auch den Fall des durch eine Ebene geschnittenen Prismas, wo $D$ in unendlicher Entfernung liegt.

Bemerkung. Diese acht Punkte werden später als Mittelpunkte der ein- und anbeschriebenen Kugeln des Tetraeders besprochen. Der Satz findet sich bei Steiner: Crell. Journ. II 96—98.

224) Höhen des Tetraeders. Das von jeder Tetraederecke auf die Gegenfläche gefällte Lot heifst Höhe des Tetraeders. Solcher Höhen sind vier vorhanden. Im allgemeinen schneiden sie einander nicht. Legt man nämlich durch $A$ die Normalebene $AEFG$ zu $BC$, die sowohl auf $BCD$ als auch auf $ABC$ senkrecht steht, so liegt in ihr die Höhe $AA_1$. Diese Ebene schneidet aber die Kante $BD$ im allgemeinen nicht in $D$, sondern in einem andern Punkte $H$. Die von $D$ aus gefällte Höhe fällt also im allgemeinen nicht in jene Normalebene, sondern sie ist zu ihr parallel. Die Höhen $AA_1$ und $DD_1$ schneiden also im allgemeinen einander nicht. (Die Höhen kommen bei den Inhaltsbestimmungen noch einmal zur Sprache.)

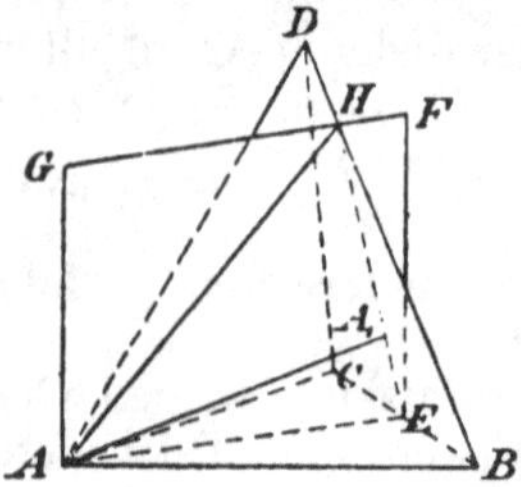

Fig. 129.

225) Konstruktion und Kongruenz der Tetraeder. Zur Kongruenz der Tetraeder ist im allgemeinen die Übereinstimmung in sechs homologen Stücken erforderlich, die von einander unabhängig sind. Wie beim Dreieck, so können auch hier die Konstruktionen bisweilen auf Zwei-

deutigkeit führen, und dazu kommen noch die Fälle der neben der Kongruenz möglichen Symmetrie, bei der allerdings von vollständiger Homologie nicht die Rede ist. Ist jedoch die Konstruktion eine eindeutige, so läſst sich die betreffende Kongruenz als solche aussprechen.

Am Tetraeder kann man die Ecken und die Seiten (flächen) als Hauptstücke, die Kantenlängen und die Raumwinkel an den Kanten als Nebenstücke bezeichnen, so daſs es sich um acht Hauptstücke und zwölf Nebenstücke handelt. Sind zur Konstruktion mehrere Hauptstücke gegeben, so dürfen sie nicht ganz beliebig gegeben sein, sondern je zwei Seiten müssen in einer Kante, je zwei Ecken in einem Raumwinkel übereinstimmen. Sind ferner eine Ecke und eine anliegende Seite gegeben, so muſs ein Winkel der letzteren mit einer Seite der Ecke übereinstimmen.

Man hat, wie bei den Konstruktionen in der Ebene, auf gewisse geometrische Örter zu achten, z. B.

a) Ist von einem Tetraeder eine Seite, z. B. $ABC$ und eine anliegende Ecke z. B. $B$ gegeben, so ist der geometrische Ort für die Ecke $D$ die freie Kante der an ihre Stelle gebrachten Ecke. Jetzt ist zur Konstruktion noch ein Stück erforderlich, z. B. die bei $A$ nötige Kante, oder die bei $B$ nötige (wobei kein Tetraeder, oder ein, oder ein Paar von Tetraedern möglich sein kann), oder die Höhe auf $ABC$ oder die zu einer der anderen Seiten der Ecke $B$ gehörige Höhe u. s. w.

b) Sind zwei Seitenflächen, z. B. $ABC$ und $ABD$ gegeben, so denke man sich die erstere festgelegt, die andere drehbar an die Kante $AB$ angelegt, so daſs der geometrische Ort von $D$ eine bestimmte Kreislinie wird. Als drittes Stück kann gegeben sein der Raumwinkel an der Kante $AB$, oder die auf $ABC$ stehende Höhe, oder die auf $ABD$ stehende, oder die die Länge der Kante $CD$ u. s. w.

Da zwei Hauptstücke des Tetraeders infolge der oben besprochenen Bedingung fünf Einzelstücke bedeuten, so genügen in der Regel zwei Hauptstücke und ein Nebenstück zur Konstruktion.

226) Verschiedene Arten von Tetraedern. a) Bei dem schon besprochenen regelmäſsigen Tetra-

eder sind alle vier Seiten gleichseitige Dreiecke. b) Ist eine Fläche ein gleichseitiges Dreieck, während die anderen kongruente, gleichschenklige Dreiecke sind, so heifst das Tetraeder ein gleichseitiges. Die „Spitze" liegt senkrecht über der Mitte der gleichseitigen Grundfläche. c) Ist eine Fläche ein gleichschenkliges Dreieck und sind die an die beiden gleichen Schenkel anstofsenden Flächen kongruent, so heifst das Tetraeder ein gleichschenkliges. Es hat eine Symmetrieebene. d) Ist keine der Flächen einer anderen kongruent, so ist das Tetraeder ein unregelmäfsiges.

Ein besonders wichtiger Fall des letzteren ist das rechteckige Tetraeder, bei dem eine der Ecken von drei rechtwinkligen Seiten gebildet wird. Für dieses besteht ein Satz, der dem des Pythagoras für das rechtwinklige Dreieck entspricht. Er ergiebt sich durch folgende Betrachtungen.

227) Satz für das rechteckige Tetraeder.

In Figur 130 sei $ABCD$ das rechteckige Tetraeder mit der rechteckigen Ecke $D$. Man kann $ABC$ als die Hypotenusenfläche, die übrigen Flächen als die Kathetenflächen bezeichnen. Fällt man von $D$ aus auf $AC$ die Normalebene $DEB$, so liegt in dieser die Höhe $DF$.

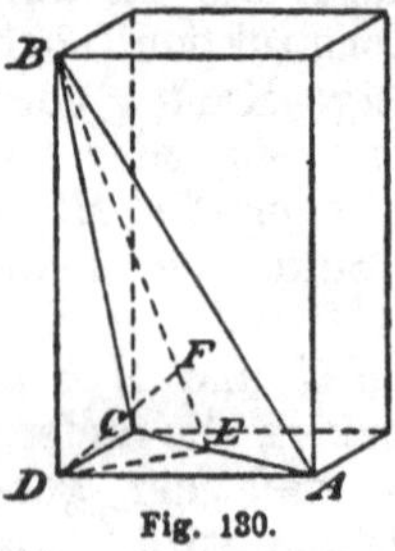

Fig. 130.

$DF$ und $DB$ bilden mit einander denselben Winkel, wie ihre Normalebenen $ABC$ und $ACD$. Entsprechendes gilt für die Winkel, die $DF$ mit $DA$ und $DC$ bildet. Bezeichnet man diese Winkel mit $\alpha$, $\beta$, $\gamma$, so folgt nach No. 205

$$\cos^2\alpha + \cos^2\beta + \cos^2\gamma = 1.$$

Die Kathetenflächen $F_1$, $F_2$, $F_3$ sind aber senkrechte Projektionen der Hypotenusenfläche, daher ist

$$F_1 = F\cos\alpha,\ F_2 = F\cos\beta,\ F_3 = F\cos\gamma.$$

Daraus folgt

$$F_1^2 + F_2^2 + F_3^2 = F^2(\cos^2\alpha + \cos^2\beta + \cos^2\gamma) = F^2 . 1$$

oder

$$F_1^2 + F_2^2 + F_3^2 = F^2.$$

In Worten:

Beim rechteckigen Tetraeder ist die Summe der Quadrate für die Maßzahlen der Kathetenflächen gleich dem Quadrate der Maßzahl der Hypotenusenfläche.

228) Inhalt des Tetraeders. Nach 215 haben Tetraeder von gleicher Grundfläche und gleicher Höhe in gleichen Höhenlagen flächengleiche Querschnitte. Nach dem Cavalierischen Satze folgt daraus:

Tetraeder von gleicher Grundfläche und gleicher Höhe sind inhaltsgleich.

Figur 131 stellt ein dreikantiges Prisma dar, auf dessen Seitenflächen der ununterbrochene Diagonalenzug $C B_1 A C_1$ gezeichnet ist. Durch die Diagonalen werden zwei Schnittflächen $A B_1 C$ und $A B_1 C_1$ bestimmt, die das Prisma in drei Tetraeder einteilen. Die Pyramiden $(A B C) B_1$ und $(A_1 B_1 C_1) A$ sind weder kongruent noch symmetrisch, sie haben aber gleiche Grundflächen und, da diese überall denselben Abstand von einander haben, gleiche Höhen. Nach Cavalieri sind sie also inhaltsgleich. Jetzt schreibe man die erstere Pyramide in der Form $(B C B_1) A$ und vergleiche sie mit der dritten $(C C_1 B_1) A$. Auch hier sind die Grundflächen gleich, liegen in derselben Ebene, haben also von $A$ denselben Abstand, der die Höhe für beide angiebt. Daher sind auch diese Pyramiden inhaltsgleich. Folglich:

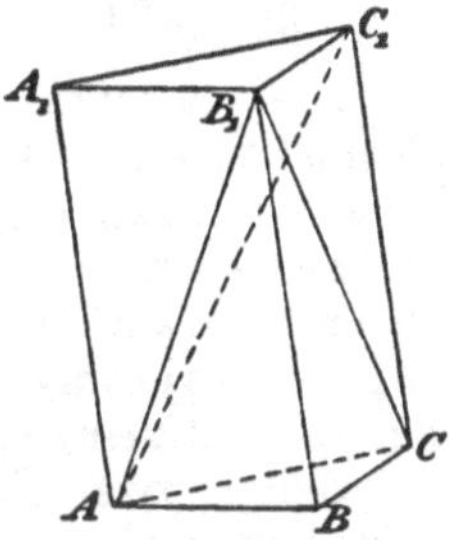

Fig. 131.

Jedes dreiseitige Prisma läßt sich in drei inhaltsgleiche Tetraeder zerlegen.

Umgekehrt läßt sich jedes Tetraeder zum dreiseitigen Prisma ergänzen und zwar durch Anlegen zweier durch gewisse Parallele zu bestimmenden Tetraeder.

Daher ist jedes Tetraeder der dritte Teil eines Prismas. Dieses aber hat den Inhalt $J = G h$. Folglich hat jedes Tetraeder den Inhalt $\frac{G h}{3}$, wo $G$ die Grundfläche, $h$ die zugehörige Höhe bedeutet.

Sind $G_1, G_2, G_3, G_4$ die Grundflächen, $h_1, h_2, h_3, h_4$ die

Höhen eines Tetraeders, so ist der dreifache Inhalt $3J = G_1 h_1 = G_2 h_2 = G_3 h_3 = G_4 h_4$, also z. B. $G_1 : G_2 = h_2 : h_1$, d. h. die Höhen verhalten sich umgekehrt, wie die Grundflächen.

229) Ähnlichkeit von Tetraedern. Führt man in einem Tetraeder zu einer Fläche einen Parallelschnitt, so entsteht ein Tetraeder mit Flächen, die denen des ursprünglichen ähnlich sind. Die homologen Winkel zwischen den Kanten, auch die homologen Raumwinkel stimmen überein. Die homologen Ecken sind kongruent. Die homologen Kanten stehen in Proportion. Es findet also volle Ähnlichkeit statt, und $D$ ist der äufsere Ähnlichkeitspunkt.

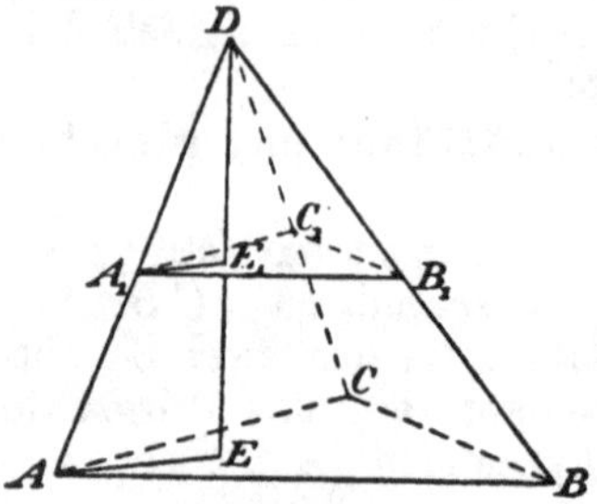

Fig. 132.

Bei ähnlichen Tetraedern sind also die homologen Flächen ähnlich, die homologen Kanten stehen in Proportion, die homologen Dreieckswinkel sind gleich, die homologen Raumwinkel sind gleich, und die homologen Ecken stimmen (mit Ausnahme der Kantenlängen) überein.

Sollen zwei Tetraeder ähnlich sein, so reicht eine geringere Anzahl von Stücken aus. Stimmen z. B. die Ecken bei $D$ und $D_1$ überein, und ist für die von $D$ ausgehenden Kanten $a : b : c = a_1 : b_1 : c_1$, so ist die Ähnlichkeit leicht nachzuweisen, denn die Sachlage entspricht der Figur 132. Man versuche die Fälle der unzweideutigen Ähnlichkeit festzustellen.

Fällt man in Figur 132 von $D$ aus das Lot $D E_1 E$ auf beide Grundflächen, so wird $\triangle D E A \sim \triangle D E_1 A_1$. Demnach ist $D E_1 : D E = D A_1 : D A$ oder $h_1 : h = a_1 : a$. Gleichzeitig ist $\triangle A_1 B_1 C_1 : \triangle A B C = A_1 B_1^2 : A B^2 = A_1 D^2 : A D^2$ oder $G_1 : G = a_1^2 : a^2$. Folglich ist $\frac{G_1 h_1}{3} : \frac{G h}{3} = a_1 a_1^2 = a a^2 = a_1^3 : a^3$, oder $J_1 : J = a_1^3 : a^3$. Folglich:

Die Inhalte ähnlicher Tetraeder verhalten sich

wie die dritten Potenzen homologer Kanten (oder sonstiger homologer Linien).

Gleichzeitig hat sich gezeigt, dafs ihre homologen Flächen sich verhalten wie die Quadrate homologer Linien, dafs sich aber ihre homologen Linien verhalten wie homologe Kanten.

Letzteres beweist man z. B. von homologen Mittellinien, den Flächensatz von durch die Kanten gelegten homologen Höhenschnitten, von homologen Schnitten solcher Art durch die Mittellinien u. s. w. Im Anschlufs an No. 225 stelle man noch andere Sätze solcher Art auf.

230) Bemerkung über den Inhalt der dreiseitigen Pyramide. Will man bei der Inhaltsbestimmung das Cavalierische Prinzip nicht anwenden, so kann man folgendermafsen verfahren.

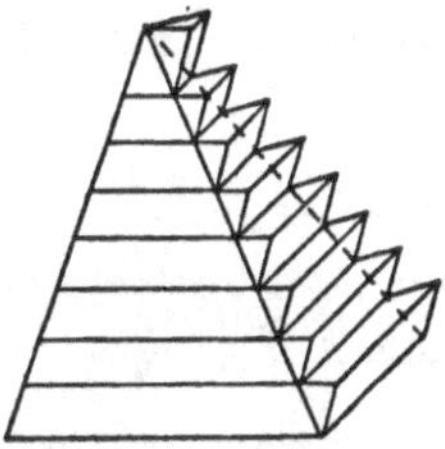

Fig. 133a.

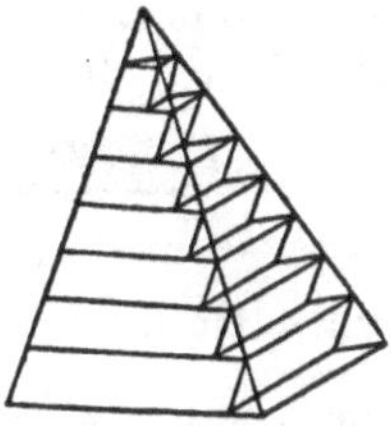

Fig. 133b.

Man führe Parallelschnitte in den Abständen $\frac{h}{n}$ und ergänze die einzelnen Schichten durch Erweiterung nach aufsen zu Prismen, so dafs man $n$ Prismen von der Höhe $\frac{h}{n}$ und den Inhalten $G\frac{h}{n} + G_1\frac{h}{n} + \ldots + G_{n-1}\frac{h}{n}$ hat.

Nun ist aber $G : G_1 = h^2 : \left(\frac{n-1}{n}h\right)^2 = n^2 : (n-1)^2$,

$$\text{also } G_1 = G\frac{(n-1)^2}{n^2},$$

$$\text{ebenso } G_2 = G\frac{(n-2)^2}{n^2},$$

also die Inhaltssumme, da $G = G\frac{n^2}{n^2}$ ist, gleich

$$1) \quad Gh\frac{n^2+(n-1)^2+(n-2)^2+\ldots+1^2}{n^3}.$$

Macht man dasselbe, verwandelt man aber durch Parallelschnitte, welche die Treppenräume nach innen verlegen, die einzelnen Schichten in Prismen, so erhält man, da die Reihe nicht mit $G$, sondern mit $G_1$ beginnt, die Summe

$$2) \quad Gh\frac{(n-1)^2+(n-2)^2+\ldots+1^2}{n^3}.$$

Zwischen beiden Werten liegt der richtige Inhalt der Pyramide. Subtraktion der beiden Werte giebt $Gh\frac{n^2}{n^3}=\frac{Gh}{n}$. Setzt man also den ersten Wert gleich dem Pyramideninhalte, so ist der Fehler sicher kleiner als $\frac{Gh}{n}$, also bei unendlich grofsem $n$ verschwindend klein. In der Arithmetik wird aber gezeigt, dafs für $n=\infty$

$$3) \quad \frac{1^2+2^2+3^2+\ldots+n^2}{n^3}=\frac{1}{3}$$

ist. Folglich ist der Pyramideninhalt $J=\frac{1}{3}Gh$.

(Nimmt man dagegen das Prinzip des Cavalieri als richtig an, so kann man umgekehrt aus dem Inhaltssatze auf die Richtigkeit der Formel 3 schliefsen.)

Statt der hier angewandten schrägen Prismen hätte man auch senkrechte auf die Schnittflächen setzen können, was an allen drei Seitenflächen Treppenräume gegeben haben würde. Die Untersuchung wird dabei ganz dieselbe und man überzeugt sich, dafs für $n=\infty$ die Treppenräume überhaupt vernachlässigt werden können. Diese Vernachlässigung ist darin begründet, dafs der überschiessende Teil jeder Grundfläche bei unendlich grofsem $n$ unendlich klein ist. Nun ist aber auch seine Höhe unendlich klein, folglich wird der einzelne Fehler unendlich klein zweiter Ordnung. Die Anzahl der Fehler ist unendlich klein erster Ordnung, die Summe der Fehler also ist, wie aus $\frac{n}{n^2}=\frac{1}{n}$ folgt, für $n=\infty$ doch unendlich klein.

Hieraus läfst sich der Satz des Cavalieri strenger ableiten, sobald vorausgesetzt wird, dafs die Querschnitte nicht ins Unendliche reichen. Jeder Körper wird dabei in unendlich viele prismatische Schichten zerlegt, deren Treppenräume für $n = \infty$ nicht mehr ins Gewicht fallen.

231) Perspektivisch ähnliche Lage. Ähnliche bezw. symmetrisch-ähnliche Tetraeder lassen sich nicht nur nach Art der Figur 132 in perspektivisch ähnliche Lage bringen, sondern auch in allgemeinerer Weise. Dies ist in den Figuren 134 und 135 angedeutet.

In dem einen Falle sind durch $P$ und die Ecken eines Tetraeders $ABCD$ Strahlen gelegt, von $A_1$ aus ist von Strahl zu Strahl $A_1 B_1 \parallel AB$, $A C_1 \parallel AC$, $A D_1 \parallel AD$ gezogen und Dreieck $B_1 C_1 D_1$ vollendet. $P$ ist äufserer Ähnlichkeitspunkt beider Figuren.

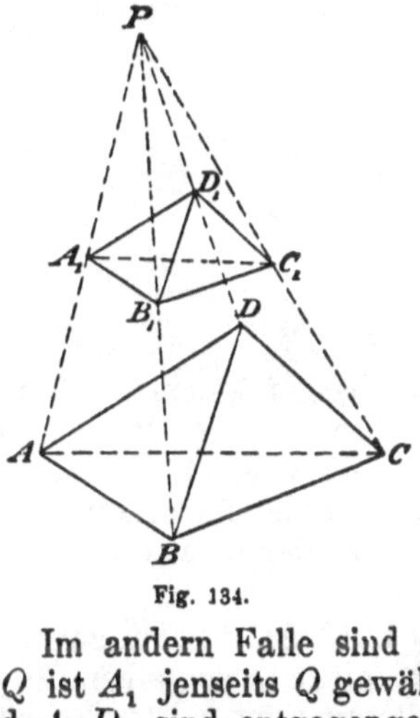

Fig. 134.

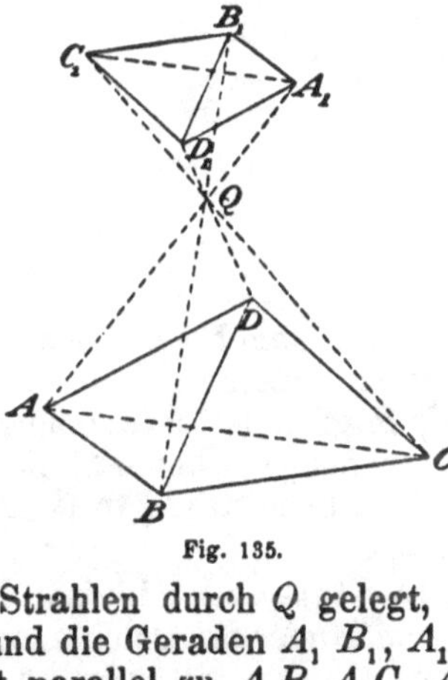

Fig. 135.

Im andern Falle sind die Strahlen durch $Q$ gelegt, auf $AQ$ ist $A_1$ jenseits $Q$ gewählt und die Geraden $A_1 B_1$, $A_1 C_1$ und $A_1 D_1$ sind entgegengesetzt parallel zu $AB$, $AC$, $AD$ gezogen. $Q$ heifst dann innere Ähnlichkeitspunkt.

Wie sich so perspektivisch ähnliche Tetraeder zeichnen lassen, so lassen sich umgekehrt ähnliche oder symmetrisch ähnliche Tetraeder in perspektivische oder verkehrt perspektivische Lagen bringen.

232) Satz von Desargues über perspektivische Dreiecke. Liegen zwei Dreiecke in der Ebene so,

dafs die Verbindungslinien entsprechender Ecken durch einen Punkt gehen, so schneiden sich die einander entsprechenden Seiten in Punkten, die auf einer Geraden liegen. (Vgl. No. 184.)

a) Anschauungsbeweis. Man betrachte die Zeichnung als die eines Tetraeders $ABCK$, welches durch eine beliebige Ebene $A_1 B_1 C_1$ geschnitten ist. Da nun zwei Ebenen einander in einer Geraden schneiden, mufs eine Gerade $k$ als Schnitt der beiden aufzufassen sein. Um $k$ zu bestimmen, bedenke man, dafs $AB$ und $A_1 B_1$ der Fläche $ABK$ des

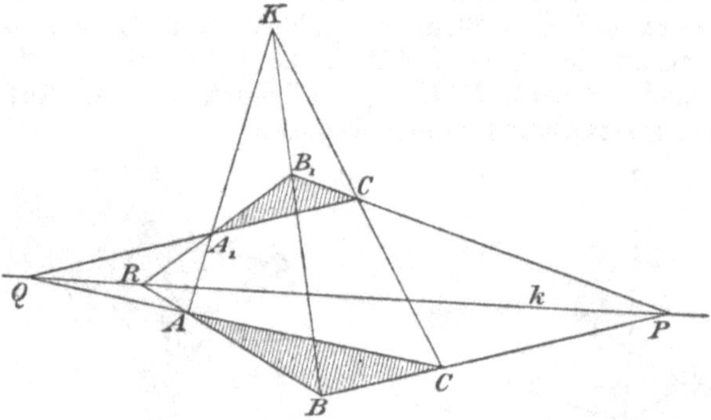


Fig. 136.

Tetraeders angehören, sich also in irgend einem Punkte $R$ schneiden müssen. Ebenso schneiden sich $BC$ und $B_1 C_1$ in $P$, folglich ist $PR$ Schnittlinie. Da auch $A_1 C_1$ und $AC$ sich schneiden, können sie sich nur in einem Punkte $Q$ derselben Schnittlinie treffen. $P, Q, R$ liegen also auf einer Geraden.

b) Stereometrischer Beweis. Der Satz gilt zunächst nur von Dreiecken solcher Art, die nicht in derselben Ebene liegen. Liegen sie in einer Ebene, und ist $K$ der Schnittpunkt der Verbindungslinien $AA_1$, $BB_1$ und $CC_1$, so ziehe man von $A$, $B$ und $C$ aus Gerade nach einem beliebigen Raumpunkte $S$ aufserhalb der Ebene gerade Linien. Auf der Linie $KS$ wähle man einen beliebigen Punkt $S_1$, den man mit $A_1 B_1 C_1$ verbinde.

Da $AS$ und $A_1 S_1$ derselben Ebene $AKS$ angehören, haben sie einen Schnittpunkt $A_2$. Ebenso haben $BS$ und

$B_1 C_1$ einen Schnittpunkt $B_2$, ebenso $CS$ und $C_1 S_1$ einen Schnittpunkt $C_3$. Die Dreiecke $ABC$ und $A_2 B_2 C_2$ liegen nicht in derselben Ebene, von ihnen gilt also der Satz. Daher schneiden sich $BC$ und $B_2 C_2$, $CA$ und $C_2 A_2$, $AB$ und $A_1 B_1$ in Punkten $P$, $Q$, $R$ auf einer Geraden, die der Durchschnitt der gegebenen Ebene und der Hülfsebene $A_2 B_2 C_2$ ist.

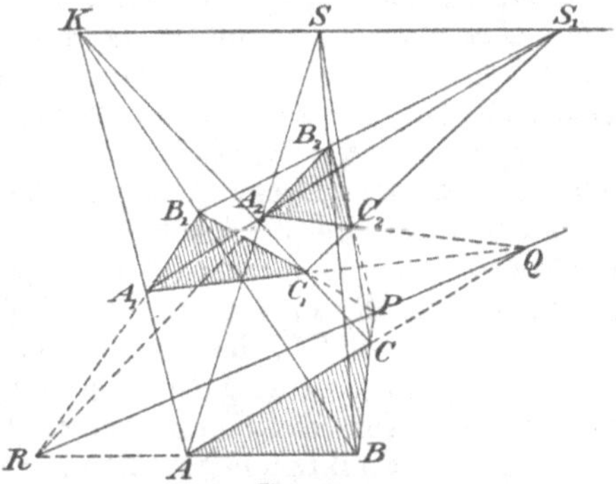

Fig. 137.

Aber auch $A_1 B_1 C_1$ und $A_2 B_2 C_2$ liegen in verschiedenen Ebenen, so dafs von ihnen für dieselbe Gerade $PQR$ dasselbe gilt. Da aber $A_1 B_1 C_1$ und $ABC$ in derselben Ebene liegen, mufs $B_1 C_1$ nach dem Schnittpunkte $P$ der Hülfsebene mit der gegebenen Ebene gehen, ebenso $A_1 C_1$ nach $Q$ und $A_1 B_1$ nach $R$, denn andere Schnittpunkte, als $P$, $Q$ und $R$, sind auf dieser Geraden für die Seiten von $A_2 B_2 C_2$ nicht vorhanden.

233) Umkehrungssatz. Liegen zwei Dreiecke so, dafs die Durchschnitte einander entsprechender Seiten auf einer Geraden liegen, so gehen die Verbindungslinien entsprechender Ecken durch einen Punkt.

a) Anschauungsbeweis. Man fasse in Figur 136 die beiden Dreiecke als Projektionen räumlicher Dreiecke auf, deren Ebene sich in der Geraden $PQR$ schneiden. Weil $a$ und $a_1$ sich in $P$ schneiden, so ist $BCC_1B_1$ eine Ebene, und $BB_1$ und $CC_1$ schneiden sich in einem Punkte $K$. Weil $c$ und $c_1$ sich in $R$ schneiden, so ist auch $ABB_1A_1$ eine Ebene, die, weil sie die Gerade $BB_1$ enthält, durch $K$ geht. Dasselbe gilt von der Ebene $ACC_1A_1$, die die Gerade $CC_1$ enthält, also ebenfalls durch $K$ geht. $K$ ist also der gemeinschaftliche Punkt der drei Ebenen, und in diesem müssen sich $AA_1$, $BB_1$ und $CC_1$ schneiden.

b) Räumlicher Beweis. Man denke sich in Figur 137 durch die Gerade $PQR$ eine Ebene gelegt und das Dreieck $ABC$

mit Hülfe eines beliebigen Raumpunktes $S$ auf diese projiziert, was das Dreieck $A_2 B_2 C_2$ giebt. Weil $BC$ durch $P$ geht, mufs auch $B_2 C_2$ durch $P$ gehen, durch welches auch $B_1 C_1$ geht. Folglich ist $B_1 B_2 C_2 C_1$ eine Ebene und daher müssen sich $B_1 B_2$ und $C_1 C_2$ in einem Raumpunkte $S_1$ schneiden. Weil $CA$ und $C_1 A_1$ durch $Q$ gehen, ist $C_1 C_2 A_2 A_1$ eine Ebene, die, weil sie $C_1 C_2$ enthält, ebenfalls durch $S_1$ geht. Dasselbe gilt ebenso von der dritten Ebene, also schneiden sich $A_1 A_2$, $B_1 B_2$, $C_1 C_2$ im Raumpunkte $S_1$. Weil nun $S$ und $S_1$ in der Ebene $A A_1 A_2$ liegen, müssen sich die Geraden $A A_1$ und $S S_1$ schneiden und zwar im Durchstofspunkte $K$ von $S S_1$ mit der gegebenen Ebene. Ebenso liegen $S$ und $S_2$ in den Ebenen $B B_1 B_2$ und $C C_1 C_2$, also müsssen $BB_1$ und $CC_1$ durch denselben Durchstofspunkt gehen.

234) B e m e r k u n g e n. Es giebt noch einen Reciprocitätsbeweis für die Umkehrung und Beweise mit Hülfe harmonischer Punkte und Strahlen für beide Sätze. Man nennt Dreiecke, wie $ABC$ und $A_1 B_1 C_1$ perspektivische Dreiecke. $K$ heifst das Kollineationscentrum, $k$ die Kollineationsachse der perspektivischen Dreiecke bezw. der perspektivisch-kollinearen Planfiguren. Sollen zwei Vierecke perspektivisch kollinear sein, so müssen erstens die Verbindungslinien entsprechender Punkte durch einen Punkt $K$ gehen, zweitens müssen sich die vier Durchschnitte der einander entsprechenden Seiten in Punkten einer Geraden schneiden. Von dem zweiten Vierecke kann man also nur drei Punkte, z. B. $A_1$, $B_1$, $C_1$ willkürlich auf den Strahlen $AK$, $BK$, $CK$ annehmen. Der vierte, $D_1$ wird gefunden, indem man den Schnitt $S$ von $CD$ mit der Achse $k$ bestimmt und $S$ mit $C_1$ verbindet. Ebenso kann man den Schnitt $T$ von $AD$ und $k$ bestimmen und $A_1 T$ ziehen, was ebenfalls $D_1$ auf $DK$ giebt.

Liegt $K$ im Unendlichen, so sind $A A_1$, $B B_1$ und $C C_1$ parallel und die Dreiecke $A B C$ und $A_1 B_1 C_1$ für die stets eine Affinitätsachse vorhanden ist, heifsen p e r s p e k t i v i s c h a f f i n. Dasselbe gilt von Vierecken $ABCD$ und $A_1 B_1 C_1 D_1$, sobald eine Affinitätsachse $k$ vorhanden ist, in der sich die einander entsprechenden Geraden schneiden.

Liegt die Kollineationsachse unendlich fern, so werden die entsprechenden Gebilde ähnlich und ähnlich liegend, sie heifsen dann p e r s p e k t i v i s c h ä h n l i c h.

Der Satz von Girard Desargues (1593—1662) aus Lyon war vergessen worden, bis eine von Philippe de la Hire im Jahre 1679 angefertigte Abschrift des schon 1639 erschienenen Hauptwerks entdeckt wurde. Desargues ist als Entdecker der involutorischen Beziehungen der Vorläufer bezw. Begründer der darstellenden und der sogenannten neueren Geometrie. Steiner, von Staudt, Chasles, Poucelet, Möbius, Magnus und andere haben den Satz zum Ausgangspunkte vieler Untersuchungen genommen. Über Affinität haben besonders Clairault (1731), Euler und Möbius geschrieben. Der Name rührt von Euler her.

235) Aus Figur 137 läfst sich, wenn man sie als eben betrachtet, folgender Satz ableiten: Sind drei Dreiecke einer Ebene paarweise perspektivisch, und liegen die drei perspektivischen Centren auf auf einer Geraden, so schneiden sich die einander entsprechenden Geraden zu dreien in denselben Punkten der gemeinschaftlichen Kollineationsachse. Auch die Umkehrung ist leicht auszusprechen.

Zwei Tetraeder heifsen perspektivisch, wenn die Verbindungslinien entsprechender Eckpunkte durch einen Raumpunkt $K$ gehen. Über solche Tetraeder besteht ein Satz, der dem Dreieckssatze entspricht.

236) Satz über perspektivische Tetraeder. Entsprechende Seitenflächen zweier perspektivischer Tetraeder schneiden sich in vier Geraden, die in einer Ebene liegen.

Beweis. $ABCD$ und $A_1 B_1 C_1 D_1$ seien die beiden Tetraeder, $P$ sei der Durchschnittspunkt der Verbindungslinien entsprechender Eckpunkte. Die den Punkten $A$ und $A_1$ gegenüberliegenden Flächen mögen sich in einer Geraden $a$, die zu $B$, C, $D$ bezw. zu $B_1$ $C_1$ $D_1$ gehörigen mögen sich entsprechend in Geraden $b$, $c$, $d$ schneiden. Nun liegen die Punkte $A$, $A_1$, $D$, $D_1$ mit $P$ in derselben Ebene, so dafs $AD$ und $A_1 D_1$ einander in einem Punkte $Q$ schneiden. Durch diesen müssen auch die Nachbarebenen von $AD$ und $A_1 D_1$, d. h. die Ebenen $ACD$ und $ABD$, ebenso die Ebenen $A_1 C_1 D_1$ und $A_1 B_1 D_1$ gehen, folglich gehen durch $Q$ die Durchschnittslinien $b$ und $c$, demnach liegen die willkürlich herausgegriffenen Schnittlinien $b$ und $c$ in einer Ebene. Dasselbe gilt von je zwei anderen Schnittlinien. Ein windschiefes Viereck können aber die Geraden $a$, $b$, $c$, $d$ nicht bilden, weil auch die einander gegenüberliegenden Seiten des Vierecks einander schneiden, also auch in einer Ebene liegen. Damit ist der Satz bewiesen. Die Ebene der $a$, $b$, $c$, $d$ heifst die Kollineationsebene der perspektivischen Gebilde. Die perspektivischen Tetraeder sind also zugleich kollinear.

(Vgl. Poncelet: Propr. proj. Seite 582.)

In Figur 138 seien $ABCD$ und $A_1 B_1 C_1 D_1$ die beiden windschiefen Vierecke (Ecken der Tetraeder) $AB$ und $A_1 B_1$ schneiden sich in $K$, $AC$ und $A_1 C_1$ in $L$, also ist $KL$ die Kollineationsachse der Dreiecke $ABC$ und $A_1 B_1 C_1$, auf der sich auch $BC$ und $B_1 C_1$ schneiden

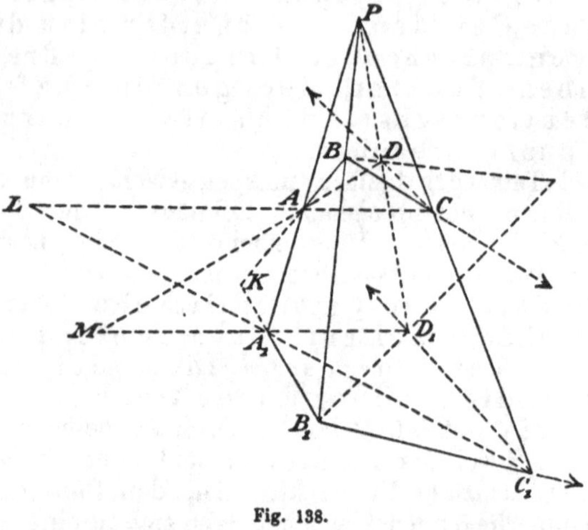


Fig. 138.

müssen. Schneiden sich ferner $AD$ und $A_1 D_1$ in $M$, so ist $LM$ Kollineationsachse von $ADC$ und $A_1 D_1 C_1$, in der sich auch $DC$ und $D_1 C_1$ schneiden müssen. $MK$ ist Kollineationsachse der Dreiecke $ABD$ und $A_1 B_1 D_1$, in der sich auch $BD$ und $B_1 D_1$ schneiden müssen. Demnach ist $KLM$ die Kollineationsebene für sämtliche Dreiecke, auch für $BDC$ und $B_1 D_1 C_1$, deren Seiten schon untergebracht sind.

Steiner, 1825, Crell. Journ. I Seite 38—52. Werke Seite 4—16. An den Beweis des Satzes schliefst Steiner zahlreiche Folgerungen an. Vgl. No. 197 bis 199.

237) Die allgemeine Pyramide.

a) Auf dieselbe Weise, wie bei der dreiseitigen Pyramide, wird bei der $n$-seitigen bewiesen, dafs der Parallelschnitt zur Grundfläche der letzteren ähnlich ist und dafs überhaupt die abgeschnittene Pyramide der ganzen ähnlich ist. Sind $a_1$ und $a$ wieder homologe Kanten beider Körper, so verhalten sich homologe Linien, z. B. auch die Höhen, die von $P$ nach den Schwerpunkten der Grundflächen gezogenen Linien (Schwerlinien) wie diese Kanten. Je zwei Flächen beider Körper verhalten sich wie die Quadrate der homologen Kanten. Der Körper läfst sich in lauter dreiseitige Pyramiden zerlegen, indem man die Grundfläche mit Hülfe eines beliebigen Punktes im Innern und entsprechender Strahlen in Dreiecke zerlegt und den Punkt mit der Spitze verbindet. Sind $G_1$, $G_2$, $G_3$ ... die Flächen der Dreiecke, so ist der Gesamtinhalt des Körpers

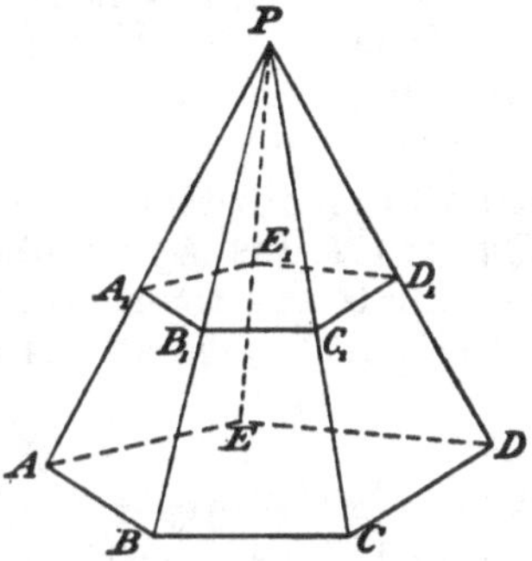

Fig. 139.

$$G_1 \frac{h}{3} + G_2 \frac{h}{3} + G_3 \frac{h}{3} + \ldots = \frac{h}{3}(G_1 + G_2 + \ldots),$$

oder wenn man für die Klammer die gesamte Grundfläche setzt

$$J = \frac{1}{3} G h.$$

Ebenso ist für den abgeschnittenen oberen Teil

$$J_1 = \frac{1}{3} G_1 h_1,$$

folglich

$$\frac{J}{J_1} = \frac{G}{G_1} \cdot \frac{h}{h_1} = \frac{h^2}{h_1^2} \cdot \frac{h}{h_1} = \frac{h^3}{h_1^3} = \frac{a^3}{a_1^3}.$$

Folglich gilt für ähnliche Pyramiden der Satz:

Die Inhalte ähnlicher Pyramiden verhalten sich wie die dritten Potenzen homologer Kanten oder sonstiger homologer Linien.

b) Über die perspektivisch ähnliche Lage der n-seitigen Pyramiden lassen sich entsprechende Betrachtungen anstellen, wie bei den dreiseitigen. Auch der allgemeine Satz über perspektivische Tetraeder mit ihrer Kollineationsebene läſst sich auf $n$-seitige Pyramiden ausdehnen.

Vgl. Steiners bereits citierte Abhandlung.

c) Bei der Pyramide sind die Querschnitte proportional dem Quadrate des Abstandes von der Spitze. Nach Cavalieri folgt allgemein der Satz:

Sind bei einem Körper von beliebiger Gestalt die horizontalen Querschnitte proportional dem Quadrate des Abstandes von oben (oder unten) und ist der letzte Querschnitt gleich $G$, der gröſste Abstand gleich $h$, so ist der Inhalt des Körpers

$$J = \frac{1}{3} G h.$$

Solche Körper sollen später in gröſserer Zahl besprochen werden.

d) Jedes regelmäſsige Polyeder läſst sich vom Mittelpunkte aus in Pyramiden von derselben Höhe zerlegen, ebenso jeder Körper, der einem Archimedischen Körper reciprok ist, ebenso endlich jedes Polyeder unregelmäſsiger Art, dessen Flächen von einem Punkte denselben Abstand haben. Für jeden solchen Körper ist der Inhalt $J = \frac{h}{3}(G_1 + G_2 + \dots + G_n)$, oder, da die Klammer die Oberfläche $O$ bedeutet, und wenn $\varrho$ für $h$ gesetzt wird,

$$J = \frac{1}{3} O \varrho.$$

Sämtliche hierher gehörigen Aufgaben können hier als Übungsbeispiele behandelt werden.

### c) Allgemeines über die Eulerschen Polyeder.

238) Eulerscher Satz: Bezeichnet bei einem zunächst konvexen Polyeder $f$ die Anzahl der Flächen, $k$ die der Kanten, $e$ die der Ecken, so ist stets

$$f + e - k = 2.$$

Beweis. Sind $s_1, s_2, \ldots, s_f$ die Seitenzahlen der einzelnen Flächen, so ist, wenn $R$ einen rechten Winkel bedeutet, $2 s_n R - 4 R$ die Winkelsumme eines dieser Vielecke, die gesamte Winkelsumme also

$$2 R (s_1 + s_2 + \ldots + s_f) - 4 R f.$$

Die Summe der $s$ ist aber die doppelte Anzahl $2k$ der Kanten, denn jede Kante ist in den beiden anstofsenden Flächen gezählt, also ist die Winkelsumme auch

1) $$(k - f) 4 R.$$

Da das Polyeder als konvex angenommen ist, kann man aufserhalb Punkte finden, von denen aus eine der Flächen, z. B. $ABCDE$, das gesamte Polyeder verdeckt, wie es in Figur 140 dargestellt ist, so nämlich, dafs alle übrigen Eckpunkte ins Innere der Fläche $ABCDE$ projiziert werden und die Bedeckung eine einfache wird. Da nun das projizierte $s$-Eck dieselbe Winkelsumme hat, wie das ursprüngliche, kann man die obige Winkelsumme auch finden, indem man alle auf der uns zugekehrten und alle auf der abgewendeten Seite der ebenen Fläche befindlichen Winkel addiert. Die diesseitigen Winkel geben z. B. die Summe

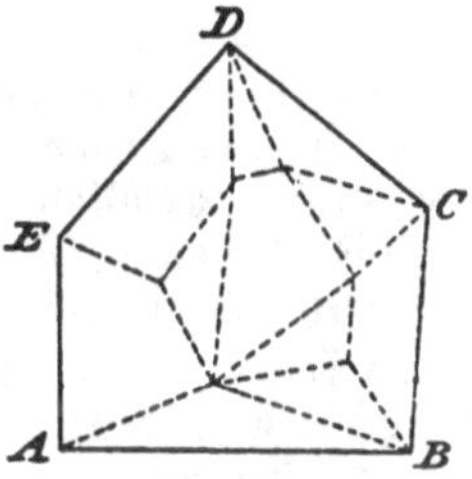

Fig. 140.

$$2 s_1 R - 4 R.$$

Die jenseitigen, an denselben Eckpunkten befindlichen, geben ebenfalls

$$2 s_1 R - 4 R.$$

Es bleiben noch $e - s_1$ Eckpunkte übrig, von denen jeder $360^0$ als Winkelsumme giebt, so dafs es sich noch um

$$4 R e - 4 s_1 R$$

handelt. Die drei Posten geben zusammen

2) $$4 R (e - 2).$$

Setzt man die Beträge 1) und 2) einander gleich, so folgt

3) $$f + e - k = 2.$$

Bemerkungen. Kennt man die Anzahl der Flächen und der Ecken eines konvexen Polyeders, so ist die der Kanten bekannt, nämlich

$$k = f + e - 2.$$

Für das reciproke Polyeder wird $k = e + f - 2$. Es bestätigt sich also der Satz, dafs einander reciproke Polyeder dieselbe Anzahl von Kanten haben. So war z. B. am regelmäfsigen Zwanzigflach die Anzahl der Kanten $20 + 12 - 2 = 30$, am regelm. Zwölfflach $12 + 20 - 2 = 30$.

Da bei einem $s$-Eck die Anzahl der Winkel gleich der der Seiten ist, so ist die Anzahl der Winkel des Polyeders $w = s_1 + s_2 + \ldots + s_f$, oder nach Obigem

4) $$w = 2 k.$$

Aus den Beziehungen 3) und 4) lassen sich wichtige Fragen über die Polyeder beantworten, besonders solche über homogene Raumgebilde. Unter homogenen Polyedern nämlich versteht man solche, deren Flächen gleichviel Seiten, deren Ecken gleichviel Kanten haben.

240) Aufgabe. Es soll untersucht werden, wieviele homogene Polyeder konvexer Art möglich sind.

Auflösung. Jede Fläche habe $s$ Seiten, jede Ecke habe $n$ Kanten. Da in $fs$ jede Kante zweimal vorkommt, ist

1) $$k = \frac{fs}{2}.$$

Auch in $en$ ist jede Kante (der beiden Endpunkte wegen) doppelt gezählt, also ist

2) $$en = 2k = fs.$$

Der Eulersche Satz $e + f = k + 2$ geht hier über in

$$\frac{fs}{n} + f = \frac{fs}{2} + 2.$$

Daraus folgt

$$n = \frac{2fs}{fs - 2f + 4}.$$

Führt man rechts die Division einmal aus, so wird

$$3) \qquad n = 2 + \frac{4f - 8}{f(s-2) + 4}.$$

Da zur Bildung einer Ecke mindestens drei, zu der eines Polyeders mindestens vier Flächen nötig sind, so mufs hier $f$ mindestens gleich $4$, der Bruch aber eine ganze Zahl sein. Daraus lassen sich die wenigen möglichen Fälle leicht ableiten.

a) Es sei $s = 3$, die Seitenflächen also seien Dreiecke.

Gleichung 3) geht über in

$$n = 2 + \frac{4f - 8}{f + 4} = 6 - \frac{24}{f + 4}.$$

Nur für $f = 4$, $8$, $20$ wird $n$ eine ganze Zahl, in allen anderen Fällen gebrochen. Mit Hülfe von Dreiecken lassen sich also nur Tetraeder, Oktaeder und Ikosaeder als homogene Körper herstellen, bei denen je 3, 4, 5 Kanten in einer Ecke zusammenstofsen.

b) Es sei $s = 4$, die Seitenflächen seien also Vierecke.

Gleichung 3) geht über in

$$n = 2 + \frac{4f - 8}{2f + 4} = 4 - \frac{8}{f + 2}.$$

Nur für $f = 6$ kann $n$ eine ganze Zahl werden. Der einzige Fall ist der des Hexaeders, bei dem drei Kanten in jeder Ecke zusammenstofsen.

c) Es sei $s = 5$, die Flächen also seien Fünfecke.

Gleichung 3) geht über in

$$n = 2 + \frac{4f - 8}{3f + 4} = 3 + \frac{f - 12}{3f + 4}.$$

Nur für $f = 12$ wird n eine ganze Zahl. Dies giebt das Dodekaeder mit je 3 in einer Ecke zusammenstofsenden Kanten.

Macht man $s > 5$, so wird $n$ stets gebrochen.

Es giebt also nur fünf homogene Polyeder, ebensoviel, wie es regelmäfsige giebt, die ihren besonderen Fall bilden. Die bei den regelmäfsigen besprochenen Reciprocitäten finden auch bei den homogenen Polyedern statt.

241) Verallgemeinerung des Begriffs der Eulerschen Polyeder. Der Eulersche Satz gilt nicht nur für konvexe Polyeder, sondern allgemeiner für solche, die man nach Hessel als die Eulerschen Polyeder bezeichnet. Hierher gehören zunächst nur solche Polyeder, deren Oberfläche einfach zusammenhängend (im Riemannschen Sinne) ist.

Die Fläche eines einfachen Vielflachs ist einfach zusammenhängend. Führt man nämlich einen Schnitt von einem Grenzpunkte zu einem andern, so fällt es in zwei getrennte Stücke auseinander.

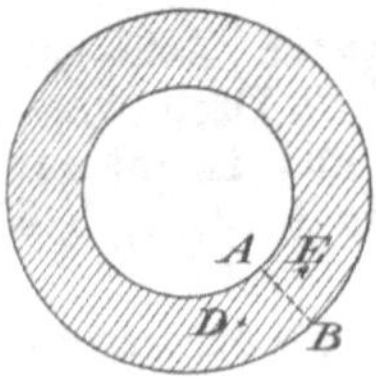


Fig. 141.

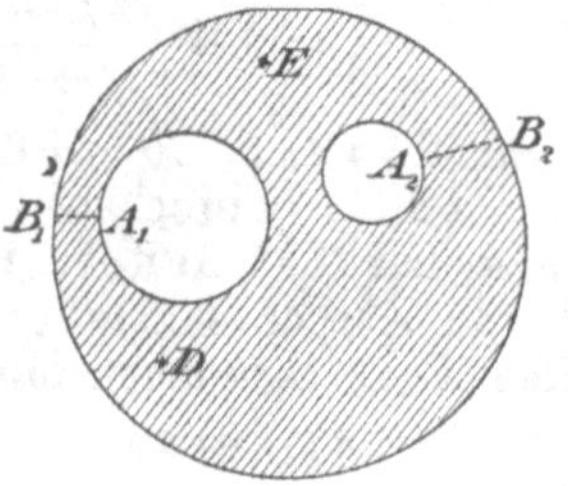


Fig. 142.

Führt man dagegen im Kreisringe Figur 141 einen Schnitt von $A$ nach $B$, so fällt er nicht auseinander. Da eine einfach zusammenhängende Fläche übrigbleibt, so sagt man, ursprünglich sei sie zweifach zusammenhängend gewesen. Auch nach Ausführung des Schnittes kann man auf der Fläche von $D$ nach $E$ gelangen. Schneidet man aus einer Kreisfläche zwei Kreise aus, so sind zwei Schnitte nötig, um sie zu einer nur einfach zusammenhängenden zu machen. Ursprünglich also war sie dreifach zusammenhängend. Auch nach Ausführung der Schnitte $A_1 B_1$ und $A_2 B_2$ kann man auf der Fläche von $D$ nach $E$ gelangen.

Ähnliches findet im dreidimensionalen Raume statt. Dreht sich eine zweifach begrenzte Gerade um eine beliebige Achse, bis sie in sich selbst zurückkehrt, so entsteht im allgemeinen eine zweifach zusammenhängende Fläche. Geschieht dasselbe mit einer geschlossenen Linie, z. B. mit einem Kreise, der sich um eine aufserhalb liegende Achse dreht, so entsteht im allgemeinen eine Ringfläche, die dreifach zusammenhängend ist.

Man kann den Begriff der einfach zusammenhängenden Fläche auch so feststellen, dafs jeder in sich geschlossene Schnitt ein Flächenstück abtrennen mufs, welches nur von ihm begrenzt wird. Nun lassen sich z. B. am konzentrischen Kreisringe konzentrische Kreisschnitte führen, bei denen der abgetrennte Flächenteil nicht nur diesen Kreis, sondern noch einen andern Rand als Grenze hat. Daher ist die ursprüngliche Ringfläche nicht einfach zusammenhängend.

242) Polyeder lassen sich stets in Tetraeder zerlegen, also auch aus solchen zusammensetzen. Für das Tetraeder ist $e = 4$, $f = 4$, $k = 6$, also gilt die Formel

1) $$e + f = k + 2.$$

Setzt man auf das Tetraeder ein zweites so, dafs zwei der Flächen sich decken, so wird im allgemeinen $e$ in $e + 1$, $f$ in $(f - 1) + 3 = f + 2$ verwandelt, $k$ in $k + 3$. Da also jede Seite der Gleichung 2) um 3 wächst, bleibt ihre Geltung bestehen, auch wenn das Gebilde nicht convex bleibt. Angenommen die Flächen $ACD$ und $BCE$ fielen dabei in eine zusammen, so würde die Flächenzahl am Schlufs um 1 geringer sein, aber auch die Kante $BC$ würde wegfallen. Die Gleichung 1) würde also doch bestehen bleiben. Würden dagegen die Kanten $DC$ und $CE$ in eine zusammenfallen, so würden die Flächen $DCB$ und $BCE$ in eine, ebenso die Flächen $DCA$ und $ECA$ in eine zusammenfallen. Die Figur bliebe also ein Tetraeder, der Satz also in Geltung.

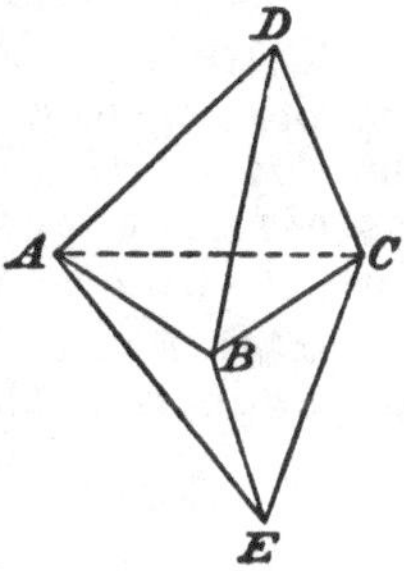

Fig. 143.

Der Eulersche Satz gilt also stets, wie viele Tetraeder man auch so zusammenfüge.

Anders aber wird die Sache, wenn das $(n - 1)$te Tetraeder in einem Eckpunkte mit dem ersten zusammenstöfst, wobei die Zahl der Ecken um 1 zu klein ausfällt. Auch das Zusammenfallen zweier Ecken stört das Bestehen des Satzes. Schliesst man im letzteren Fall den Ring körperlich durch ein Tetraeder, wozu nur eine Kante und zwei Flächen nötig sind, so bleibt die Störung bestehen. Das Weitergelten des Eulerschen Satzes kann also bei mehrfachem Zusammenhange der gesamten Oberfläche aufgehoben werden.

243) Eine andere Art von Störungen tritt ein, wenn zwei Tetraeder so zusammengefügt werden, dafs die aufeinanderstehenden Flächen sich nicht decken. Die einfache Abzählung der Flächen, Kanten und Ecken ergiebt, dafs dann der Satz nicht mehr gilt. Die durch $ABC$ und $A_1 B_1 C_1$ begrenzte Fläche ist dann nicht ein Polygon im gewöhnlichen Sinne.

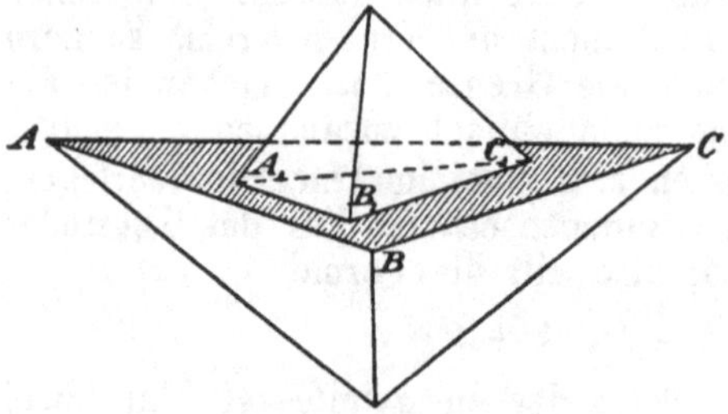

Fig. 144.

Polyeder, bei denen die besprochenen beiden Arten von Störungen nicht stattfinden, sind Eulersche Polyeder, und von ihnen gilt der Eulersche Satz. Ihre Oberfläche ist einfach zusammenhängend und besteht aus Polygonen gewöhnlicher Art.

244) Aufgabe. Für Eulersche Polyeder sollen folgende Beziehungen bewiesen werden:

$$6 + k \leqq 3f \leqq 2k$$
$$6 + k \leqq 3e \leqq 2k$$
$$4 + e \leqq 2f \leqq 4e - 8$$
$$4 + f \leqq 2e \leqq 4f - 8.$$

Beweis: Jede Fläche mufs mindestens drei Winkel zählen, also ist $w \geqq 3f$. Da aber $w = 2k$ ist, so ist 1) $2k \geqq 3f$. Jede Ecke hat mindestens drei Winkel, also ist die Winkelzahl $w \geqq 3e$, folglich $2k \geqq 3e$ und $k \geqq \frac{3}{2} e$. Nach dem Eulerschen Satze ist $e = 2 + k - f$. Setzt man dies in die vorige Gleichung ein, so folgt $k \geqq \frac{3}{2}(2+k-f)$ und daraus 2) $3f \geqq 6+k$. Aus 1) und 2) ist die erste Ungleichung zusammenzusetzen.

Die zweite folgt aus der ersten durch Reciprocität, d. h. durch Vertauschung von $f$ und $e$, unter Beibehaltung von $k$. Die beiden anderen folgen, sobald man $k$ durch $f+e-2$ ersetzt.

245) Bemerkung. Mit Hülfe dieser Ungleichungen läfst sich entscheiden, wie viele Eulersche Polyeder mit vorgeschriebener Anzahl von Seitenflächen möglich sind.

Die Zahl der möglichen Sechsflächner z. B. ergiebt sich aus

$$6+k \leqq 3 \,.\, 6 \leqq 2k,$$

woraus folgt, dafs $k = 9, 10, 11, 12$ sein kann, das zugehörige $e = 5, 6, 7, 8$.

Ebenso entscheidet sich die Frage, ob ein Körper von sieben Kanten möglich sei, dahin, dafs $6+7 \leqq 3f \leqq 2 \,.\, 7$ d. h. $3f$ zwischen $13$ und $14$ liegen müfste. Eine ganze Zahl für $f$ ist also unmöglich, ein 7-kantiger Körper existiert also nicht. Unter den sonstigen Aufgaben ist folgende von allgemeinerem Interesse:

246) Aufgabe. Alle möglichen Archimedischen (halbregulären) Polyeder sollen nach Zahl der Flächen, Kanten und Ecken untersucht werden. Dasselbe soll mit ihren reciproken Körpern geschehen.

247) Geschichtliche Bemerkungen. Da Archimedes die Reihe der halbregulären Körper vollständig angiebt, ist ihm der Eulersche Satz schwerlich entgangen. Im Jahre 1860 gab Foucher de Careil die Oeuvers inédites de Descartes heraus. Nach II Seite 214 hat schon Descartes den Eulerschen Satz gekannt. Vergl. Baltzers Aufsatz im Monatsberichte der Berliner Akademie von 1861, Seite 1043. Aber schon Leibnitz hatte eine Abschrift von Descartes genommen, in der es heifst: Numerus verorum angulorum est $2\varphi + 2a - 4$. Auch die Ungleichungen hat Descartes gekannt. Euler ist also nur der Neuentdecker der Polygonsätze. Seine Elementa doctrinae solidorum und Demonstratio nonnullarum insignium proprietatum, quibus

solida hederis planis inclusa sunt praedita waren schon 1752 der Petersburger Akademie vorgelegt worden (Nov. Comm. Petrop. 4 Seite 109, Beweis Seite 156). Unter sonstigen Beweisen für den Eulerschen Satz sind die der folgenden Mathematiker zu nennen: Cauchy 1813, J. de l'Ec. pol. Heft 16 Seite 77, Grunert: Crelles Journ. II Seite 367, v. Staudt 1847, Geom. der Lage 49. (Beweis 1 bei Baltzer), Thieme (Beweis 2 bei Baltzer), August, Progr. 1854 des Köln. Realgymnasiums zu Berlin (aufgenommen in Schlömilchs Geometrie des Mafses). Mit Hülfe von Winkelsummen sphärischer und planer Polygone behandeln den Satz Legendre, Geom. VII 25, L'Huilier 1812, Gerg. Annal. 3 Seite 178, Steiner, Crell. Journ. I Seite 364. Über die weiteren Sätze vergl. Poinsot 1801, Journ. de l'Ec. pol. Heft 10, Seite 47. Hessel, Crell. Journ. 8, Seite 13. Jacobi: Anhänge zu van Swindens Geometrie, Steiner, 1828, Gerg. Annal. 19, Seite 36, Poinsot: Compt. rend. 1858, Seite 65, Jordan, Crelle Journ. 66 Seite 22 und 68 Seite 297, Legendre, Géom. Note 8, Gergonne, Annalen 15, Seite 157, dualistische Betrachtungen. Die Dualität wurde 1532 von Maurolycus von Messina (1532), der sich den Namen des zweiten Archimedes erworben hatte, bemerkt. Die betreffende Stelle der opuscula mathematica bespricht J. H. T. Müller in Grunerts Archiv 34, Seite 1. Man vergl. noch Kepler Harm. mundi V, 1 und Meister, 1785, Comm. Gött. VII Seite 39.

Über homogene Polyeder vergleiche man Dr. V. Schlegel: Theorie der homogen zusammen-

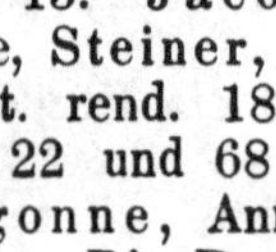

Fig. 145.

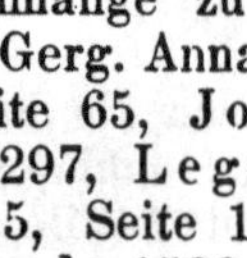

Fig. 146.

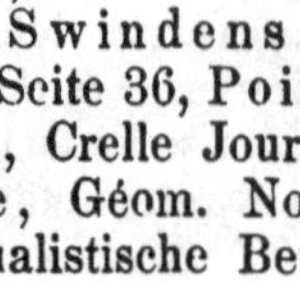

Fig. 147.

gesetzten Raumgebilde, Nov. Acta der Leopol. Carol. Akademie. Halle 1883. Kommissionsverlag von W. Engelmann in Leipzig. Dort wird gezeigt, dafs die homogenen dreidimensionalen Gebilde durch gewisse ebene Gebilde entsprechender Art perspektivisch dargestellt werden können.

Durch Analogieschlüsse wird gezeigt, durch welche räumlichen Gebilde, z. B. Fig. 147, die homogenen Gebilde des vierdimensionalen Raums als Projektionen dargestellt werden können. Entsprechende Schlüsse werden über den $n$-dimensionalen Raum gemacht. Von hier aus läfst sich also ein elementarer Übergang in diese neueren Gebiete bewerkstelligen. So ist der Eulersche Satz der Ausgangspunkt einer ganzen Litteratur geworden.

Nach Baltzers Ausspruch ist übrigens eine Klassifikation der möglichen Polyeder von $k$ Kanten, $f$ Flächen und $e$ Ecken noch nicht erreicht worden. Die von Euler, Steiner, Poinsot und Jordan gelieferten Arbeiten werden nur als Anfänge bezeichnet. Baltzer giebt in seinen Elementen eine Anzahl hierher gehöriger Sätze an. So wird z. B. gezeigt, dafs bei keinem Polyeder dreieckige Flächen und dreikantige Ecken zugleich fehlen können. Es sind deren zusammen mindestens 8 vorhanden. Ferner: Ein Polyeder ohne dreieckige und viereckige Flächen hat wenigstens 12 fünfeckige Flächen und wenigstens 20 dreikantige Ecken; ohne dreiseitige oder vierseitige Ecken hat es wenigstens 12 fünfkantige Ecken und wenigstens 20 dreieckige Flächen (Reciprocität).

Ein Polyeder, dessen Flächen fünfeckig und dessen Ecken dreikantig sind, hat 20 Ecken. (Vgl. die homogenen Polyeder.) Ein solches, dessen Ecken fünfkantig und dessen Flächen dreieckig sind, hat 20 Flächen. (Reciprok.)

Dafs sich solche Sätze bei gröfserer Zahl der Elemente in beliebiger Menge aussprechen lassen, ist selbstverständlich. Es scheint aber nicht, als ob die Wissenschaft dadurch besondere Förderung erhalten würde.

Der Weg zu dieser Gruppe von Sätzen sei nach Baltzer kurz angedeutet. Ein Polyeder von $f$ Flächen habe $f_3$ dreieckige, $f_4$ viereckige, $f_5$ fünfeckige u. s. w. Von seinen $e$ Ecken seien $e_3$ dreikantig, $e_4$ vierkantig u. s. w. Die Kantenzahl sei $k$. Dann ist

$$f = f_3 + f_4 + f_5 + \dots$$
$$e = e_3 + e_4 + e_5 + \dots$$
$$2k = 3f_3 + 4f_4 + 5f_5 + \dots = 3e_3 + 4e_4 + 5f_5 + \dots$$

Nach dem Eulerschen Satze ist $2f + 2e = 4 + 2k$, also wird

1) $2(f_3 + f_4 + f_5 + \ldots) = 4 + e_3 + 2e_4 + 3e_5 + \ldots$.

2) $2(e_3 + e_4 + e_5 + \ldots) = 4 + f_3 + 2f_4 + 3f_5 + \ldots$.

Also durch Addition

3) $f_3 + e_3 = 8 + (f_5 + e_5) + 2(f_6 + e_6) + \ldots$.

(Daher sind Eulersche Polyeder niemals zugleich ohne dreiseitige Flächen und dreikantige Ecken, deren Gesamtzahl mindestens 8 sein mufs.)

Man multipliziere in 2) beide Seiten mit 2 und vereinige die beiden Seiten dieser und der ersten Gleichung durch Addition. Dann folgt

4) $3f_3 + 2f_4 + f_5 = 12 + 2e_4 + 4e_5 + \ldots$
$+ f_7 + 2f_8 + \ldots$.

5) $3e_3 + 2e_4 + e_5 = 12 + 2f_4 + 4f_5 + \ldots$
$+ e_7 + 2e_8 + \ldots$.

Erweitert man aber vor der Addition die Gleichung 1 mit 3, die andere mit 2 (oder umgekehrt), so erhält man

6) $4f_3 + 2f_4 + e_3 = 20 + 2e_4 + 5e_5 + 8e_6 + \ldots$
$+ 2f_6 + 4f_7 + \ldots$.

7) $4e_3 + 2e_4 + f_3 = 20 + 2f_4 + 5f_5 + 8f_6 + \ldots$
$+ 2e_6 + 4e_7 + \ldots$.

Aus 4) und 5) folgt der oben angegebene Satz über Polyeder ohne drei- und viereckige Flächen und über solche ohne drei- und vierkantige Ecken. Man achte überall auf die zwischen $f$ und $e$ bestehende Reciprocität.

Die wichtige Einteilung der Flächen in einfach, zweifach, mehrfach zusammenhängende rührt von Riemann her. Man vergleiche dessen Dissertation über die Grundlagen der Funktionentheorie (1851) und seine Lehrsätze aus der Analysis situs 1857 (Crelle Journ. 54, Seite 105). Die Punkte zweier einfach zusammenhängender Flächen lassen sich eindeutig einander zuordnen, so dafs der Rand der einen dem der anderen entspricht, jedem Punkte der einen ein solcher der andern. Soll aber eine einfach zusammenhängende zu einer zweifach zusammenhängenden in solche Beziehung gesetzt werden, so würde zunächst ein Schnitt nötig sein, um dies zu ermöglichen. Wird dieser nicht gemacht, so ist die Beziehung eine vieldeutige bezw. einfach periodische. In entsprechender Weise ist die Beziehung zwischen einer einfach zusammenhängenden und einer dreifach zusammenhängenden Fläche eine doppelt-periodische u. s. w. So erkennt man, dafs die Lehre vom Zusammenhang einer Fläche ein Ausgangspunkt zur Theorie der einfach- und mehrfach periodischen Funktionen ist. Vgl. Neumann, Abelsche Integrale, Listing, Census räumlicher Komplexe. Näheres und Litteraturangaben findet man in des Verfassers Einführung in die Theorie der isogonalen Verwandtschaften, Leipzig bei Teubner, 1882.

248) a) Kongruente Polyeder. Sind zwei Polyeder in homologer Weise aus kongruenten Tetraedern zusammengesetzt, so sind sie kongruent.

b) Ähnliche Polyeder. Sind zwei Polyeder in homologer Weise aus ähnlichen Tetraedern zusammengesetzt, so sind sie ähnlich.

c) Ist alles homolog bis auf den Sinn der Reihenfolge, so tritt an Stelle der Kongruenz die Symmetrie, an Stelle der Ähnlichkeit der beiden Körper die Ähnlichkeit eines jeden mit dem Spiegelbilde des andern, so dafs sie „symmetrisch ähnlich" sind.

Für ähnliche bezw. symmetrisch ähnliche Polyeder gelten die in Nr. 224 ausgesprochenen Sätze ganz allgemein.

## Vierter Abschnitt.

# Senkrechter Kreiscylinder und Kreiskegel.

### a) Der senkrechte Kreiscylinder.

249) Durch Drehung eines Rechtecks um eine seiner Seiten entsteht ein Körper, der als der **senkrechte Kreiscylinder** bezeichnet wird. Die gekrümmte Fläche heiſst der **Mantel** dieses Cylinders oder die **Cylinderfläche**. Die Drehungsachse heiſst die **Achse** des Körpers bezw. der Mantelfläche. Jeder durch die Achse gelegte Schnitt heiſst ein **Hauptschnitt** des Cylinders. Zwei solche Schnitte geben vier **Sektoren** desselben. Oft versteht man unter Cylinder den besprochenen Kreiscylinder, obwohl es noch andere Cylinder giebt.

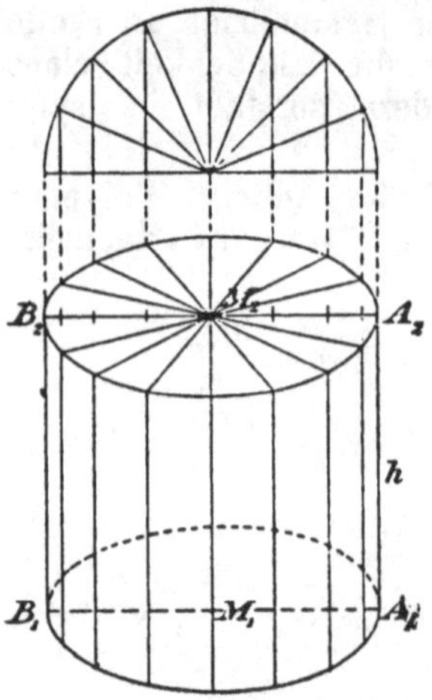

Fig. 148.

In Figur 148 ist gezeigt, wie man den Cylinder in der Parallelperspektive von $90^0$ Neigung und $\frac{1}{2}$ Verkürzung darstellt und wie man den Mantel in gleiche geradlinig begrenzte Streifen und den Körper in gleiche Sektoren einteilt. Läſst man die den Kreisquerschnitt darstellenden Ellipsen unendlich schmal, also geradlinig werden, so erhält man diejenige

Aufrißzeichnung, in der der Körper als Rechteck erscheint. Jedoch auch die in Figur 148 gegebene Darstellung kann als senkrechte Projektion eines schräg liegenden Cylinders betrachtet werden.

Der Inhalt des Körpers ist, wie beim Prisma, $J = Gh$, also, da $G = r^2 \pi$ ist,

$$1) \qquad J = r^2 \pi h.$$

Die Mantelfläche läßt sich in die Ebene ausbreiten (abwickeln) und giebt ein Rechteck von der Grundlinie $2 r \pi$ und der Höhe $h$, also vom Inhalte

$$2) \qquad M = 2 r \pi h.$$

So erhält man die Formel für die Mantelfläche.

Das Flächennetz für die Herstellung des Modells besteht aus zwei Kreisen vom Radius $r$ und einem Rechteck von der Grundlinie $2 r \pi$ und einer beliebigen Höhe $h$.

250) Schräg abgeschnittener Cylinder. Figur 149 stellt den schräg abgeschnittenen oder „abgeschrägten" Cylinder dar. Soll die Zeichnung richtig sein, so muß jede der Geraden $A_1 B_1$, $C_1 D_1$ u. s. w. so als $A_2 B_2$, $C_2 D_2$ u. s. w. nach oben verschoben werden, daß sie durch $K_2 L_2$ halbiert wird. Die Schnittfläche erscheint nicht nur in der Zeichnung als Ellipse, sondern sie ist auch in Wirklichkeit eine solche, denn jede Kreissehne der zu $K_1 L_1$ parallelen Schar ist in konstantem Verhältnis verlängert worden. Es ist z. B.

$$K_2 L_2 = K_1 L_1 \frac{1}{\cos\alpha} \text{ und ebenso}$$

$$X_2 Y_2 = X_1 Y_1 \frac{1}{\cos\alpha}.$$

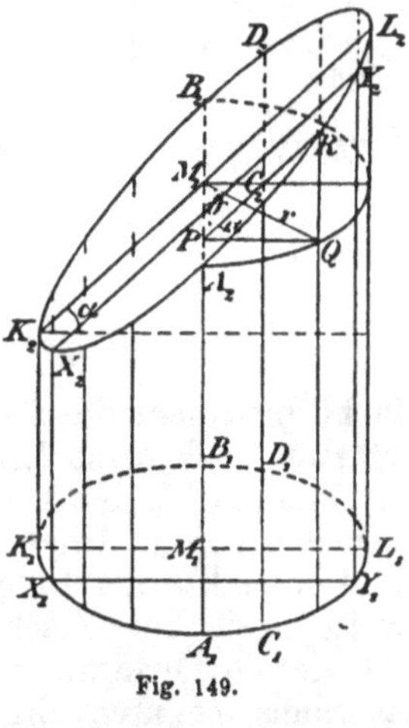

Fig. 149.

251) Die Sinuslinie. Denkt man sich durch $M_2$ eine Horizontalebene gelegt, so ist $M_2 PQ$ ein rechtwinkliges Dreieck, also $PQ = r \sin\vartheta$, wenn $\sphericalangle PM_2 Q = \vartheta$ gesetzt wird. Ferner ist die Senkrechte $QR = PQ \tan\alpha =$

$r \sin \vartheta \tan \alpha$. Hat nun die schräge Schnittfläche die Neigung $45^0$, und setzt man $r = 1$, so wird $QR = \sin \vartheta$.

Wickelt man im letzteren Falle den Mantel auf der Ebene ab, so giebt die schräge Ellipsenlinie in der Ebene eine Kurve, deren Höhe an der dem Bogen $\vartheta$ entsprechenden Stelle jedesmal die Länge $\sin \vartheta$ hat. (Ihre Gleichung würde also, wenn man die Höhe mit y bezeichnet, sein: $y = \sin \vartheta$.) Man bezeichnet daher diese Linie als die Sinuslinie.

Ihre Konstruktion ergiebt sich aus den Figuren 150 a und 150 b. Man denke sich den Halbkreis z. B. in acht gleiche Teile geteilt und die entsprechenden Lote gezeichnet.

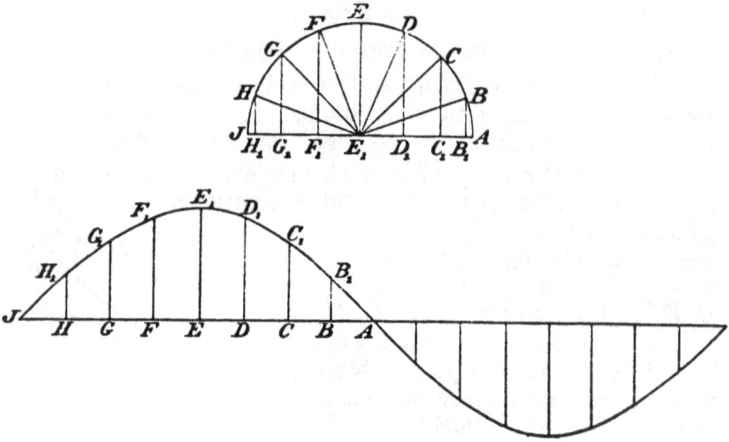


Fig. 150a und b.

Macht man nun die Gerade $JA = r\pi = 3,14159\ldots r$, so hat man auch diese Linie $JA$ in 8 gleiche Teile zu teilen, die dann gleich den gestreckten Teilen des Halbkreises sind. In jedem Punkte trage man die zugehörige Höhe auf. Durch die Endpunkte der Lote ist dann die Kurve zu legen. Der zweite Teil der Zeichnung 150 b entspricht dem dritten und vierten Quadranten des Kreises, für welche die Werte des Sinus negativ, die Lote also nach unten zu zeichnen sind. Die Wellenlinie ist beiderseits periodisch fortzusetzen.

(Die Konstruktion kann nur angenähert erfolgen, da die Länge $r\pi$ nicht genau konstruiert werden kann; $\pi$ ist nämlich eine transscendente Irrationalzahl. Nur die durch wiederholtes Ausziehen der Quadratwurzel entstehenden Irrationalitäten lassen sich mit Zirkel und Lineal genau konstruieren.)

Schneidet man auf allen Loten von der Geraden aus den n ten Teil der Lotlänge ab, so bilden die Endpunkte eine neue Kurve, die man als Sinoide bezeichnet. (Dabei kann $n \gtrless 1$ sein.) Die Abwickelungen aller schrägen Cylinderschnitte führen auf Sinoiden, im Falle $\alpha = 45^0$ auf Sinuskurven.

(Diese Kurven spielen in der Mechanik eine hervorragende Rolle, ebenso in der Theorie der elektrischen Wechselströme, und zwar überall da, wo es sich um sogenannte Sinus-Schwingungen handelt. Die Eulersche Knickformel läfst sich mit Hülfe der Sinoide elementar ableiten. Aus den Formeln für den Cylinderhuf, d. h. des schräg abgeschnittenen Cylinders läfst sich die Fläche der Sinoide berechnen. Statische Momente und Trägheitsmomente gewisser Art werden mit Hülfe des abgeschrägten Cylinders abgeleitet. Darauf und auf die elementare Entwickelung einiger Eigenschaften der Sinuslinie soll erst im zweiten Teile eingegangen werden.)

252) Die Schraubenlinie. Rollt man eine Ebene um einen Cylinder, so giebt jede Gerade eine Schraubenlinie, die im besonderen Falle zum Kreise oder zur Geraden werden kann. Umgekehrt giebt die Abwickelung jeder Schraubenlinie auf die Ebene eine Gerade. Die Schraubenlinie macht um den Cylinder unendlich viele Windungen. Betrachtet man die Kreisschnitte des Cylinders als horizontal, und mifst man von irgend einem aus die Höhe der Schraubenlinie, so wächst diese für jeden Umgang um dieselbe Gröfse, d. h. „die Steigung ist konstant“. Wickelt man mit einer Schraubenlinie zugleich die Geraden des Cylinders ab, so geben die letzteren eine Parallelenschar, die von der aus der Schraubenlinie entstehenden Geraden unter demselben Winkel $\alpha$ geschnitten wird. Folglich: Die Schraubenlinie schneidet alle Geraden des Cylindermantels unter denselben Winkel $\alpha$.

Denkt man sich den Cylindermantel in gleiche geradlinig begrenzte Streifen eingeteilt (Figur 151) und dann durch Kreisschnitte in lauter gleiche rechtwinklige Flächenteile, die auf die Ebene abgewickelt kongruente Rechtecke geben und daher als „Rechtecke“ bezeichnet werden sollen, so liegen die diagonal aufeinander folgenden Ecken der „Rechtecke“ auf Schraubenlinien. Dies ermöglicht eine mit beliebiger Genauigkeit erfolgende Darstellung der Schraubenlinie in der Ebene, denn von jeder Kurve dieser Art kann man beliebig viele Punkte genau oder (bei nicht konstruierbarem irrationalen Steigungsverhältnis $\alpha$, welches sich aus $\tan\alpha = \frac{h}{b}$ ergiebt) mit Annäherung konstruieren. So stellt Figur 151 zunächst die Einteilung des Cylindermantels in Quadrate dar, die durch die Geraden und die Kreisschnitte gegeben und in Aufrißzeichnung dargestellt sind. In Figur 152 ist gezeigt, wie man in der Ebene von der durch Senkrechte und Wagerechte gegeben Quadratteilung aus zu beliebigen schrägen Quadratteilungen übergehen kann, z. B. zu der durch $\tan\alpha = 2$ und $\tan\beta = -\frac{1}{2}$ gegebenen. Dies kann ohne Weiteres auf die Cylinderfläche übertragen werden, und so ergiebt sich die in Figur 151 dargestellte Einteilung in schräge Quadrate durch die entsprechenden Schraubenlinien.

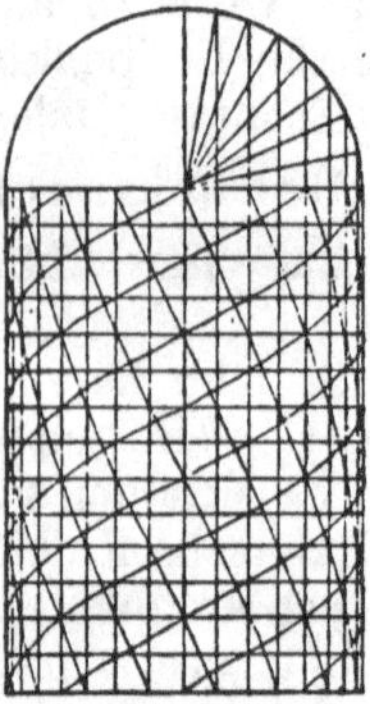

Fig. 151.

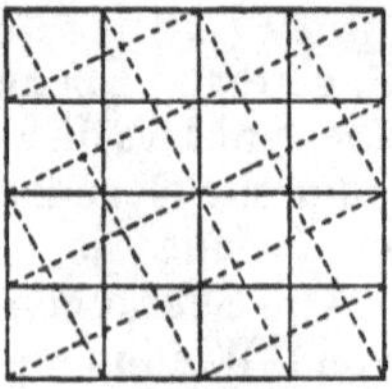

Fig. 152.

Man suche dieselbe Zeichnung auch in der bei Figur 148 benutzten Parallelperspektive auszuführen, wobei die Projektion der Schraubenlinien auf eine ganz andere Gestaltung führt.

253) Mit Hülfe der Quadratteilung der Mantelfläche durch Gerade und Kreisschnitte kann man jede kunstgewerbliche Zeichnung auf der Cylinderfläche in der senkrechten oder schrägen Parallelprojektion mit beliebiger Genauigkeit darstellen, ähnlich, wie man bei der Vergrößerung oder Verkleinerung eines Gemäldes von einem Quadratnetz ausgehen kann. Ebenso kann jede beliebige Kurve auf der Cylinderfläche in den genannten Projektionen

mit beliebiger Genauigkeit dargestellt werden. — Wie in der Ebene die Gerade die kürzeste Verbindungslinie zweier Punkte ist, so ist dies auf dem Cylindermantel die Schraubenlinie; diese ist also als geodätische Linie zu betrachten.

Rollt man den Cylinder mehrfach über die Ebene, so erkennt man, dafs die Abwickelung des Mantels beliebig oft erfolgen kann, dafs sie periodisch ist. Jedem Parallelstreifen der Ebene von der Breite $2r\pi$ entspricht die Mantelfläche einmal. Die Geometrie des Streifens läfst sich unverändert auf die Cylinderfläche übertragen und zwar eindeutig, die Geometrie der gesamten Ebene ebenfalls, aber vieldeutig, d. h. so, dafs jeder Punkt der Cylinderfläche unendlich vielen Punkten der Ebene entspricht, die in Abständen $2r\pi$ auf einander folgen. (Denkt man sich die Ebene so aufgewickelt, dafs die verschiedenen unendlich dünnen Schichten, die sich übereinander decken, keine Verdickung des Cylinders geben, so läfst sich nach Riemann diese Vieldeutigkeit in eine Eindeutigkeit verwandeln.) Weder die Längen der Linien, noch die Winkel, unter denen sie sich schneiden, werden bei der Auf- oder Abwickelung geändert. In diesem Sinne kann man, von der Biegung abgesehen, von einer Kongruenz der Geometrie der Ebene und der des Cylinders sprechen.

Von besonderer Wichtigkeit ist dies, wie sich später bei der Mercatorkarte zeigen wird, für die Kartographie, sodann für die Lehre von den elektrischen und thermischen Strömungen auf der Cylinderfläche. Kennt man nämlich eine Lösung für den Parallelstreifen, so kennt man sie auch für den Cylindermantel, der nun entweder geschlossen oder aufgeschnitten zu denken ist, je nach der Art des behandelten Problems.

Mit Hülfe der Projektion der Schraubenlinien lassen sich die in der Technik gebräuchlichen Schraubengewinde mit beliebiger Genauigkeit zeichnen, ebenso gewisse in der Architektur und im Kunstgewerbe auftretenden.

254) Einige Übungsaufgaben konstruktiver Art.

a) Das in Figur 153 im Aufrifs dargestellte quadratische Schraubengewinde genau zu konstruieren.

b) Das sogenannte scharfe Schraubengewinde (aus dem gleichschenkligen Dreieck hervorgehend) im Aufriſs zu konstruieren. Figur 154.

c) Das durch Drehung eines Halbkreises um eine Spindel vom Durchmesser Null entstehende Gewinde im Aufriss zu konstruieren. (Findet bisweilen architektonische Verwendung.) Fig 155.

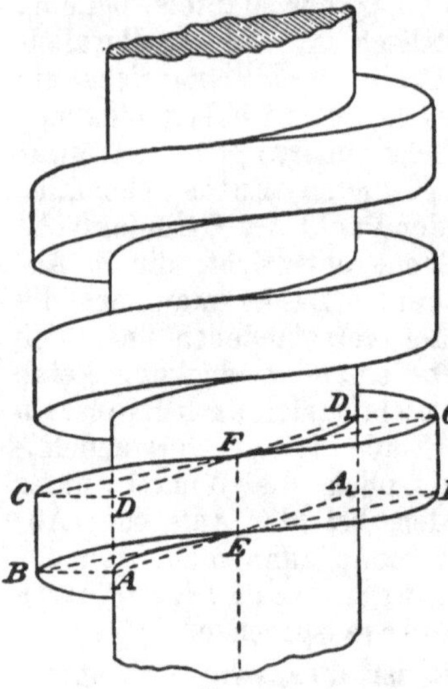


Fig. 153.

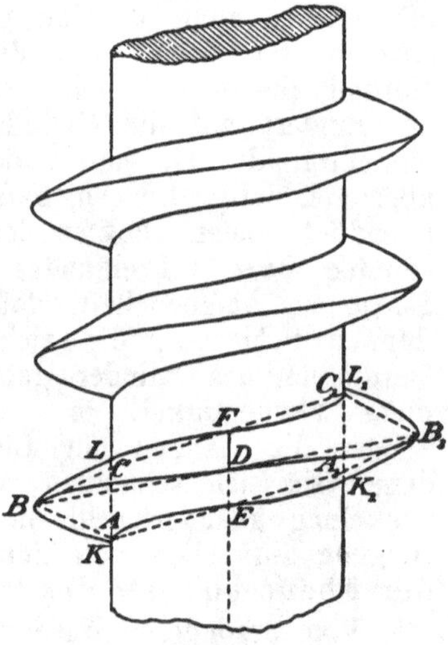


Fig. 154.

Bemerkungen. a) Das quadratische Gewinde entsteht durch Bewegung des Quadrates $ABCD$ (in Figur 153) in dem Sinne, daſs die Ebene stets durch die Achse geht und für gleiche Drehungen um gleiche Höhen steigt. Die Schraubenlinie $AEA_1$ (bezw. $DFD_1$) verläuft auf dem inneren Cylinder, $BEB_1$ (bezw. $CFC_1$) auf dem äuſseren. Die erstere ist die steilere. Die wahre Steilheit zeigt sich bei $E$ und $F$, wo sich je zwei Linien zu schneiden scheinen.

b) Das Gewinde in Figur 154 geht aus der entsprechenden Bewegung des gleichschenkligen Dreiecks $ABC$ hervor. Die scharfe Schneide $BDB_1$ ist die gewöhnliche Schraubenlinie. Eine besondere Betrachtung verlangen die Begrenzungen $BK$, $BL$, $B_1K_1$ und $B_1L_1$. In der Technik begnügt man sich oft damit, den unsichtbaren Teil der in Frage kommenden Schraubenlinien zu zeichnen und dann die Grenzen $BL$ u. s. w. als die gemeinschaftlichen Tangenten zu ziehen. Dies ist aber nicht mathematisch genau. Zieht man nämlich die Geraden $AB$ und $BL$ einerseits bis zur Mittellinie, andererseits bis ins Unendliche und zeichnet man diese Geraden in sehr vielen verschiedenen Lagen, so schattieren sie eine an einen Hyperbelarm erinnernde Kurve aus, die als die richtige Grenze zu betrachten ist.

c) Die Halbkreise über $AG$ und $HJ$ in Figur 155 sind in je sechs Teile geteilt. Konstruiert man die Schraubenlinien $BB_1$, $CC_1$, $DD_1$, $EE_1$, $FF_1$ vollständig, so wird die Umhüllungskurve schon einigermafsen angedeutet, bei zahlreicheren Schraubenlinien noch besser. Die Windungen des dritten Halbkreises über $GK$ würden den oberen Teil des gezeichneten Gewindes in bestimmter Weise verdecken. Säulen ähnlicher Art findet man bisweilen in Kirchen. (Peterskirche in Rom.)

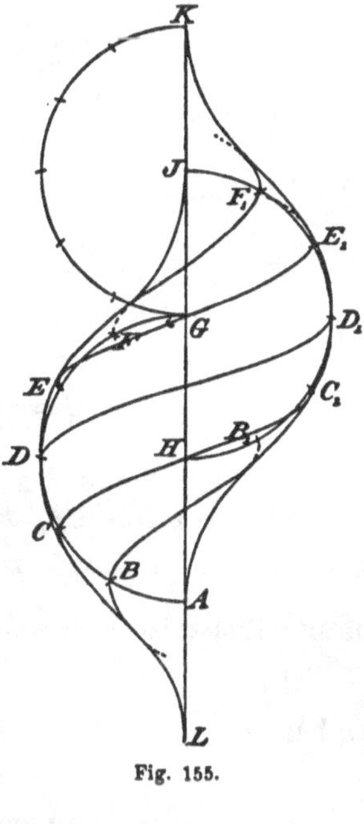

Fig. 155.

Auch die schräge Parallelprojektion dieser Gewinde kann konstruiert werden. Man versuche auch trapezförmige Gewinde und konkave, die durch einen in den Cylinder eingeschnittenen Halbkreis erzeugt werden, zu konstruieren.

## b) Der senkrechte Kreiskegel.

255) Durch Drehung eines rechtwinkligen Dreiecks um eine seiner Katheten entsteht ein Körper, den man als den senkrechten Kreiskegel bezeichnet. Die gekrümmte Fläche heifst der Mantel des Kegels, die Drehungsachse heifst die Achse des Kegels, seine Grundfläche ist ein Kreis. Jeder durch die Achse gelegte ebene Schnitt heifst ein Hauptschnitt des Kegels. Dieser giebt stets ein

gleichschenkliges Dreieck. Die Hypotenuse des erzeugenden Dreiecks giebt die geradlinigen „Seiten“ des Kegels. Durch die Spitze des Kegels gehen unendlich viele Gerade der Kegelfläche.

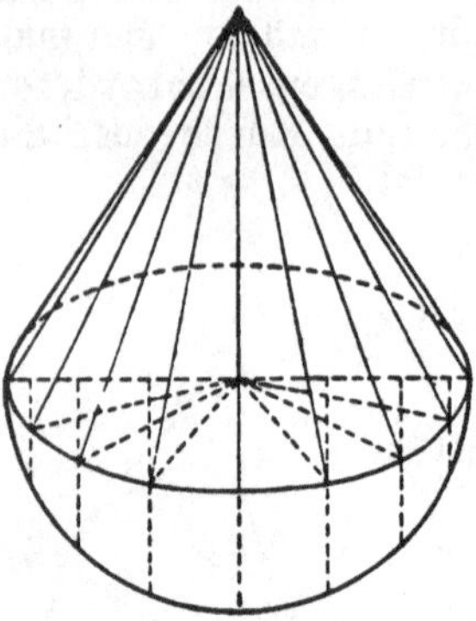

Fig. 156.

In Figur 156 ist ein solcher Kegel in der Perspektive von 90° Neigung und $\frac{1}{2}$ Verkürzung dargestellt. Der Mantel ist dabei zugleich in gleiche Teile eingeteilt, die bei gröfserer Anzahl als gleichschenklige „Dreiecke“ betrachtet werden können.

Man darf also den Körper als eine Pyramide betrachten, deren Grundfläche ein regelmäfsiges Vieleck von unendlich grofser Seitenzahl ist. Der Inhalt ergiebt sich daher als

1) $$J = \frac{1}{3} G h = \frac{1}{3} r^2 \pi h.$$

Ist $s$ die Seite des Kegels, also die Höhe der kleinen Dreiecke des Mantels, deren Anzahl $n$ sei, so ist der Inhalt jedes dieser Dreiecke $F = \frac{2 r \pi}{n} \cdot \frac{s}{2}$, die $n$-fach so grofse Mantelfläche ist also von der Gröfse

2) $$M = r \pi s.$$

Dabei ist

$$s = \sqrt{r^2 + h^2}.$$

Der Kegelmantel läfst sich auf die Ebene abwickeln. Dabei ergiebt sich ein Kreissektor vom Radius $s$. Der zugehörige Kreisbogen hat die Länge $2 r \pi$. Der Centriwinkel $\alpha$ des Sektors ist also zu berechnen aus

$$\alpha^0 : 360^0 = 2 r \pi : 2 s \pi,$$

so dafs

3) $$\alpha^0 = \frac{r}{s} 360^0.$$

Der am Radius *1* gemessene Bogen $\widehat{\alpha}$ ergiebt sich als

$$4)\qquad \widehat{\alpha} = 2\pi \frac{r}{s}.$$

Das Flächennetz des Kegels ist ein solcher Sektor, verbunden mit dem zugehörigen Grundkreis.

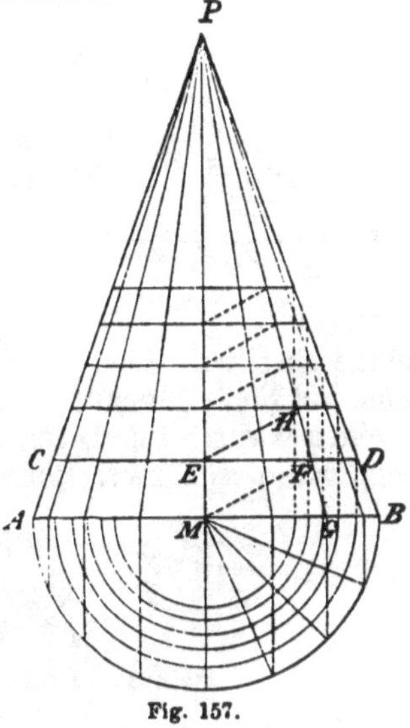

Fig. 157.

256) In Figur 157 ist der in gleiche Dreiecke eingeteilte Kegelmantel im Aufrifs und zur Hälfte im Grundrifs dargestellt. $CD$ ist ein zum Grundkreise paralleler Kreisschnitt, der ein Trapez $MEFG$ giebt. Zieht man $EH \parallel MF$ bis zum Schnitt mit $PG$, legt man durch $H$ einen neuen Parallelschnitt, und wiederholt man diese Konstruktion nach oben hin, so wird der Kegelmantel in lauter ähnliche rechtwinklige Flächenstücke eingeteilt, die man bei hinreichender Kleinheit als „ähnliche Rechtecke" bezeichnen kann. Diese „Rechtecke" können auch kleine „Quadrate" sein. Solche erhält man, wenn man den abgewickelten Mantel, also den Sektor, durch konzentrische Kreise und Radien in „kleine Quadrate" einteilt.

Letzteres erzielt man mathematisch genau durch Rechnung, wenn man die Radien z. B. der geometrischen Reihe

$$e^0,\ e^{\pm\frac{2\pi}{n}},\ e^{\pm\frac{4\pi}{n}},\ e^{\pm\frac{6\pi}{n}},\ e^{\pm\frac{8\pi}{n}},\ \ldots$$

folgen läfst, wobei je zwei benachbarte Radien den Winkel $\frac{2\pi}{n}$ einzuschliefsen haben. (In Nr. 314 wird dies elementar als richtig nachgewiesen.) In Figur 158 ist gezeigt, wie man nur $OA = 1$ und $OA_1 = e^{\frac{2\pi}{n}}$ nötig hat, um dann mit Hülfe der obigen Parallelen die Einteilung zu vollenden, die für den ganzen Kreis in Figur 159 dargestellt ist.

Da nun bei hinreichender Kleinheit die Rechtecke immer genauer zu Quadraten werden, denen sich ein Kreis

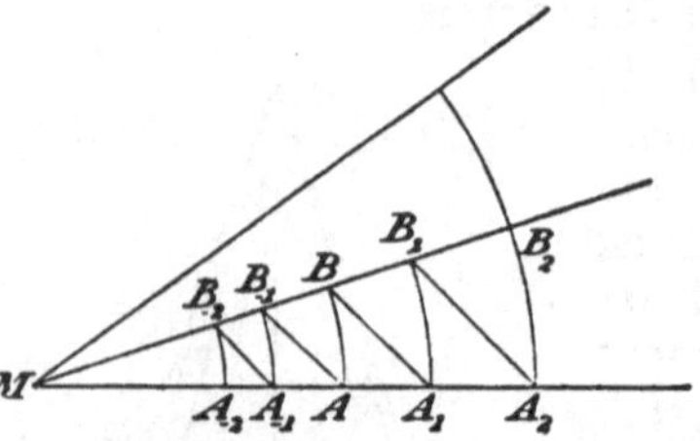


Fig. 158.

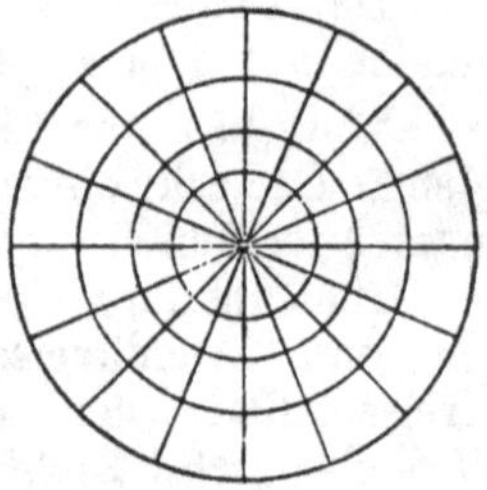

Fig. 159.

einbeschreiben läſst, so ergiebt sich als Annäherungskonstruktion folgende: In einen Sektor von hinreichend kleinen Centriwinkel lege man einen Berührungskreis und lege an diesen zwei konzentrische Berührungskreise mit *M* als Mittelpunkt (Figur 160). *MA* und $MA_1$ geben dann angenähert Elemente der Teilung. Irgend einen der gezeichneten Sektoren von Figur 159 schneide man aus und krümme ihn zum Kreiskegel um, dessen Mantel dann in kleine Quadrate eingeteilt ist.

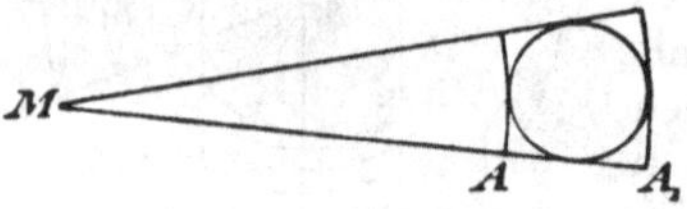


Fig. 160.

M i t H ü l f e d i e s e r k l e i n e n Q u a d r a t e läſst sich die Geometrie der Ebene kongruent auf den Kegel übertragen und dann in senkrechter oder schräger Parallelprojektion korrekt darstellen.

Die diagonal auf einander folgenden Punkte der kleinen Quadrate oder Rechtecke liegen in Figur 159 auf Kurven, die man als l o g a r i t h m i s c h e  S p i r a l e n bezeichnet. Die Aufwickelung auf den Kegel giebt Kurven, die dort dieselben Eigenschaften besitzen und insbesondere die Geraden des Kegels (ebenso wie die Spiralen die Radien) unter konstantem Winkel schneiden. Diese Kurven kann man als die S c h r a u b e n l i n i e n des Kegels, oder als seine L o x o d r o m e n (Schieflauflinien) bezeichnen. Auch mit ihrer Hülfe läſst sich der Kegelmantel in kleine Quadrate einteilen.

In Figur 161 ist eine solche Einteilung im Aufriſs dargestellt. Im Grundriſs würde man zwei Systeme logarithmischer Spiralen erhalten.

Während die Schraubenlinien auf dem Cylindermantel geodätische Linien waren, sind sie es auf dem Kegel nicht. Geodätische Linien auf diesem sind solche Linien, die mit dem Mantel in die Ebene abgewickelt gerade Linien geben. Man kann sie durch Aufwickelung der Geraden des Sektors auf den Kegel erhalten, oder ihr Bild mit Hülfe der obigen Quadratteilung auf diesen übertragen.

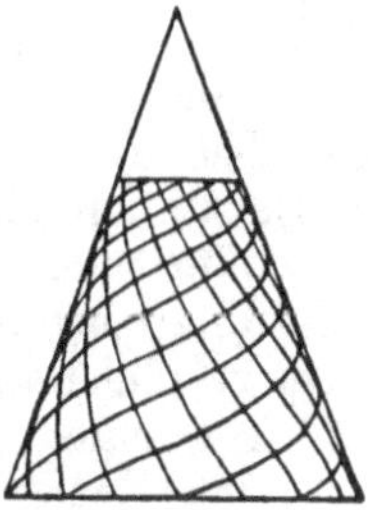
Fig. 161.

257) Elementar läſst sich in der Planimetrie zeigen, daſs die Ebene durch ein Büschel gleichseitiger Hyperbeln und die zugehörigen konfokalen Lemniskaten 2ter Ordnung (Cassinische Kurven) in ein System „kleiner Quadrate" eingeteilt wird, sobald man in den Gleichungen dieser Kurven $p_1 p_2 = e^c$ oder $lg\, p_1 + lg\, p_2 = c$ und $\vartheta_1 + \vartheta_2 = c$ die Gröſse $c$ Werte annehmen läſst, die einer arithmetischen Reihe folgen, z. B. der Reihe $0, \pm a, \pm 2a, \pm 3a, \ldots$ Teilt man nun die Ebene durch einen geradlinigen Schnitt durch den Nullpunkt (Halbierungspunkt der Verbindungslinie der Büschelpunkte) in zwei Hälften, so läſst sich jede Hälfte so zu einem Kegel zusammenrollen, daſs der Nullpunkt Spitze des Kegels wird. Aus Symmetriegründen schlieſsen sich an den Schnittstellen die Kurven so aneinander, daſs der Kegelmantel regelrecht in kleine Quadrate eingeteilt wird. Dieser Kegel ist allerdings ein besonderer mit dem Sektorwinkel $180^0$.*)

Handelt es sich um den Winkel $\frac{360^0}{n}$, so leisten dasselbe die regulären Hyperbeln und Lemniskaten n ter Ordnung, d. h. die Kurven $p_1 p_2 \ldots p_n = e^c$ und $\vartheta_1 + \vartheta_2 + \ldots + \vartheta_n = c$, deren Radii vectores von den Ecken eines regelmäſsigen n-Ecks ausgehen.

*) Man kann sich so Modelle anfertigen, durch die der Verlauf gewisser Curven auf der Kegelfläche sehr anschaulich dargestellt wird.

Das Büschel von Kurven, welches von dem Büschelpunkte ausgeht, giebt die Stromlinien der Elektrizität für den Fall an, dafs sie in eine leitende Kegelfläche in diesem Punkte eingeleitet und in unendlicher Entfernung abgeleitet wird. Die aus den Lemniskaten hervorgehenden Kurven sind die Niveaulinien oder Linien konstanten Potentials. Den Polarkoordinaten in Bezug auf einen beliebigen Punkt der Ebene entsprechen diese Kurven als Polarkoordinaten in Bezug auf einen beliebigen Punkt des Kegelmantels.

Wie man so zu den verschiedensten krummlinigen Koordinatensystemen auf der Kegelfläche übergehen kann, dazu vergleiche man des Verfassers Einführung in die Theorie der isogonalen Verwandtschaften, besonders § 76.

258) Dafs sich gewisse Kegelflächen auch durch das Netz der wirklichen Quadrate mit Hülfe der geodätischen Linien einteilen lassen, erkennt man folgendermafsen: Man teile die Ebene in ein Quadratnetz ein und lege durch einen der Eckpunkte einen geradlinigen Schnitt, z. B. in der Richtung der einen Geradenschar. Dann rolle man die Halbebene zum Kegel vom Sektorwinkel $180^0$ mit jenem Punkte als Spitze zusammen. Man erhält dadurch ein Quadratnetz geodätischer Linien. Man kann aber von jenem Punkte aus auch die Viertelebene ausschneiden und zum Kegel zusammenrollen u. s. w.

Die ebenen Schnitte des Kegels, die schon mehrfach erwähnten Kegelschnitte, sollen in einem besonderen Kapitel behandelt werden.

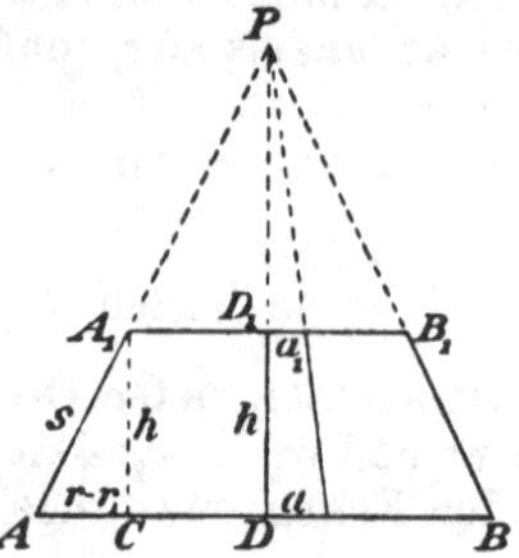

Fig. 162.

259) Durch Parallelschnitte zur Grundfläche des Kegels erhält man den sog. Kegelstumpf. Seine Mantelfläche läfst sich in $n$ gleiche „Trapeze" einteilen. Ist $AA_1 = s$, und ist $a = \frac{2r\pi}{n}$ die eine Grundfläche eines solchen Trapezes,

$$a_1 = \frac{2r_1\pi}{n}$$

die andere, so ist die Trapezfläche

$$F = \frac{a + a_1}{2} s = \frac{r + r_1}{n} \pi s,$$

die Mantelfläche des Stumpfes also das $n$-fache oder

5) $$M = (r + r_1)\pi s.$$

Dabei ist $s = \sqrt{h^2 + (r - r_1)^2}$.

Der körperliche Inhalt des Stumpfes ist der Unterschied $J - J_1$ zweier ähnlicher Kegel, die sich verhalten, wie die dritten Potenzen der Grundradien, so dafs $J - J_1 =$

$$J\left(1 - \frac{r_1^3}{r^3}\right) = J\,\frac{r^3 - r_1^3}{r^3} = \frac{r^2 \pi x}{3}\,\frac{r^3 - r_1^3}{r^3} = \frac{\pi x}{3}\,\frac{r^3 - r_1^3}{r}$$

ist, wo $x$ die Höhe $DP$ bedeutet. Aus der Ähnlichkeit der Dreicke $ADP$ und $ACA_1$ folgt aber

$$(r - r_1) : h = r : x, \text{ oder } x = \frac{hr}{r - r_1}.$$

Einsetzung dieses Wertes giebt für den Inhalt des Körpers

$$K = \frac{\pi h r}{3(r - r_1)}\,\frac{(r^3 - r_1^3)}{r} = \frac{\pi h}{3}\,\frac{r^3 - r_1^3}{r - r_1}$$

oder, wie die Durchführung der Division ergiebt

6) $$K = \frac{\pi h}{3}(r^2 + rr_1 + r_1^2).$$

260) Teilt man den Mantel des unbegrenzten Kreiscylinders in $n$ gleiche geradlinig begrenzte Streifen ein und führt man dann die Einteilung in kleine Quadrate aus, teilt man ferner den unbegrenzten Mantel eines Kreiskegels in $n$ gleiche geradlinig begrenzte Streifen ein, und vollendet man ebenfalls die Einteilung in kleine Quadrate, so kann man ein beliebiges der endlichen Kegelquadrate einem beliebigen der Cylinderquadrate zuordnen; dann sind beide Flächen eindeutig aufeinander bezogen. Da jedem der Kegelquadrate ein Cylinderquadrat entspricht, so entsprechen einander ähnliche kleine Gebilde beider Flächen, man sagt, die eine sei auf der andern in den kleinsten Teilen ähnlich (oder konform, oder winkeltreu) abgebildet.

Dabei entsprechen einander die Geraden des Cylinders und die des Kegels, ebenso die Kreisschnitte beider Flächen.

Jeder Schar von Schraubenlinien der einen, welche die Geraden unter konstantem Winkel schneiden, entspricht eine Schar von Schraubenlinien der anderen, die demselben Gesetze folgt. Jedem aus Schraubenlinien zusammengesetzten Gebilde auf dem Cylinder entspricht ein solches auf dem Kegel. Wickelt man beide Flächen auf die Ebene ab, so erhält man die Abbildung des unendlichen Parallelstreifens auf den Kreissektor (die sich auch durch eine Kombination der logarithmischen Abbildung und der Abbildung $Z = z^n$ erreichen läſst).

261) Legt man zwei Kegelmäntel so auf einander, daſs die Spitzen beider zusammenfallen, so berühren sie sich in einer Geraden. Jeder läſst sich dann, ohne daſs ein Gleiten stattfindet, auf dem andern abrollen (oder abwickeln). Darin liegt die Möglichkeit der Konstruktion konischer Zahn- und Reibräder. Ebenso geben zwei Cylinder die Konstruktion gewöhnlicher Zahn- und Reibräder bezw. die der Riementriebe. Die Konstruktion cylindrischer und konischer Zahnräder findet man in den Lehrbüchern der Maschinenkunde und in vielen der darstellenden Geometrie. Da die dabei nötigen cyklischen Kurven bezw. Evolventen elementar behandelt und konstruiert werden können, bietet sich hier weiterer Übungsstoff. Die Schraubenlinien des Kegels sind für die Technik weniger wichtig, als die des Cylinders.

## Fünfter Abschnitt.

# Die Kugel.

### a) Die ältere Elementargeometrie der Kugel.

262) Dreht sich die Halbkreisfläche um den zugehörigen Durchmesser, so entsteht als Weg der Kugelkörper. Die Halbkreislinie giebt dabei als Weg die Kugelfläche. Der Halbierungspunkt $M$ des Durchmessers $PP_1$ heifst der Mittelpunkt des Körpers und der Fläche. Er ist von allen Punkten des Umfanges gleich weit entfernt, so dafs alle Radien einander gleich sind. Zwei Kugeln mit demselben Radius sind daher kongruent, d. h. sie decken sich, sobald nur die Mittelpunkte zusammenfallen. Durch beliebige Drehung der einen um den Mittelpunkt wird die Deckung nicht gestört. Jeder Durchmesser kann daher als Drehungsachse betrachtet werden.

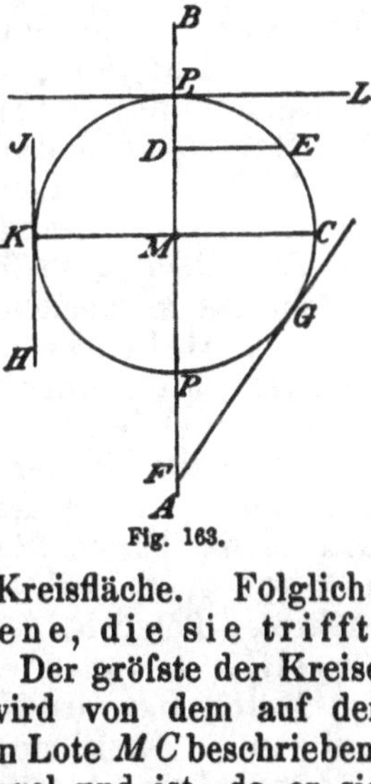

Fig. 163.

Bei der Drehung giebt jedes Lot $DE$ auf der Achse, soweit es innerhalb des Kreises liegt, eine Kreisfläche. Folglich: Die Kugel wird von jeder Ebene, die sie trifft, in einem Kreise geschnitten. Der gröfste der Kreise einer Parallelschar von Schnitten wird von dem auf der Achse im Halbierungspunkte errichteten Lote $MC$ beschrieben. Er heifst ein Hauptkreis der Kugel und ist, da er sie-

halbiert, der zur Achse gehörige Äquator (Gleichteiler). Je weiter die schneidende Ebene von $M$ entfernt ist, um so kleiner wird der Radius des Schnittkreises. Kugelkreise, deren Ebenen auf derselben Achse senkrecht stehen, werden Parallelkreise genannt. Die Endpunkte $P$ und $P_1$ der Achse sind die zum Äquator gehörigen Pole. Der sich drehende Halbkreis giebt in den verschiedenen Lagen die Meridianschnitte der Kugel, also das durch die Punkte $P$ und $P_1$ gehende Büschel von Hauptkreisen.

263) Läfst man eine Tangente des Halbkreises an der Drehung teilnehmen, so sind drei Fälle möglich. Steht die Tangente senkrecht auf der Achse, wie $P_1 P$, so giebt sie eine Berührungsebene der Kugel. Ist sie der Achse parallel, wie $JH$, so giebt sie einen Berührungscylinder der Kugel. Ein solcher berührt diese stets in den Punkten eines Hauptkreises. Ist die Tangente beliebig gerichtet, wie $FG$, so giebt sie einen Berührungskegel der Kugel. Ein solcher berührt sie stets in einem Kreise. Da die Entfernung $FG$ bei der Drehung stets dieselbe bleibt, so sind alle von einem Punkte aus an die Kugel gelegten Tangenten einander gleich. — Das auf einem Schnittkreise im Mittelpunkte errichtete Lot, ebenso das auf einer Tangentialebene im Berührungspunkte errichtete Lot geht stets durch den Mittelpunkt der Kugel.

Weil eine Gerade als Teil eines unendlich grofsen Kreises betrachtet werden kann, darf man eine ebene Fläche als Teil einer unendlich grofsen Kugel betrachten, deren Mittelpunkt in unendlicher Entfernung zu denken ist.

264) Gehen zwei Kreislinien durch zwei Punkte, so läfst sich durch beide stets eine Kugel (oder eine Ebene) legen. Ist nämlich $AB$ die Schnittlinie ihrer Ebenen, $C$ der Halbierungspunkt von $AB$, so liegen die auf den Kreisebenen in den Mittelpunkten $M$ und $M_1$ errichteten Lote in der Ebene $MCM_1$. Der Schnittpunkt der Lote ist aber von allen Punkten der beiden Peripherien gleich weit entfernt. Folglich: Durch vier Punkte ist stets eine Kugelfläche (oder eine Ebene) bestimmt. Man findet den Mittelpunkt der Kugel, indem man zweimal durch je drei Punkte Kreislinien legt und so verfährt, wie vorher. (Die wirkliche Ausführung hat nur die Bestimmung der

Mittelpunkte für die Umkreise der beiden Dreiecke nötig, nicht die Kreislinien selbst.)

265) Durch zwei beliebige Kreise im Raume läſst sich stets dann eine Kugel legen, wenn die in den Mittelpunkten auf den Kreisebenen errichteten Lote einander schneiden und dabei der Schnittpunkt von beiden Peripherien gleiche Entfernungen hat. Steht die Verbindungslinie der Mittelpunkte auf beiden Kreisebenen senkrecht, so läſst sich stets eine Kugelfläche durch die Kreislinien legen.

266) An die Ebenen eines Dreikants lassen sich nach Figur 129 stets acht Arten von Berührungskugeln legen, von jeder Art sind unendlich viele vorhanden. Durch den Eckpunkt lassen sich nämlich vier Achsen legen, von deren Punkten jeder die Eigenschaft hat, von den drei Ebenen gleich weit entfernt zu sein. Man findet diese Achsen durch die Halbierungsebenen zweier Raumwinkel, (die dritte zugehörige geht durch denselben Punkt). Dort ist auch gezeigt, daſs für die vier Ebenen eines Tetraeders acht Berührungskugeln konstruiert werden können. Ihre Mittelpunkte werden gefunden, indem man durch eine Ecke die vier Achsen legt und ihre Durchschnittspunkte mit den beiden an einer (nicht zur Ecke gehörigen) Kante zu konstruierenden winkelhalbierenden Ebenen sucht. Die Achsen sind die Achsen der zum Dreikant gehörigen Berührungskegel. Durch vier Ebenen, die keine gemeinschaftlichen Schnittlinien haben (von denen also auch keine zwei zu einander parallel sind) sind stets acht sie berührende Kugeln bestimmt.

Man untersuche auch den Sonderfall des durch eine Ebene geschnittenen dreiseitigen Prismas.

267) Läſst man an der Drehung des Kreises eine beliebige Sehne teilnehmen, die entweder einen Kegel (oder einen Cylinder beschreibt, so bewegen sich die Schnittpunkte auf Parallelkreisen. Folglich:

Die Kugel wird von Cylindern und Kegeln, deren Achse durch ihren Mittelpunkt geht, in je zwei Kreisen geschnitten, deren Ebenen parallel sind.

268) Schneidet man einen Berührungscylinder einer Kugel normal gegen die Achse, so wird der ebene Schnitt ein Kreis. Diesen Kreis kann man als senkrechte Projektion der Kugelfläche betrachten. Schneidet man ihn schräg, so

entsteht eine Ellipse, die man als schräge Parallelprojektion der Kugelfläche betrachten kann (Fig. 164). Schneidet

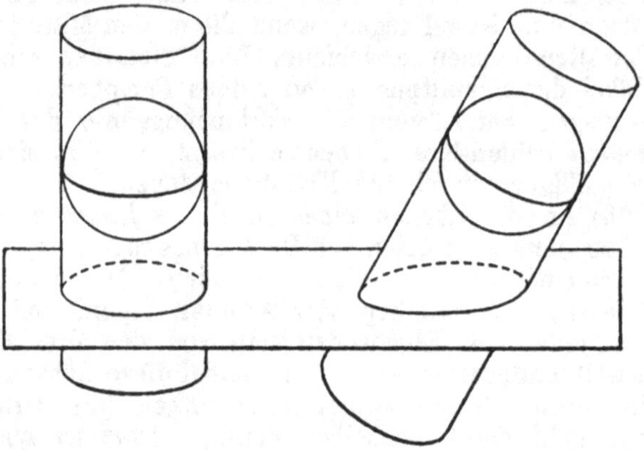

Fig. 164.

man einen Berührungskegel der Kugel normal gegen die Achse, so entsteht ein Kreis. Schneidet man ihn schräg, so entsteht ein später zu untersuchender Kegelschnitt (Figur 165). Auch diese Schnitte sind Projektionen der Kugelfläche. Man denke in den ersten beiden Fällen an den Schatten, den die z. B. von der Sonne beleuchtete Kugel auf eine Ebene wirft. Im andern Falle

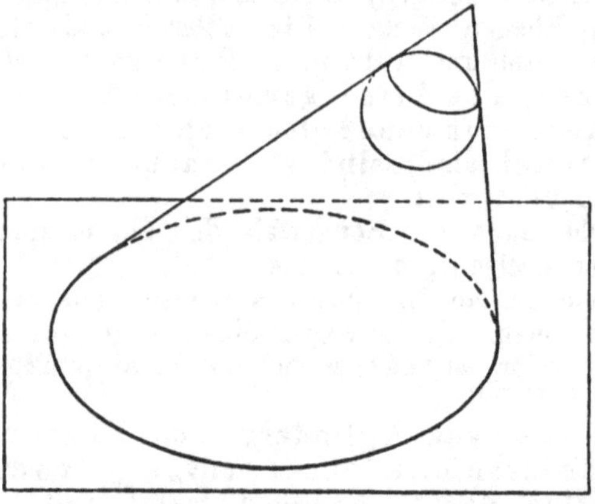

Fig. 165.

denke man an den Schatten, den eine auf horizontaler Ebene liegende oder über ihr schwebende Kugel beim Scheine des elektrischen Bogenlichtes auf diese wirft. Ist dabei das Licht (aufserhalb der Kugel) niedriger angebracht (oder ebenso hoch) als der höchste Punkt der Kugel, so erstreckt sich der Schatten auf der Ebene ins Unendliche. (Es entsteht ein ins Unendliche reichender Kegelschnitt.)

Weil die Normalprojektion einer Kugel stets ein Kreis ist, das Schrägbild dagegen eine Ellipse, die Centralprojektion ein Kegelschnitt, ist es am bequemsten, für die Kugel die erstere Projektion anzuwenden. Später sollen auch die anderen Zeichnungsmethoden erörtert werden.

269) Aufgabe. Das geographische Gradnetz auf der Kugelfläche in Grund- und Aufrifs zu zeichnen.

Man teile den Quadranten $AB$ des Kreises in gleiche Teile, was nach den Lehren der Planimetrie entweder genau oder angenähert geschehen kann. Von den Teilpunkten $K, L, N \ldots$ aus fälle man Lote $KK_1$, $LL_1$, $NN_1 \ldots$ auf den Durchmesser $AC$. In $MK_1$, $ML_1$, $MN_1 \ldots$ hat man die kleinen Halbachsen der zu zeichnenden Ellipsen mit der gemeinschaftlichen grofsen Halbachse $MB$. Als solche erscheinen im Aufrifs die Meridiane. Die Parallelkreise erscheinen dort als horizontale Gerade durch $K, L, N \ldots$ Projiziert man die genannten Punkte auf den Durchmesser $A_2 C_2$ im Grundrifs, so erhält man die Radien für die konzentrischen Kreise, als welche dort die Parallelkreise erscheinen. Die Meridiane erscheinen hier als Durchmesser durch $K_3, L_3, N_3 \ldots$, welche unter gleichen Winkeln aufeinander folgen. Hinaufprojektion der Schnittpunkte der Geraden und Kreise des Grundrisses giebt Punkte der Meridianellipsen im Aufrifs. Für diese Kurven können also beliebig viele Punkte konstruiert werden.

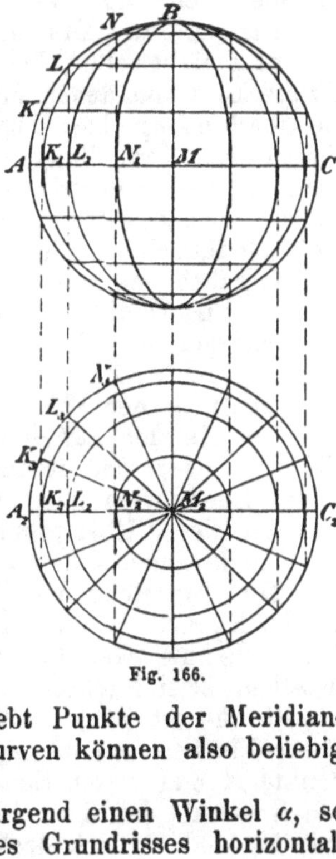

Fig. 166.

Dreht man den Aufrifs um irgend einen Winkel $\alpha$, so verschieben sich die Punkte des Grundrisses horizontal, wobei sich die Kreise und Geraden in Ellipsen verwandeln, deren Punkte durch Herabprojizieren der Schnittpunkte des Aufrisses ergeben. Nur der Umrifs bleibt Kreis, er gehört aber nicht mehr zum Gradnetz.

Dreht man den neuen Grundrifs in eine andere Lage, so verschieben sich die Aufrifspunkte horizontal und man erhält die Punkte für die Ellipsen, als welche dort die Meridiane und Parallelkreise erscheinen. So erhält man schliefslich die Normalprojektion des Gradnetzes für beliebige Lage.

Man führe solche Zeichnungen, in denen die Kugel mit dem Gradnetz sehr plastisch erscheint, wirklich durch.

270) Weder die ganze Kugelfläche, noch ihre Teile sind auf die Ebene abwickelbar. Ihre kleinsten Teile sind es nur angenähert. Die besprochene Einteilung durch das Gradnetz giebt schliefslich kleine „Rechtecke“ (an den Polen „Dreiecke“) von denen diese Annäherung gilt, so dafs z. B. die Überklebung einer Kugel mit entsprechend vorgedruckten Teilen zur Herstellung des Erdglobus noch möglich ist. Während die Geometrie der Cylinder- und Kegelfläche durch die der Ebene erledigt ist, da die Schraubenlinien bezw. die geodätischen Linien in der Abwickelung gerade Linien gaben, ist dies bei der Kugel nicht der Fall. Daher gehören zur Abbildung der Kugelfläche auf der Ebene, die in „kongruenter“ Weise nicht möglich ist, gewisse Transformationen, bei denen es sich entweder um die Bedingung der Erhaltung der Winkel handelt (winkeltreue Abbildung), oder um die der Erhaltung der Flächen (flächentreue Abbildung), oder um irgend eine andere Vorschrift. Die Kunst, Landkarten herzustellen, die sog. Kartographie, beruht auf diesen Übertragungen, von denen später einige zur Sprache kommen sollen.

271) Die Rolle der Geraden in der Ebene übernehmen auf der Kugelfläche die verschiedenen Büschel gröfster Kreise, denn wie die Gerade in der Ebene die kürzeste Linie zwischen zwei Punkten ist, so ist der Hauptkreis auf der Kugelfläche die kürzeste Verbindung zwischen zwei Punkten dieser Fläche. Um dies zu beweisen, lege man durch zwei Punkte $A$ und $A'$ ein Ebenenbüschel und damit ein Büschel von Kreisen. In Figur 167 ist der Grundrifs so gewählt, dafs $A_1$ und $A_2$ sich decken, das Kreisbüschel also durch

Gerade dargestellt wird. Um den Kreis $P_1 Q_2$ in den Aufriſs zu übertragen, hat man $P_1$ und $Q_2$ auf den horizontalen Durchmesser $DE$ zu projizieren und die so entstehende Horizontale $PQ$ zur Mittellinie eines Rechtecks von der Höhe $GK = P_1 Q_2$ zu machen, in welches die (durch $A$ und $A'$ gehende) Hauptellipse einzutragen ist. Von allen so konstruierten Hauptkreisen hat der durch $A$ und $A'$ gelegte Hauptkreisbogen $AEA'$ im Aufriſs die gröſste Pfeilhöhe, der andere Teil $ADA'$ die kleinste. Denn $A_1 D_1$, $A_1 P_2$, $A_1 C_2$, $A_1 Q_2$, $A_1 E_1$ ... im Grundriſs geben die Pfeilhöhen an. In Figur 168 sind die Bogen sämtlich in dieselbe Ebene gelegt, so daſs man leicht erkennt, wie der Hauptkreis in $AEA'$ und $ADA'$ den gröſsten und den kleinsten Kreisbogen angiebt, der auf der Kugelfläche durch die entsprechenden Punkte überhaupt möglich ist. (Ungleiche Peripheriewinkel über derselben Sehne.) Folglich:

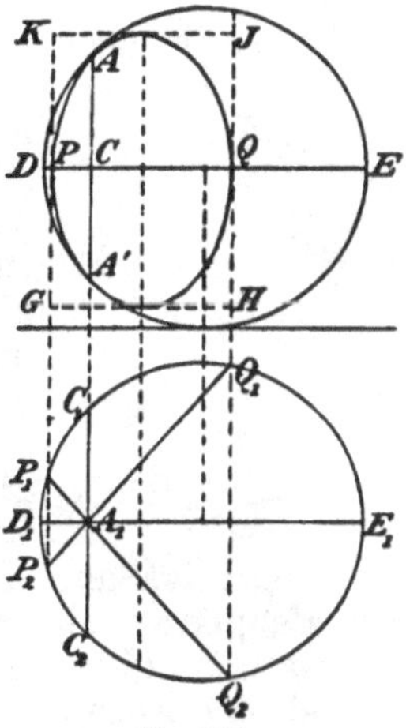

Fig. 167.

Die kürzeste Verbindung zwischen zwei Punkten auf der Kugelfläche wird stets durch den Hauptkreis gegeben.

Der Hauptkreis ist also die geodätische Linie, d. h. der Entfernungsmesser auf der Kugel, wie die Schraubenlinie die des Cylinders. Er giebt die Grundlage der sphärischen Geometrie und der sphärischen Trigonometrie. Wird hier von sphärischen Dreiecken gesprochen, so sind stets solche gemeint, die von drei Hauptkreisen einer Kugel gebildet sind.

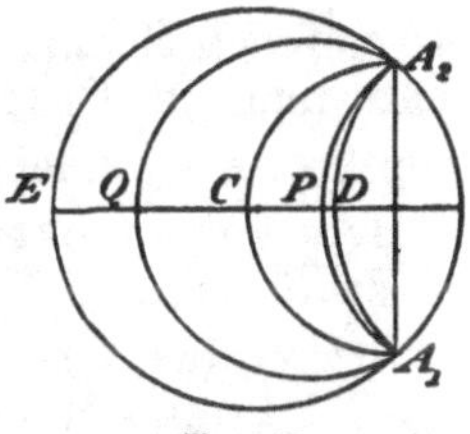

Fig. 168.

272) Zwei Hauptkreise auf der Kugel. Die Ebenen zweier Hauptkreise gehen durch den Mittelpunkt, folglich auch ihre Schnittlinie. Die beiden Schnittpunkte zweier Hauptkreise sind also Gegenpunkte (Antipoden-

punkte) d. h. die Endpunkte eines Durchmessers. Zwei Hauptkreise geben vier „**Meridianstreifen**", die wohl auch als Kugelzweiecke bezeichnet werden. Fallen in der Projektion die Schnittpunkte $A$ und $A_1$ mit $M$ in denselben Punkt, so erscheinen die Hauptkreise als gerade Linien. $ABA_1C$ mit dem Winkel $\alpha$ ist der eine Meridianstreif, $AB_1AC_1$ mit demselben Winkel der entgegengesetzte, $ABA_1C_1$ und $AB_1A_1C$ mit dem Supplementwinkel sind die übrigen. Da $AB$ und $AC$ zugleich die Projektionen der in $A$ und $A_1$ an die Hauptkreise in ihren Ebenen gelegten Tangenten sind, die in Parallelebene zur Zeichnungsebene liegen, so giebt $\measuredangle BAC = \alpha$ nicht nur den Schnittwinkel der Ebenen, sondern auch den der Tangenten an. Der sphärische Winkel, unter dem sich zwei Hauptkreislinien schneiden, mufs mittels dieser Tangenten gemessen werden. Er ist also derselbe, wie der Schnittwinkel der Ebenen. Der Umrifs der Figur ist der Schnitt der durch $M$ gelegten Normalebene zu $AA_1$, der jeden der Meridianstreifen halbiert und mit den Hauptkreislinien rechte Winkel bildet. Der Winkel $\alpha^0$ kann auch mit Hülfe des Bogens $\widehat{BC} = r\widehat{\alpha}$ gemessen werden. Setzt man den Radius gleich 1, so ist $\widehat{\alpha} : \pi = \alpha^0 : 180^0$, also $\widehat{\alpha} = \pi \frac{\alpha^0}{180^0}$. Errichtet man auf den Ebenen $AB$ und $AC$ Lote **nach aufsen**, so erhält man in $P$ und $Q$ das eine Paar von Polen dieser Hauptkreise. Dabei ist der Bogen $\widehat{PQ} = \pi - \widehat{\alpha}$. Folglich:

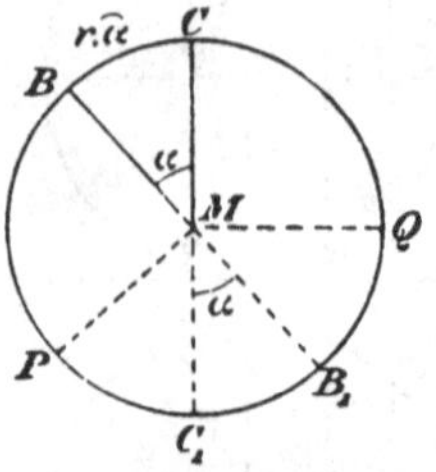

Fig. 169.

**Der so gemessene Polabstand ist das Supplement des sphärischen Winkels.**

Ist $O$ die Oberfläche der Kugel, so verhält sich die Fläche des Meridianstreifs zur Kugelfläche wie $\widehat{\alpha} : 2\pi$, so dafs $F = O \frac{\widehat{\alpha}}{2\pi} = O \frac{\alpha^0}{360^0}$ ist. Dies folgt daraus, dafs zu gleichen $\widehat{\alpha}$ gleiche Meridianflächen gehören. (Kongruenz.)

273) Kennt man die grofse und kleine Achse der Ellipse, als welche ein Hauptkreis erscheint, so sind die Pole leicht zu konstruieren. Ist im Grundrifs $K$ der sichtbare Endpunkt der

kleinen Achse, so ziehe man das Lot $KA$ bis zur Peripherie, verbinde $A$ mit $M$ und ziehe $MB \perp AM$ und $BP \perp MK$. Jetzt ist $P$ der sichtbare Pol des Hauptkreises im Grundrifs. Macht man $MQ = MP$, so hat man den unsichtbaren Pol. Die Richtigkeit der Konstruktion ergiebt sich aus der Aufrifszeichnung, wo $P_1$ und $Q_1$ ebenfalls die Pole sind. (Ist $F$ der Brennpunkt der Ellipse, so ist $MP = MF$. ($\triangle MKA \cong \triangle BPM$.) Über die Brennpunkte wird später gesprochen.)

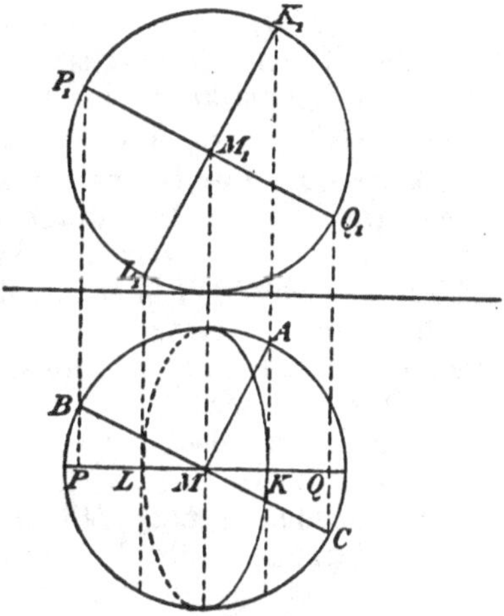

Fig. 170.

Umgekehrt läfst sich aus dem Pol die kleine Halbachse der Ellipse konstruieren, die den zugehörigen Äquator darstellt.

274) Aufgabe. Von der Projektion eines Hauptkreises sind zwei Punkte gegeben, die entsprechende Ellipse soll konstruiert werden.

Auflösung. Der um $M$ gelegte Kreis sei die Darstellung der Kugel, $A$ und $B$ seien die gegebenen Punkte. Man ziehe $AB$ und lege durch $C$ und $D$ (die Schnittpunkte mit dem Kreise $M$) einen Kreis mit $CD$ als Durchmesser und zeichne die Lote $AA_1$ und $BB_1$ auf $CD$ bis zur neuen Kreislinie. Der Schnittpunkt $P$ von $A_1B_1$ und $AB$ giebt den Durchmesser $PM$ bezw. $EG$, und $EG$ ist die gröfsere Achse der gesuchten Ellipse. Um diese zu vollenden, fälle man von $A$ und $B$ aus Lote auf $EG$, die, um sich selbst verlängert, die Ellipsenpunkte $A_3$ und $B_3$ geben, so dafs man

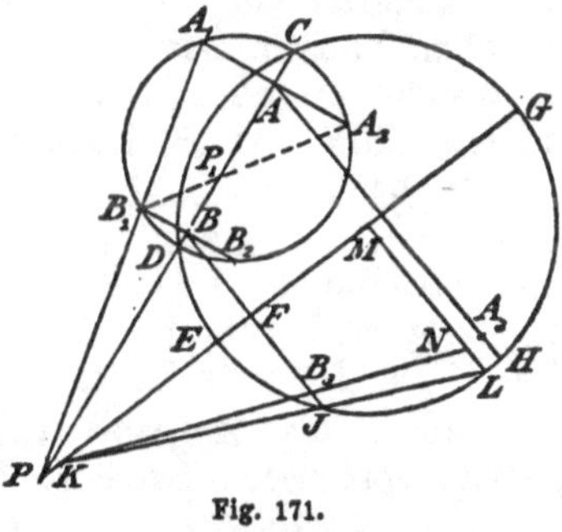

Fig. 171.

jetzt $A, B, E, B_3, A_3, G$ als Ellipsenpunkte hat, was nach Pascal zur Konstruktion ausreicht.

Will man die kleine Halbachse haben, so verlängere man z. B. $FB_3$ bis $J$, ziehe $ML \perp EG$ und $LJ$ bis zum Schnitte $K$ mit der Achse $EG$. Dann giebt $KB_3$ auf $ML$ den Endpunkt $N$ der kleinen Achse. — (Eine zweite Lösung giebt $B_1 A_2$ mit dem Schnittpunkte $P_1$.)

Beweis. Der Hülfskreis ist der in die Zeichnungsebene umgelegte, ursprünglich durch die Gerade $CD$ dargestellte Kreis. $P$ ist also der in der Zeichnungsebene liegende Schnitt der Geraden $AB$ mit dem Durchmesser $CD$. Der durch $A$ und $B$ gelegte Hauptkreis enthält in seiner Ebene auch die Gerade $AB$ und aufserdem in der Zeichnungsebene einen Durchmesser, der von $AB$ in dieser Ebene geschnitten wird. $PM$ ist also dieser Durchmesser. Denkt man sich den durch $E$, $G$ und $B_3$ gehenden Hauptkreis um $EG$ in die Ebene umgelegt, so fällt $B_3$ nach $J$ und der senkrecht über $M$ liegende Punkt $N$ nach $L$, so dafs $LJ$ einen Punkt $K$ auf der Achse giebt, der zugleich durch $KB_3$ den $C$ entsprechenden Punkt $N$ giebt. Dieser ist also Endpunkt der kleinen Achse der gesuchten Ellipse.

Bemerkung. Zu $A_1$ und $B_1$ gehören auf der anderen Seite $A_2$ und $B_2$, welche den unterhalb $A$ und $B$ liegenden Punkten der Kugelfläche entsprechen. $A_1 B_2$ und $A_2 B_1$ geben auf $AB$ einen Schnitt $P_1$, der mit $M$ die grofse Achse der Ellipse auf eine zweite Art bestimmt. Liegen $A$ und $B$ beide sichtbar oder beide unsichtbar auf der Kugel, so gilt die oben konstruierte Ellipse. Ist dagegen $A$ sichtbar und $B$ unsichtbar (oder $A$ unsichtbar und $B$ sichtbar), so gilt die mit Hülfe von $P_1$ konstruierte.

Zugleich ist die Aufgabe gelöst, die beiden durch zwei Innenpunkte $A$ und $B$ des Kreises bestimmten Ellipsen zu zeichnen, die ihn doppelt berühren. Über solche Aufgaben für doppelt berührende Kegelschnitte vgl. man Steiner, Fiedler, Hauck u. s. w.

Durch die Aufgabe wird die Möglichkeit gegeben, gewisse sphärische Dreiecke genau zu zeichnen.

275) Sphärische Dreiecke. Durch drei Hauptkreise wird die Kugelfläche in acht sphärische Dreiecke eingeteilt.

Ist $ABC$ eines derselben, so geben die Gegenpunkte $A_1, B_1, C_1$ das sogenannte **Scheitel- oder Gegendreieck**. Die übrigen Dreiecke $ACB_1$, $AB_1C_1$, $ABC_1$ und $A_1CB_1$, $A_1BC$, $A_1BC_1$ sind die drei Nebendreiecke und deren Gegen- oder Scheiteldreiecke.

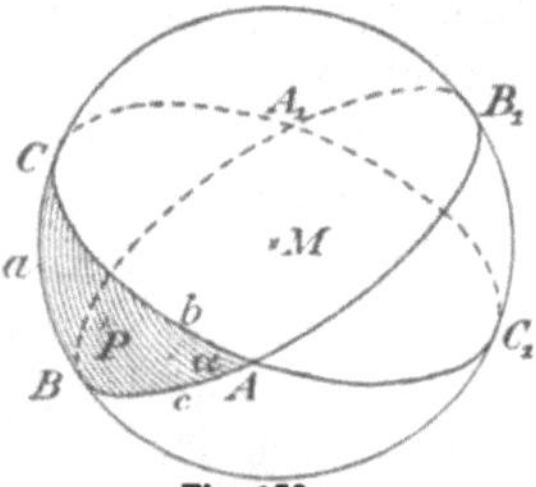

Fig. 172.

Jedes sphärische Dreieck hat einen umbeschriebenen Kreis, denn die durch die Eckpunkte gelegte Ebene schneidet die Kugel in einem Kreise. Projiziert man den Kugelmittelpunkt auf diese Ebene, so erhält man den wirklichen Mittelpunkt dieses Kreises. Die Verlängerung der projizierenden Geraden bis zur Kugelfläche giebt den **sphärischen Mittelpunkt** des Kreises. Ist $P$ dieser sphärische Mittelpunkt für das Dreieck $ABC$, so sind die sphärischen Entfernungen $\widehat{PA}$, $\widehat{PB}$ und $\widehat{PC}$ einander gleich. (Zu gleichen Sehnen gehören gleiche Bogen.) Jedes sphärische Dreieck läfst sich also in drei **gleichschenklige** Dreiecke zerlegen.

276) **Satz. Jedes gleichschenklige Dreieck und sein Gegendreieck sind kongruent und daher flächengleich.**

**Beweis.** Deckt man den Winkel an der Spitze $A$ auf $A_1$, so fällt $B$ auf $C_1$ und $C$ auf $B_1$, folglich der Bogen $\widehat{BC}$ auf $\widehat{C_1B_1}$, so dafs alle Ecken und Seiten sich decken. Nun sind die Winkel bei $B$ und $B_1$, ebenso die bei $C$ und $C_1$ einander gleich. Da aber $\measuredangle C$ und $B_1$, ebenso $B$ und $C_1$ sich decken, so folgt, dafs $\measuredangle B = C$ und $\measuredangle B_1 = C_1$ ist. Damit ist gezeigt, dafs die **Basiswinkel in gleichschenkligen Dreiecken einander gleich sind**, dafs also **gleichen Seiten eines sphärischen Dreiecks gleiche Winkel gegenüber liegen**. Da auch die die Winkel an der Spitze halbierenden Kreise sich decken, so ist jeder solche Kreis **Symmetrielinie** des gleichschenkligen Dreiecks.

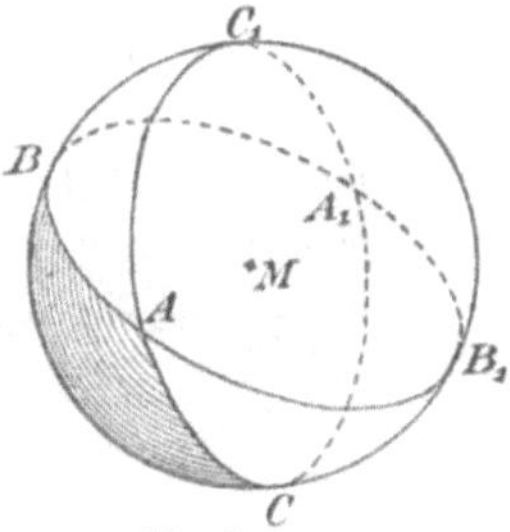

Fig. 173.

277) Dagegen decken sich ungleichseitige sphärische

Dreiecke mit ihren Gegendreiecken nicht, obgleich auch sie in allen Winkeln und Seiten mit diesen übereinstimmen, sie sind nur zu einander symmetrische Gebilde. Verschiebt man nämlich Dreieck $ABC$ so auf der Kugelfläche, dafs die Winkel $\alpha$ und $\alpha_1$ sich decken, und ist $AB \gtrless AC$, so fällt $B$ nicht auf $C_1$ und $C$ nicht auf $B_1$. Nur die Flächengleichheit bleibt bestehen. Da nämlich $ABC$ und das Gegendreieck $A_1 B_1 C_1$ sich nach vorigem Satze in je drei gleichschenklige Dreiecke zerlegen lassen, deren jedes mit seinem Gegendreiecke flächengleich ist, so ist auch $ABC$ flächengleich mit $A_1 B_1 C_1$. Also:

Satz: Jedes sphärische Dreieck ist mit seinem Gegendreieck flächengleich.

In gleicher Weise ist jedes beliebige sphärische Polygon mit seiner Gegenfigur im allgemeinen nur symmetrisch und flächengleich, nicht aber kongruent. Die Zerlegung in Dreiecke giebt den einfach zu führenden Beweis.

278) Aufgabe. Den Inhalt eines sphärischen Dreiecks mit den Winkeln $\alpha^0$, $\beta^0$, $\gamma^0$ als Bruchteil der Kugelfläche darzustellen.

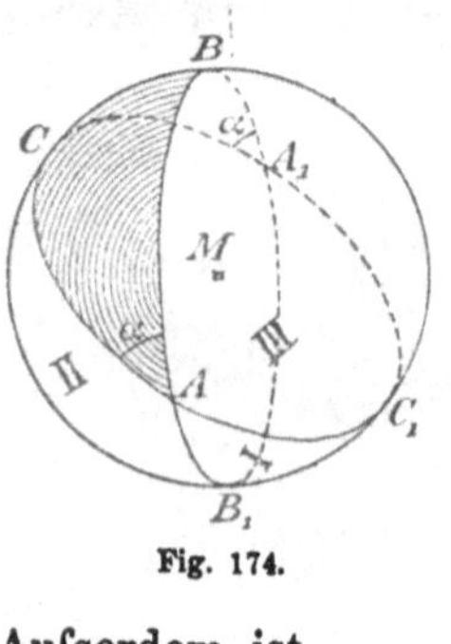

Fig. 174.

Auflösung. $ABC = F$ sei die gesuchte Fläche, I, II, III seien die Reste des sichtbaren Teils der Kugelfläche $O$. Dann ist zunächst

$$1)\qquad F = \frac{O}{2} - (\mathrm{I} + \mathrm{II} + \mathrm{III}).$$

Ferner ist $F + BCA_1 = O \frac{\alpha^0}{360^0}$, also, da $BCA_1 = B_1 C_1 A$ ist,

$$F = O \frac{\alpha^0}{360^0} - \mathrm{I}.$$

Aufserdem ist

$$F = O \frac{\beta^0}{360^0} - \mathrm{II},$$

$$F = O \frac{\gamma^0}{360^0} - \mathrm{III},$$

also folgt durch Addition der drei letzten Posten

$$2)\qquad 3F = O \frac{\alpha^0 + \beta^0 + \gamma^0}{360^2} - (\mathrm{I} + \mathrm{II} + \mathrm{III}).$$

Durch Subtraktion erhält man aus 2) und 1) den Wert von $2F$, wobei die Klammer wegfällt, und schliefslich ergiebt sich als Fläche des Dreiecks $ABC$

$$3)\quad F = O\,\frac{\alpha^0 + \beta^0 + \gamma^0 - 180^0}{720^0} = O\,\frac{E^0}{720^0}.$$

Hier bedeutet $E$ den Überschufs der Winkelsumme des Dreiecks über 180°, den sogenannten sphärischen Excefs. Mifst man die Winkel im Bogenmafse, so erhält man

$$4)\quad F = O\,\frac{\widehat{\alpha} + \widehat{\beta} + \widehat{\gamma} - \pi}{4\pi} = O\,\frac{\widehat{E}}{4\pi}.$$

Ist für ein zweites Dreieck derselben Kugelfläche $F_1 = O\,\frac{E_1^0}{720^0}$, so ergiebt sich

$$F : F_1 = E^0 : E_1^0.$$

Man erhält also den Satz:

Die Flächen von Dreiecken auf derselben Kugelfläche verhalten sich wie ihre sphärischen Excesse. Dreiecke von gleicher Winkelsumme sind flächengleich.

279) Ist $O$ unendlich grofs (Ebene) und $F$ endlich, so mufs $\alpha^0 + \beta^0 + \gamma^0 = 180^0$ sein. Für unendlich grofse Kugeln kann man in der That die endlichen Dreiecke als eben betrachten. Ist $F = 0$ und $O$ endlich, so mufs ebenfalls $\alpha^0 + \beta^0 + \gamma^0 = 180^0$ sein. Unendlich kleine Dreiecke auf endlicher Kugel haben also ebenfalls die Eigenschaften ebener Dreiecke. Ist $F = O, \frac{O}{2}, \frac{O}{8}$, so wird $\widehat{E} = 4\pi, 2\pi, \frac{\pi}{2}$. Diese drei Fälle entsprechen der vollen Kugelfläche, der Fläche der Halbkugel und der des Oktanten.

Im gleichseitigen sphärischen Dreieck sind alle Winkel einander gleich und sein Inhalt ist

$$F = O\,\frac{3\alpha^0 - 180^0}{720^0} = O\,\frac{\alpha^0 - 60^0}{240^0}.$$

Setzt man dies der Reihe nach gleich $\frac{O}{4}, \frac{O}{8}, \frac{O}{20}$, so erhält man die dem Tetraeder, Oktaeder und Ikosaeder entsprechende Einteilung der Kugelfläche in gleichseitige Dreiecke, deren Winkel $\alpha = 120^0$ bezw. $\alpha = 90^0$ (Oktant) und $\alpha = 72^0$ wird. — Dafs jeder regelmäfsige Körper eine um- und eine einbeschriebene Kugel hat, jeder archimedische Körper eine umbeschriebene, der reciproke Körper eines solchen eine einbeschriebene Kugel hat, ist schon früher angedeutet worden.

280) Aufgabe. Die Oberfläche und den Inhalt der Kugel zu berechnen.

Erste Auflösung. Figur 175 stellt Kugel und Berührungscylinder im Aufrifs dar. Durch benachbarte Parallelschnitte sind eine Kugelzone und eine Cylinderzone gleicher Höhenlage abgeschnitten. Die Cylinderzone hat den Inhalt $2r\pi\overline{CD}$. Es wird behauptet, die zugehörige Kugelzone, die als abgestumpfter Kegel betrachtet werden kann, habe dieselbe Fläche. Nach der Formel für den Kegelstumpf ist sie $F = \pi\overline{AB} \cdot (\varrho + \varrho_1)$, da aber für sehr geringe Höhe $\varrho = \varrho_1$ ist, so folgt $F = 2\pi\overline{AB}\varrho = 2r\pi\overline{AB}\frac{\varrho}{r}$. Die Dreiecke $MAF$ und $BEA$ sind ähnlich, also ist $\varrho : r = AE : AB$ und $AE = \frac{\varrho}{r}\overline{AB}$, also ist $F = 2r\pi\overline{AE} = 2r\pi\overline{CD}$, d. h. die Cylinderzone und die Kugelzone haben dieselben Flächen. Dies gilt von unten bis oben Schicht für Schicht, folglich ist die ganze Kugelfläche gleich dem Cylindermantel gleich $(2r\pi)\,2r = 4r^2\pi$, also $O = 4r^2\pi$. (Dies ist in die Formeln für die sphärischen Dreiecke einzusetzen.)

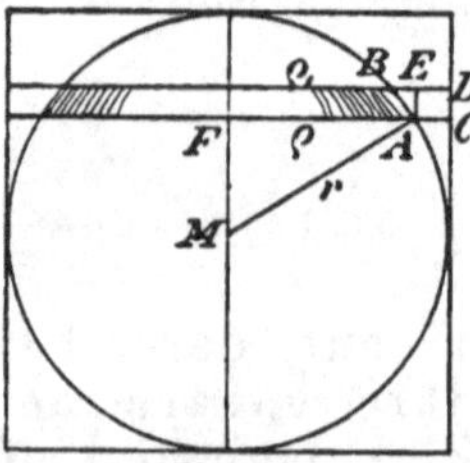

Fig. 175.

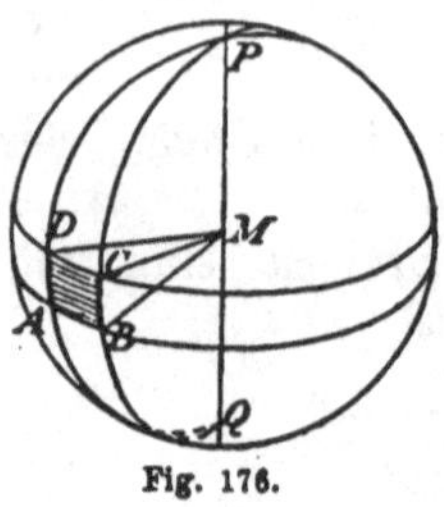

Fig. 176.

Man kann die Kugelfläche durch Meridiane und Parallelkreise in lauter kleine Rechtecke einteilen. Verbindet man die Ecken eines Rechtecks mit $M$, so entsteht eine Pyramide, deren Höhe um so genauer gleich $r$ wird, je kleiner man das Rechteck genommen hat. Sind $G_1$, $G_2$, $G_3$, ... die Grundflächen aller so entstehenden Pyramiden, so ist ihre Inhaltssumme, die mit dem Inhalte der Kugel übereinstimmt,

$$J = G_1 \frac{r}{3} + G_2 \frac{r}{3} + G_3 \frac{r}{3} + \ldots = \frac{r}{3}(G_1 + G_2 + G_3 + \ldots)$$
$$= \frac{r}{3} \cdot O = \frac{r}{3} 4 r^2 \pi = \frac{4}{3} r^3 \pi.$$

Der Körperinhalt ist also

$$J = \frac{4}{3} r^3 \pi.$$

Zweite Auflösung. In Figur 177 ist dargestellt, wie durch Drehung eines Quadrats um eine seiner Seiten ein Cylinder, durch Drehung der Diagonale eine Kegelfläche, durch Drehung des Viertelkreises eine Halbkugelfläche entsteht. Denkt man sich aus dem Cylinder den Kegel ausgeschnitten, so bleibt der sogenannte Restkörper übrig. Ist $r$ die Quadratseite, so ist der Cylinderinhalt $r^2 \pi r = r^3 \pi$, der Kegelinhalt also $\frac{1}{3} r^3 \pi$, der Inhalt des Restkörpers gleich $\frac{2}{3} r^3 \pi$. Kann nun nachgewiesen werden, dafs der Restkörper und die Halbkugel in derselben Höhe stets flächengleiche Querschnitte haben, so sind nach Cavalieri beide Körper inhaltsgleich. In der Figur ist $DC = MD$ und $MB = DA$, also folgt aus $MB^2 - MD^2 = DB^2$, dafs

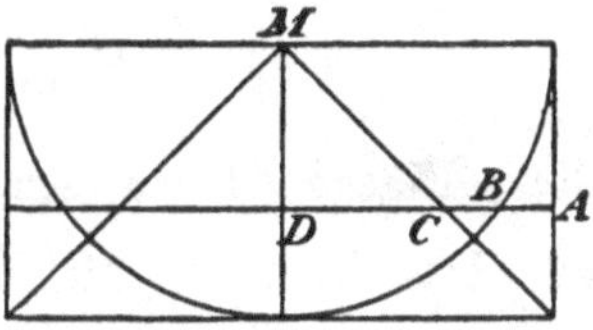

Fig. 177.

$$DA^2 - DC^2 = DB^2,$$

oder, wenn beiderseits mit $\pi$ multipliziert wird,

$$\pi DA^2 - \pi DC^2 = \pi DB^2.$$

Links aber steht die Formel für die Ringfläche des Restkörperquerschnitts, rechts für die des Kugelquerschnitts. Der Beweis für die Gleichheit der Querschnittsflächen ist geliefert, also ist auch der Inhalt der Halbkugel $\frac{J}{2} = \frac{2}{3} r^3 \pi$, also der der ganzen Kugel $J = \frac{4}{3} r^3 \pi$.

Jetzt wiederhole man die vorige Pyramidenbetrachtung, bei der $J = \frac{r}{3} O$, also $O = \frac{3}{r} J$ war. Hier folgt dann $O = \frac{3}{r} \cdot \frac{4}{3} r^3 \pi = 4 r^2 \pi$.

Bemerkung. Beide Methoden verlangten die Betrachtung unendlich dünner Schichten. Da die Resultate sich gegenseitig bestätigen, wird jeder Zweifel bezüglich der Behandlung des Unendlichkleinen aufgehoben.

Die Kugel mit Radius 1 hat $J = \frac{4}{3} \pi$ und $O = 4 \pi$. Ihr Meridianstreif mit Winkel $\alpha^0$ hat

$$F = O \frac{\alpha^0}{360^0} = 4 \pi \frac{\widehat{\alpha}}{2 \pi} = 2 \widehat{\alpha}.$$

Diese Fläche wird gleich 1, wenn $\widehat{\alpha} = \frac{1}{2}$ oder $\alpha^0 = \frac{1}{\pi} 90^0$ ist. Das Dreieck mit den Winkeln $\alpha^0, \beta^0, \gamma^0$ erhält die Fläche $F = O \frac{E^0}{720^0} = 4 \pi \frac{E^0}{720^0} = 4 \pi \frac{\widehat{E}}{4 \pi} = \widehat{E}$. Die Maſszahl der Fläche ist also gleich dem sphärischen Exceſs im Bogenmaſs.

281) Sphärisches Dreieck und Ecke. Verbindet man die Eckpunkte eines sphärischen Dreiecks mit dem Mittelpunkte der Kugel, so hat man eine Dreikantecke. Gleichseitigen, gleichschenkligen, rechtwinkligen Ecken entsprechen gleichseitige, gleichschenklige, rechtwinklige sphärische Dreiecke. Sämtliche Eckensätze lassen sich als solche über Dreiecke deuten. Kongruenten, symmetrischen, inhaltsgleichen Ecken entsprechen kongruente, symmetrische, flächengleiche Dreiecke.

In der neueren Physik (Maxwellsche Theorie der Kraftlinien) spielt der körperliche Winkel einer Ecke eine besondere Rolle. Man kann die Fläche des sphärischen Dreiecks bezw. Polygons, als das Maſs dieses körperlichen Winkels betrachten. Den Radius hat man dabei stets gleich 1 zu setzen. Der volle körperliche Winkel würde der Kugelfläche $4 \cdot 1^2 \pi = 4 \pi$ entsprechen. Jede andere sphärische Fläche giebt einen Bruchteil davon. Bei dem Dreieck mit den Winkeln $\alpha^0, \beta^0, \gamma^0$ handelt es sich um die Fläche

$4\pi \frac{E^0}{720^0} = 4\pi \frac{\alpha^0 + \beta^0 + \gamma^2 - 180^0}{720^0}$. Der Faktor von $4\pi$ giebt den erwähnten Bruchteil an. Danach richtet sich in Maxwells Theorie die Anzahl der Kraftlinien.

282) Dreieck und Polardreieck; Ecke und Polarecke. $ABC$ auf der Rückseite sei ein sphärisches Dreieck, $M(ABC)$ die zugehörige Ecke. Jede Seite des Dreiecks hat, als Hauptkreis aufgefafst, zwei Pole. Von diesen werde jedesmal der in Bezug auf den Körper der Ecke nach aufsen liegende gewählt (Lot nach aufsen) und nach der oben besprochenen Methode konstruiert. (In der Figur handelt es sich z. B. um das Lot $MA_1$ senkrecht gegen die Fläche $BCM$, so dafs $A_1$ den Punkt $M$ verdeckt. $MB_1$ ist $\perp MAC$, $MC_1 \perp MBA$. Die durch $MA_1B_1$ und $MA_1C_1$ gelegten Ebenen erscheinen als Gerade, also auch die Kreise $b_1$ und $c_1$.) Die Pole $A_1\,B_1\,C_1$ geben das Polardreieck zu $ABC$. (In der Figur liegt es vorn.) Nach dem über die Polabstände gesagten ist $a_1 = \pi - \alpha$, $b_1 = \pi - \beta$, $c_1 = \pi - \gamma$, ebenso ist $a = \pi - \alpha_1$, also $\alpha_1 = \pi - a$, $\beta_1 = \pi - b$, $\gamma_1 = \pi - c$. Folglich:

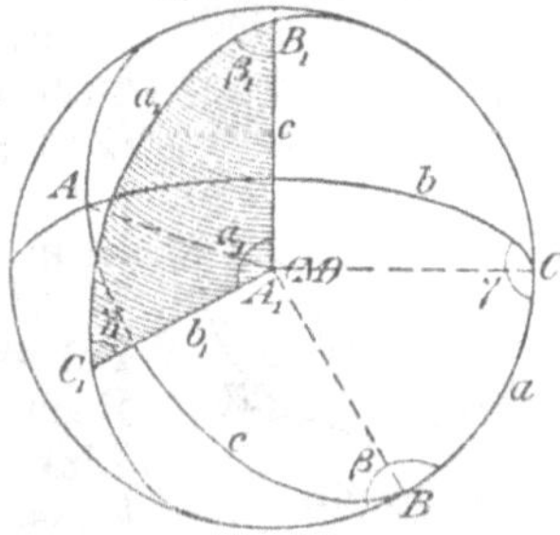

Fig. 178.

Die Seiten eines Dreiecks und die Winkel des Polardreiecks (in Bogenmafs zu denken) ergänzen sich zu $\pi$ oder sind Supplemente.

Daraus folgt $\alpha_1 + \beta_1 + \gamma_1 = 3\pi - (a + b + c)$, also $\alpha_1 + \beta_1 + \gamma_1 - \pi = 2\pi - (a + b + c)$. Bezeichnet man $\alpha_1 + \beta_1 + \gamma_1 - \pi$ als den sphärischen Excefs $\widehat{E}_1$ und $a + b + c$ als den Umfang $u$, so folgt $\widehat{E}_1 + u = 2\pi$. Dies giebt den Satz:

Die Mafszahl für den sphärischen Excefs eines Dreiecks im Bogenmafs (und ebenso die Mafszahl für seine Fläche) ergänzt sich mit der Mafszahl für den Umfang seines Polardreiecks zu $2\pi$.

Wie man also von dem sphärischen Winkelüberschufs (Excefs) eines Dreiecks über $\pi$ spricht, so kann man auch von einem sphärischen Bogenmangel in Bezug auf $2\pi$ sprechen. Die Winkelsumme liegt zwischen $2\pi$ und $6\pi$, die Fläche zwischen $0$ und $4\pi$ (Excefs), der Umfang entsprechend zwischen $2\pi$ und $-2\pi$. Er ist positiv oder negativ, je nach dem man beim Umwandern des Dreiecks die Fläche des letzteren zur Linken oder zur Rechten hat.

283) Einige Beispiele für die Polarität auf der Kugelfläche.

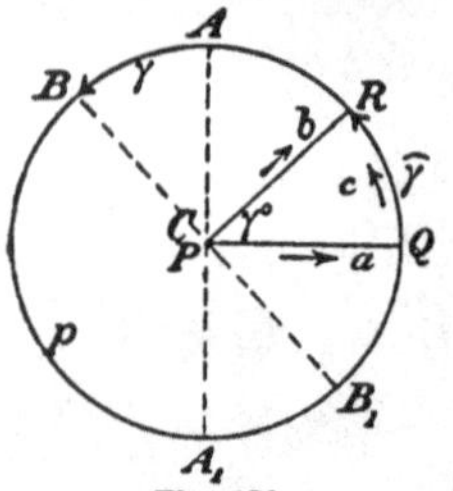

Fig. 179.

a) Jedem Hauptkreise entsprechen zwei Pole. [Willkürlich kann man mit Gaufs einen der beiden als Pol, den andern als Gegenpol bezeichnen. Man kann z. B. festsetzen, dafs man bei der Wanderung auf einem Hauptkreise den Pol stets zur Linken, den Gegenpol zur Rechten hat. Dann entspricht dem in Linksdrehung durchwanderten Umrifskreise das uns zugewendete $P$ als Pol. Dem durch Linksdrehung entstandenen Winkel $\gamma$ entspricht dabei der durch Linksdrehung entstehende Bogen $AB$, sobald $PQ$ und $PR$ von $P$ aus durchwandert werden. An den Beziehungen zwischen Dreieck und Polardreieck wird dabei nichts geändert, denn bei der Umwanderung des Dreiecks $PQR$ wird $b$ in entgegengesetzter Richtung durchlaufen, so dafs $B_1$ dem Bogen $b$ entspricht.] Von den auftretenden Zweideutigkeiten soll hier nicht mehr besonders gesprochen werden, da sie Gegenpunkte, überhaupt Gegengebilde betreffen. Also:

Jedem Punkte entspricht ein Hauptkreis, jedem Hauptkreise ein Pol.

b) Dem kürzesten Verbindungsbogen zweier Punkte entspricht der eine Winkel, unter dem sich die polaren Hauptkreise seiner Endpunkte schneiden, dem gröfsten Verbindungsbogen entspricht der Nebenwinkel des vorigen. Umgekehrt entspricht dem Winkel zwischen je zwei Hauptkreisen der eine Hauptkreisbogen durch die entsprechenden Pole. Den Punkten jeder sphärischen Kurve entsprechen Hauptkreise, die eine andere Kurve umhüllen (berühren).

c) Den Punkten des mit der sphärischen Länge $a$ um einen Kugelpunkt beschriebenen Kreises entsprechen Kreise, die seinen Äquator unter dem konstanten Winkel $a$ (bezw.

$\pi - a$) schneiden. Alle diese Kreise umhüllen zwei konzentrische Kreise, die von dem durchschnittenen Äquator die konstante sphärische Entfernung $a$ haben, so daſs ihr sphärischer Durchmesser gleich $\frac{\pi}{2} - a$ ist. Einer dieser Kreise und der gegebene Kreis sollen als einander polar betrachtet werden, und zwar so, daſs sie derselben Halbkugel angehören. (Dem entsprechen z. B. der Polarkreis und der Wendekreis derselben Halbkugel.)

In Figur 180 sei $M_1 A_1$ der Bogen $a$, also $A_1 B$ der Bogen $\frac{\pi}{2} - a$. Macht man $M_1 C_1$ gleich $A_1 B$ und projiziert man $C_1$ und $A_1$ auf den Durchmesser $BD$, was $C$ und $A$ giebt, so sind $MA$ und $MC$ die Radien zweier in diesem Sinne einander entsprechenden Kreise. Den Polen *1* und *2* auf dem einen z. B. entsprechen die beiden den andern in *I* und *II* berührenden Ellipsen (Kreise). Den Polen *I* und *II* dagegen würden die den andern in *1* und *2* berührenden Ellipsen (Kreise) entsprechen.

d) Dem durch drei Punkte gelegten Kreise entspricht der einbeschriebene Kreis des Polardreiecks. Den acht Berührungskreisen dreier Hauptkreise entsprechen die umbeschriebenen Kreise der acht Polardreiecke zu sämtlichen der von ihnen gebildeten Dreiecke.

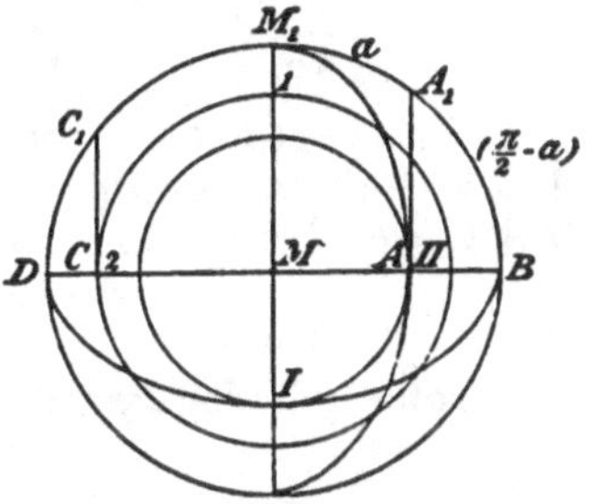

Fig. 180.

e) Der Fläche $F$ eines Dreiecks entspricht in bestimmter Weise der Umfang $u$ des Polardreiecks, der Fläche $F$ einer Figur der der Polarfigur so nämlich, daſs $F = 2\pi - u$ ist.

Die Auſsenfläche $4\pi - F$ entspricht also dem Umfange $u$ so, daſs $4\pi - F = 2\pi - u$, also $F = 2\pi + u$ ist. Hier hat also $u$ das entgegengesetzte Vorzeichen erhalten.

Zu jedem Satze der sphärischen Geometrie der Lage und des Maſses giebt es also einen polaren Satz. Ist der eine direkt bewiesen, so ist zugleich der andere bewiesen, und ein direkter Beweis für diesen ist nicht mehr nötig. Dazu einige Beispiele:

f) Aus Symmetriegründen sind die von einem Punkte der Kugelfläche aus an einen Kreis gelegten sphärischen Tangenten (Hauptkreise) einander gleich. Daraus folgt, wie in der Ebene der Satz:

Die Gegenseitenpaare eines sphärischen Tangentenvierecks haben gleiche Summen. Der Polarsatz lautet:

Die Gegenwinkelpaare eines sphärischen Sehnenvierecks haben gleiche Summen.

g) Verbindet man den sphärischen Mittelpunkt des Um-Kreises eines Dreiecks mit den Ecken, so erhält man gleichschenklige Dreiecke mit den Basiswinkeln $\xi = \xi_1$, $\eta = \eta_1$, $\vartheta = \vartheta_1$, so daſs $\sphericalangle B + \sphericalangle C - \sphericalangle A = (\vartheta_1 + \xi) + (\xi_1 + \eta) - (\eta_1 + \vartheta) = 2\xi = \pi - 2\alpha$ ist, wo $\alpha$ den sphärischen Centriwinkel bedeutet. Hält man also $BC$ fest, und läſst man $A$ auf dem Umkreise wandern, so bleibt $B + C - A$ konstant. Also:

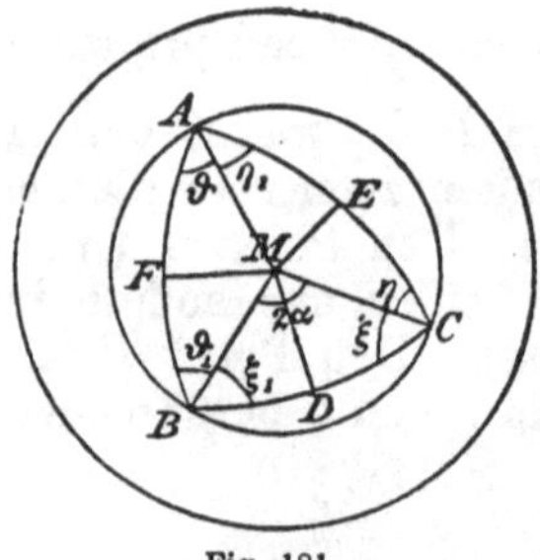

Fig. 181.

Wandert die Spitze $A$ eines sphärischen Dreiecks $ABC$ bei festgehaltener Basis $BC$ auf dem Bogen $BAC$ des Umkreises, so bleibt die Winkeldifferenz $(B + C) - A$ unverändert. (Ist $BC$ ein Durchmesser, so ist $\xi = 0$, also $B + C - A = 0$.)

Polar gilt der Satz:

Die Seitendifferenz $(b + c) - a$ eines Dreiecks bleibt ungeändert, wenn bei festgehaltenen $b$ und $c$ die Seite $a$ sich so bewegt, daſs sie stets den einbeschriebenen Kreis berührt, und zwar auf dem Bogen, der ursprünglich $a$ zugewendet war.

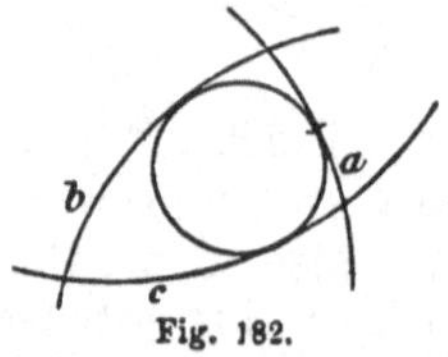

Fig. 182.

Satz über den Ankreis. Sind $a$, $b$ und $c$ die Seiten eines sphärischen Dreiecks, und ist $M$ der zur Seite $c$ gehörige Ankreis, so ist der Umfang $u$ des Dreiecks das Doppelte der sphärischen Tangente $CK$ oder $CL$. Der Umfang bleibt also ungeändert, wenn $c$ sich so bewegt, daſs es stets den Ankreis auf dem ursprünglich $c$ zugewendeten Bogen berührt.

Reciprok gilt der Satz:

Sind $A$, $B$ und $C$ die Eckpunkte eines Dreiecks, und legt man durch $C$ und die Gegenpunkte

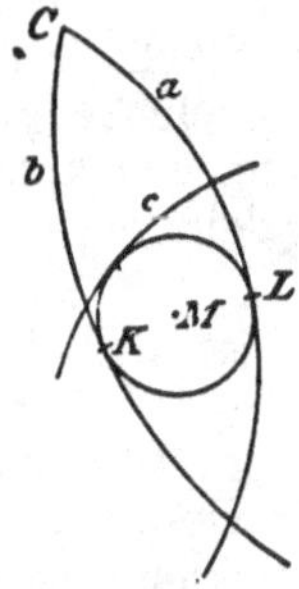


Fig. 183.

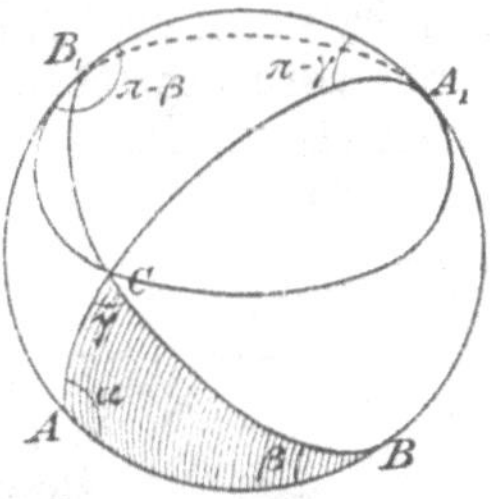


Fig. 184.

$A_1$ und $B_1$ einen Kreis, so ist der Inhalt des Dreiecks das Doppelte des Winkels, unter dem der Hülfskreis die Basis $AB$ in $A_1$ oder $B_1$ schneidet. Bewegt sich also die Spitze $C$ bei festgehaltener Basis $AB$ auf dem Bogen $A_1 CB_1$ des Hilfskreises, so bleibt die Fläche des Dreiecks umgeändert.

(Direkt ergiebt sich der Beweis folgendermaſsen. Im Dreiecke $A_1 B_1 C$ ist, wie aus dessen Gegendreiecke folgt, $\sphericalangle A_1 = \pi - \alpha$, $\sphericalangle B_1 = \pi - \beta$, $\sphericalangle C = \gamma$. Der Exceſs von $ABC$ ist $F = E = \alpha + \beta + \gamma - \pi$. Dies ist gleich $\pi - (A_1 + B_1 - C)$. Nun ist aber der Hülfskreis der umbeschriebene von $A_1 B_1 C$, also ist (nach g)) $A_1 + B_1 - C$ unveränderlich, wenn sich $C$ bei festgehaltenen $A_1$ und $B_1$ auf dem Bogen $A_1 C B_1$ bewegt. Folglich ist auch $F$ unveränderlich bei dieser Bewegung.

Rückt nun $C$ nach $A_1$, so hat $AC$ mit dem Hülfskreise zwei unendlich nahe Punkte gemein, beide berühren sich also in $A_1$ (haben dort eine gemeinsame Tangente) und bilden daher mit dem Hauptkreise $AB$ denselben Winkel $\xi$. Das Dreieck ist dabei ein Meridianstreif geworden, dessen Fläche sich aus $\xi : 2\pi = F : 4\pi$ als $F = 2\xi$ ergiebt. Damit ist der Satz bewiesen.)

i) Nach Lexell, der diesen Satz in den Act. Petrop. 1781, I Seite 112 veröffentlichte, wird der Hülfskreis der Lexellsche Kreis genannt. Dieser ist stets der Polarkreis zu einem Ankreise des Polardreiecks. Er wird benutzt, Dreiecke gegebenen Inhalts unter vorgeschriebenen Bedingungen zu konstruieren. Mit seiner Hülfe läfst sich ein n-seitiges sphärisches Polygon in ein (n — 1) seitiges und schliefslich in ein Dreieck von gleicher Fläche verwandeln. Sein Polarkreis dagegen wird benutzt, Dreiecke gegebenen Umfangs unter vorgeschriebenen Bedingungen zu konstruieren und ein sphärisches n-Eck in ein umfanggleiches (n — 1)-Eck bezw. Dreieck zu verwandeln.

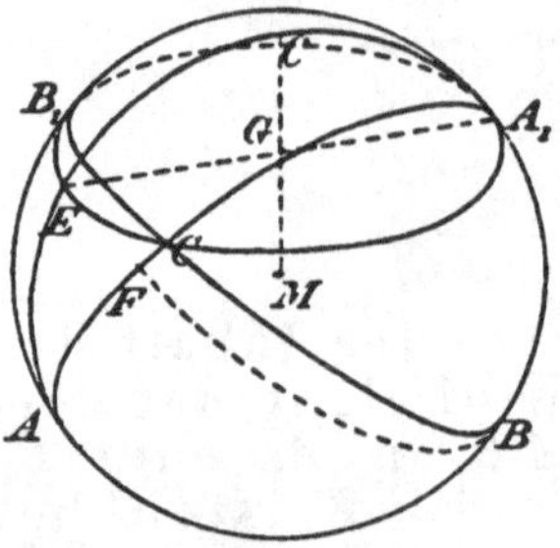

Fig. 185.

k) Wichtig ist der Lexellsche Kreis noch für folgende Betrachtung. Sein sphärischer Mittelpunkt, der mit Hülfe der Geraden $A_1 E$ bestimmt werden kann, sei $\mu$, also $A_1 \mu E$ ein sphärischer Durchmesser des Kreises,*) dann ist $\widehat{A_1 E} > A_1 C$ (auf $A_1 \mu E$ bezw. $A_1 C A$). Macht man also $\widehat{AF} = \widehat{AE}$, so fällt $F$ aufserhalb des Lexellschen Kreises, und es wird $\triangle AFB < \triangle ACB$, also auch $\triangle AFB < \triangle AEB$. Dies gilt für jede Lage von auf $C$ dem Bogen $A_1 E B_1$ und für jede Lage des sphärischen Radius $AF$ innerhalb des von $A_1 B A B_1$ und $A_1 E B_1$ begrenzten Meridianstreifs.

Nun war nach g), im Dreieck $A_1 B_1 C$, wenn $C$ nach $E$ fiel, $\sphericalangle A_1 + \sphericalangle C - \sphericalangle B_1 = 0$, d. h. $\sphericalangle (\pi - \alpha) + \gamma - (\pi - \beta) = 0$ oder $\beta + \gamma - \alpha = 0$, also wird nach g), $BC$ der Durchmesser des $ABC$ umbeschriebenen Kreises, sobald $C$ nach $E$ fällt. Folglich gilt der Satz:

Unter den sphärischen Dreiecken, welche zwei gegebene Seiten $AB$ und $AC$ enthalten, deren Summe $\pi$ nicht übersteigt, hat dasjenige die gröfste Fläche, in dem die nicht gegebene Seite $BC$ der sphärische Durchmesser des umbeschriebenen Kreises ist.

---

*) In der Figur ist über $G$ statt $C$ zu lesen $\mu$.

Reciprok folgt:

Unter den sphärischen Dreiecken, welche zwei gegebene Winkel enthalten, deren Summe über $\pi$ bleibt, hat dasjenige den kleinsten Umfang, in dem der nicht gegebene Winkel dem sphärischen Durchmesser des einbeschriebenen Kreises gleich ist.

Von hier aus lassen sich die von den ebenen Figuren geltenden isoperimetrischen Sätze auf die sphärischen Gebilde übertragen.

Im Anschluſs an das früher besonders über die Ecken gesagte suche man zur Übung noch folgende Sätze zu beweisen, bei denen man sich auf Dreiecke beschränke, deren Elemente einzeln die Gröſse $\pi$ nicht überschreiten:

Der kleineren von zwei Dreiecksseiten liegt der kleinere Winkel gegenüber, der gröſseren der gröſsere.

Stimmen zwei sphärische Dreiecke in zwei Seiten und dem eingeschlossenen Winkel überein, so sind sie kongruent oder symmetrisch. [Beides zusammenfassend kann man sagen, sie seien gleich (in den Flächen) und ähnlich (übereinstimmend in den Winkeln).]

Dasselbe ist reciproker Weise der Fall, wenn sie übereinstimmen in zwei Winkeln und der diesen gemeinschaftlichen Seite.

Dasselbe findet statt, wenn sie in den drei Seiten übereinstimmen; reciproker Weise dasselbe, wenn sie in den drei Winkeln übereinstimmen.

Wenn in einem sphärischen Dreieck zwei Seiten unverändert bleiben, der eingeschlossene Winkel aber wächst, so wächst auch die gegenüberliegende Seite.

Reciprok: Bleiben zwei Winkel unverändert, wächst aber die beiden gemeinschaftliche Seite, so wächst auch der ihr gegenüberliegende Winkel.

Weitere Sätze der Sphärik, besonders solche über Kreisbüschel und Kreisscharen auf der Kugel, kommen in dem Kapitel über die Methode der Inversion zur Sprache.

284) Geschichtliches über die Sphärik. Die Formeln für die Oberfläche und den Inhalt der Kugel hat Archimedes, dessen Name soviel wie „Erzdenker“ bedeutet, entwickelt, und zwar in seinem Buche über Kugel und Cylinder, I, 37 (vergl. Ausgabe von Heiberg), über welches

Eutokios von Askalon einen Kommentar geschrieben hat. Beide Formeln hielt er für seine glänzendsten Entdeckungen, besonders die, dafs die Inhalte des Kegels vom Radius *r* und der Höhe 2 r, des Cylinders vom Radius r und der Höhe 2 r, und der Kugel vom Radius r im Verhältnis 1 : 2 : 3 stehen. Er wünschte daher auf seinem Grabstein Kugel, Kegel und Cylinder eingemeifselt, und an diesem Kennzeichen hat Cicero nach Tusc. Qu. V, 23 das Grabmal in Syracus wieder aufgefunden. Vgl. Cantor, I, Seite 293. Auch in Pergamum hat man eine von Nikon herrührende Inschrift mit diesen Figuren gefunden. Auch sonst hat die nebenstehende Zeichnung (Figur 186) vielfache Verwertung als Symbol gefunden.

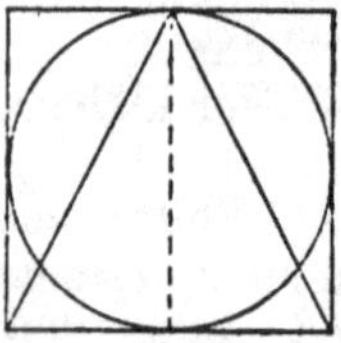

Fig. 186.

Der Pol eines Hauptkreises kommt schon bei Archimedes zur Sprache, aber im Sinne des sphärischen Centrums. Der Name „Hauptkreis" und die Bezeichnung „Gegenpunkte" rühren von Steiner her. Über Theodosius von Tripolis, der eine Sphärik in drei Büchern hinterlassen hat, die unter Ausschlufs des messenden (trigonometrischen Teils) ziemlich viel enthält, vergl. Cantor I, Seite 382. Andere schreiben das Buch einem Theodosius aus Bithynien zu. Auch Menelaus von Alexandria hat über Sphärik geschrieben. Franciscus Vieta und Willebrord Snellius van Roijen, Albert Girard, Leonhard Euler, Lexell, Legendre gaben der Sphärik weiteren Ausbau, den besonders auch Steiner und Möbius gefördert haben. C. F. Schulz gab 1833, Gudermann (der Lehrer von Weierstrafs) 1835 eine Sphärik heraus. Über die erstgenannten bis Euler vergl. Cantor. Der Name „sphärisches Dreieck" kommt zuerst bei Menelaus vor. Dafs das sphärische Dreieck und sein Gegendreieck im allgemeinen nicht kongruent, sondern nur symmetrisch sind, hat nach Baltzer zuerst Joh. Andr. von Segner 1741 bestimmt ausgesprochen, obwohl schon Archimedes den Unterschied zwischen Kongruenz und Symmetrie der Raumgebilde kannte. Legendre (Géom. VI, déf. 16) nennt Raumgebilde, die mit Ausnahme des Sinnes der Kongruenz bezw. Ähnlichkeit genügen, symmetrisch kongruent bez. symmetrisch ähnlich. Den Satz über den sphärischen Excefs hat Girard (Invention nouvelle en algèbre, 1629) zuerst aufgestellt. Cavalieri aber hat den Beweis verbessert, und zwar im Directorium generale uranometricum, 1632. Joh. Brocki oder Broscius, der sich ebenfalls mit den Verhältnissen der sphärischen Polygonflächen zur Kugelfläche beschäftigt hat, verschiebt die Regel für die Flächenberechnung in ältere Zeit, seine Angaben sind aber nach Baltzer nicht zuverlässig. Der dem Lexellschen Satze zugeordnete Satz rührt von Sorlin her (Gerg. Annalen 15, Seite 302).

## b) Sätze über die Kugel aus der neueren Geometrie des Raumes.

### $\alpha$) Pol und Polare.

285) Pol und Polare in der Ebene. In der Planimetrie wird folgendes gezeigt.

1) Für jeden Punkt $P$ aufserhalb eines Kreises giebt es eine Berührungssehne oder Polare $KL$ oder $p$. Jede Sekante durch $P$ wird vom Kreise und der Polare in harmonischen Punkten geschnitten, z. B. $P, C, D, E$. Dabei ist zugleich $PC \cdot PD = t^2$, wo $t$ die Tangente an den Kreis ist. Durchmesser $PM$ und Berührungssehne stehen auf einander senkrecht.

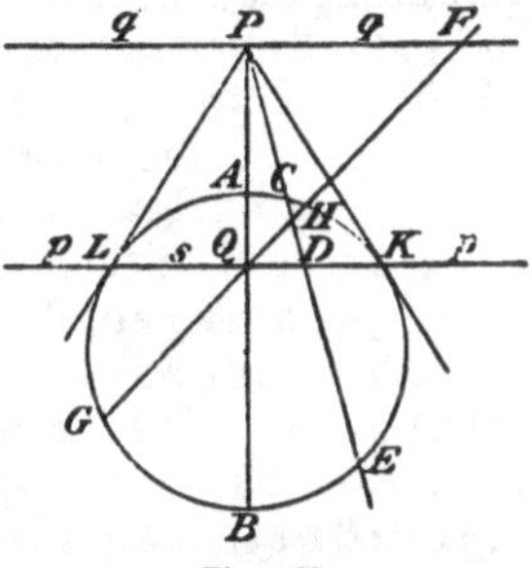

Fig. 187.

2) Das in $P$ auf dem Durchmesser errichtete Lot ist die Polare des zugeordneten harmonischen Punktes $Q$ auf dem Durchmesser. Jede Gerade durch $Q$ wird durch die Polare $q$ und den Kreis harmonisch geteilt, z. B. $Q$, $H$, $F$, G. Dabei ist zugleich, abgesehen vom Vorzeichen, $QG \cdot QH = s^2$, wo $s = QL$ die Hälfte der kürzesten Sehne durch $Q$ ist, die zugleich normal zum Durchmesser $QM$ steht. Diese letztere Beziehung ist aber für Pol und Polare ohne weitere Bedeutung. Bekannt ist noch die Beziehung $MP \cdot MQ = r^2$, wo $r$ der Kreisradius ist.

3) Drei Punkten auf einer Geraden entsprechen drei Gerade durch ihren Pol, drei Geraden durch einen Punkt entsprechen drei Punkte auf seiner Polare. Jedem Gebilde der Ebene entspricht ein polares oder reciprokes derart, dafs den Punkten und Geraden der einen Gerade und

Punkte des anderen entsprechen. So geht das vollständige Vierseit mit den drei Diagonalen seiner sechs Ecken über in das vollständige Viereck mit den drei Schnittpunkten seiner sechs Seiten. Folglich entspricht jeder Gruppe harmonischer Punkte auf einer Geraden ein Büschel harmonischer Strahlen durch einen Punkt. Nicht nur die harmonischen Verhältnisse, sondern auch die Doppelverhältnisse für je vier beliebige Punkte auf einer Geraden bezw. für je vier beliebige Strahlen durch einen Punkt bleiben erhalten. Den Punkten einer Kurve entsprechen die Tangenten einer anderen, der reciproken Kurve. Den Tangenten des Kreises $M$ entsprechen ihre Berührungspunkte.

286) Polare Beziehungen im Raume. Man drehe Figur 187 um $PM$ als Achse, so daſs der Kreis in eine Kugel, die Geraden $p$ und $q$ in Normalebenen zu $PM$, die Tangente $PK$ in einen Tangentenkegel übergeht. Jede Kugelsekante durch $P$ wird durch die Kugelfläche und die Berührungsebene $KL$ harmonisch geteilt. Der geometrische Ort der zu $P$ zugeordneten harmonischen Punkte für das Bündel von Kugelsekanten durch $P$ ist also die Berührungsebene des Berührungskegels $PKL$. Dabei ist für jede Kugelsekante das Produkt aus dem äuſseren Abschnitt und der ganzen Sekante gleich dem Quadrat der Tangente an die Kugel. Die Berührungsebene heiſst die Polarebene des Punktes $P$ oder einfach seine Polare. $P$ ist der Pol dieser Ebene. Die Polare von $P$ ist die durch den zugeordneten harmonischen Punkt $Q$ des Durchmessers $PM$ gelegte Normalebene zum letzteren. Der Pol einer Ebene $KL$ liegt auf dem zu ihr normalen Durchmesser und ist der zugeordnete harmonische Punkt $P$ zu ihrem Schnittpunkte $Q$ mit diesem Durchmesser.

Diese letzteren Definitionen gelten auch dann, wenn ein Punkt $Q$ innerhalb der Kugel liegt. Jede durch $Q$ gelegte Sekante wird durch die Kugelfläche und die Polarebene $q$ harmonisch geteilt. Der Satz, daſs das Produkt der beiden Teile jeder durch $Q$ gelegten Kugelsekante konstant ist, und zwar gleich dem Quadrate jeder halben kürzesten Sekante durch $Q$, bleibt auch hier bestehen, hat aber keine weiteren Folgen für Pol und Polare. Die Beziehung $MP \cdot MQ = r^2$ bleibt erhalten.

Sämtlichen durch einen Punkt ($P$ oder $Q$) gehenden Ebenen entsprechen die Punkte der Polarebene, sämtlichen Punkten einer Ebene entsprechen die Ebenen durch ihren Pol.

Sämtlichen durch zwei Punkte gehenden Ebenen (also dem Ebenenbüschel durch $P_1$ und $P_2$) entspricht die durch ihre Polarebenen $p_1$ und $p_2$ bestimmte geradlinige Punktreihe. Der Verbindungslinie $P_1 P_2$ zweier Punkte entspricht also die Schnittlinie ihrer Polarebenen $p_1$ und $p_2$ und umgekehrt. Die eine dieser beiden Geraden heifst die Polare der andern, so dafs Gerade und Gerade einander entsprechen. Es wird behauptet, dafs zwei einander so entsprechende Gerade einander senkrecht kreuzen, und dafs ihr gemeinschaftliches Lot durch $M$ geht. Um dies zu beweisen, zeichne man die entsprechende Figur so, dafs die Schnittlinie der Ebenen $p_1$ und $p_2$ als Punkt $R$ erscheint, die Ebenen selbst als gerade Linien. Die Ebene $p_1$ wähle man aus dem Ebenenbüschel so, dafs sie normal zu $MR$ steht, dann liegt der Pol $P_1$ der Ebene $p_1$ auf $MR$ in der bekannten Lage. Dreht sich nun die Ebene $p_1$ in die Lage $p_2$, so wandert der Projektionspunkt von $M$ (auf die Ebene) in der Zeichnungsebene auf dem zu $MR$ als Durchmesser gehörigen Kreise, der Pol der Ebene wandert in der Zeichnungsebene auf der durch $P_1$ normal zu $MR$ gelegten Geraden $KL$. So gehört zu $p_2$ der auf $MA$ liegende Pol $P_2$. Die Gerade $KL$ ist also die Polare zu der durch $R$ dargestellten Geraden. Beide kreuzen sich daher senkrecht. Kennt man die eine, so kennt man auch die andere.

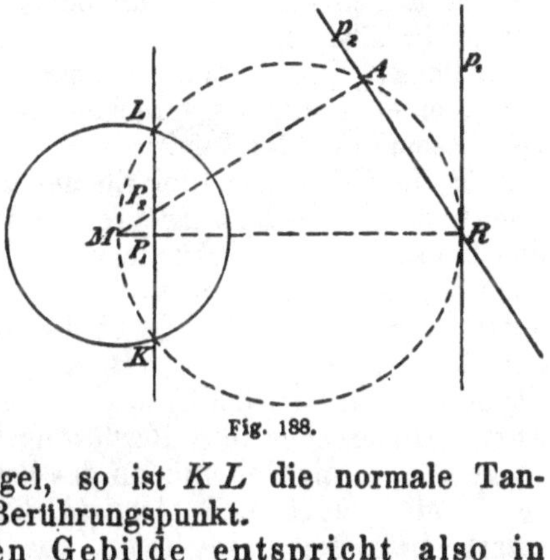

Fig. 188.

Ist $R$ Tangente der Kugel, so ist $KL$ die normale Tangente durch denselben Berührungspunkt.

Jedem räumlichen Gebilde entspricht also in Bezug auf eine Kugel ein anderes derart, dafs den Punkten, Geraden und Ebenen des einem die reciproken Ebenen, Geraden und Punkte des anderen entsprechen.

Das Prinzip der Dualität und das der Reciprozität sind also im wesentlichen dasselbe. Während aber das erstere einen sehr allgemeinen und abstrakten Charakter hat, läfst sich hier mit Hülfe einer Kugel alles in einfach konstruktiver Weise behandeln. Vgl. No. 55, 90 bis 116, 123 bis 130.

287) An Figur 188 erkennt man sofort, dafs einem harmonischen Ebenenbüschel durch eine Gerade eine harmonische Punktreihe auf der reciproken Geraden entspricht. (In gleicher Weise bleiben die allgemeineren Doppelverhältnisse erhalten.) Verbindet man vier harmonische Punkte einer Geraden mit einem beliebigen Raumpunkte, so erhält man harmonische Strahlen in der durch Punkte und Gerade bestimmten Ebene. Schneidet man das entsprechende harmonische Ebenenbüschel durch eine Ebene, so erhält man harmonische Strahlen, die durch den durch die Schnittebene und die Gerade bestimmten Punkt gehen. Harmonischen Strahlen durch einen beliebigen Punkt einer Ebene entsprechen also harmonische Strahlen in der, durch den entsprechenden Punkt gelegten Ebene. (Gleiches gilt allgemein vom Doppelverhältniss.)

Man merke besonders folgende Beziehungen: Parallele Ebenen haben ihre Pole auf demselben Durchmesser. Vier und mehr Ebenen durch einen Punkt entsprechen vier und mehr Punkte einer Ebene und umgekehrt. Beliebigen Strahlen durch einen Punkt entsprechen gerade Linien einer Ebene. Der Geometrie (der Punkte und Geraden) einer Ebene entspricht die Geometrie (der Ebenen und Geraden) durch einen Punkt, d. h. die Geometrie des Strahlenbündels. Da den Punkten einer willkürlichen ebenen Kurve Ebenen durch einen Punkt in ebenso willkürlicher Lage entsprechen, so mufs das reciproke Gebilde der ebenen Kurve die Fläche eines allgemeinen Kegels sein, der von diesen Ebenen berührt (umhüllt) wird. Den Tangenten der ebenen Kurve entsprechen die Berührungslinien jener Tangentialebenen, d. h. die Seitenlinien des Kegels. Ein ebener Schnitt durch die Kugel z. B. ist ein Kreis. Seinen Tangenten entsprechen die Seitenlinien des zugehörigen Tangentenkegels, seinen Punkten die Berührungsebenen des letzteren, die zugleich Berührungsebenen der Kugel sind. Den

Tangenten eines Hauptkreises entsprechen die Geraden eines Cylinders.

Jedem der Kugel umbeschriebenen Polyeder entspricht ein einbeschriebenes so, dafs den Eckpunkten des einen die Flächen des anderen, den Flächen des einen die Eckpunkte des anderen, den Kanten des einen, die des anderen entsprechen. Ist das eine Polyeder regelmäfsig, so ist es auch das andere; ist das eine ein einbeschriebenes Archimedisches Polyeder, so ist das andere das umbeschriebene Polyeder mit den früher besprochenen reciproken Eigenschaften.

Den Punkten einer beliebigen krummen Fläche entsprechen die Berührungsebenen einer gewissen anderen Fläche. Kurven auf der einen entsprechen Kurven auf der anderen. In diesem Sinne ist die reciproke Fläche einer konzentrischen Kugel eine konzentrische Kugel. Jeder Drehungsfläche, deren Achse ein Durchmesser der Kugel ist, entspricht eine Drehungsfläche, mit der dasselbe der Fall ist. Ist die Drehungsfläche durch Drehung einer Geraden entstanden (Cylinder oder Kegel), so wird die entsprechende Drehungsfläche zu einer Ebene. (Einer nicht konzentrischen Kugel entspricht im allgemeinen keine Kugel).

Dem Mittelpunkte der Kugel entspricht jede unendlich ferne Ebene, oder, wie man (um die Eindeutigkeit festzuhalten) zu sagen pflegt, die unendlich ferne Ebene. Einer Geraden durch den Mittelpunkt entspricht jede der in unendlicher Entfernung sie senkrecht kreuzenden Geraden oder, wie man sagt, die so beschaffene Gerade. Einer Ebene durch den Mittelpunkt entspricht der unendlich ferne Punkt des normalen Durchmessers.

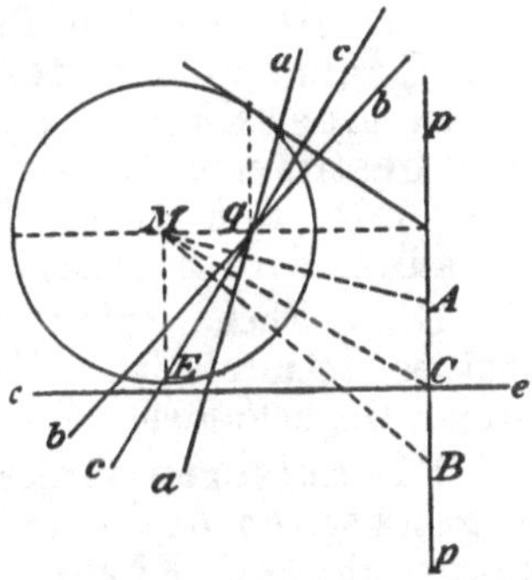

Fig. 189.

Wird auf einer beliebigen Geraden $p$ eine Strecke $AB$ durch $C$ halbiert, so entsprechen den Punkten $A$, $B$, $\infty$ und $C$ zwei Ebenen $a$ und $b$ durch die reciproke Gerade $q$, die durch $q$ und die Kugelmitte gelegte Ebene und die vierte harmonische Ebene. Der durch

*C* gelegten Normalebene zu *p* entspricht der Punkt *E*, in dem die Ebene *c* von dem auf der Mittelpunktsebene in *M* errichteten Lote *ME* geschnitten wird.

Andere Beziehungen kommen später zur Sprache. Wie man mit Hülfe des Gegebenen zu bekannten Sätzen neue finden kann, versuche man an der folgenden Aufgabe zu erproben.

288) Aufgabe. Einer Kugel sei ein unregelmäsiges Tetraeder umbeschrieben, das reciproke einbeschrieben. Beide Körper sollen in Bezug auf ihre reciproke Eigenschaften untersucht werden.

[Die umbeschriebenen Kreise der Flächen des Innenkörpers entsprechen mit ihren Tangenten den Seitenlinien der den Dreikanten des Aufsenkörpers einbeschriebenen Kreiskegel. Die letzteren schneiden die Gegenfläche in einbeschriebenen Kegelschnitten. Die Tangenten dieser Kurven entsprechen den Seitenlinien der den Dreikanten des Innenkörpers umbeschriebenen Kegel, welche die erstgenannten Kreise als Grundflächen haben, im allgemeinen aber schiefe Kegel sind. Die beiden Tetraeder sind im allgemeinen nicht perspektivisch. — Einige Beispiele: Der Satz, dafs die Mittellinien des Innenkörpers sich in einem Punkte schneiden, geht für den äufseren in folgenden über:

Die halbierenden Ebenen der Aufsenwinkel jedes Dreikants am Tetraeder schneiden sich mit den Gegenflächen des Dreikants in drei Kanten, die in einer Ebene liegen. So gehört zu jeder Ecke eine bestimmte Ebene. Diese vier Ebenen schneiden sich mit den Gegenflächen der Ecken in vier Geraden, die in einer Ebene liegen.

Diese Ebene spielt eine Rolle, die der des Schwerpunktes reciprok ist. Dieser halbiert die Verbindungslinie zweier Gegenkanten. Folglich:

Die äufseren winkelhalbierenden Ebenen zweier Gegenkanten des Tetraeders schneiden sich mit der besprochenen Ebene in einer Geraden so, dafs die durch letztere und den Mittelpunkt der einbeschriebenen Kugel gelegte Ebene, zu den drei genannten die vierte harmonische ist.

Beim Aufsenkörper gehen die sechs durch die Halbierungspunkte der Kanten gelegten Normalebenen durch einen Punkt. Für den Innenkörper folgt:

Legt man durch jede Tetraederkante und den Mittelpunkt $M$ der umbeschriebenen Kugel eine Ebene, und errichtet man auf dieser in $M$ ein Lot, so schneidet dieses die zugeordnete harmonische Ebene in einem Punkte. Im Ganzen giebt es sechs solcher Punkte, und diese liegen stets in einer Ebene.

In solcher Weise lassen sich zur Übung noch zahlreiche andere Sätze ableiten, die jedoch mit Hülfe der Kollineation verallgemeinert werden können. Hier treten sie infolge metrischer Verhältnisse in wesentlicher Beschränkung auf.]

### $\beta$) Potenzebene, Potenzlinie und Potenzpunkt bei zwei, drei und vier Kugeln.

289) Kugelbüschel und Kugelschar. Geht durch zwei Punkte $P$ und $Q$ ein ebenes Kreisbüschel, so ist der äufsere Teil der Linie $PQ$ die Linie gleicher Tangenten (der innere Teil die Linie gleicher kürzester Sehnen) für das Kreisbüschel. Dieses wird also von einer Schar von Kreisen rechtwinklig geschnitten. Drehung der Figur um die Centrale $KL$ verwandelt das Kreisbüschel in ein Kugelbüschel, die Potenzlinie $PQ$ verwandelt sich in die Potenzebene. Letztere hat die Eigenschaft, dafs die von jedem ihrer Punkte aus an sämtliche Kugeln gelegten Tangenten einander gleich sind, so dafs sich um jeden Punkt dieser Ebene eine Kugel

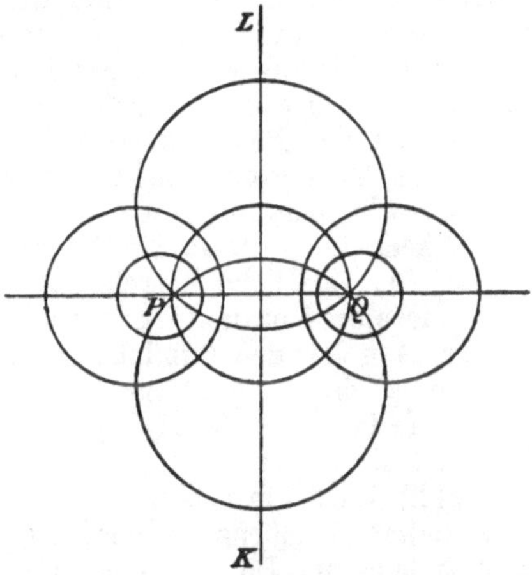

Fig. 190.

legen läfst, welche das Büschel rechtwinklig schneidet. Die Kreisschar würde bei dieser Drehung in eine Schar das Büschel rechtwinklig durchsetzender Kreisringflächen übergehen (Drehungs-Cykliden), deren Untersuchung uns jetzt noch nicht beschäftigen soll. Orthogonal-Kreise aber, welche die ursprüngliche Gerade $PQ$ zum Ort ihrer Mittelpunkte haben, können durch Drehung um ihre Centrale $PQ$ in eine rechtwinklig schneidende Kugelschar verwandelt werden, welche die durch die Gerade $KL$ gelegte Ebene zur Potenzebene hat.

Die zweifach unendliche Mannigfaltigkeit von Kugeln, welche das Kugelbüschel orthogonal schneidet, heifst ein Kugelbündel. Die Mittelpunkte liegen auf der Potenzebene.

290) Geht man von der durch die Grenzpunkte $P$ und $Q$ bestimmten Kreisschar aus, so erhält man durch Drehung um $PQ$ eine Kugelschar mit der Potenzebene $KL$. Auch hier giebt die Drehung des zugehörigen Kreisbüschels ein Büschel von Kreisringflächen (wiederum Drehungscykliden). Das durch $P$ und $Q$ gehende orthogonale Kreisbüschel, welches seine Mittelpunkte auf der ursprünglichen Geraden $KL$ hat, geht durch Drehung um diese Linie in ein orthogonal schneidendes Kugelbüschel über. Auch hier geben die sämtlichen orthogonal schneidenden Kugeln, die ihre Mittelpunkte auf der Potenzebene kaben, ein Kugelbündel.

291) Geht von einem Punkte $A$ der Potenzebene eine Gerade aus, die eine der Kugeln in den Punkten $B$ und $C$ schneidet, so ist die Potenz $AB \,.\, AC$ eine konstante Gröfse für sämtliche Kugeln die von ihr getroffen werden, aber dieselbe Konstante gilt auch für alle andern Strahlen des zu $A$ gehörigen Bündels. Beim Kugelbüschel sind zwei Fälle möglich. Liegt $A$ im äufseren Teile der Potenzebene, so ist die Potenz $AB \,.\, AC$ positiv. Für Punkte des inneren Teils ist sie negativ.

292) Wird ein Kugelbüschel oder eine Kugelschar durch eine beliebige Ebene geschnitten, so ist nach Obigem ihr Schnitt mit der Potenzebene die Linie gleicher Tangenten oder die Potenzlinie, der Schnitt giebt also wiederum ein Kreisbüschel oder eine Kreisschar. Für das Büschel sind vier Fälle möglich: Geht der Schnitt durch den inneren Teil der Potenzebene, so entsteht ein Kreisbüschel, geht er

durch den äufseren Teil, so entsteht eine Kreisschar, berührt er den durch die Drehung von $P$ und $Q$ entstandenen Kreis, so entsteht die Schar der einander berührenden Kreise durch einen Punkt. Ist die Schnittebene parallel zur Potenzebene, so entstehen konzentrische Kreise.

292) Die Eigenschaften des Kreisbüschels und der Kreisschar, also z. B. die Eigenschaft $\frac{p}{q}=c$, oder $\vartheta_1-\vartheta_2=\gamma$, ferner gewisse harmonische und Polaren-Eigenschaften, lassen sich in geeigneter Weise auf das Kugelbüschel und die Kugelschar übertragen. Weil Kugelbüschel und Kugelschar durch jede Ebene in Kreisbüschel oder Kreisschar geschnitten werden, so werden sie durch jede Gerade in einem involutorischen Punktsysteme geschnitten.

294) Drei Kugeln. Zu drei Kugeln $M_1$ $M_2$ und $M_3$ gehören drei Potenzebenen $E_{1,2}$, $E_{2,3}$ $E_{3,1}$. Angenommen, $E_{1,2}$ und $E_{2,3}$ schnitten sich in irgend einer Geraden, so ist diese Potenzlinie für $M_1$ und $M_2$ und zugleich für $M_2$ und $M_3$, folglich mufs auch $E_{3,1}$ durch diese Gerade gehen. Also:

Die Potenzebenen dreier Kugeln schneiden sich in einer Geraden, der Potenzlinie dieser Kugeln.

Sind zwei der Ebenen parallel, so ist auch die dritte zu ihnen parallel. Um jeden Punkt der Potenzlinie lassen sich Kugeln legen, die alle drei Kugeln orthogonal schneiden, nur mufs der Punkt aufserhalb der drei Kugeln liegen. Schneidet die Potenzlinie eine der Kugeln, so schneidet sie die beiden andern in denselben Punkten, denn für diese Punkte ist die Tangentenlänge für alle drei Kugeln gleich Null. Das Äufsere dieser Linie ist Äufseres für alle drei Kugeln, das Innere ebenfalls Inneres für sämtliche.

295) Vier Kugeln. Bei vier Kugeln handelt es sich um sechs Potenzebenen $E_{1,2}$, $E_{1,3}$, $E_{1,4}$, $E_{2,3}$, $E_{2,4}$, $E_{3,4}$. Davon gehen zunächst die ersten drei im allgemeinen durch eine Gerade. Diese wird im allgemeinen durch die vierte in einem Punkte geschnitten, von dem aus nun gleiche Tangenten nach allen vier Kugeln gehen. Durch ihn müssen also sämtliche anderen Potenzlinien gehen. Folglich:

Die sechs Potenzebenen von vier Kugeln gehen durch einen Punkt, den Potenzpunkt der vier Kugeln; sie schneiden sich viermal zu je dreien in Geraden, die durch diesen Punkt gehen. Liegt dieser aufserhalb der vier Kugeln, so ist er der Mittelpunkt einer Kugel, welche die entsprechende Tangente zum Radius hat und alle vier Kugeln orthogonal schneidet. Dies ist die Orthogonalkugel der vier gegebenen Kugeln. Liegt er dagegen innerhalb und „schlägt" man mit einer der halben kürzesten Sehnen, die sich für eine der Kugeln durch ihn legen lassen, eine Kugel, so enthält diese die Endpunkte für sämtliche kürzesten Sehnen, die für die vier Kugeln möglich sind.

Die Potenzeigenschaften der Kugeln spielen im Raume eine entsprechende Rolle, wie die der Kreise in der Ebene, besonders auch für Berührungsaufgaben. Im folgenden kommen sie noch mehrfach zur Sprache.

### γ) Ähnlichkeitspunkte bei zwei, drei und vier Kugeln.

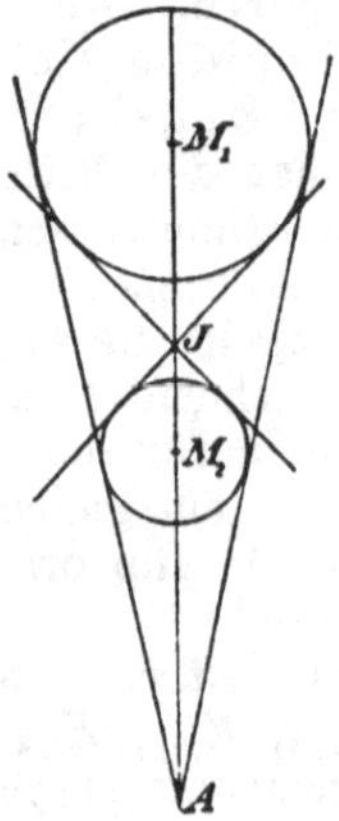

Fig. 191.

296) Zwei Kugeln. In der Planimetrie wird gezeigt, dafs zwei Kreise einen äufseren und einen inneren Ähnlichkeitspunkt besitzen, die mit den Mittelpunkten eine Gruppe harmonischer Punkte bilden. Die Verbindungslinien der Endpunkte gleich- bezw. entgegengesetzt gerichteter Radien gehen durch den äufseren bezw. inneren Ähnlichkeitspunkt. Sind äufsere und innere gemeinschaftliche Tangenten vorhanden, so gehen auch diese durch den äufseren bezw. inneren Ähnlichkeitspunkt.

Dreht man die entsprechende Figur um die Centrale, so entstehen zwei Kugeln. Da aber in jeder Lage der Satz bestehen bleibt, so folgt:

Satz: Für je zwei nicht konzentrische Kugeln giebt es einen äufseren und einen inneren Ähnlichkeitspunkt. Beide liegen auf der Centrale und bilden mit den Mittelpunkten harmonische Punkte. Die Verbindungslinien der Endpunkte gleich gerichteter Radien gehen durch den äufseren Ähnlichkeitspunkt, die der Endpunkte entgegengesetzt gerichteter durch den inneren.

297) Haben die Kugeln einen oder zwei gemeinschaftliche Berührungskegel, so ist die Kegelspitze in $A$ bezw. $J$ zu suchen. Daraus folgt:

Satz: Werden zwei Kugeln von einer dritten gleichartig oder ungleichartig berührt, so geht die Verbindungslinie der Berührungspunkte durch den äufseren bezw. inneren Ähnlichkeitspunkt.

Beweis: Man lege durch die Mittelpunkte der drei Kugeln eine Ebene, dann geht diese durch die beiden Berührungspunkte, und die Schnittfigur ist die des entsprechenden Satzes der Kreislehre, der als bekannt angenommen wird.

298) Die Aufgabe, eine Kugel zu konstruieren, die zwei gegebene Kugeln gleichartig bezw. ungleichartig berührt, und zwar die eine in einem gegebenen Punkte, erledigt sich durch die entsprechende Kreisaufgabe, die in der durch die Mittelpunkte und den gegebenen Punkt bestimmten Ebene zu lösen ist.

Die Sonderfälle, wo die eine Kugel ein Punkt oder ein Kreis wird, oder wo beide einander berühren, erledigen sich ebenso, wie in der Planimetrie.

299) Drei Kugeln. Legt man durch die Mittelpunkte dreier Kugeln eine Ebene, so liegen die drei Centralen, also auch die sechs Ähnlichkeitspunkte, in dieser, und zwar sind sie identisch mit den Ähnlichkeitspunkten der Kreise, in denen die Kugeln von jener Ebene geschnitten werden. Daraus ergiebt sich folgender Satz:

Satz. Die sechs Ähnlichkeitspunkte dreier Kugeln liegen in ihrer Centralebene und zwar zu je dreien auf vier Geraden.

Die Gruppierung ist, wie in der Ebene:

$$A_1, A_2, A_3; \quad A_1, J_2, J_3; \quad J_1, A_2, J_3; \quad J_1, J_2, A_3.$$

[Stereometrischer Beweis für den Fall, dafs die drei Kugeln einander ausschliefsen. Die drei Kugeln sind symmetrisch gegen die Centralebene. Auf der einen Seite der letzteren kann man eine Ebene so legen, dafs sie sich auf die drei Kugeln stützt, also sie berührt; ebenso auf der anderen Seite. Der Symmetrie wegen mufs die

Schnittlinie der beiden Berührungsebenen in die Centralebene fallen. Verbindet man nun zwei Berührungspunkte einer der Tangentialebenen mit einander, so erhält man eine der Geraden des beiden Kugeln zugehörigen äufseren Berührungskegels, diese geht also durch den äufseren Ähnlichkeitspunkt, der nun in der Schnittlinie der beiden Berührungsebenen (d. h. in der Centralebene) liegen mufs. Daraus folgt, dafs die drei äufseren Ähnlichkeitspunkte auf einer Geraden liegen, nämlich auf jener Schnittlinie.

Ganz ebenso wird der Beweis für Berührungsebenen geliefert, die zwei der Kugeln auf der einen, die dritte auf der andern Seite haben.]

Der vorher besprochene Berührungssatz folgt aus dem jetzt behandelten Satze.

300) Aufgabe. Eine Kugel zu konstruieren, die durch zwei gegebene Punkte $P_1$ und $P_2$ geht und eine gegebene Kugel $M$ in der durch $P_1$, $P_2$ und $M$ bestimmten Ebene berührt.

Auflösung. Man lege durch die beiden gegebenen Punkte und den Mittelpunkt der Kugel eine Ebene und führe in dieser die entsprechende Kreisaufgabe aus, die im allgemeinen zwei Lösungen hat. Die beiden gefundenen Berührungskreise sind Hauptkreise der gesuchten Berührungskugeln.

Allgemeinere Aufgaben und weitere Sätze kommen später zur Sprache.

Vier Kugeln. Vier Kugeln haben 12 Ähnlichkeitspunkte, 6 äufsere und 6 innere. Davon liegen sechzehn mal je drei auf einer Geraden. Man beginne mit den Kugeln $M_1$, $M_2$, $M_3$, welche folgende Geraden geben:

$$A_{1,2}, A_{2,3}, A_{3,1};\ A_{1,2}, J_{2,3}, J_{3,1};\ J_{1,2}, A_{2,3}, J_{3,1};\ J_{1,2}, J_{2,3}, A_{3,1};$$

und fahre nun cyklisch fort, also

$$A_{2,3}, A_{3,4}, A_{4,2};\ A_{2,3}, J_{3,4}, J_{4,2};\ J_{2,3}, A_{3,4}, J_{4,2};\ J_{2,3}, J_{3,4}, A_{4,2};$$
$$A_{3,4}, A_{4,1}, A_{1,3};\ A_{3,4}, J_{4,1}, J_{1,3};\ J_{3,4}, A_{4,1}, J_{1,3};\ J_{3,4}, J_{4,1}, A_{1,3};$$
$$A_{4,1}, A_{1,2}, A_{2,4};\ A_{4,1}, J_{1,2}, J_{2,4};\ J_{4,1}, A_{1,2}, J_{2,4};\ J_{4,1}, J_{1,2}, A_{2,4}.$$

Je sechs dieser Ähnlichkeitspunkte liegen in je einer der vier durch die Mittelpunkte bestimmten Tetraederflächen, nämlich:

$$A_{1,2},\ A_{2,3},\ A_{3,1},\ J_{1,2},\ J_{2,3},\ J_{3,1};$$
$$A_{2,3},\ A_{3,4},\ A_{4,2},\ J_{2,3},\ J_{3,4},\ J_{4,2};$$
$$A_{3,4},\ A_{4,1},\ A_{1,3},\ J_{3,4},\ J_{4,1},\ J_{1,3};$$
$$A_{4,1},\ A_{1,2},\ A_{2,4},\ J_{4,1},\ J_{1,2},\ J_{2,4}.$$

Von den äufseren Ähnlichkeitspunkten liegen nach Vorstehendem $A_{1,2}$, $A_{2,3}$, $A_{3,1}$ auf einer Geraden, ebenso $A_{1,2}$, $A_{4,1}$, $A_{2,4}$. Diese Geraden haben den Punkt $A_{1,2}$ gemein, sie bestimmen also eine Ebene. Aufserdem liegen $A_{4,1}$, $A_{1,3}$, $A_{3,4}$ auf einer Geraden, die mit dieser Ebene die Punkte $A_{1,3}$ und $A_{4,1}$ gemein hat, so dafs auch $A_{3,4}$ in dieser Ebene liegt. Folglich:

Die äufseren Ähnlichkeitspunkte

$$A_{1,2},\ A_{1,3},\ A_{1,4},\ A_{2,3},\ A_{2,4},\ A_{3,4}$$

liegen in einer Ebene. Entsprechende Schlüsse zeigen, dafs auch je sechs Ähnlichkeitspunkte, die zur Hälfte äufsere sind, in einer Ebene liegen, nämlich

$$A_{1,2},\ A_{2,3},\ A_{3,1},\ J_{1,4},\ J_{2,4},\ J_{3,4}$$
$$A_{2,3},\ A_{3,4},\ A_{4,2},\ J_{2,1},\ J_{3,1},\ J_{4,1}$$
$$A_{3,4},\ A_{4,1},\ A_{1,3},\ J_{3,2},\ J_{4,2},\ J_{1,2}$$
$$A_{4,1},\ A_{1,2},\ A_{2,4},\ J_{4,3},\ J_{1,3},\ J_{2,3}.$$

Endlich liegen noch je sechs in einer Ebene, von denen je zwei äufsere sind, nämlich

$$A_{1,2},\ A_{3,4},\ J_{1,3},\ J_{1,4},\ J_{2,3},\ J_{2,4};$$
$$A_{2,3},\ A_{4,1},\ J_{2,4},\ J_{2,1},\ J_{3,4},\ J_{3,1};$$
$$A_{3,4},\ A_{1,2},\ J_{3,1},\ J_{3,2},\ J_{4,1},\ J_{4,2}.$$

Im Ganzen liegen also 12 mal je sechs Punkte in einer Ebene und 16 mal je drei Punkte in einer Geraden.

Man vergleiche hinsichtlich der letztgenannten Gruppierungen die früher besprochenen Tetraedersätze.

**$\delta$) Inversion oder Methode der reciproken Radien im Raume.**

302) In der Planimetrie wird folgendes gelehrt:

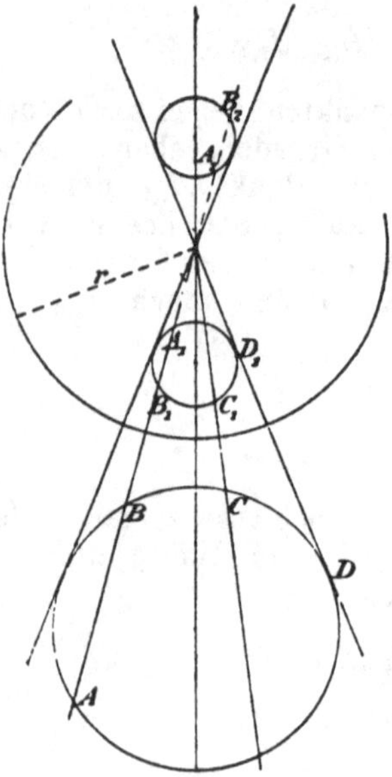


Fig. 192.

Schlägt man mit $r = 1$ einen Kreis um einen beliebigen Punkt $P$, so kann man auf jedem von $P$ ausgehenden Strahle jedem seiner Punkte $Q$ einen Punkt $Q_1$ so zuordnen, daſs $PQ_1 = \frac{1}{PQ} = \frac{1}{\varrho}$ ist. Bei dieser Zuordnung durch Inversion oder reciproke Radien geht im allgemeinen jeder Kreis in einen Kreis über, jede beliebige Gerade in einen durch $P$ und den Pol der Geraden gehenden Kreis, jeder durch $P$ gehende Kreis in eine Gerade. (Das Strahlenbüschel durch $P$ und ebenso die zugehörige konzentrische Kreisschar geht in sich selbst über. Jedesmal ist $P$ äuſserer Ähnlichkeitspunkt zu dem Kreise und seinem Bilde. Jeder Kreis, der den Inversionskreis (spiegelnden Kreis) rechtwinklig schneidet, geht in sich selbst über. Ist $r$ verschieden von $1$, so geschieht die Abbildung durch

$$PQ_1 = \frac{r^2}{PQ}.$$

In der Figur ist $PA \,.\, PA_1 = r^2$ und $PB \,.\, PB_1 = r^2$, es ist also

$$PA \,.\, PA_1 = PB \,.\, PB_1.$$

Dabei handelt es sich um Punkte einer Geraden. Ganz ebenso ist

$$PA \,.\, PA_1 = PC \,.\, PC_1,$$

folglich liegen $A$, $A_1$, $C$, $C_1$ auf einem sich selbst entsprechenden, d. h. den spiegelnden Kreis rechtwinklig schneidenden Kreise. Zwei einander entsprechende Kreise und der spiegelnde Kreis gehören stets derselben Schar an.

Schneiden sich zwei Kreise, so schneiden sich ihre Bilder unter demselben Winkel. Dasselbe gilt von zwei Geraden und ihren Bildern. Die Abbildung gehört also zu den winkeltreuen (isogonalen). Einem kleinen Dreieck entspricht im allgemeinen ein kleines ähnliches Dreieck (die kleinen Bogen als Gerade zu betrachten!), die Abbildung ist also eine konforme, d. h. Gebilde und Abbildung sind in den kleinsten Teilen ähnlich. Ein Kreisbüschel und die orthogonale Kreisschar geht über in Kreisbüschel und orthogonale Kreisschar, im besonderen Falle in Strahlenbüschel und konzentrische Kreisschar. Durch Strahlenbüschel und konzentrische Kreisschar kann man die Ebene in kleine Quadrate einteilen. Dies geschieht z. B. (vgl. No. 314) mit Hülfe der Radienlängen

$$1) \qquad e^0, e^{\pm\frac{2\pi}{n}}, e^{\pm\frac{4\pi}{n}}, e^{\pm\frac{6\pi}{n}}, e^{\pm\frac{8\pi}{n}}, \ldots\ldots$$

und der Neigungswinkel

$$2) \qquad 0, \pm\frac{2\pi}{n}, \pm\frac{4\pi}{n}, \pm\frac{6\pi}{n}, \pm\frac{8\pi}{n}, \ldots\ldots$$

Auch durch Kreisbüschel und Kreisschar ist eine solche Einteilung möglich. Sie geschieht z. B. dann, wenn das Verhältnis $\frac{p}{q}$ der von den Grenzpunkten ausgehenden Radiivektores der Reihe 1) folgt, die Differenz $\varphi - \chi$ für die Neigungen der Radiivektores der Reihe 2). Die Beziehung $r = c$ geht über in $\frac{p}{q} = c$, die Beziehung $\vartheta = \gamma$ in $\varphi - \chi = \gamma$.

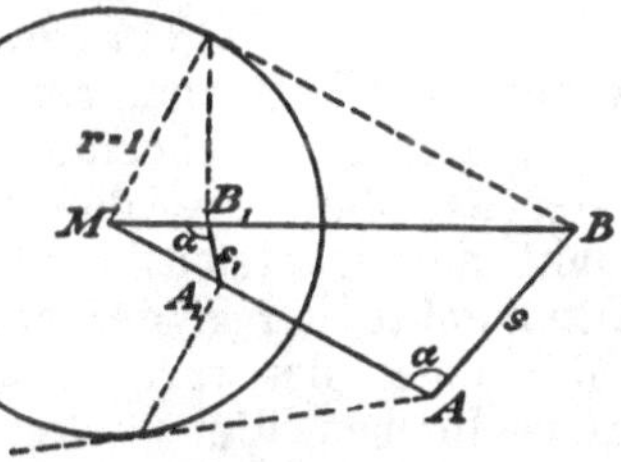

Fig. 193.

Jeder Durchmesser eines Kreises wird durch jeden diesen schneidenden Orthogonalkreis harmonisch geteilt. Jedes kleine Bogenelement $AB = s$ verwandelt sich in $A_1B_1 = \frac{AB}{MA^2}$ oder $s_1 = \frac{s}{\varrho^2}$. ($\triangle MAB \sim MB_1A_1$, und bei unendlich kleinem $s$ kann $MA = MB$ gesetzt werden.)

303) Statt mit Hülfe von $PQ_1 = \frac{1}{PQ}$ oder $PQ_1 = \frac{r^2}{PQ}$

abzubilden, kann man, wie Fig. 192 andeutet, auch mit Hülfe von $PQ_1 = -\frac{1}{PQ}$ oder $PQ_1 = -\frac{r^2}{PQ}$ abbilden, wobei $P$ zum inneren Ähnlichkeitspunkte jedes Kreises und seines Bildes wird. Wesentliche Änderungen aber bringt der Zeichenwechsel nicht hervor.

Unsere Aufgabe besteht nun darin, diese Beziehungen nach Möglichkeit auf den Raum zu übertragen.

304) Dreht man Fig. 192 um die Centrale, so geht der spiegelnde Kreis in die Inversionskugel über, der gespiegelte Kreis in die zu spiegelnde Kugel, sein Bild in die reciproke Kugel. Die Beziehung $PA_1 = \frac{r^2}{PA}$ bleibt für jeden Punkt des Raums und sein Bild erhalten. Folglich:

Durch Inversion im Raume wird im allgemeinen jede Kugel in eine Kugel verwandelt und dabei ist das Inversionscentrum äufserer Ähnlichkeitspunkt der abgebildeten Kugel und ihres Bildes. Jede Ebene geht über in eine Kugel, für welche die Verbindungslinie des Inversionscentrums mit dem Pole der Ebene ein Durchmesser ist.

Jeder beliebig im Raume liegende Kreis kann als Schnitt zweier Kugeln betrachtet werden. Die letzteren verwandeln sich durch Inversion in Kugeln, geben also einen Kreisschnitt. Folglich:

Beliebig liegende Kreislinien verwandeln sich durch Inversion in Kreislinien.

305) Zwei Kugeln mögen einander unter einem Winkel $\alpha$ schneiden. Legt man einen ebenen Schnitt durch die beiden Mittelpunkte, so schneiden sich auch die Kreise des Schnittes unter $\alpha$. Man lege diesen Schnitt auch durch den Mittelpunkt der Inversionskugel, dann geht er auch durch die Mittelpunkte der Bilder beider Kugeln, deren Schnittkreise Abbildungen der vorigen Schnittkreise sind. In der Schnittebene bleiben die Winkel erhalten, folglich schneiden sich die Bildkugeln unter demselben Winkel, wie die gegebenen Kugeln.

Bei Schnitten von Ebenen, Schnitten von Kugeln und Ebenen bleiben ebenfalls die Winkel erhalten.

Schneiden sich zwei beliebig gestaltete Flächen an einer bestimmten Stelle unter dem Winkel $\alpha$, so schneiden sich die inversen Flächen an der entsprechenden Stelle unter demselben Winkel $\alpha$.

Der Beweis liegt darin, dafs kleine Bereiche einer Fläche im allgemeinen als eben betrachtet werden können. (Nur Diskontinuitätsstellen machen besondere Untersuchung nötig.)

306) Die Winkel, unter denen sich zwei Kreise einer Kugelfläche schneiden, sind einander gleich. Durchdringung einer Kugel durch ein Dreikant führt also auf winkelgleiche „Dreiecke". Geht ein solches Dreikant vom äufseren Ähnlichkeitspunkte zweier Kugeln aus, so stimmen daher nicht nur die ähnlich liegenden, sondern auch die unähnlich liegenden Dreieckspaare in den Winkeln überein. Die letzteren sind aber invers gegen eine bestimmte um den Ähnlichkeitspunkt gelegte Kugel. Bei der Inversion bleiben also die Winkel erhalten und sehr kleine Dreiecke gehen in ähnliche über. Allgemein gilt:

Schneiden sich zwei ebene oder sphärische Kurven an einer Stelle unter einem Winkel $\alpha$, so schneiden sich ihre inversen Bilder, die ebenfalls sphärische oder ebene Kurven sind, an der entsprechenden Stelle unter demselben Winkel $\alpha$.

307) Kurven auf beliebig gestalteter Fläche gehen in Kurven auf der reciproken Fläche über, etwaige Schnittwinkel bleiben ungeändert und kleine Dreiecke gehen in ähnliche über. Folglich:

Wird eine beliebige Fläche durch Inversion abgebildet, so findet zwischen Bild und Original Ähnlichkeit in den kleinsten Teilen statt. Ein kleiner Würfel im Raume geht also in einen kleinen Würfel, ein kleiner Rechteckskörper in einen ähnlichen Rechteckskörper über.

(Nur bei den räumlichen Verwandtschaften der Kongruenz, Ähnlichkeit und Inversion, einschliefslich der jedesmaligen Symmetrie, findet eine solche Beziehung statt.

Es giebt keine andere Transformation, die zwei Räume in den kleinsten Teilen ähnlich auf einander abbilden könnte.)

308) Hat ein Bogenelement $s$ vom Inversionscentrum die Entfernung $\varrho$ und ist der Radius der Inversionskugel gleich 1, so ist das inverse Element von der Länge $\frac{s}{\varrho^2}$. Dabei liegt es in der durch $s$ und das Inversionscentrum bestimmten Ebene und schneidet den Radiusvektor unter dem Winkel $-\alpha$, wenn das Original unter $\alpha$ schneidet.

So entspricht in Figur 193 dem Elemente $AB = s$ das Element $A_1 B_1 = s_1 = \frac{s}{\varrho^2}$. Bezeichnet man $s$ als den Schnitt, so ist $s_1$ der sogenannte Gegenschnitt.

309) Ist $P$ ein Punkt des Raums aufserhalb einer Kugel, und setzt man die Tangente $PA = 1$, so kann man mit Hülfe dieses Radius um $P$ eine Orthogonalkugel legen. Diese bildet den äufseren Teil der gegebenen Kugelfläche auf den innern ab. Einem beliebigen Kreise auf der Oberfläche entspricht ein anderer auf derselben Oberfläche. Beide sphärischen Kreisflächen sind perspektivisch in Bezug auf $P$. Der schräge Kreiskegel hat demnach nicht nur Kreisschnitte, die parallel zur Grundfläche sind, sondern noch eine zweite Gruppe von Kreisschnitten. Der schräge Kreiskegel hat eine Symmetrieebene, welche die Grundfläche in einer Geraden $CD$ schneidet. Diese ist Durchmesser des Grundkreises. Die Ebene des andern Kreises wird von der Symmetrieebene in $C_1 D_1$ geschnitten. Durch $C D D_1 C_1$ läfst sich nach den obigen Betrachtungen ein Kreis legen. Folglich ist $\sphericalangle C_1 D_1 D$ das Supplement

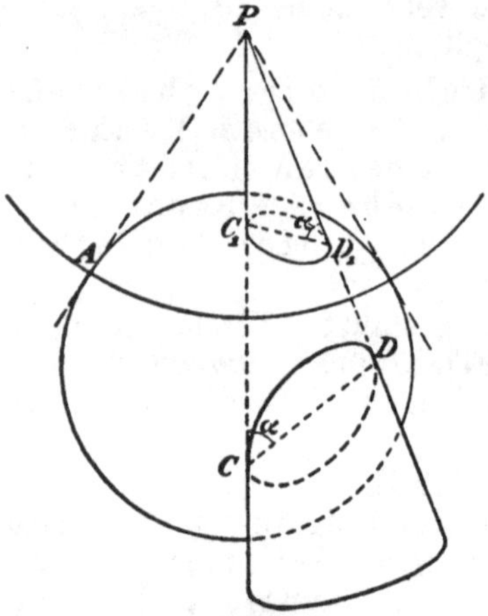

Fig. 194.

von $\sphericalangle DCC_1$ und daher $\alpha = \alpha_1$. Zwei Schnitte des Kegels, die in solcher Beziehung stehen, bezeichnet man als Gegenschnitte oder Wechselschnitte. Folglich:

Beim schrägen Kreiskegel sind die Gegenschnitte der Basis ebenfalls Kreisschnitte.

310) Dieser Satz läfst sich noch auf mehrere andere Arten beweisen.

Liegt $P$ innerhalb des Kreises, so findet entsprechendes statt, nur sind die einander entsprechenden Kreise dann verkehrt perspektivisch und $P$ ist innerer Ähnlichkeitspunkt.

Die darin liegenden Sätze kann man folgendermafsen aussprechen:

Liegen zwei Kreise auf einer Kugel, so sind sie auf zweierlei Art perspektivisch. Liegen zwei (nicht parallele) Kreise auf einer Kegelfläche, so liegen sie auf einer Kugel.

Errichtet man über dem gemeinschaftlichen Kreise eines Kugelbüschels einen schrägen Kreiskegel, so werden alle Kugeln in parallelen Kreisen geschnitten. So ist in Figur 195 $ABP$ die Darstellung eines Kegels über dem Kreise $AB$ mit der Spitze $P$. Dabei sind die Ebenen der Kreise $CD$, $C_1D_1$, $C_2D_2$, $C_3D_3$ parallel.

311) Von besonderem Interesse ist das Verhalten der Kreisbüschel auf der Kugel und ihrer orthogonalen Kreisscharen. Von den letzteren läfst sich beweisen, dafs ihre Ebenen ebenfalls ein Büschel bilden. Zu diesem Zwecke gehe man von einem Büschel von Hauptkreisen aus, dessen Orthogonalschar von parallelen Kreisschnitten (Parallelkreisen) gebildet wird. Bildet man diese beiden Scharen mit Hülfe einer aufserhalb liegenden Kugel ab, so geht das Meridianbüschel in ein Kreisbüschel durch Kugelpunkte über, die im allgemeinen nicht mehr Gegenpuukte sind. Die Ebenen der Parallel-

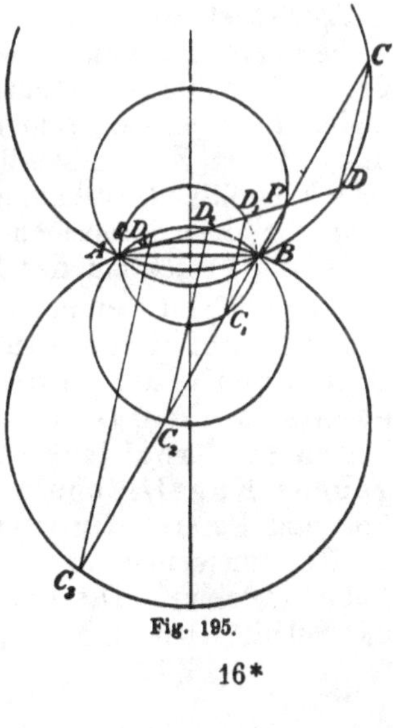


Fig. 195.

schnitte werden Kugelflächen, die einander im Inversionscentrum berühren. In der Ebene, welche durch letzteres und die ursprüngliche Polachse (Schnittlinie des Meridianbüschels) gelegt ist, die also für Original und Bild als Symmetrie-

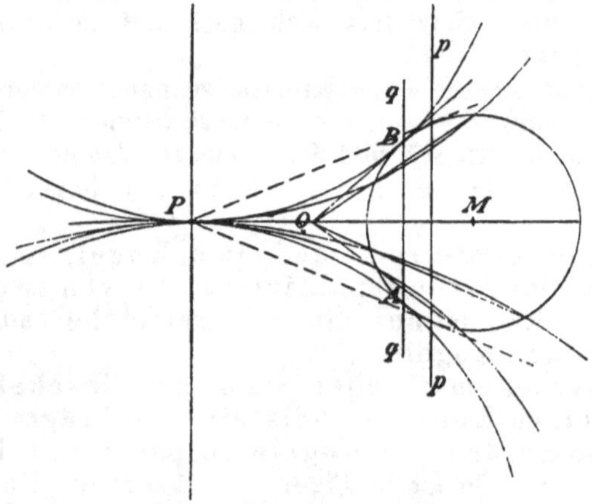


Fig. 196.

ebene betrachtet werden kann, erhält man als Bild ein Kreisbüschel welches die gemeinsame Potenzlinie $AB$ in $P$ berührt. Ist nun $Q$ der Schnitt dieser Potenzlinie und der Potenzlinie des schneidenden Kreises und eines der anderen, so müssen sich nach dem Satze über die Potenzlinien dreier Kreise sämtliche übrigen Potenzlinien in demselben Punkte $Q$ schneiden. Dies ist also ein Punkt, in dem sämtliche Kreisebenen der Abbildung sich schneiden. $Q$ ist die Projektion der Schnittlinie der Ebenen.

Folglich: Legt man durch zwei beliebige Punkte einer Kugelfläche ein Kreisbüschel, so ist dessen Orthogonalschar eine Kugelschar, deren Ebenen ebenfalls ein Büschel bilden. Die beiden Büschellinien sind reciproke Polaren in Bezug auf die gegebene Kugelfläche. Denn Punkt $Q$ und Ebene $q$ sind Pol und Polare, der unendlich ferne Punkt, der senkrecht zur Zeichungsebene liegt, und die Zeichungsebene selbst sind Pol und Polare. Die Verbindungslinie der beiden Pole und die Schnitte beider Polarebenen sind ebenfalls reciprok.

Der Schnittpunkt $Q$ halbiert die Strecke von $P$ nach der Polare $p$ dieses Punktes. Ist nämlich in Figur 197 $AB \parallel CD$, und transformiert man den Kreis von $P$ aus in sich selbst, also mittels des Radius $PK = 1$, so geht $A$ in $A_1$ und $B$ in $B_1$ über, $A_1 B_1$ aber giebt für alle so aus den Parallelen zu $AB$ entstehenden Geraden den gemeinschaftlichen Schnittpunkt $Q$. Dabei schneiden sich aber $AB$ und $A_1 B_1$ in einem Punkte $S$ der Polare $p$, und da $PB_1 NB$ harmonische Punkte sind, so sind $S\,(PB_1 NB)$ harmonische Strahlen, folglich $P, Q, L$ und $\infty$ harmonische Punkte. Also ist $QP = QL$.

312) Analoges geschieht in der Grundrißebene mit dem Meridianbüschel. Jeder Durchmesser $AB$ giebt nämlich bei der entsprechenden Transformation Punkte $A_1$ und $B_1$, deren Verbindungslinie ihn auf einem Punkte $Z$ der Polare $p$ schneidet, so daß $Z(PBXB_1)$ harmonische Strahlen und $PYRM$ harmonische Punkte sind. Von diesen sind $P, R, M$ fest, also ist auch $Y$ fest. Alle Verbindungslinien $A_1 B_1$, die aus der Transformation von Durchmessern hervorgehen, schneiden sich also in demselben Punkte $Y$. Dieser ist die Projektion der Büschellinie für das neu entstehende Kreisbüschel auf der Kugelfläche.

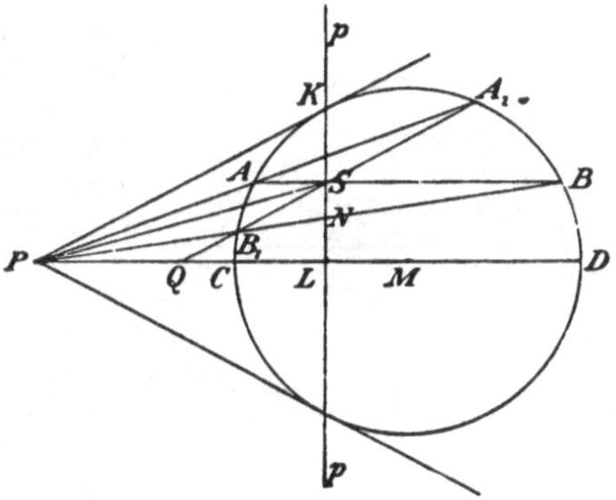

Fig. 197.

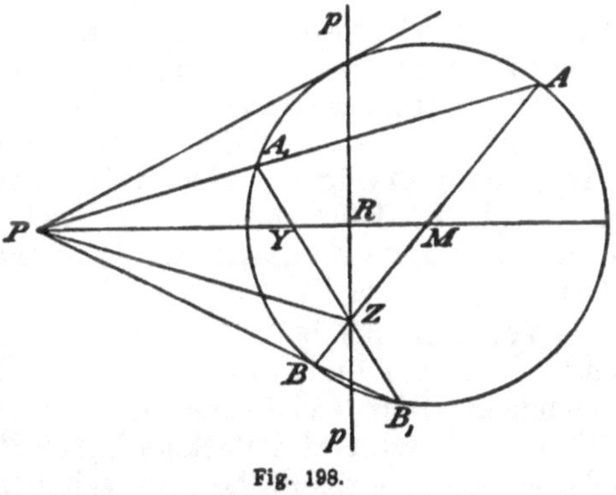

Fig. 198.

Dieselben Ergebnisse lassen sich mit Hülfe der darstellenden Geometrie ableiten.

313) Durch Meridiane und Parallelkreise läfst sich die Kugelfläche in ein Netz von kleinen Quadraten einteilen. Folglich:

Durch ein Kreisbüschel mit beliebigen Büschelpunkten und die orthogonale Kreisschar läfst sich die Kugelfläche in ein Netz kleiner Quadrate einteilen, ebenso in ein Netz ähnlicher Rechtecke.

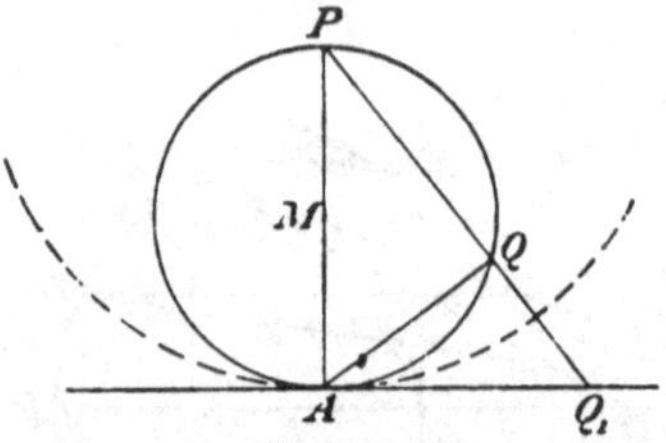

Fig. 199.

Von diesen Sätzen lassen sich wichtige Anwendungen kartographischer und physikalischer Art machen, besonders mit Hülfe der stereographischen Projektion des Hipparch (und Ptolemäus). Projiziert man nämlich eine Kugelfläche von einem ihrer Punkte $P$ aus auf die im Gegenpunkte $A$ berührende Tangentialebene, so ist, weil $\measuredangle AQP = 90^0$ und $PAQ_1 = 90^0$ ist, $PQ \,.\, PQ_1 = PA^2$ (Pythagoras), folglich, wenn man $PA = 1$ setzt, $PQ_1 = \frac{1}{PQ}$. Die besprochene Centralprojektion ist also ganz dasselbe wie die Inversion der Kugelfläche gegen die Kugel mit dem Mittelpunkt $P$ und dem Radius $PA = 1$. Folglich gehen bei der sogenannten stereographischen Projektion Kreise der Kugelfläche in Kreise über, die Schnittwinkel in Bild und Original sind dieselben, Bild und Original sind also in den kleinsten Teilen ähnlich. Quadratische Teilungen der Kugelfläche geben ebensolche der Ebene.

Von hier aus läfst sich also die Lehre von den konformen oder winkeltreuen Kartenprojektionen behandeln. Für Nichtkenner der quadratischen Einteilungen soll jedoch die durch Polarkoordinaten, d. h. durch Strahlenbüschel und konzentrische Kreisschar zu ermöglichende als planimetische Übungsaufgabe hier eingeschaltet werden.

314) Aufgabe. Die Ebene durch Strahlen-

büschel und konzentrische Kreisschar quadratisch einzuteilen.

Auflösung. Man zeichne einen Kreis mit Radius *1* und teile seine Peripherie durch das entsprechende Büschel von Radien in $n$ Teile ein. Man verlängere die Strahlen beliebig weit und zeichne konzentrische Kreise mit den Radien

$$e^0, e^{\pm\frac{2\pi}{n}}, e^{\pm\frac{4\pi}{n}}, e^{\pm\frac{6\pi}{n}}, e^{\pm\frac{8\pi}{n}}, \ldots\ldots,$$

wo $e$ die Basis der natürlichen Logarithmen ist, dann erhält man die gesuchte Einteilung.

Beweis. Ist der auf dem Einheitskreise gewählte Teilbogen $e^{\frac{2\pi}{n}} = \alpha$, also nach der Konstruktion $MD = e^\alpha$, so ist

$$AD = e^\alpha - 1\left(1 + \frac{\alpha}{1!} + \frac{\alpha^2}{2!} + \frac{\alpha^3}{3!} + \ldots\right) - 1, \text{ oder}$$

$$AD = \frac{\alpha}{1!} + \frac{\alpha^2}{2!} + \frac{\alpha^3}{3!} + \frac{\alpha^4}{4!} + \ldots$$

$$= \alpha\left[1 + \frac{\alpha}{2!} + \frac{\alpha^2}{3!} + \frac{\alpha^3}{4!} + \ldots\right].$$

Von quadratischen Flächenräumen kann nur die Rede sein, wenn $\alpha$ sehr klein ist. Für unendlich keines $\alpha$ ist aber nach der letzten Formel $AD = \alpha = AB$, also kann dann $ABCD$ als Quadrat betrachtet werden.*) In der Figur sind nun mit Hülfe der Parallelen zur Diagonale $BD$ und konzentrischer Kreisbogen geometrisch ähnliche „Rechtecke" konstruiert, so dafs die Teilung leicht vollendet werden kann. Auch nach $M$ hin hat man fortzufahren.

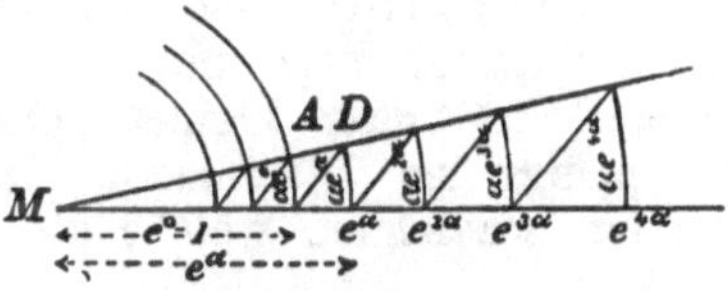


Fig. 200.

*) Man denke sich in Figur 200 unter $A$ und $D$ die Buchstaben $B$ und $C$ geschrieben.

Der Grad der Annäherung ist leicht zu beurteilen. Jedenfalls ist $AD < \alpha\left[1 + \frac{\alpha}{2} + \frac{\alpha^2}{4} + \frac{\alpha^3}{8} + \ldots\right]$ d. h. $< \alpha \cdot \frac{1}{1 - \frac{\alpha}{2}}$, aber etwas

314) **Aufgabe. Die Kugeloberfläche durch Parallelkreise und Meridiane in kleine Quadrate einzuteilen.**

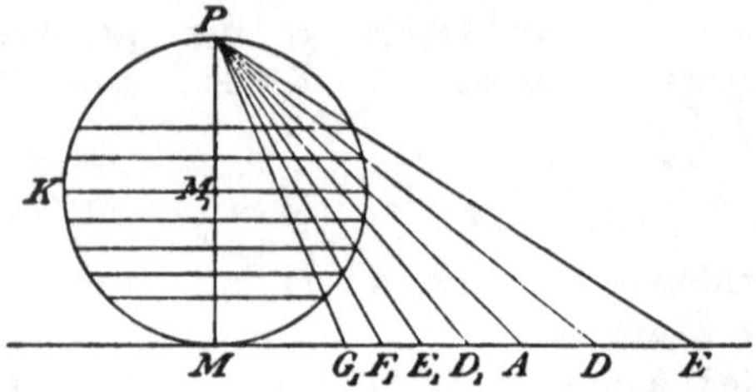


Fig. 201.

Auflösung: Man projiziere von $P$ aus zunächst den Äquator $KL$ auf die Gegenebene, so dafs $M_1 L$ nach $MA$ projiziert wird. Man setze $MA = 1$ und mache, wenn man $n$ Meridianstreifen erhalten will, $MD = e^{\frac{2\pi}{n}}$, $ME = e^{\frac{4\pi}{n}}$, und setze die geometrische Reihe der Radien nach beiden Seiten fort. Verbindet man die gefundenen Punkte mit $P$, so erhält man am Kreisrande die Punkte, durch welche die Parallelkreise zu legen sind. Die $n$-Teilung durch Meridiane vollendet die Zeichnung.

315) **Aufgabe. Die Kugeloberfläche durch eine Doppelschar loxodromischer Linien in ein Netz ähnlicher „Rechtecke" oder „Quadrate" einzuteilen.**

Auflösung. Man teile die Kugeloberfläche zunächst durch Parallelkreise und Meridiane in ein Netz ähnlicher „Rechtecke" oder kleiner „Quadrate" ein und ziehe dann die geeigneten Diagonalen. In Figur 202 sind die Loxodromen gezeichnet, welche die Meridiane und Parallelkreise unter Winkeln $\alpha$ und $\beta$ schneiden, die sich aus $\tan \alpha = \frac{1}{2}$ und $\tan \beta = -2$ ergeben.

---

gröfser als $\alpha$. Ist nun z. B. $\alpha = \frac{1}{1000}$, so liegt $AD$ zwischen $\frac{1}{1000}$ und $\frac{1}{1000} \cdot \frac{1}{1 - \frac{1}{2000}}$ oder $\frac{2}{1999}$, also zwischen $\frac{2}{2000}$ und $\frac{2}{1999}$. Schon jetzt ist der Unterschied kleiner als $\frac{2}{1999} - \frac{2}{2000} = 2 \frac{2000 - 1999}{2000 \cdot 1999} = \frac{1}{1999999}$. Je kleiner $\alpha$ ist, um so näher ist $AD = AB$.

Bemerkungen. Die Loxodromen sind für die Kugel dasselbe, was die Schraubenlinien für den Cylinder und den Kegel sind. Sie durchschneiden die Meridiane unter konstantem Winkel, also geben sie auf der Erdkugel in ihrem ganzen Verlaufe dieselbe Himmelsrichtung an. Ein Schiff, welches auf dem Ocean stets unter demselben Kurs segelt, bewegt sich auf einer Loxodrome, die davon ihren Namen (Schieflauflinie) hat. Ihre stereographischen Projektionen vom Pol auf die Antipodenebene sind logarithmische Spiralen, weil sie das aus den Meridianen entstehende Strahlenbüschel unter konstantem Winkel schneiden. Weiteres soll in dem Abschnitte über die Mercatorkarte über sie mitgeteilt werden.

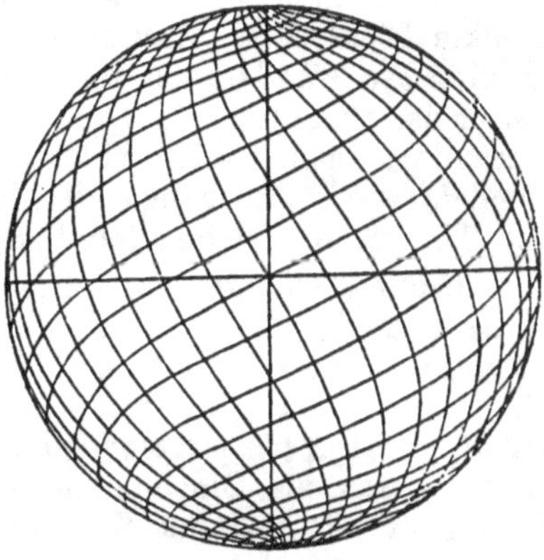

Fig. 202.

316) Verallgemeinerung der Loxodromen und geometrische und physikalische Andeutungen. Bildet man eine durch Meridiane und Parallelkreise quadratisch eingeteilte Kugelfläche mit Hülfe reciproker Radien auf sich selbst ab, wie es im Abschnitt 311 und in Figur 196 geschah, so bleibt das Quadratnetz ein Quadratnetz, jedoch wird es durch ein Kreisbüschel und eine Kreisschar gebildet, die durch zwei beliebige Punkte $A$ und $B$ der Kugelfläche bestimmt werden. Die Diagonalkurven der kleinen Quadrate oder ähnlichen Rechtecke geben jetzt die verallgemeinerten Loxodromen. Man versuche die korrekte Zeichnung solcher Quadratteilungen auszuführen. Auch diese Kurven sind der elementaren Untersuchung zugänglich.

Die Geometrie des Cylinders, des Kegels, des ebenen Parallelstreifens und des Sektors läfst sich mit Hülfe der Quadratteilung winkeltreu auf die der Kugelfläche übertragen. Jedem Satze aus der Geometrie der Lage über Gerade entspricht ein solcher über Loxodromen (oder ihre Verallgemeinerungen). Da die Winkel erhalten bleiben, so gehen harmonische Strahlen des Parallelstreifens in „harmonische Loxodromen“ über, harmonische Punkte auf einer Geraden in „harmonisch loxodromische Punkte“.

Denkt man sich in eine leitende Kugelfläche in einem Punkte Elektrizität einströmend und in einem andern abgeleitet, so wandert sie auf den Kreisen des entsprechenden Büschels, während die Kreise der Schar Niveaulinien des Potentials sind. Wie andere Strömungsprobleme zu behandeln sind, findet man in des Verfassers Einführung in die Theorie der isogonalen Verwandtschaften.

Durch stereographische Projektion geht jede quadratische Einteilung der Kugelfläche, die durch zwei Scharen loxodromischer Kurven herbeigeführt ist, in eine entsprechende Einteilung der Ebene über. Die neuen Kurven sind „logarithmische Doppelspiralen“ oder „Bicircularspiralen“, deren Konstruktion als Diagonalkurven einer Quadratteilung oder Rechtecksteilung durch Kreisbüschel und Kreisschar keine Schwierigkeiten bietet. Diese Kurven spielen eine Rolle in der Ornamentik. Im besonderen Falle gehen sie in logarithmische Spiralen über.

### ε) Kartographische Darstellungen der Erdoberfläche.

317) Globus und Mercatorkarte. Man denke sich einen Globus mit möglichst genauer Angabe der Länderformen. Statt der gewöhnlichen Gradteilung denke man sich z. B. die Einteilung in 360 Meridianstreifen und konstruiere das dazugehörige Netz von Parallelkreisen mit Hülfe von $MA = 1$ und $MD = e^{\frac{2\pi}{360}}$ u. s. w. So erhält man ein Quadratnetz, welches nach den beiden Polen hin unendlich kleine Dimensionen annimmt, so dafs es sich um unendlich viele Quadrate handelt.

Um die Mercatorkarte zu erhalten, zeichne man über dem geradlinigen Äquator $VW$ einen senkrechten Flächenstreif, der nach oben und unten ins Unendliche fortgesetzt wird. $VW$ werde in 360 gleiche Teile geteilt, so dann werden durch die Teilpunkte Senkrechte gelegt und wirkliche Quadrate gezeichnet. Jedem Quadrate des Globus entspricht nun ein „Quadrat“ der Kugelfläche. Da die „Quadrate“ der letzteren nahezu als eben zu betrachten sind, kann man die Länderformen von Quadrat zu Quadrat mit beliebiger Genauigkeit eintragen. (Die Genauigkeit wird gröfser, wenn man 2 . 360, 4 . 360, 8 . 360, ... Teile nimmt. Absolut wird die Genauigkeit bei unendlich vielen Teilen.) So entsteht die Weltkarte Mercators. Die geographischen Parallelkreise sind an den entsprechenden Stellen anzubringen, die man an den durchschnittenen Quadraten erkennt.

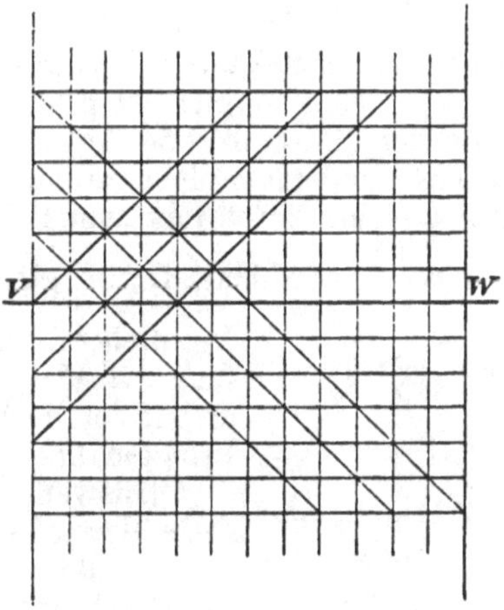

Fig. 203.

Wollte man die Karte bis zu den Polen fortsetzen, so müfste man schliefslich bis ins Unendliche gehen. Man pflegt die Karte da abzubrechen, wo die geographischen Kenntnisse der Polargegenden aufhören.

318) Bemerkungen. Die Mercatorkarte bringt die Erdoberfläche so zur Anschauung, dafs Ähnlichkeit in den kleinsten Teilen stattfindet. Die Meridiane sind überall senkrecht, die Parallelkreise überall horizontal. Die Richtungen Nordost und Nordwest werden überall durch Gerade dargestellt, welche als Diagonalen der Quadrate unter $\pm 45^0$ geneigt sind. Ebenso werden die Richtungen Ost-Nord-Ost und West-Nord-West überall durch Gerade von $\pm 22\frac{1}{2}^0$ Neigung, die Richtungen Nord-Ost-Nord und Nord-West-Nord durch Gerade von $\pm 67\frac{1}{2}^0$ Neigung dargestellt. Entsprechendes gilt von allen Himmelsrichtungen. Daher eignet sich diese Karte sehr gut zur Benutzung als Seekarte. Verbindet man nämlich auf ihr z. B. zwei Inseln durch eine Gerade, so erhält man genau die Himmelsrichtung, nach der man zu steuern hat. Die Mercatorkarte kann übrigens zum Cylinder umgebogen und mit dem Äquator an den Kugeläquator angepafst werden. Die Fahrt auf den Loxodromen oder nach den Geraden heifst die loxodromische Fahrt. Will man statt dessen die kürzeste Fahrt haben, so hat man auf dem Globus von

Insel zu Insel einen Hauptkreis zu zeichnen und diesen in das Quadratnetz der Merkatorkarte mit beliebiger Genauigkeit einzutragen.

Bei der Brauchbarkeit der Mercatorkarte als Schiffahrtskarte, Himmelskarte, als Karte für Isothermen, magnetische Kurven, Kurven gleicher Flutzeit und dgl. fällt ihr Nachteil, dafs der Mafsstab vom Äquator nach den Polen hin gesetzmäfsig zunimmt, nicht besonders ins Gewicht. Ist er am Äquator im Verhältnis zum Schulglobus gleich *1*, so ist er unter $60^0$ nördlicher Breite gleich $\frac{1}{\cos 60^0}$, denn der dortige Parallelkreis hat auf dem Globus den Umfang $2\pi M A_1 = 2\pi M A \cos 60^0$, während er auf der Merkatorkarte die Länge $2\pi MA$ behalten hat.

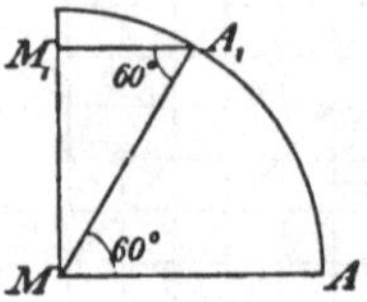


Fig. 204.

[Bisweilen wird die Mercatorkarte folgendermafsen angenähert veranschaulicht: Man denke sich an den Globus den zum Äquator gehörigen Berührungscylinder angelegt und die Kugelfläche von der Mitte aus auf die Cylinderfläche projiziert. Dies giebt aber nur in den Äquatorialgegenden eine rohe Annäherung. Handelt es sich nämlich um $\beta^0$ nördlicher Breite oder $\alpha^0$ Polabstand, so wird das Element $AB = s$ zunächst auf $A_1 B_1 = s_1$ übertragen, so dafs $s : s_1 = MB : MB_1 = MK : MB_1$ oder $s : s_1 = 1 : \frac{1}{\sin\alpha}$ wird. Auf der Cylinderwand entsteht aber $B_1 A_2 = s_2$, wobei $s_2 = \frac{s_1}{\sin\alpha}$ also $s : s_2 = 1 : \frac{1}{\sin^2\alpha} = \frac{1}{\cos^2\beta}$ wird. $A_1 B_1$ würde die richtige Gröfse für das entsprechende Meridianstück geben, $A_2 B_1$ giebt eine bedeutende Unrichtigkeit.]

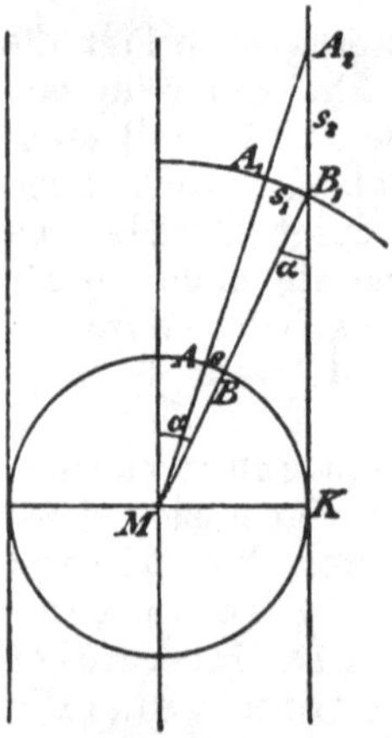


Fig. 205.

319) Globus und stereographische Polarkarten. Denkt man sich nach Art der Figur 201 das Quadratnetz des Globus von *P* aus wieder auf die gegen-

überliegende Tangentialebene projiziert, so erhält man durch Eintragung der Länderformen in die Quadrate die Darstellung der Erdoberfläche nach Hipparch. Die Meridiane geben ein Strahlenbüschel, die Parallelkreise geben konzentrische Kreise mit den Radien $MA$, $MD$, $ME$ u. s. w. Da die Karte sich mit zunehmendem Mafsstabe bis ins Unendliche ausdehnt, pflegt man vom Nordpole $P$ aus nur die südliche Halbkugel, vom Südpole aus nur die nördliche Halbkugel auf die Gegenebene zu projizieren.

Auch hier ist das Vergröfserungsverhältnis für verschiedene Stellen verschieden. Der kleine Kreisschnitt vom Durchmesser $AB = s$ am Kreiskegel $PAB$ giebt zunächst den Parallelschnitt $A_1 B_1 = s_1$ und dann den gleich grofsen Gegenschnitt $A_2 B_2 = s_2$. Hier ist $PA_1$ mit beliebiger Annäherung gleich $PA_2$, ferner

$$s : s_1 = s : s_2 = PA : PA_1$$
$$= PM_1 \cos\beta : \frac{PM_1}{\cos\beta}$$

oder

$$s : s_1 = 1 : \frac{1}{\cos^2\beta}.$$

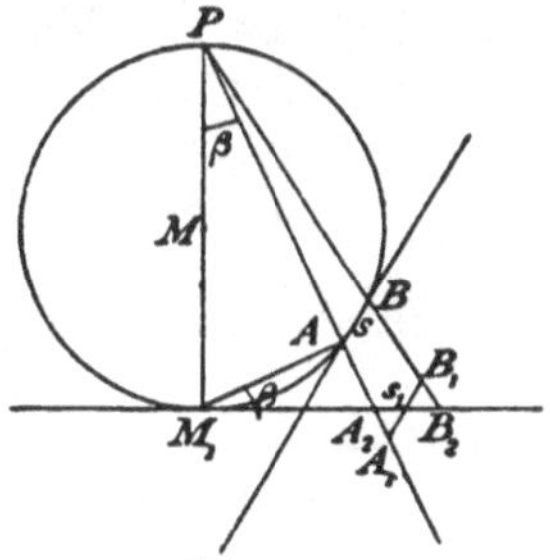

Fig. 206.

Dies giebt für die nächste Umgebung von $M_1$, wo $\beta = 0$ ist, $s = s_1$, für die Punkte des Äquators, wo $\beta = 45^0$ ist, $s : s_1 = 1 : \frac{1}{\cos^2 45^0} = 1 : 2$. Am Rande der Polarkarten und überhaupt der Halbkugelkarten nach stereographischer Projektion ist also der Mafsstab doppelt so grofs, als in der Mitte.

Zeichnet man die Diagonalkurven der Quadratteilung, so erhält man das Bild der Nordost- oder Nordwestloxodromen in der Gestalt von logarithmischen Spiralen, welche die Meridiane (Strahlen) unter $45^0$ schneiden. Zeichnet man dagegen die Diagonalen von Doppelquadraten ein, so erhält man logarithmische Spiralen, welche die Meridiane unter einem konstanten Winkel $\alpha$ schneiden, der sich aus $\tan\alpha = 2$ bestimmt. Die Polarkarten sind also für Schiffahrtszwecke unbrauchbar. Dagegen sind sie gerade für die Darstellung der Polarländer, bei denen die Mercatorkarte versagt, sehr brauchbar. Sie geben ferner das perspektivische Bild des Innern einer von $P$ aus betrachteten Halbkugelfläche.

[Selbstverständlich kann man statt der Parallelkreise der quadratischen Einteilung der Kugelfläche auch die der geographischen Gradteilung auf die Ebene projizieren. Die quadratische Polarkarte aber steht zur quadratischen Mercatorkarte in einer einfachen Beziehung, die durch die Funktion komplexen Arguments $Z = e^z$ oder $z = {}^e lg\, Z$ vermittelt wird. Zu diesem funktionentheoretischen Punkte vergleiche man des Verfassers Einführung in die Theorie der isogonalen Verwandtschaften, wo im Kapitel über die logarithmische Abbildung das Nötige gesagt ist.]

326) Karten der östlichen und westlichen Halbkugel in stereographischer Projektion.

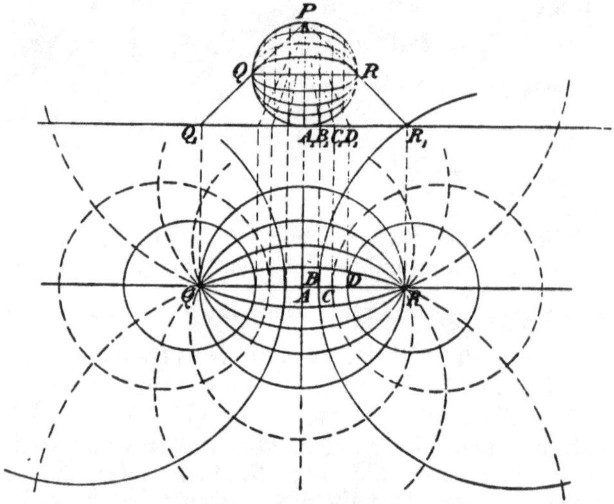


Fig. 207.

Legt man das Projektionscentrum $P$ auf den Äquator, so erhält man statt der Polarkarte eine andere, bei welcher der in der Figur hervorgehobene Teil als Karte der östlichen bezw. westlichen Halbkugel Benutzung findet. Das Gradnetz wird dabei durch ein Kreisbüschel und seine orthogonale Kreisschar gebildet. Wird die Karte bis zum unendlichen Bereiche fortgesetzt, so stellt sie die ganze Erdoberfläche dar. Der Maſsstab wächst von der Mitte aus bis zum üblichen Randkreise von 1 auf 2, würde aber jenseits des letzteren sehr stark zunehmen. Die Planimetrie beweist, ähnlich wie in Nr. 313, daſs in $\frac{p}{q} = e^c$ und in $\varphi - \chi = c$ die konstante $c$ den Gliedern einer arithmetischen Reihe zu folgen hat, wenn die Einteilung eine quadratische sein soll, z. B. der Reihe $0, \pm \frac{2\pi}{n}, \pm \frac{4\pi}{n}, \pm \frac{8\pi}{n}, \ldots\ldots$ die Neigungen der Kreistangenten in den Polpunkten folgen (dem Gesetze der Winkeltreue entsprechend) derselben Reihe, so daſs die Mittelpunkte leicht zu konstruieren sind. Nimmt man $A$ und $B$ willkürlich an, und macht man den durch $B$ gehenden Kreis der Schar zum Inversionskreis, so ist $C$ das Spiegelbild von $A$. Benutzt man den durch $C$ gehenden Kreis als spiegelnden, so findet man weitere Punkte der Teilung.

327) Stereographische Karte der gröſsten Wasser- oder Landmasse.

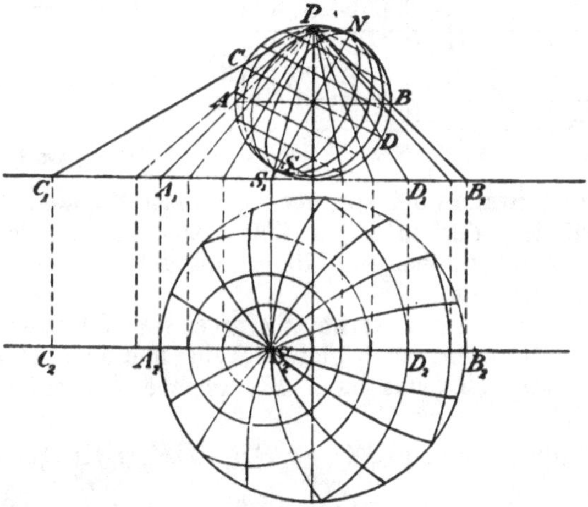


Fig. 208.

Ist $P$ auf dem Globus der sphärische Mittelpunkt der Halbkugelkarte für die gröſste Wassermasse, so giebt die stereographische Projektion die Halbkugel der gröfsten Landmasse. Auch hier folgen Kreisbüschel und Kreisschar dem angegebenen Gesetze, nur ist der Grenzkreis ein anderer, nämlich die Grenzlinie der untersuchten Halbkugel.

Bemerkung. Sämtliche stereographisch erzeugten Karten stehen zu einander in sogenannter Kreisverwandtschaft (nach Möbius so genannt), d. h. sie lassen sich mit Hülfe der reciproken Radien planimetrisch aus einander ableiten. Dabei tritt der winkeltreue Charakter, in dem der Hauptvorzug dieser Karten liegt, klar hervor.

322) Für andere Zwecke sind andere Projektionen gebräuchlich, für statistische z. B. die flächentreuen Karten. Solche sind ebenfalls leicht zu konstruieren. Zwei Methoden sind hervorzuheben, die Cylinderprojektion und die Polarprojektion. Nach dem in No. 280 besprochenen Satze über den Berührungscylinder hat man jeden Punkt der Kugelfläche horizontal auf die Cylinderwand zu über-

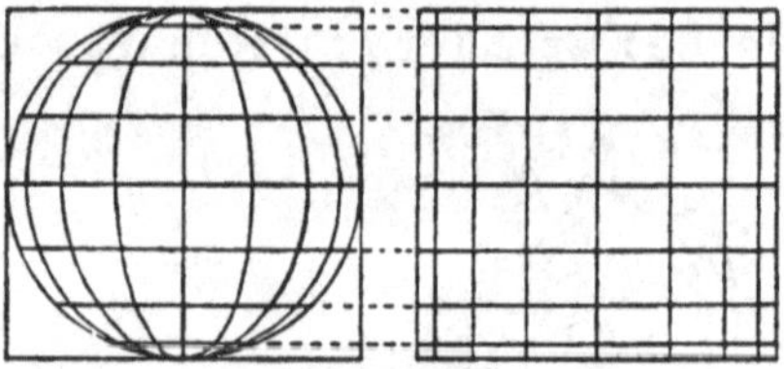

Fig. 209.

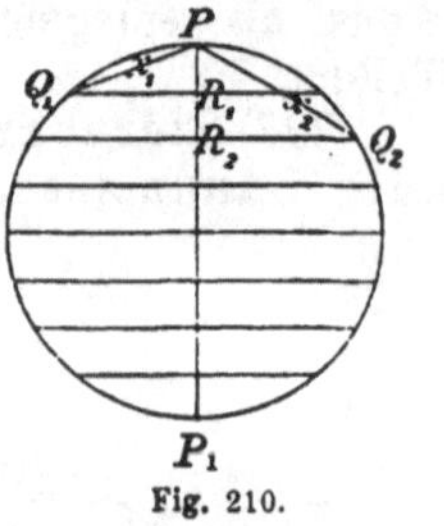


Fig. 210.

tragen und zwar in der von der Achse ausgehenden Richtung. Der Cylinder, der in Figur 209 besonders gezeichnet ist, wird dann längs eines Meridians aufgeschnitten und in der Ebene ausgebreitet.

Die flächentreue Polarkarte ergiebt sich folgendermafsen. Man teile die Achse in $n$ gleiche Teile und lege Horizontalschnitte hindurch, was nach 280 gleiche Zonen bezw. Kalotten giebt.

In Figur 210 ist nun $PQ_1^2 = PR_1 \,.\, PP_1$ (Pythagoras), oder $x_1^2 = P\,Q_1^2 = \frac{2r}{n} \,.\, 2r = \frac{4r^2}{n}$, also $x_1^2\,\pi = \frac{4r^2\pi}{n}$, d. h. ein Kreis mit dem Radius $x_1$ hat dieselbe Fläche, wie die zu $PR_1$ gehörige Kalotte.

Ganz ebenso ist $x_2^2 \pi = 2 \cdot \frac{4 r^2 \pi}{n}$, d. h. der mit dem Radius $x_2$ beschriebene Kreis ist flächengleich mit der zu $PR_2$ gehörigen Kalotte. Auf diese Weise bilde man konzentrische Kreise bis zum Äquator hin oder darüber hinaus.

323) Litteratur der Kartographie. Nach D'Avezac soll Thales der erste gewesen sein, der senkrechte Projektionen der Kugeloberfläche anfertigte. Er lebte etwa von 624 bis 548 v. Chr. (Vgl. Cantor I Seite 125—135.) Die Angabe D'Avezacs entbehrt aber der Begründung. Die stereographische Projektion rührt von Hipparch her und wird nur irrtümlich dem Ptolemäus, der sie anwandte, zugeschrieben. Hipparch von Nicaea beobachtete etwa zwischen 161 und 126 v. Chr. Vgl. Berger: Die geographischen Fragmente des Hipparch, Leipzig 1870. H. führte die Längen- und Breitengrade ein, deren Ursprung sich über Hysikles in Alexandria bis nach Babylon zurückverfolgen läfst. H. ist der Begründer der wissenschaftlichen Astronomie, der math. Geographie und Sphärik. Claudius Ptolemäus wirkte etwa von 125 bis 151 besonders zu Alexandria nnd ist von Bedeutung als Mathematiker und Geograph. In seiner Geographie (herausgeg. von Halma, Paris, 1828) lehrt er die Anfertigung der Landkarten. Der Name stereographische Projektion rührt von Aiguillon (1613) her. Commandinus hat 1558 und 1562 das Planisphaerium und Analemma des Pt. übersetzt. Zahlreiche Mitteilungen über Pt. findet man bei Cantor in Bd. I. Das Mittelalter lieferte keinen Fortschritt. Erst Gerhard Mercator (oder Kremer), der von 1512 bis 1594 lebte, griff kartographisch ein. Er war der erste, der an der stereographischen Projektion die Ähnlichkeit in den kleinsten Teilen erkannte. „Etsi enim gradus a centro versus circumferentiam crescant, ..., tamen latitudinis longitudinisque gradus in eadem a centro distantia proportionem servant, ...“ (Einzelblatt von 1587, erschienen zu Duisburg.) Die wichtige Seefahrtkarte, die nach ihm benannt wird, hat er 1569 zu Duisburg erscheinen lassen. Ihren konformen Charakter kennzeichnet er folgendermafsen: „Gradus latitudinum versus utrumque polum paulatim auximus pro incremento parallelorum supra rationem, quam habent ad aequinoctialem.“ Bei Mercator, der die Länge

der Bogenelemente nur von Grad zu Grad feststellte, handelt es sich um den ersten Versuch einer Infinitesimalgeometrie im transscendenten Gebiete. Sein Resultat gab eine „ad usum navigantium“ vollständig ausreichende Genauigkeit. Nach der oben angegebenen Methode ist zum Erreichen absoluter Genauigkeit die höhere Analysis nicht nötig. Man

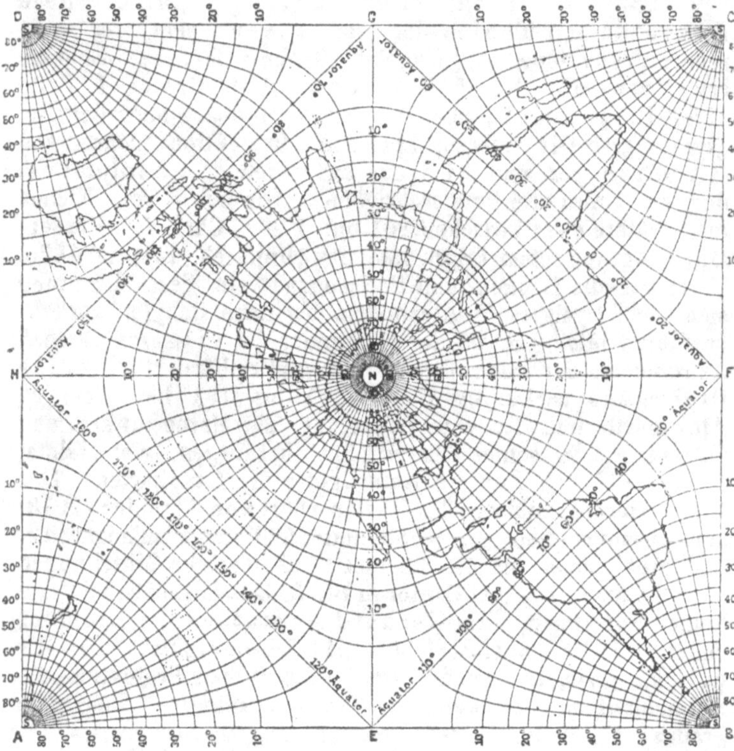


Fig. 211.

vergleiche über Mercator Breusings Schrift: Gerhard Kremer, genannt Mercator, der deutsche Geograph, 2. Aufl., Duisburg 1878. Nach Breusing rührt der speichentreue Entwurf nicht von Mercator her, sondern von Giov. Vespucci (1524), jedenfalls darf er nicht dem Franzosen Postel zugeschrieben werden, nach dem er genannt zu werden pflegt. — Die flächentreuen Gradnetze rühren von dem bekannten Mathematiker Lambert her. Über die weitere Entwickelung der Kartographie vgl. man Breusing: Das Verebenen der Kugeloberfläche, Leipzig bei Wagner & Debes, 1892, vielleicht der beste Leitfaden elementarer Art über dieses Gebiet. Ausführlicheres giebt Zöppritz: Leitfaden der Kartenentwurfslehre, 2. Aufl., herausgegeben von Bludau, Leipzig bei Teubner, 1899.

Schon Lambert bahnte die sphäroidische Kartographie an, Gaufs aber löste die Frage der konformen Abbildung von Oberfläche auf Oberfläche in allgemeinster Form. Die winkeltreue Abbildung des dreiachsigen Ellipsoids hat Jacobi mit Hülfe der elliptischen Funktionen gelöst, während Schering sie weiter ausgeführt hat. Ob man das dreiachsige Ellipsoid oder die Kugel doppelt periodisch abbildet, ist nicht wesentlich verschieden. Um neben der einfach-periodischen Mercatorkarte (fortgesetztes Rollen des Cylinders auf der Ebene) auch eine doppelt periodische Darstellung zu geben, sei die Karte von Peirce abgedruckt, deren Cliché mir von Prof. Guébhard (Paris) überlassen wurde. Die ganze Erdoberfläche wird dabei auf ein Quadrat abgebildet und zwar winkeltreu (bis auf vier Unstetigkeitspunkte), wo der quadratisch erscheinende Äquator Ecken hat. Diese Punkte sind aber in den Ocean gelegt. Umklappung der vier äufseren Dreiecke würde auf der Vorderseite die nördliche, auf der Rückseite die südliche Halbkugelkarte geben. Die Verzerrungen sind verhältnismäfsig geringe. Die Berechnung geht über die Elementarmathematik hinaus. Das Wesentliche findet man in des Verfassers Theorie der isogonalen Verwandtschaften.

---

## Sechster Abschnitt.

# Übungen aus der neueren Kugelgeometrie und Anwendungen auf die Dupinschen Cykliden und auf die Lehre von der Flächenkrümmung.

### a) Kreisreihen auf der Kugel.

324) $A_1 B_1$ und $A_2 B_2$ seien nicht parallele Schnittebenen einer Kugel, deren aufserhalb der letzteren liegende Schnittlinie durch $Q$ dargestellt werde. In den durch beide bestimmten Streifen der Kugelfläche läfst sich eine Reihe von Berührungskreisen, die einander berühren, einbeschreiben. Je nach der Lage des ersten dieser Kreise nimmt die Reihe verschiedene Gestalten an. Diese Reihe schliefst sich berührend (zunächst für einen Fall) entweder nach einem, oder nach mehreren Umgängen, oder endlich sie schliefst nie, wie oft auch

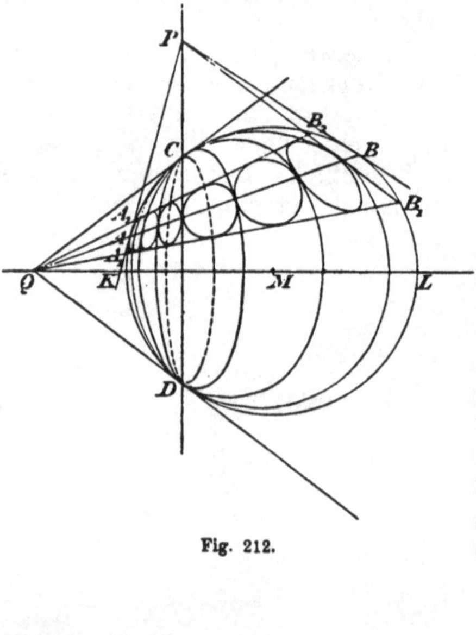

Fig. 212.

der Umgang wiederholt werde. Letzterer Fall soll als der inkommensurable bezeichnet werden. Von solchen Kreisreihen wird folgendes behauptet:

Wo auch in dem Streifen der Kugelfläche der erste Berührungskreis angebracht werde, die Reihe schliefst sich stets nach derselben Anzahl von Umgängen (oder sie ist im besonderen Falle stets inkommensurabel). Die Berührungspunkte benachbarter Kreise jeder solchen Reihe liegen auf einem Kreise $AB$, der zu dem durch $A_1 B_1$ und $A_2 B_2$ bestimmten Ebenenbüschel gehört. Die Tangenten in $A$ und $B$ geben einen Inversionspunkt $P$ auf der Polare von $Q$, in Bezug auf den der Streifen zu sich selbst invers ist, so dafs der Kreis $AB$ in sich selbst übergeht, während die Kreise $A_1 B_1$ und $A_2 B_2$ in einander übergehen. Jeder Kreis der Reihe ist in Bezug auf $P$ zu sich selbst invers. Die gemeinschaftlichen inneren Tangenten der benachbarten Berührungskreise gehen sämtlich durch $P$. Durch die Tangenten und die Gerade $PD$ wird ein Ebenenbüschel gebildet, welches auf der Kugel das durch $C$ und $D$ gebildete Kreisbüschel giebt. Die zu einer der Kreisreihen gehörigen Tangentialkreise folgen in $C$ und $D$ unter gleichen Winkeln auf einander (was jedoch nur von den Kreislinien, nicht von ihren Ebenen gilt). Die winkelhalbierenden Kreise des durch $C$ und $D$ gehenden Kreisbüschels auf der Kugelfläche schneiden jeden Kreis der einbeschriebenen Reihe in den Punkten, in denen er die Kreise $A_1 B_1$ und $A_2 B_2$ berührt.

Der Beweis kann auf zweierlei Art geführt werden. a) Nach Nr. 311 und Figur 196 und 197 giebt es auf $QM$ ein Inversionscentrum $P_1$, welches mit Hülfe von $P_1 Q_1$ (gleich der von $Q$ an die Kugel gelegten Tangente) gefunden wird, oder auch mit Hülfe des zu $CD$ in Figur 212 parallelen Durchmessers $C_1 D_1$, für den $CC_1$ und $DD_1$ ebenfalls durch $P_1$ gehen. Bildet man mit Hülfe dieses Inversionscentrums die Kugelfläche auf sich selbst ab, so werden die Büschelpunkte $C$ und $D$ Antipodenpunkte, das Kreisbüschel geht also in ein Meridianbüschel über, der

Kugelstreif zwischen $A_1 B_1$ und $A_2 B_2$ geht in einen von Parallelkreisen begrenzten über. Für diesen sind die einbeschriebenen Kreise sämtlich gleich grofs, die Reihe schliefst also stets nach derselben Anzahl von Umgängen, und die Tangentialkreise des Meridianbüschels folgen unter gleichen Winkeln aufeinander. Die letztere Eigenschaft mufste also auch vorher gelten, da die Abbildung eine winkeltreue ist u. s. w.

b) Projiziert man das Gebilde von $C$ aus stereographisch auf die Antipodenebene von $C$, so geben die Büschelkreise ein Strahlenbüschel, die Grenzkreise $A_1 B_1$ und $A_2 B_2$ gehen in die orthogonale, also konzentrische Kreisschar über, die Berührungskreise in die dem konzentrischen Ringe einbeschriebenen, für welche die obigen Behauptungen gelten.

Der Streifen $A_1 B_1 B_2 A_2$ ist demnach in eine Reihe von Rechtecken eingeteilt (die aber durchaus nicht die Rolle von Quadraten übernehmen, sondern nur bei unendlicher Kleinheit sich solchen annähern. Die sphärischen Mittelpunkte der Kreisreihe liegen übrigens nicht auf $AB$.)

325) Aufgabe. Gegeben sei eine Kugel und eine aufserhalb liegende durch $Q$ dargestellte Gerade, durch die eine durch $QAB$ dargestellte Ebene gelegt sei. Auf der Kugel soll eine Reihe von Kreisen gezeichnet werden, die einander auf $AB$ äufserlich berühren und die nach einem Umgange (oder mehreren Umgängen) in der Zahl $n$ berührend schliefsen sollen.

Auflösung. Man konstruiere zur Schnittlinie $Q$ die Polare $PCD$. In $C$ lege man Tangenten an die Kugel, die (in der Tangentialebene) unter gleichen Winkeln von $\frac{1}{n} 360^0$ $\left(\text{bezw. } \frac{m}{n} 360^0 \text{ bei } m \text{ Umgängen}\right)$ aufeinanderfolgen. Diese geben mit $PD$ ein Ebenenbüschel und zugleich ein Kreisbüschel auf der Kugelfläche, welches $AB$ in den Berührungspunkten einer der gesuchten Kreisreihen schneidet. Die in der Ebene $AB$ liegenden Kugeltangenten in zwei benachbarten dieser Punkte schneiden sich in einem Punkte. Verbindet man diesen mit dem Mittelpunkte der Kugel, so hat man den sphärischen Mittelpunkt eines der gesuchten Kreise. Ebenso sind die folgenden zu konstruieren.

Man suche noch andere Lösungen der Aufgabe, die sich aus den Beweisen a und b in No. 324 ergeben.

326) Auch je zwei „parallele“ Kugelloxodromen geben zu solchen Kreisreihen Veranlassung, wobei die Berührungspunkte benachbarter Kreise auf der parallelen Loxodrome liegen, die den Streifen in „entsprechende Teile“ zerlegt, d. h. die Äquatorstrecke zwischen beiden Loxodromen halbiert. Die Loxodromen lassen sich von einem Pole aus stereographisch auf die Antipodenebene projizieren, was gleichwinklige logarithmische Spiralen giebt, an denen sich der Beweis elementar führen läfst.

Alle Berührungskreise zwischen solchen Spiralen sind Hauptkreise von Kugeln, die von einer spiraloidischen Fläche umhüllt werden, die trotz des transcendenten Charakters elementar abzuleitende Eigenschaften hat. Durch Rückprojektion der Spiralen auf die Kugel entstehen dort gewöhnliche oder verallgemeinerte Loxodromenstreifen mit einbeschriebenen Kreisen. Legt man durch jeden der Berührungskreise eine die gegebene Kugel rechtwinklig schneidende Kugel, so erhält man in der umhüllenden Fläche das Inversionsbild der vorher betrachteten spiraloidischen Fläche.*) Alle solche Flächen lassen sich, wie an der spiraloidischen gezeigt werden kann, durch Kreisschnitte und ebene Orthogonalkurven in Systeme von kleinen Quadraten einteilen und zwar auf elementarem Wege, so dafs die winkeltreue Abbildung auf den unbegrenzten Kreiscylinder ermöglicht werden kann.

## b) Kugelreihen und Dupinsche Cykliden.

327) Aufgabe. Drei Kugeln $M_1$, $M_2$, $M_3$ mögen einander berühren. Um die eine von ihnen, z. B. $M_3$, lassen sich Berührungskugeln so legen, dafs sie eine alle drei berührende Reihe bilden und jede von ihnen auch die vorhergehende berührt. Es soll untersucht werden, ob die Reihe nach einem Umgange schliefst, ob dies stets der Fall ist, wo

*) Vergl. die Abhandlung des Verfassers; „Über gewisse transcendente Flächen,“ Journal für reine und angewande Mathematik. Bd. 94, Seite 239.

man auch beginne, und wie grofs die Anzahl der Kugeln der Reihe ist.

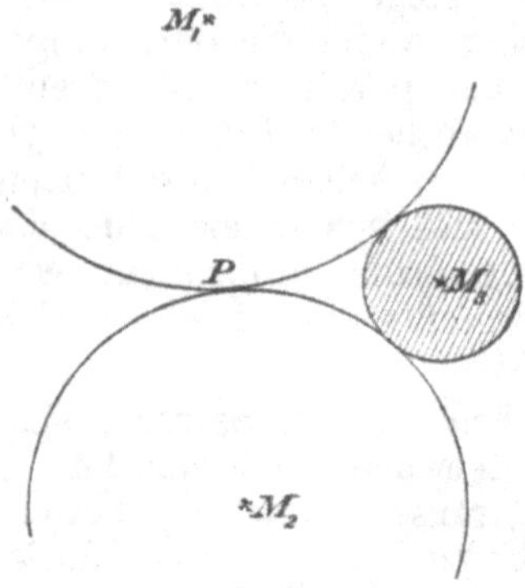

Fig. 213.

Auflösung. Man mache den Berührungspunkt $P$ von $M_1$ und $M_3$ zu einem Inversionscentrum mit beliebigem Radius. Die Kugeln $M_1$ und $M_2$ werden dabei zu Ebenen, und diese sind parallel, da der Berührungspunkt ins Unendliche rückt. $M_3$ wird Berührungskugel dieser Ebenen. Um diese Kugel lassen sich jetzt sechs berührende Kugeln legen, die gleich grofs sind, wo man auch beginne. Dasselbe gilt also auch von der Anfangslage.

328) Bemerkungen. Dafs sich um die Reihe von 6 Kugeln noch eine solche von 12, um diese eine solche von 18 Kugeln legen läfst u. s. w., sei beiläufig bemerkt. Das jetzt zu sagende gilt nur von der ersten Reihe. Bei der Hülfsaufgabe werden die sechs Kugeln in allen Lagen von einer Ringfläche umhüllt, die durch Drehung eines Kreises entstanden ist. Die Kugelreihe berührt diese Fläche in einem Büschel von Kreisschnitten, deren Ebenen sich in der Achse schneiden. Die Fläche hat noch eine andere Schar (paralleler) Kreisschnitte, in der sie von Kugeln berührt wird. Zu diesen berührenden Kugeln gehören die beiden Ebenen und die Kugel $M_3'$. Die innere Kugelschar hat ihre Mittelpunkte auf einer Ebene, in der zugleich die Berührungskugeln der Reihe liegen. Die Transformation in die Anfangslage ergiebt folgendes:

Die Reihe der Berührungskugeln wird in allen Lagen von einer Fläche umhüllt, die zwei Büschel von Kreisschnitten besitzt, was ähnlich wie bei der Kugel, aus einer Inversionsbetrachtung hervorgeht. In der einen Gruppe von Schnitten berührt die innere Reihe von sechs Kugeln, in der anderen die äufsere von drei Kugeln, den ursprünglich gegebenen, bei der es nun ebenfalls gleichgültig ist, wo man beginnt. Jede der beiden Kugelreihen hat zwei aufeinander senkrechte Symmetrieebenen, die Fläche selbst hat zwei in Kreisen berührende Tangentialebenen. Sie gehört zu den Dupinschen Cykliden, die noch besonders behandelt werden sollen.

In Figur 214 ist diese besondere Cyklide im Grund- und Aufrifs dargestellt. Ist im Grundrifs der Aufsenkreis und der excentrische Punkt $Q_1$ gegeben, so giebt der vierte harmonische $P_1$ zu $K_1$, $Q_1$, $L_1$ mit $Q_1$ die Büschelpunkte eines Kreisbüschels, von dem sechs unter Winkeln von 30° aufeinander folgende Kreise zu zeichnen sind. Diese geben die Berührungspunkte der sechs Kreise der Kreisreihe und aufserdem die Tangentialkreise. Der Mittelpunkt $\mu_1$ z. B. liegt auf $M_1 B_1$ so, dafs $\triangle B_1 \mu C_1$ gleichschenklig wird. Die übrigen Kreise der Reihe schliefsen sich nach Mafsgabe der Grundrifsfigur leicht an. Die Gerade $B_1 D_1$ ($D_1$ ist Schnitt mit dem einen Büschelkreise) giebt $J_1$, den Mittelpunkt des Kreises für die Berührungspunkte der Kreisreihe. Zwei der Punkte $D$, z. B. $D_1$ und $D_2$ reichen hin, den Mittelpunkt $M_2$ des inneren Berührungskreises zu konstruieren, der mit dem äufseren $J_1$ als inneren Ähnlichkeitspunkt, $FG$ als Potenzlinie hat. Die wichtigsten Punkte des Aufrifses ergeben sich durch Hinaufprojizieren. $M_3$ und $M_4$ werden dort der gröfste und kleinste Kreis.

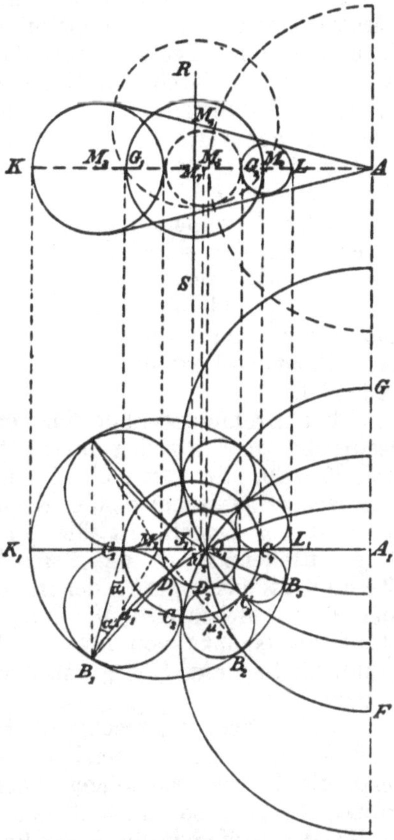

Fig. 214 a u. b.

Leicht ist zu zeigen, dafs die Potenzlinie $RS$ der Aufrifskreise $M_3$ und $M_4$ durch den inneren Ähnlichkeitspunkt $J_1$ im Grundrifs geht, die Potenzlinie $FG$ der Grundrifskreise $M_1$ und $M_2$ durch den äufseren Ähnlichkeitspunkt $A$ der Kreise $M_3$ und $M_4$ des Aufrisses.

Die vorher behandelte Drehungscyklide nämlich ist symmetrisch gegen alle Hauptschnittebenen, und jeder der einbeschriebenen Kugeln entspricht dabei eine andere. Durch Inversion geht dieses Ebenenbüschel in ein Kugelbüschel über, welches durch den Kreis geht, der der Geraden des ersteren Büschels entspricht. Dieser Kreis ist der im Aufrifs mit dem Mittelpunkte $A$ gezeichnete. Im Grundrifs sind sechs Kugeln dieses Büschels dargestellt durch die durch $P_1$ und $Q_1$ gelegten Kreise. Die Cyklide ist in Bezug auf jeden Mittelpunkt dieses Kugelbüschels zu sich selbst invers (was der obigen Symmetrie entspricht), und zu jeder der einbeschriebenen Kugeln ist eine andere invers. Die Kugeln $M_3$ und $M_4$ im Aufrifs sind aber gegen den Kreis um $A$ nur dann invers, wenn $A$ äufserer Ähnlichkeitspunkt ist. Demnach liegt der Ähnlichkeitspunkt $A$ auf der Potenzlinie $FG$.

Die Drehungscyklide und ebenso die hier betrachtete ist ferner zu sich selbst invers gegen ein anderes Büschel von Kugeln, die durch die die Kreise $M_3$ und $M_4$ im Aufrifs senkrecht schneidende Kreisschar dargestellt werden. Eine dieser Kugeln ist die um $M_7$ gelegte. Alle haben ihre Mittelpunkte auf der Potenzlinie $RS$ wie $M_3$ und $M_4$. Zu diesen Kreisen gehört der im Grundrifs um $J_1$ geschlagene, der dem Aufrifskreise $M_7$ entspricht und um den inneren Ähnlichkeitspunkt von $M_1$ und $M_2$ geschlagen ist. Dieser Ähnlichkeitspunkt $J_1$ liegt also auf der Potenzlinie $RS$ des Aufrifses.

329) Diese Eigenschaften haben allgemeinere Geltung und kommen noch einmal zur Sprache. — Transformiert man die Cyklide von einem inneren Punkte aus durch reciproke Radien, so entsteht eine neue Cyklide, die innen 3 Berührungskugeln in jeder Reihe, aufsen dagegen 6 hat. Drei und sechs sind also stets zusammengehörige Zahlen. Diese genügen der Beziehung $\frac{1}{3}+\frac{1}{6}=\frac{1}{2}$. Später soll gezeigt werden, dafs dies ein besonderer Fall einer all-

gemeineren Relation $\frac{u}{m} + \frac{u_1}{n} = \frac{1}{2}$ ist. Ferner wird sich ergeben, dafs sowohl die Drehungscyklide, als auch die allgemeinere Cyklide noch zwei andere Gruppen von Kreisschnitten hat, im ganzen also vier Gruppen.

330) Aufgabe. Die Kugel $M_3$ berühre zwei einander unter dem Winkel $\alpha$ schneidende Kugeln. Das Verhalten der um $M_3$ gelegten Reihe von Berührungskugeln soll untersucht werden.

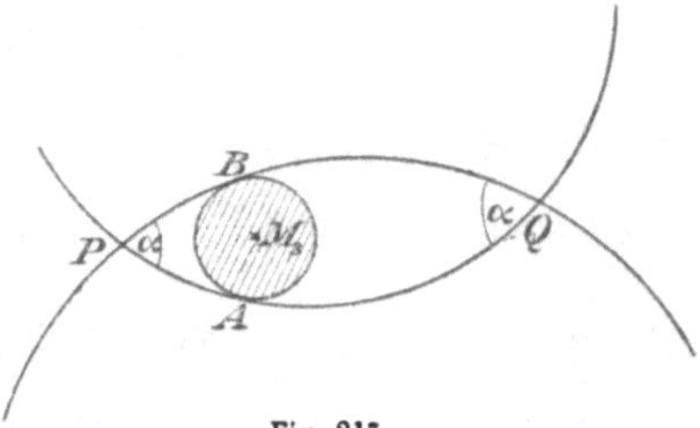

Fig. 215.

Auflösung. Inversion von $P$ oder $Q$ aus verwandelt $M_1$ und $M_2$ in Ebenen, die den Winkel $\alpha$ bilden. Bei diesen ist die Lage und die daraus folgende Gröfse der Kugel $M_3'$ für die vorliegende Frage gleichgültig. (Ähnlichkeit aller Fälle.) Also kann man von der Figur ausgehen, bei der $M_3$ in die Centrale von $M_1$ und $M_2$ fällt. Dann erhält man in dem linsenförmigen Raume eine Reihe gleich grofser Berührungskugeln, bei denen die Lage der Anfangs-

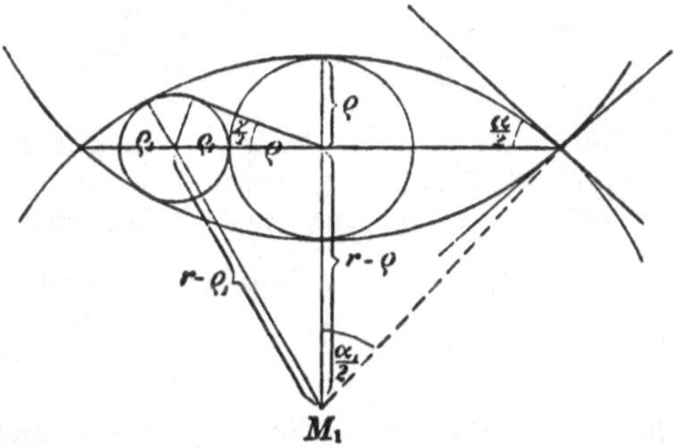

Fig. 216.

kugel gleichgültig ist, was also auch für den Fall der beiden Ebenen gilt. Nur der Winkel $\alpha$ ist mafsgebend. Um einfache Verhältnisse zu erhalten zeichne man durch $P$ und $Q$ den Kreis, der die beiden Winkel $\alpha$ halbiert, bezw. bilde man die entsprechende Kugel. Macht man jetzt einen beliebigen Punkt derselben, der aufserhalb des Bogens $PQ$ liegt, zum Inversionscentrum, so wird sie zur Symmetrieebene, wobei man zugleich erkennt, dafs sie schon vorher die Kugel $M_8'$ rechtwinklig schnitt. In Figur 216 ist zunächst $\sphericalangle \frac{\alpha_1}{2} = \frac{\alpha}{2}$, also $\cos\frac{\alpha}{2} = \frac{r-\varrho}{r}$, demnach

$$1)\qquad \varrho = r\left(1 - \cos\frac{\alpha}{2}\right).$$

Aus Dreieck $M_1\, M_8\, \mu_1$ folgt

$(r-\varrho)^2 + (\varrho+\varrho_1)^2 = (r-\varrho_1)^2$, woraus sich ergiebt

$$2)\qquad \varrho_1 = \varrho\,\frac{r-\varrho}{r+\varrho}$$

als Radius der einander gleichen Berührungskugeln. Jede von diesen wird in Grund- und Aufrifs von $M_8$ aus unter einem Winkel $\gamma$ gesehen, der sich aus

$$\sin\frac{\gamma}{2} = \frac{\varrho_1}{\varrho+\varrho_1},$$

oder, wenn man den Wert $\varrho_1$ aus 2) und den von $\varrho$ aus 1) einsetzt, aus

$$\sin\frac{\gamma}{2} = \frac{r-\varrho}{2r} = \frac{\cos\frac{\alpha}{2}}{2} \text{ berechnet.}$$

Mit Winkel $\gamma$ ist in $360^0$ oder in ein geeignetes Vielfaches von $360^0$ zu dividieren, wenn man sehen will, wie viele Kugeln nötig sind um den Schlufs herbeizuführen.

Hätte sich z. B. $\gamma = 21^0$ ergeben, so würde $\frac{360^0}{21^0} = 17\frac{1}{7} = \frac{120}{7}$ auf $\frac{7 \cdot 360^0}{21^0} = 120$ führen, d. h. 120 Kugeln würden nach 7 Umgängen schliefsen, wobei dann $\alpha$ sich aus $\cos\frac{\alpha}{2} = 2\sin\frac{\gamma}{2}$ ergeben würde.

Sollen umgekehrt $n$ Kugeln nach einem Umgange schliefsen, so setze man $\gamma = \frac{360^0}{n}$ und berechne $\alpha$ aus $\cos\frac{\alpha}{2}$

$= 2 \sin \frac{\gamma}{2} = 2 \sin \frac{180^0}{n}$. Für $n = 10$ z. B. würde man erhalten $\cos \frac{\alpha}{2} = 2 \sin \frac{180^0}{10} = 2 \sin 18^0 = 2 \,.\, \frac{\sqrt{5} - 1}{4} = \frac{\sqrt{5} - 1}{2}$, woraus sich $\alpha$ leicht bestimmen läfst.

331) Aufgabe. Die Kugel $M_3$ berühre zwei einander nicht scheidende Kugeln, die entweder einander ausschliefsen oder von denen

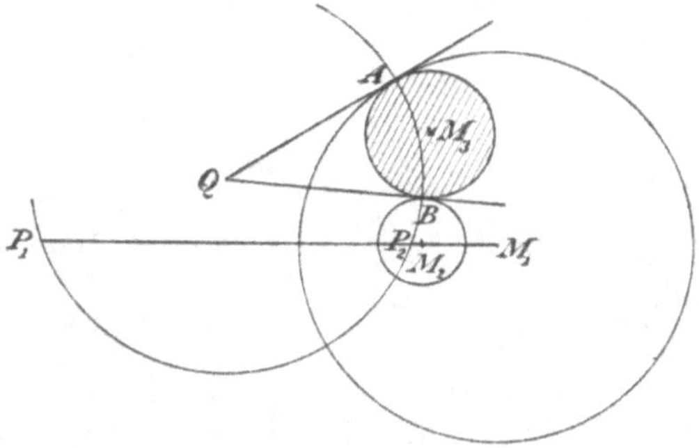


Fig. 217.

die gröfsere die kleinere umschliefst. Die beiden hier zur Sprache kommenden Kugelreihen sollen untersucht werden.

Auflösung. In beiden Fällen geben die Berührungspunkte $A$ und $B$, die in der Ebene $M_1$, $M_2$, $M_3$ liegen,

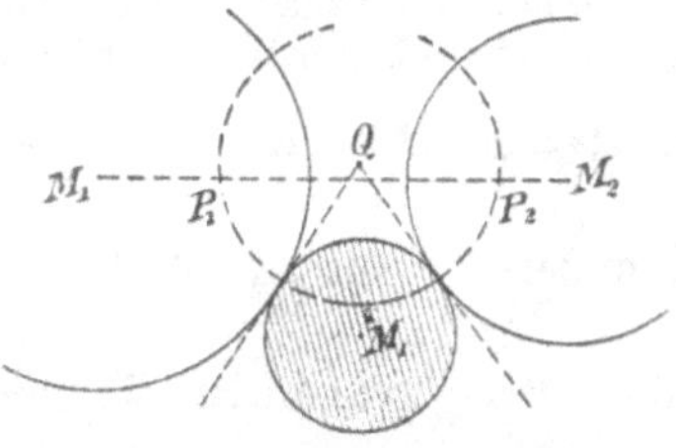


Fig. 218.

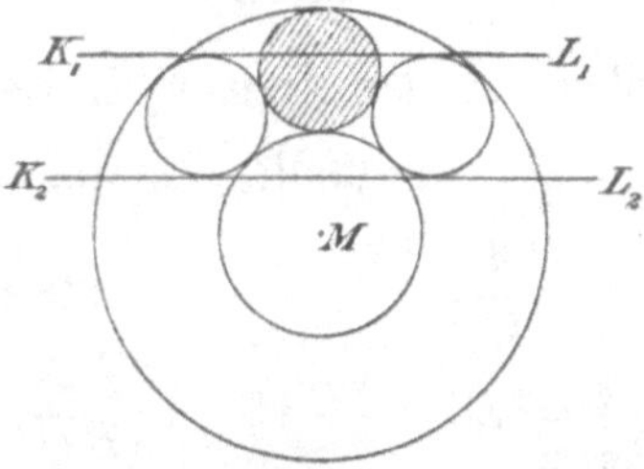


Fig. 219.

in dieser Ebene Tangenten, die sich in einem Punkte $Q$ schneiden, so dafs $AQ = QB$ Radius einer Kugel ist, die alle drei gegebenen rechtwinklig schneidet. Macht man einen der Büschelpunkte $P_1$ oder $P_2$ auf $M_1 M_2$ zum Inversionscentrum, so geht sie in eine Ebene über, während die Kugeln $M_1$ und $M_2$ konzentrisch werden. Dabei erkennt man sofort, daſs eine durch $K_1 L_1$ und $K_2 L_2$ begrenzte Cyklide (aus gleichen Kugeln entstehend) in Frage kommt. Die Reihe schlieſst stets in derselben Weise, wo man auch beginne. Also handelt es sich auch in den Anfangslagen um eine Dupinsche Cyklide von den besprochenen Eigenschaften.

332) An der Drehungscyklide soll nun das Gesetz für die Anzahl der Kugeln in den beiden möglichen Reihen ermittelt werden.

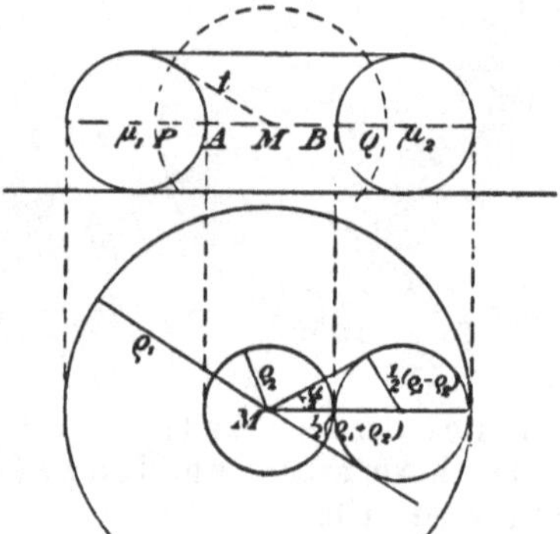

Fig. 220.

Ist $u$ die Anzahl der Umgänge, $n$ die der Kugeln, so ergiebt die Untersuchung des halben Winkels, unter dem die inneren Kugeln von $M$ aus gesehen werden,

$$1)\quad \sin \frac{u\pi}{n} = \frac{\varrho_1 - \varrho_2}{\varrho_1 + \varrho_2}.$$

Im Aufriſs gilt, wenn man von den Büschelpunkten $P$ oder $Q$ aus die Inversion anwendet und die beiden Kreise in konzentrische verwandelt, wobei die Auſsenkugeln in innere übergehen, dasselbe Gesetz. Nun gilt aber für den Kreis $\mu_1$ in Bezug auf $P$ und $Q$ als Ausgangspunkt der Radii vectores das Gesetz $\frac{p_1}{q_1} = c_1$, wo $c_1 = \frac{PA}{AQ} = \frac{t - \varrho_2}{t + \varrho_2}$ ist, für den anderen Kreis $\mu_2$ ist ebenso $\frac{p_2}{q_2} = c_2 = \frac{t + \varrho_2}{t - \varrho_2} = \frac{PB}{BQ}$. Bei der genannten Transformation geht $\frac{p_1}{q_1} = c_1$ über in $r_1 = k c_1$, $\frac{p_2}{q_2} = c_2$ in $r_2 = k c_2$, wo $k$ ein Faktor ist, der sich weghebt. Die konzentrischen

Kreise erhalten also die Radien $\varrho_1' = k\,\frac{t-\varrho_2}{t+\varrho_2}$ und $\varrho_2' = k\,\frac{t+\varrho_2}{t-\varrho_2}$. An Stelle des Gesetzes 1) tritt also jetzt

$$\sin\frac{u'\pi}{n'} = \frac{\varrho_2'-\varrho_1'}{\varrho_2'+\varrho_1'} = \frac{k}{k}\cdot\frac{(t+\varrho_2)^2-(t-\varrho_2)^2}{(t+\varrho_2)^2+(t-\varrho_2)^2} = \frac{2\,t\,\varrho_2}{t^2+\varrho_2^2}.$$

Leicht ergiebt sich aber $t = \sqrt{\varrho_1\varrho_2}$, es wird also

$$2)\qquad \sin\frac{u'\pi}{n'} = \frac{2\sqrt{\varrho_1\,\varrho_2}}{\varrho_1+\varrho_2}.$$

Durch Quadrierung und Addition erhält man aus 1) und 2)

$$\sin^2\frac{u\pi}{n} + \sin^2\frac{u'\pi}{n'} = \frac{(\varrho_1-\varrho_2)^2+4\varrho_1\varrho_2}{(\varrho_1+\varrho_2)^2} = \frac{(\varrho_1+\varrho_2)^2}{(\varrho_1+\varrho_2)^2} = 1,$$

$\frac{u\pi}{n}$ und $\frac{u'\pi}{n'}$ sind also Komplemente und stehen in der Beziehung

$$\frac{u'\pi}{n'} = \frac{\pi}{2} - \frac{u\pi}{n},$$

so dafs man schliefslich hat

$$3)\qquad \frac{u'}{n'} + \frac{u}{n} = \frac{1}{2}.$$

**Die innere und die äufsere Kugelreihe einer Drehungscyklide, infolge der Inversion also auch die einer beliebigen Cyklide, stehen also bezüglich der Umlaufszahlen $u$ und $u'$ in der Beziehung 3.**

Sollen die beiden Umlaufszahlen gleich $1$ sein, so handelt es sich um

$$\frac{1}{n} + \frac{1}{n'} = \frac{1}{2}.$$

Dem wird nur genügt durch

$$\frac{1}{6} + \frac{1}{3} = \frac{1}{2},$$

was auf den ersten behandelten Fall führt, ferner durch

$$\frac{1}{4} + \frac{1}{4} = \frac{1}{2},$$

was den leicht zu behandelnden Fall von je 4 Kugeln giebt, und durch $\frac{1}{\infty} + \frac{1}{2} = \frac{1}{2}$, wobei die Kreise des Hauptschnittes einander berühren. Die übrigen Fälle haben entweder für $u$ oder für $u'$ oder beide andere Zahlen, als $1$. Ist z. B. $\frac{u}{n} = \frac{3}{7}$, so folgt $\frac{u'}{n'} = \frac{1}{2} - \frac{3}{7} = \frac{1}{14}$. Schliefst also die eine Reihe nach 3 Umgängen mit 7 Kugeln, so schliefst die andere nach einem Umgange mit 14. Ist ferner $\frac{u}{n} = \frac{3}{11}$, so folgt $\frac{u'}{n'} = \frac{5}{22}$.

Ist aber die innere Kugelreihe inkommensurabel, so ist es auch die äufsere.

Den Geiserschen Berechnungsweg, der etwas umständlicher ist, findet man in dessen Einleitung in die synthetische Geometrie. Steiner hatte das Resultat ohne Beweis gegeben und bezeichnet es als einen der merkwürdigsten Sätze der Geometrie (Werke, I Seite 136). Ein noch einfacherer Beweis, der vielleicht der von Steiner geheim gehaltene ist, soll unten in § 337 gegeben werden.

333) Noch möge bemerkt werden, dafs, wenn die drei Kugeln einander schneidende Ebenen sind, die Berührungskugeln einen Cylinder oder einen Kegel geben, je nachdem die Schnittlinien parallel sind oder sich in einem Punkte treffen. Also gehören auch diese Flächen zu den Cykliden.

Die einfachste der Cykliden ist die Drehungscyklide. Von dieser giebt es drei Arten. Die in der Ebene des rotierenden Kreises befindliche Achse kann nämlich aufserhalb des Kreises liegen, oder ihn schneiden, oder ihn berühren. Es entsteht also entweder eine einfache Ringfläche (torus, Wulst), oder eine in zwei parallelen Kreisen sich selbst schneidende Fläche, oder eine Fläche mit inneren Berührungspunkten. Nur die erstgenannte soll hier untersucht werden. Die Behandlung der beiden andern ist ganz entsprechend als Übungsbeispiel durchzuführen. Einige Eigenschaften der erstgenannten fehlen den anderen, weil die Kreise des einen Symmetrieschnittes keine inneren Tangenten haben.

334) Satz: Die Ebenen, die eine Drehungscyklide doppelt berühren, schneiden sie in je zwei

Kreisen, deren Radius gleich der Entfernung des Cyklidencentrums von dem des sich drehenden Kreises ist. Entsprechende Kugeln, die eine allgemeine Cyklide dopppelt berühren, schneiden sie ebenfalls in Kreisen.

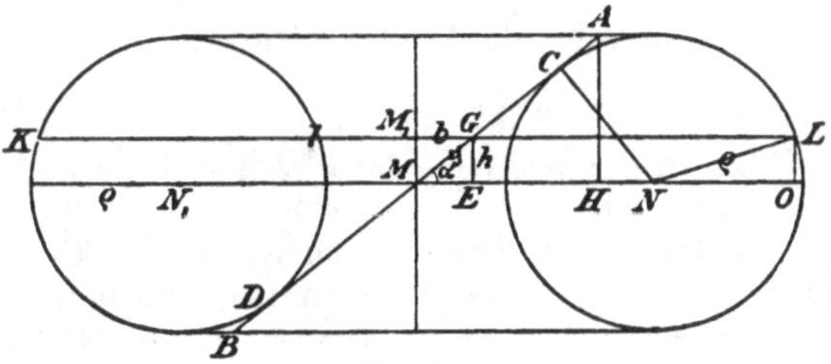


Fig. 121.

Beweis. In Figur 121 ist die Cyklide im Aufriſs gezeichnet. Die gemeinschaftliche Tangente $AB$ der erzeugenden Kreise ist die Projektion der in $C$ und $D$ berührenden Ebene. Um zu zeigen, daſs diese in zwei Kreisen schneidet, lege man einen Schnitt $KL$ parallel zur horizontalen Hauptebene. Der Schnittpunkt $G$ werde auf der vordersten Fläche der Cyklide gedacht. Da $KL$ ein Kreisschnitt ist, so ist die Entfernung $x_1$ des Punktes $G$ vom Durchmesser $KL$ aus $x_1^2 = l^2 - b^2$ zu bestimmen, wo $l$ den Radius $M_1 L$ und $b$ die Entfernung $M_1 G$ oder $ME$ bedeutet. Setzt man $MG = y$, so ist $b = y \cos\alpha$, $EG$ oder $h = y \sin\alpha$, endlich ist $l = MO = MN + NO = e + \sqrt{\varrho^2 - h^2} = e + \sqrt{\varrho^2 - y^2 \sin^2\alpha}$ und $\varrho = e \sin\alpha$. Die Gleichung für $x_1^2$ geht also über in

$$x_1^2 + y^2 \cos^2\alpha = \left(e + \sqrt{\varrho^2 - y^2 \sin^2\alpha}\right)^2$$

oder

$$x_1^2 + y^2 \cos^2\alpha = e^2 + \varrho^2 - y^2 \sin^2\alpha + 2e\sqrt{\varrho^2 - y^2 \sin^2\alpha},$$

was sich zu

$$x_1^2 + y^2 - e^2 - \varrho^2 = 2e\sqrt{\varrho^2 - y^2 \sin^2\alpha}$$

umformt. Quadrierung giebt

$$(x_1^2 + y^2 - e^2 - \varrho^2)^2 = 4e^2\varrho^2 - 4e^2y^2\sin^2\alpha$$
$$= 4e^2\varrho^2 - 4\varrho^2y^2.$$

Führt man die Quadrierung links aus, und bringt man auch die rechte Seite auf die linke, so läfst sich nach Vereinigung der gleichnamigen Glieder die Gleichung in der Form

$$(x_1^2 + y^2 - e^2 + \varrho^2)^2 - 4\, x_1^2 \varrho^2 = 0$$

schreiben, was sich in die Produktgleichung

$$(x_1^2 + y^2 - e^2 + \varrho^2 + 2\, x_1\, \varrho)\, (x_1^2 + y^2 - e^2 + \varrho^2 - 2\, x_1\, \varrho) = 0$$

zerlegen läfst, in der jeder Faktor gleich Null gesetzt werden kann. Für den zweiten Faktor mache man folgende Umformung. Rechnet man den Abstand $x_1$ des Punktes $G$ nicht vom Durchmesser $KL$ aus, sondern von einem um $\varrho$ mehr nach vorn liegenden Punkte $H$ aus, so ist der neue Abstand $x = x_1 - \varrho$, für $x_1$ also hat man $x + \varrho$ einzusetzen. Die Gleichung geht dann über in

$$(x + \varrho)^2 + y^2 - e^2 + \varrho^2 - 2\,(x + \varrho) = 0,$$

was sich auf

$$x^2 + y^2 = e^2$$

zurückführen läfst. Hier bedeutet $x$ den Abstand des Punktes $G$ von der parallel zur Zeichnungsebene durch $H$ gelegten Ebene, $y$ den Abstand des Punktes $G$ von dem in $M$ auf der Zeichnungsebene errichteten Lote, $e$ bedeutet also die wirkliche Entfernung zwischen $G$ und dem auf jenes Lot projizierten Punkte $H_1$. Da $e$ konstant ist, handelt es sich um einen Kreis um $H_1$, ebenso um einen gleichen Kreis um $H_2$. Die Schnittebene ist in Figur 222 aufgerichtet gezeichnet. An dem Horizontalschnitte erkennt man, dafs $G$ eigentlich vier mögliche Lagen $G$, $G_1$, $G_2$, $G_3$ hatte, so dafs eine Gleichung vierten Grades zu erwarten war. Der zweite Kreis ergiebt sich durch Verschiebung des Abstandes um $-\varrho$, so dafs jetzt $x_1$ in $x - \varrho$ übergeht, dadurch verwandelt sich die zweite Gleichung in

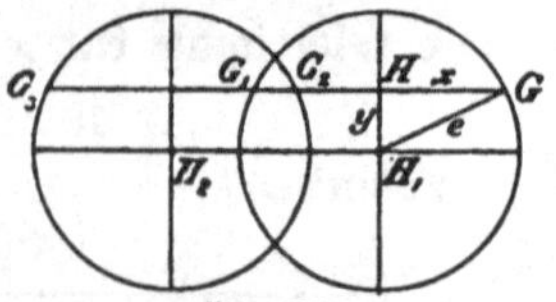

Fig. 222.

$$(x - \varrho)^2 + y^2 - e^2 + \varrho^2 + 2\,(x - \varrho)\,\varrho = 0,$$

was sich wiederum auf

$$x^2 + y^2 = e^2$$

zurückführen läfst. Die beiden Schrägscharen sind nicht identisch, die eine entsteht durch Drehung des einen Kreises, die andere durch Drehung des zugehörigen zweiten Kreises.

Im Grundrisse erscheint der doppelte Kreisschnitt in Gestalt von zwei Ellipsen, welche die beiden konzentrischen Kreise berühren. Der Vergleich mit dem Aufrisse ergiebt $M_3 H_3 = t$, $\mu_3 M_3 = \varrho$, so dafs $\mu H_3^2 = t^2 + \varrho^2 = e^2$, also $\mu_3 H_3 = e$ ist. Demnach ist $\mu$ Brennpunkt der Ellipse. Folglich:

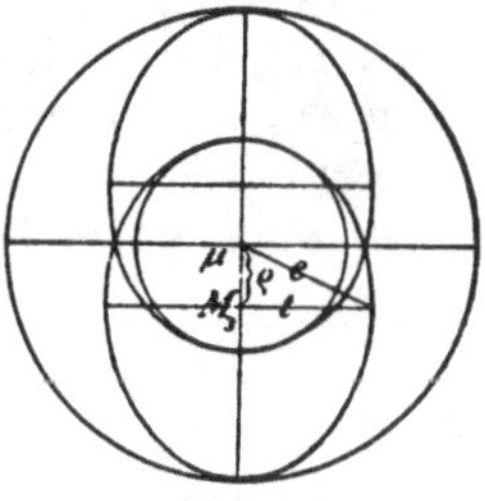

Fig. 223.

Sämtliche schrägen Kreisschnitte der Drehungscyklide erscheinen im Grundrifs als kongruente Ellipsen, deren gröfsere Halbachse gleich $e$ ist, während die kleinere gleich $t$ ist. Die Projektion $\mu$ des Cyklidencentrums ist dabei Brennpunkt sämtlicher Ellipsen.

335) Durch Inversion folgt, dafs bei der allgemeinen Cyklide an Stelle der doppelt berührenden Ebene doppelt

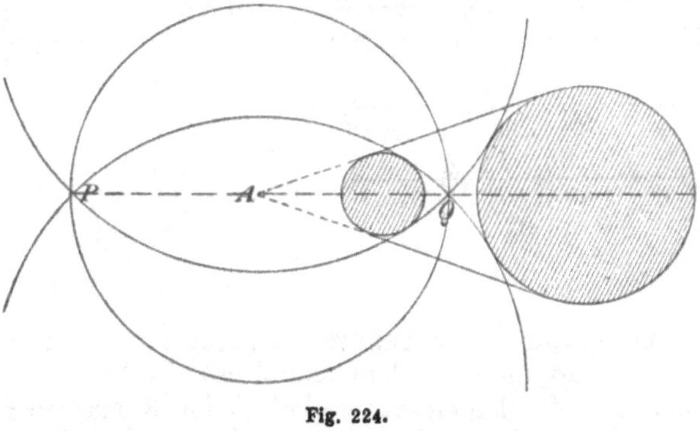


Fig. 224.

berührende Kugeln treten, die z. B. im Symmetrieschnitt durch den Punkt $P$ des Potenzkreises der schraffierten Kreisschnitte gehen. Jede berührt in zwei Punkten und schneidet aufserdem die Cyklide in zwei Kreisen, die nun nicht mehr in dieselbe Ebene fallen, sondern einander schneidend auf einer Kugel liegen.

Im ganzen giebt es auf jeder Cyklide vier Gruppen von Kreisen, die Scharen (bezw. Büschel) der Parallelkreise und Meridiane und die beiden Gruppen von Schrägkreisen, die nicht identisch sind.

336) Inversion auf der Drehungscyklide. Macht man einen Punkt $P$ der Achse einer Cyklide zum

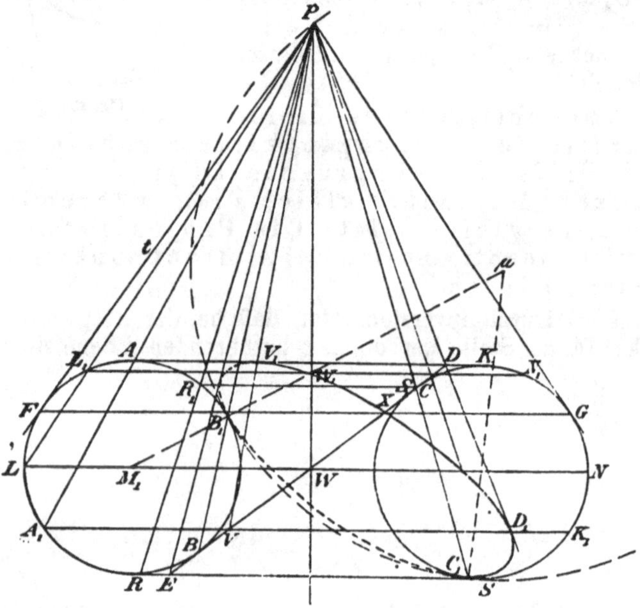


Fig. 225.

Inversionscentrum, die zugehörige Tangente $t$ zum Inversionsradius, so wird die Cyklidenfläche durch die Inversionskugel auf sich selbst abgebildet, wobei jeder Kreis des Hauptschnittbüschels sich selbst entspricht, jeder Kreis der Orthogonalschar in einen anderen derselben Schar übergeht, jeder schräge Kreisschnitt in einen der andern schrägen Kreisschnitte. Dabei bleiben die Schnittwinkel erhalten. Da aber $P$ willkürlich ist, kann jeder Schrägschnitt in jeden beliebigen der andern Gruppe verwandelt werden. Folglich:

Die Winkel, unter dem sich die schrägen Kreisschnitte beider Gruppen schneiden, sind überall dieselben. Die Schnitte sind demnach als Loxodromen zu betrachten.

In der Figur ist gezeigt, dafs dem Kreise $AK$ der Kreis $A_1 K_1$ entspricht, dem äufseren Äquator $LN$ der Kreis $L_1 N_1$ u. s. w., während der Kreis $FG$ sich selbst entspricht. Soll nun z. B. der schräge Kreisschnitt $DE$ projiziert werden, so entspricht dem Punkte $W$ auf $LN$ der Punkt $W_1$ auf $L_1 N_1$, der Punkt $D$ auf $AK$ dem Punkte $D_1$ auf $A_1 K_1$, dem Berührungspunkte $B$ der Berührungspunkt $B_1$, dem Berührungspunkte $C$ der Berührungspunkt $C_1$, dem Punkte $V_1$ auf $A_1 K_1$ der Punkt $V$ auf $AK$, dem Punkte $E$ auf $RS$ der Punkt $E_1$ auf $R_1 S_1$. Der Punkt $X$ auf $FG$ bleibt ungeändert. Die Geraden $M_1 B_1$ und $C_1 M_2$ geben den Mittelpunkt $\mu$ der in $B_1$ und $C_1$ doppelt berührenden Kugel, auf der die Ellipse liegt. Man kann von der Ellipse, als welche der transformierte Schnittkreis erscheint, beliebig viele Punkte konstruieren. $PE$ und $PD$ sind Tangenten derselben. Die zweite innere Tangente der beiden Kreise $M_1$ und $M_2$ giebt den gegen die Achse symmetrisch liegenden Kreisschnitt. Beide Kreise (Ellipsen) schneiden sich in $W_1$ unter demselben Winkel, wie die beiden Tangenten in $W$.

Das aus den vier schrägen Kreisschnitten entstehende cyklidische Viereck spielt auf dieser Fläche dieselbe Rolle, wie der Rhombus in der Ebene. Zwei Kreise des Büschels und der Schar übernehmen die Rolle der Diagonalen.

337) Einteilung der Cyklidenfläche in ähnliche Rhomben und Rechtecke und ihre konforme Abbildung auf ein Rechteck.

In Figur 226 ist die Drehungscyklide auf Grund der bisher ausgesprochenen Gesetze in Grund- und Aufrifs dargestellt. Der äufsere Äquator ist in gleiche Teile geteilt, durch die Teilpunkte sind die schrägen Kreisschnitte gelegt, welche Rhomben geben, die bei hinreichender Kleinheit als eben und ähnlich zu betrachten sind. Die diagonal liegenden Schnittpunkte geben ein Netz ähnlicher „Rechtecke". Diese werden zu „Quadraten", wenn die beiden geradlinig erscheinenden Schrägschnitte einander rechtwinklig schneiden.

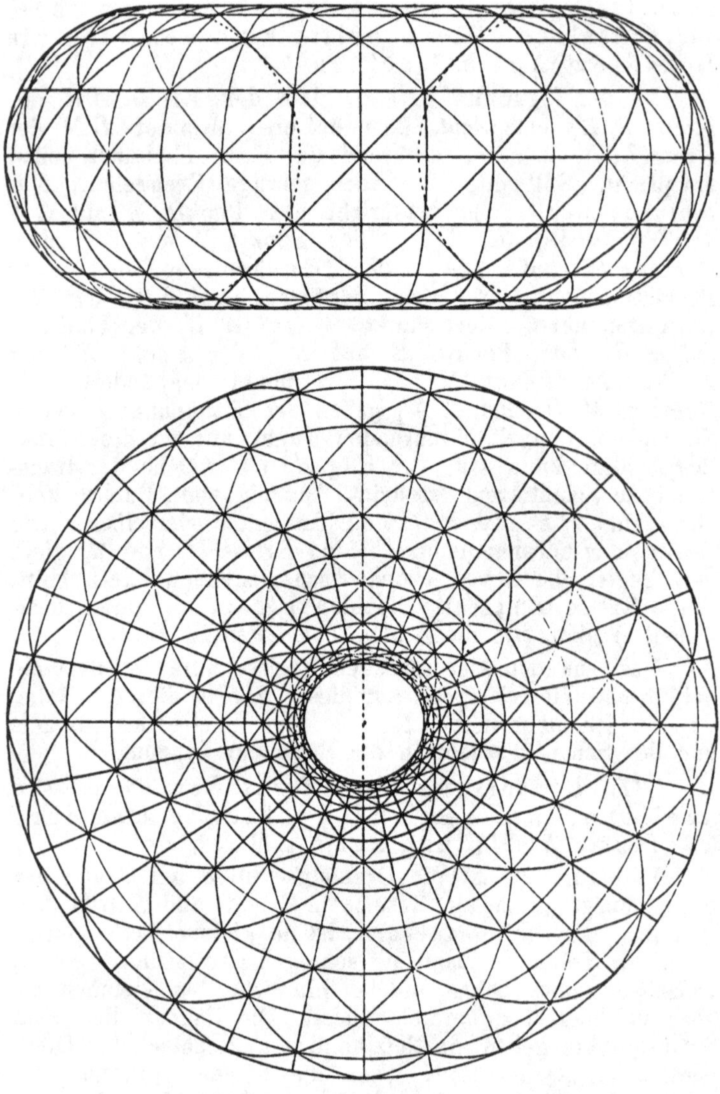

Fig. 226.

So erhält man durch elementare Hülfsmittel die konforme oder winkeltreue Abbildung der Cyklide auf ein Rechteck, dessen Diagonalen sich unter demselben Winkel schneiden, wie die genannten Kreisschnitte.

Für den Quadratfall kann man z. B. die in Figur 211 wiedergegebene Peircesche Erdkarte sofort auf die „quadratische" Cyklide übertragen, indem man diese mit einem entsprechenden Quadratnetz überzieht und die Länderformen mit beliebiger Genauigkeit in die Quadrate der Cyklide einträgt. (Mit dieser Abbildung ist auch eine Reihe von Problemen der elektrischen stationären Strömung auf der Cyklide elementar gelöst.)

Der Fall des Quadrates entspricht derjenigen Cyklide, bei der die innere und ebenso die äufsere Kugelreihe 4 Kugeln hat. Der des Rechtecks führt bei der inneren Kugelreihe auf $\sin\frac{u\pi}{n} = \sin\frac{\gamma}{2}$, wo $\gamma$ der Schnittwinkel der inneren Tangenten ist. Allgemein ist also $\frac{u\pi}{n} = \frac{\gamma}{2}$ (letzteres in Bogenmafs). Transformiert man das Innere nach aufsen, so tritt an Stelle des halben Schnittwinkels $\frac{\gamma}{2}$ der andere $\frac{\pi}{2} - \frac{\gamma}{2}$, es wird also $\frac{u_1\pi}{n_1} = \frac{\pi}{2} - \frac{\gamma}{2}$, also $\frac{u_1\pi}{n_1} = \frac{\pi}{2} - \frac{u\pi}{n}$, d. h. $\frac{u}{n} + \frac{u_1}{n_1} = \frac{1}{2}$. Dies ist der einfachste Beweis des in No. 332 behandelten Steinerschen Satzes. — Berühren sich die Kreise des Hauptschnittes, so wird das Rechteck ein unbegrenzter Parallelstreifen.

Durch Inversion von einem beliebigen Centrum aus kann man die allgemeine Cyklide entstehen lassen, diese erhält dasselbe Netz von Rechtecken (bezw. Quadraten) auf ihrer Oberfläche und ebenfalls Kreise als Diagonalkurven auf ihrer Oberfläche.

338) Die Loxodromen der Drehungscyklide. Nach Figur 226 hat man die Ebene des Rechtecks konform auf die der Cyklide abgebildet. Überzieht man das Rechteck mit möglichst vielen Quadraten, die Cyklide mit entsprechenden Quadraten, so kann zu jeder Kurve im Rechteck die entsprechende auf der Cyklide mit beliebiger

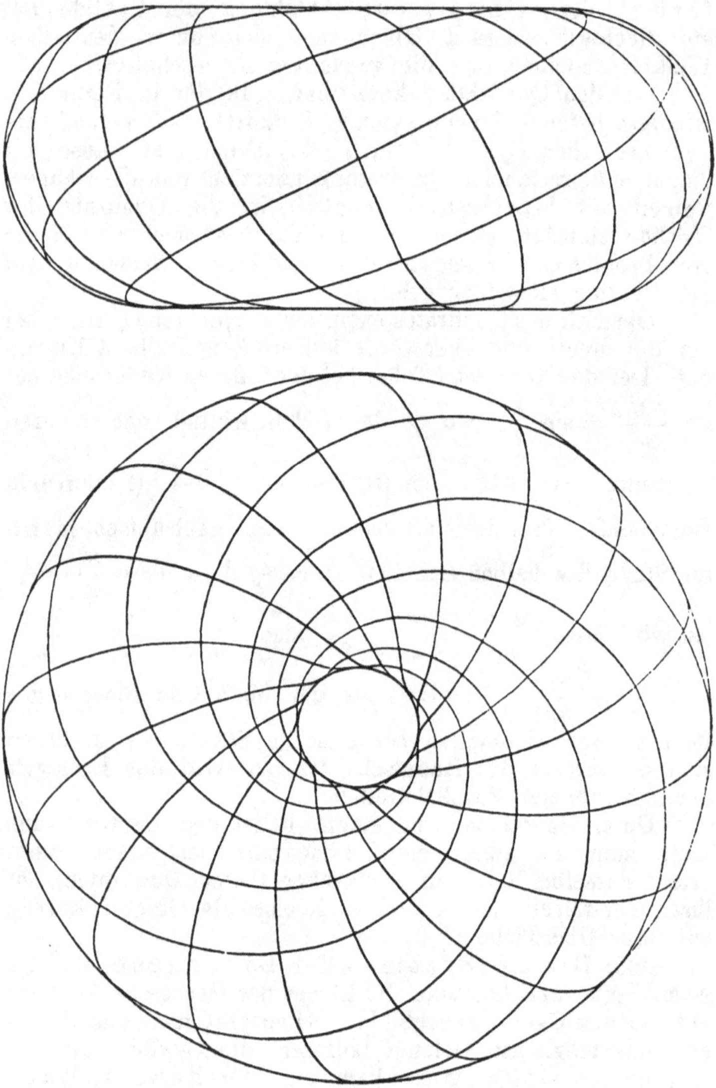

Fig. 227.

Genauigkeit gezeichnet werden. Am bequemsten geschieht dies mit Geraden von beliebiger Neigung im Rechteck. Man erhält dabei die sog. Loxodromen der Cyklide, die alle Meridiane und Parallelkreise unter konstantem Winkel schneiden. (Vergleiche Figur 152.)

Handelt es sich nun z. B. um die quadratische Cyklide, so giebt $\tan\alpha = \pm 2, \pm 3, \pm 4, \pm 5 \ldots$ Loxodromen, die nach 2, 3, 4, 5 ... Umgängen an die alte Stelle zurückkommen. Ebenso ist es bei $\tan\alpha = \pm\frac{1}{2}$, $\pm\frac{1}{3}, \pm\frac{1}{4}, \pm\frac{1}{5}, \ldots$ Dies rührt daher, dafs, wenn man das ganze Quadrat (Rechteck) mehrfach periodisch nach rechts und links, nach oben und unten anbringt, jede solche Linie in einem gewissen anderen Quadrat die Ausgangsstelle, z. B. die Ecke, wieder erreicht. Aus Gründen der Ähnlichkeit stimmen die Zahlen in obiger Weise überein.

In Figur 227 ist die quadratische Cyklide durch die Loxodromen mit $\tan\alpha = \frac{1}{2}$ und $\tan\beta = -2$ in kleine quadratische Flächen eingeteilt. (Dadurch sind wieder gewisse Aufgaben über elektrische Strömungen gelöst.) Ist $\tan\alpha$ irrational, so trifft die Loxodrome den Ausgangspunkt nie wieder, ein sich selbst Schneiden ist unmöglich. Ist $\tan\alpha = \frac{2}{3}$, so kehrt sie in drei Umgängen zweimal in sich zurück u. s. w.

339) Zeichnung der Drehungscyklide in allgemeiner Lage. Nach der Methode der Drehungen ist die in allgemeiner Lage befindliche Cyklide leicht in senkrechter Projektion zu zeichnen. Schneller erreicht man dasselbe durch die Überlegung, dafs man als Projektion des Orts der Mittelpunkte der Kugelreihe eine Ellipse erhält. Von dieser kann man ausgehen und dicht aufeinander folgende Kreise von gleicher Gröfse, die ihre Mittelpunkte auf der Ellipse haben, beschreiben. Die umhüllenden Kurven sind dann leicht zu zeichnen. Der Umrifs der Projektionszeichnung giebt sogenannte Parallelkurven (Äquidistante Curven) der Ellipse. Die innere kann in den verschiedensten Formen auftreten, von denen einige in

der Figur dargestellt sind. Sie klären darüber auf, an welchen Stellen ($A$ und $B$) die sichtbare innere Kontur ihre Grenzen hat.

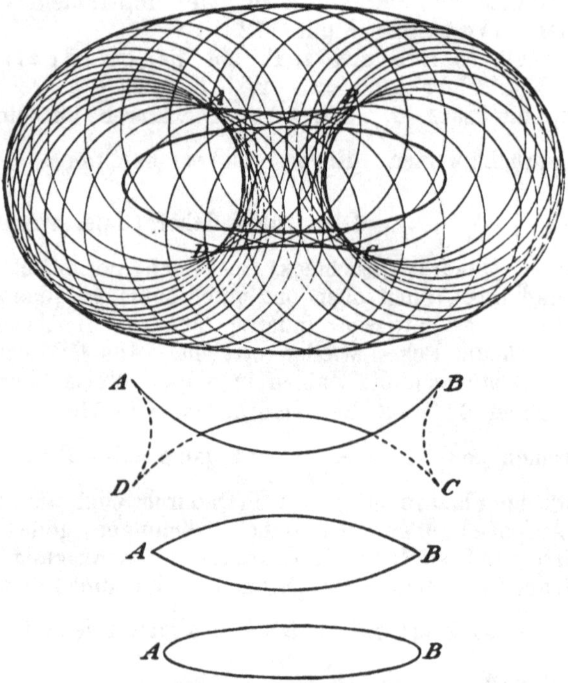


Figur 228 a, b, c und d.

Zur Übung zeichne man auch in dieser Lage das Rechtecknetz oder die Loxodromen der Fläche.

340) Da man alle anderen Dupinschen Cykliden durch Inversion und Spezialisierung aus der Drehungscyklide ableiten kann, so ist ihre Abbildung auf das Rechteck und die Einteilung in kleine Quadrate oder Rhomben mittels der Kreisschnitte oder der sonstigen Loxodromen nur ein einfaches Übungsbeispiel, bei dem sich nichts neues ergiebt. Kennt man also z. B. die Lösung eines Problems der stationären Elektrizitätsströmung für das einfache oder für das periodisch wiederholte Rechteck, so kann man die Stromlinien mit beliebiger Genauigkeit auf die entsprechende

Cyklide übertragen, die nun entweder als längs der „Rechteckskanten“ aufgeschnitten oder als geschlossen zu betrachten ist (letzteres im periodischen Falle).

## c) Krümmungsverhältnisse und Gaufssches Krümmungsmafs der Flächen, besonders der Cykliden und Pseudosphären.

341) Begriff der Krümmungslinie. Benachbarte Normalen einer Fläche können einander schneiden, aber auch kreuzen. Das letztere ist das allgemeinere. Nur im Falle des Schneidens geben sie einen Krümmungsmittelpunkt für die Schnittlinie des entsprechenden Normalschnittes. Diejenigen Kurven auf einer Fläche, bei denen die Normalen aufeinander folgender Punkte einander schneiden, werden als Krümmungslinien der Fläche bezeichnet. Die zu einer Krümmungslinie gehörigen Normalen bilden selbst eine Fläche. Letztere ist, weil sie durch Bewegung einer Geraden entsteht, zunächst eine sogenannte Regelfläche, weil aber die aufeinander folgenden Normalen einander schneiden, ist sie eine auf die Ebene abwickelbare Fläche, zu denen die Regelflächen nicht allgemein gehören. Man kann sich nämlich zu einer Reihe aufeinander folgender Normalen die zu je zwei benachbarten Schnittlinien gehörigen Ebenen denken. Jede dieser Ebenen kann auf eine feste Ebene gelegt werden, und die Abwickelung erfolgt dann ähnlich, wie bei den Seitenflächen einer vielseitigen Pyramide. (Bei sich kreuzenden Normalen ist dies nicht möglich, denn bei ihnen wird die feste Ebene, an welche die eine Normale angelegt wird, von der benachbarten Normale geschnitten.)

Bei jeder Drehungsfläche erkennt man sofort zwei Scharen einander senkrecht durchschneidender Krümmungslinien. Die Hauptschnitte durch die Drehungsachse sind ebene Normalschnitte, deren aufeinander folgende Normalen sich in den Krümmungsmittelpunkten der erzeugenden Kurve treffen, sie sind also die eine Schar von Krümmungslinien. Die Kreise ferner, die von den einzelnen Punkten der Kurve zurückgelegt werden, sind ebenfalls Krümmungslinien, denn die Normalen in den Punkten eines jeden schneiden einander in der Drehungsachse. Diese

Normalen bilden eine Kegelfläche, d. h. eine abwickelbare Fläche. Bei der andern Gruppe ist die Fläche selbst eine Ebene, so dafs sie der Abwickelung nicht mehr bedarf.

Um jeden Krümmungsmittelpunkt kann man sich eine Kugel gelegt denken, deren Radius der Krümmungsradius ist. Der Normalschnitt, der durch die Ebene zweier benachbarter Normalen bestimmt wird, schneidet die Kugel in einem Hauptschnitt, dem Krümmungskreise der Krümmungslinie für die betreffende Stelle.

342) Satz. Bildet man eine Fläche mittels der Inversion ab, so gehen die Krümmungslinien wieder in Krümmungslinien über. Die besprochene Kugel geht nämlich in eine Kugel über, die Ebene der benachbarten Normalen in eine rechtwinklig schneidende Kugel, die beiden Normalen selbst in zwei Kreise auf der letzteren Kugel, die den Schnittkreis beider Kugeln senkrecht schneiden. Ihre Tangenten in $A$ und $B$ gehören also dem Tangentenkegel des Schnittkreises an und schneiden einander im Mittelpunkte der ersten Kugel. Die Punkte $A$ und $B$ sind aber die Bilder benachbarter Punkte der Krümmungslinie der abgebildeten Fläche. Weil die Normalen in den Punkten $A$ und $B$ sich wiederum schneiden, ist $A\,B$ ein Element der neuen Krümmungslinie. Damit ist der Satz allgemein bewiesen.

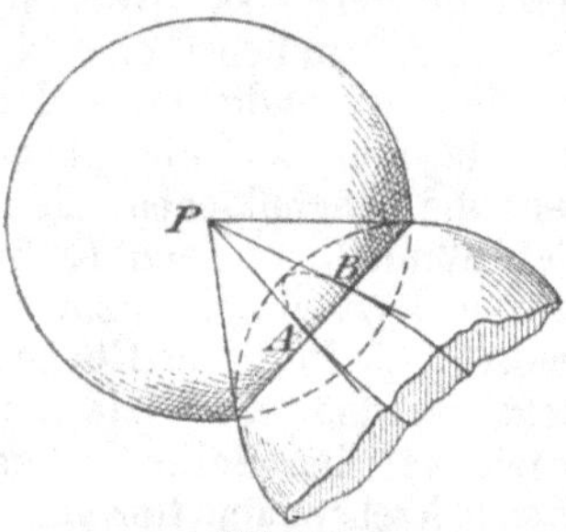

Fig. 229.

343) Die Krümmungslinien der Drehungscyklide z. B. sind die Kreise der Normalschnitte zur Achse und die senkrecht dagegen liegenden Kreisschnitte. Durch Inversion gehen beide Arten von Kreisen wieder in Kreise über, zugleich aber auch in Krümmungslinien. Demnach sind auf der neuen Fläche die entsprechenden beiden Kreisscharen ebenfalls Krümmungslinien, wie sich auch selbständig leicht zeigen läfst. (Die Krümmungsmittelpunkte bilden hier keine Flächen, wie es im allgemeinen der Fall ist, sondern einen Kreis und eine Gerade bei den Drehungscykliden, eine Ellipse und eine Hyperbel bei den allgemeinen Cykliden.) Jede Normale enthält zwei Krümmungsmittelpunkte.

Jede Fläche, die sich durch Inversion in eine Drehungsfläche umwandeln läfst, hat zu der einen Schar von Krümmungslinien Kreise. Die andere Schar schneidet rechtwinklig, da bei der Inversion die Winkel erhalten bleiben.

Später soll gezeigt werden, dafs jede beliebige Fläche zwei Scharen einander rechtwinklig schneidender Krümmungslinien hat. Vorläufig soll aber nur von solchen Flächen die Rede sein, die zwei solche Scharen von Krümmungslinien besitzen, wie die vorher besprochenen. Zunächst für solche Flächen werde jetzt der Eulersche Satz bewiesen, bei dem es sich um eine einfache Beziehung zwischen den Krümmungsradien der an einer Stelle einer Fläche durch Normalschnitte entstehenden Kurven handelt, wobei Unstetigkeitsstellen ausgeschlossen sein sollen.

344) Satz von Euler. Bildet ein Normalschnitt durch einen Punkt einer Fläche mit dem zur Krümmungslinie mit Radius $r_1$ gehörigen Normalschnitte den Winkel $\alpha$, so berechnet sich der Krümmungsradius $r$ der zugehörigen Schnittkurve aus der Formel

$$\frac{1}{r} = \frac{\cos^2 \alpha}{r_1} + \frac{\sin^2 \alpha}{r_2},$$

wobei $r_2$ der zur zweiten Krümmungslinie gehörige Radius ist.

Beweis. In Figur 230 ist nach Pythagoras $AB^2 = AC \,.\, AD = h_1 \,.\, 2r_1$. Ist $AB$ sehr klein, so kann man den Bogen $b_1$ gleich $AB$ setzen, so dafs

$$1) \qquad h_1 = \frac{b_1^2}{2r_1}$$

ist. Dies gilt für den Radius der einen Krümmungslinie. Für den der andern ist ebenso

$$2) \qquad h_2 = \frac{b_2^2}{2r_2}.$$

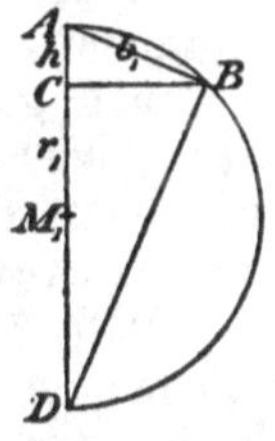

Fig. 230.

Jetzt möge in Figur 231 $AZ$ die Normale einer Fläche sein, $M_1$ der Krümmungsmittelpunkt für den Anfangspunkt $A$

des kleinen Bogens $AB_1 = b_1$, $M_2$ der für denselben Anfangspunkt des Bogens $AB_2 = b_2$. Auf der Fläche vollende man das Rechteck $AB_1EB_2$ und ziehe dessen in der Fläche liegende Diagonale $AE = s$. In der durch $AZ$ und $E$ bestimmten Ebene errichte man auf dem Bogen $s$ im Punkte $E$ das Lot $EM$, welches die Normale in $M$ schneiden möge. Projiziert man die Punkte $B_1$, $B_2$ und $E$ auf die Normale, so ist auf dieser $h = h_1 + h_2$ (Summe der beiden Senkungen) und zugleich

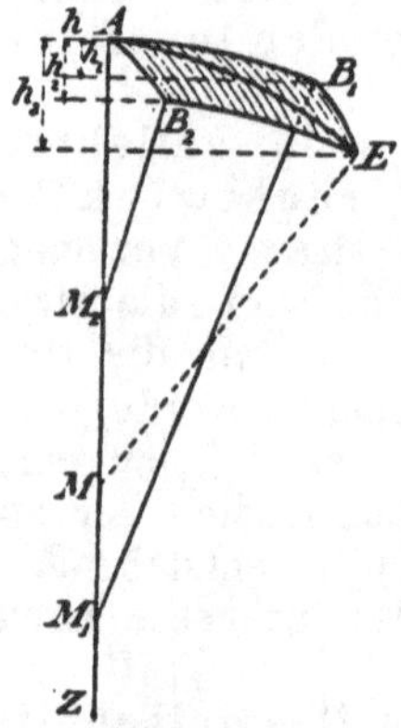

Fig. 231.

$$3)\qquad h = \frac{s^2}{2r},$$

wenn man $AM$ als $r$ bezeichnet. Daraus folgt

$$\frac{1}{r} = \frac{2h}{s^2} = \frac{2(h_1 + h_2)}{s^2} = \frac{2b_1^2}{2r_1 s^2} + \frac{2b_2^2}{2r_2 s^2} = \frac{b_1^2}{r_1 s^2} + \frac{b_2^2}{r_2 s^2}.$$

Bildet nun im Rechteck $AB_1EB_2$ der Bogen $s$ mit $b_1$ den Winkel $\alpha$, so wird $b_1 = s\cos\alpha$, $b_2 = s\sin\alpha$. Setzt man dies in die letzte Gleichung ein, so wird

$$\frac{1}{r} = \frac{\cos^2\alpha}{r_1} + \frac{\sin^2\alpha}{r_2}.$$

Nach dieser Formel kann man den Krümmungsradius für jeden Normalschnitt bestimmen, sobald man die Krümmungsradien für die beiden aufeinander senkrechten Krümmungslinien kennt. Dabei ist darauf zu achten, dafs, wenn die beiden Krümmungsradien entgegengesetzte Richtung haben, der eine als negativ zu betrachten ist.

345) Beispiel. $A$ sei ein Punkt der Drehungscyklide, $AM_2$ der Radius $\varrho$ des erzeugenden Kreises, $\varphi$ die Neigung von $M_2A$, $AM_1 = r_1$ sei der andere Krümmungsradius. Dabei ist $BA = e + \varrho\cos\varphi$, also

$$r_1 = \frac{BA}{\cos\varphi} = \frac{e}{\cos\varphi} + \varrho.$$

Wird jetzt ein Normalschnitt der Fläche durch $A$ gelegt, der mit dem zum horizontalen Krümmungskreise gehörigen Normalschnitte (dessen Ebene durch $M_1 A$ veranschaulicht ist) den Winkel $\alpha$ bildet, so ist nach Euler

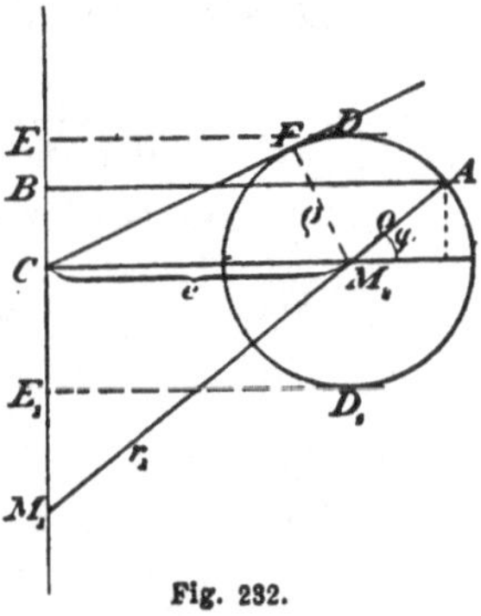

Fig. 232.

$$1)\quad \frac{1}{r} = \frac{\cos^2\alpha}{r_1} + \frac{\sin^2\alpha}{r_2} = \frac{\cos^2\alpha}{\varrho + \frac{e}{\cos\varphi}} + \frac{\sin^2\alpha}{\varrho}$$

Für die Punkte des äufseren Äquators z. B. ist $\varphi = 0$, also wird für diese

$$\frac{1}{r} = \frac{\cos^2\alpha}{\varrho + e} + \frac{\sin^2\alpha}{\varrho} = \frac{\varrho(\cos^2\alpha + \sin^2\alpha) + e\sin^2\alpha}{\varrho(\varrho + e)} = \frac{\varrho + e\sin^2\alpha}{\varrho(\varrho + e)}.$$

Ist dabei $\alpha = \sphericalangle FCM_2$, also $\sin\alpha = \frac{\varrho}{e}$, so wird

$$\frac{1}{r} = \frac{\varrho + e\frac{\varrho^2}{e^2}}{\varrho(\varrho + e)} = \frac{\varrho(e + \varrho)}{e\varrho(e + \varrho)} = \frac{1}{e}.$$

In der That war $r = e$ der Radius der kreisförmigen Normalschnitte.

Für die Punkte, in denen die Horizontalebene $ED$ oder $E_1 D_1$ die Drehungscyklide berührt, ist $\varphi = \pm 90^0$, also $\frac{e}{\cos\varphi}$ unendlich grofs. Dort also wird

$$\frac{1}{r} = \frac{\cos^2\alpha}{\varrho + \infty} + \frac{\sin^2\alpha}{\varrho} = \frac{\sin^2\alpha}{\varrho}.$$

Für Punkte, die zum Bogen $DFD_1$ gehören, geht $\varrho$ ins Innere des Cyklidenkörpers, $r_1$ ins Äufsere. Soll Formel 1) bestehen bleiben, so ist $\varrho$ als positiv, $r_1$ als negativ zu betrachten. In der That nimmt $r_1 = \frac{e}{\cos\varphi} + \varrho$

von selbst einen negativen Wert an. Für Punkte des inneren Äquators ist $\varphi = 180^0$, also $r_1 = -e + \varrho = \varrho - e$. Für solche ergiebt sich

$$\frac{1}{r} = \frac{\cos^2\alpha}{\varrho - e} + \frac{\sin^2\alpha}{\varrho} = \frac{\varrho - e\sin^2\alpha}{\varrho(\varrho - e)}.$$

Wählt man wieder $\alpha = \sphericalangle FCM_2$, so wird

$$\frac{1}{r} = \frac{\varrho - e\frac{\varrho^2}{e^2}}{\varrho(\varrho - e)} = -\frac{1}{e}.$$

In der That war $e$ der dort nach aufsen gerichtete Radius der schrägen Kreisschnitte.

346) Folgerungen des Eulerschen Satzes.

a) Die Gleichung einer Ellipse sei $\frac{x^2}{a^2} + \frac{y^2}{b^2} = 1$, oder in Polarkoordinaten $\frac{\varrho^2\cos^2\alpha}{a^2} + \frac{\varrho^2\sin^2\alpha}{b^2} = 1$, oder endlich

$$1)\qquad \frac{\cos^2\alpha}{a^2} + \frac{\sin^2\alpha}{b^2} = \frac{1}{\varrho^2}.$$

Vergleicht man dies mit der Eulerschen Formel

$$2)\qquad \frac{\cos^2\alpha}{r_1} + \frac{\sin^2\alpha}{r_2} = \frac{1}{r},$$

so hat man nur $\sqrt{r_1} = a$, $\sqrt{r_2} = b$, $\sqrt{r} = \varrho$ zu setzen, um für gleichgerichtete Krümmungsradien zu sehen, dafs auch diese Gleichung eine Ellipse darstellt, deren Halbachsen $\sqrt{r_1}$ und $\sqrt{r_2}$ sind. Trägt man also auf jeder der zum Punkte $A$ einer Fläche gehörigen Tangenten die aus 2) folgende Länge $\sqrt{r}$ als solche auf, so liegen die Endpunkte aller Tangenten auf einer Ellipse. Aus jedem Satze über die Halbmesser einer Ellipse folgt also ein solcher über die Krümmungsradien der Normalschnitte. Einige Beispiele seien angegeben.

b) Ist $a = b$, so ist die Ellipse ein Kreis. Folglich:

Sind die zu zwei durch einen Punkt der Fläche gehenden Krümmungslinien gehörigen Radien einander gleich, so sind die der übrigen Normalschnitte ihnen ebenfalls gleich, die Krümmung der Fläche entspricht also der einer Kugel. Einen Punkt, wo solches stattfindet, nennt man einen Kreispunkt (Nabelpunkt) der Fläche.

c) Bei der Ellipse liegt $\varrho$ stets zwischen $a$ und $b$, die letzteren bedeuten also das Maximum und Minimum des Halbmessers. Folglich:

Die zu den Krümmungslinien gehörigen Krümmungsradien haben unter allen zu den Normalschnitten eines Punktes gehörigen den gröfsten und den kleinsten Wert.

d) Für aufeinander senkrechte Halbmesser der Ellipse gilt der Satz

$$\frac{1}{a_1^2} + \frac{1}{b_1^2} = \frac{1}{a^2} + \frac{1}{b^2}.$$

Folglich:

Die Krümmungsradien von Normalschnitten, die auf einander senkrecht stehen, befolgen das Gesetz

$$\frac{1}{r_1'} + \frac{1}{r_2'} = \frac{1}{r_1} + \frac{1}{r_2},$$

die Summe der reciproken Werte ist also konstant.

e) Für konjugierte Richtungen der Ellipse ist $a_1^2 + b_1^2 = a^2 + b^2$. Folglich:

Für Krümmungsradien, die zu konjugierten Richtungen der Hülfsellipse gehören, ist

$$r_1' + r_2' = r_1 + r_2,$$

die Summe solcher Krümmungsradien ist also konstant.

Ebenso entspricht dem Satze $a_1\, b_1 \sin\gamma = ab$ der Satz $\sqrt{r_1'}\,\sqrt{r_2'} \sin\gamma = \sqrt{r_1}\,\sqrt{r_2}$ oder

$$r_1' \cdot r_2' \sin^2\gamma = r_1\, r_2.$$

347) Legt man durch die Fläche eine zur Tangentialebene parallele Ebene, so wird, wenn die Entfernung beider Ebenen unendlich klein ist, der Schnitt eine der Hülfsellipse ähnliche Ellipse.

Beweis. Die kleine Entfernung der Schnittebene von der Tangentialebene sei $h$, dann ist für die Bogen der Krümmungslinien, wie oben, $h = \frac{b_1^2}{2r_1}$ und $h = \frac{b_2^2}{2r_2}$, also $\frac{b_1^2}{r_1} = \frac{b_2^2}{r_2}$ oder $b_1 : b_2 = \sqrt{r_1} : \sqrt{r_2}$. Für jeden anderen der gekrümmten Halbmesser des Schnittes wird $h = \frac{b^2}{2r}$, wo $r$ das nach der Eulerschen Formel berechnete ist, also wird $b_1 : b_2 : b = r_1 : r_2 : r$. Der Schnitt wird also eine der Hülfsellipse ähnliche Ellipse. —

Sind die Krümmungsradien entgegengesetzt gerichtet, so ist die Eulersche Formel

$$\frac{\cos^2\alpha}{r_1} + \frac{\cos^2\beta}{r_2} = \frac{1}{r}$$

mit der Hyperbel

$$\frac{\cos^2\alpha}{a^2} - \frac{\cos^2\beta}{b^2} = \frac{1}{\varrho^2}$$

zu vergleichen. Bei einer solchen ist die Neigung $\alpha$ der Asymptoten gegen die Hauptachse zu berechnen aus $\tan\alpha = \pm\frac{b}{a} = \pm\sqrt{\frac{r_2}{r_1}}$. Die analogen Sätze über die Halbmesser sind in entsprechender Weise abzuleiten. Die Tangentialebene schneidet jetzt die Fläche, und in unmittelbarer Nähe des Berührungspunktes hat die Schnittkurve den Charakter zweier solcher Asymptoten, d. h. sie schneidet dort geradlinig. In gröſserer Entfernung wird jedoch der Schnitt krummlinig. Ein unendlich naher Parallelschnitt giebt eine Kurve, die in unmittelbarer Nähe des Berührungspunktes den Charakter einer Hyperbel mit jenen Asymptoten hat. Ist $r = -r_1$, so stehen die Asymptoten aufeinander senkrecht.

Man kann also den Hülfskegelschnitt als die Indicatrix der Krümmung betrachten und von elliptischer und hyperbolischer Krümmung sprechen. Das Zwischenglied der parabolischen Krümmung hat man dann an Stellen, wo einer der beiden Krümmungsradien unendlich groſs ist. Bei der Cyklide handelt es sich um die Stellen, wo die äufseren Ebenen sie in Kreisen berühren. Der Parallelschnitt giebt benachbarte konzentrische Kreise, die in der Nähe des untersuchten Punktes den Charakter paralleler Geraden haben. Zwei parallele Gerade aber können als Bogenelemente einer unendlich langen Ellipse betrachtet werden, oder auch als solche einer Hyperbel, deren Asymptoten sich unter dem Winkel Null in unendlicher Entfernung schneiden. Die Parabel kann ebenfalls sowohl als Ellipse, als auch als Hyperbel betrachtet werden, und man kann auch jene parallelen Geraden als Elemente der Parabel ansehen. Einen solchen Fall haben wir beim Cylinder und beim Kegel, wo der Parallelschnitt bei unendlicher Nähe der Tangentialebene zwei parallele Gerade als Elemente der Parabel giebt.

Nach Gaufs werden elliptische, hyperbolische und parabolische Krümmungen auch als positive, negative und solche vom Werte Null bezeichnet. Der Grund dafür wird später angegeben.

348) Ausdehnung des Eulerschen Satzes auf beliebige Flächen.

Eine gekrümmte Fläche habe bei $A_1$ als gröfsten Krümmungsradius unter den sämtlichen Normalschnitten angehörigen den Radius $A_1 M$. Der Krümmungskreis habe mit der Fläche die unendlich benachbarten Punkte $A_1$, $A_2$, $A_3$ gemein. Man konstruiere auf der Fläche das kleine Rechteck $A_2 B_2 B_3 A_3$ und zeichne in den Lagen $A_1$, $A_2$, $A_3$ die zum Normalschnitt $A_1 B_1$ gehörige Krümmungskugel, die sich dort, wenn Stetigkeit der Krümmung vorausgesetzt wird, nur

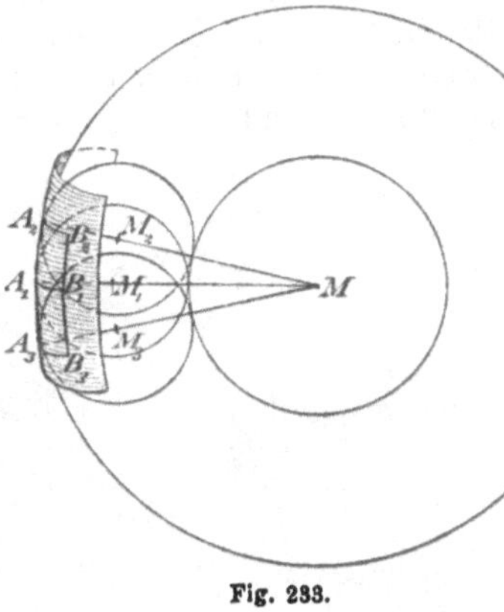

Fig. 283.

unendlich wenig ändert. Diese drei Kugeln gehören aber zugleich einer Drehungscyklide an, die in der Figur gleichfalls angedeutet ist. Diese Cyklide und die Fläche schliefsen sich derartig aneinander an, dafs das kleine Rechteck $A_2 B_2 B_3 A_3$ als beiden gemeinschaftlich betrachtet werden kann, d. h. dafs die Fläche dort ebenso geformt ist, wie die Cyklide am Äquator. Bei der letzteren aber gehört zum Normalschnitte $A_1 B_1$ der kleinste Krümmungsradius, folglich ist dasselbe bei der untersuchten Fläche der Fall. Also:

Bei jener Fläche gehören der gröfste und der kleinste Krümmungsradius Normalschnitten an, die aufeinander senkrecht stehen, und diese geben die Richtungen der Krümmungslinien in dem betreffenden Punkte an. Die Krümmungslinien jeder Fläche schneiden daher einander senkrecht.

Diese Cyklide kann man geradezu als die Krümmungscyklide für die betreffende Stelle der Fläche bezeichnen. Sie spielt für die Fläche dieselbe Rolle, wie der Krümmungskreis für die Kurve. Ihre Rolle wird bei den Darlegungen über das Gaufssche Krümmungsmafs noch klarer hervortreten.

Da die Voraussetzungen des Eulerschen Satzes für alle Flächen (mit Ausnahme von Unstetigkeitsstellen) erfüllt sind, so gilt dieser ganz allgemein, und ebenso alle seine Folgerungen, besonders die, welche sich auf die Schnittlinien von Parallelebenen zur Tangentialebene beziehen.

349) Satz von Meunier. Hat ein durch eine Tangente einer Fläche gelegter Normalschnitt den Krümmungsradius $r$, so hat jeder durch dieselbe Tangente gelegter ebene Schnitt den Krümmungsradius $r \cos \gamma$, wo $\gamma$ den Schnittwinkel der beiden Ebenen bedeutet.

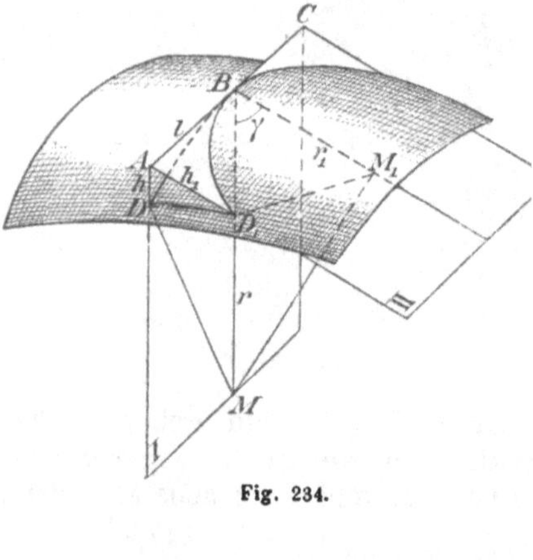

Fig. 234.

Beweis. $AC$ sei die Tangente der Fläche, $B$ ihr Berührungspunkt, Ebene $I$ der durch die Tangente gelegte Normalschnitt, Ebene $II$ der Schrägschnitt. Setzt man die kleine Strecke $AB = l$, den Abstand $AD = h$, so ist für den Normalschnitt $h = \frac{l^2}{2r}$. Setzt man $AD_1 = h_1$, so ist für den Schrägschnitt $h_1 = \frac{l^2}{2r_1}$. Durch Division folgt $\frac{h}{h_1} = \frac{r_1}{r}$ oder $\cos\gamma = \frac{r_1}{r}$, demnach ist $r_1 = r \cos\gamma$.

Nach diesem Satze kann man für beliebige Schnitte beliebiger Flächen die Krümmungsradien berechnen, sobald man die der Krümmungslinien kennt und aus ihnen die des Normalschnitts abgeleitet hat.

Übungsbeispiele bieten die verschiedenen Arten von Cykliden und die später zu behandelnden Kegelschnittsflächen und die Schraubenflächen.

350) **Das Gaufssche Krümmungsmafs für allgemeine Flächen und für die Drehungscyklide.**

Man denke sich auf einer beliebig gestalteten Fläche ein Stück $f$ durch eine geschlossene Kurve abgegrenzt und in allen Randpunkten die Normalen der Fläche gezeichnet, die im allgemeinen einander nicht schneiden. Ferner denke

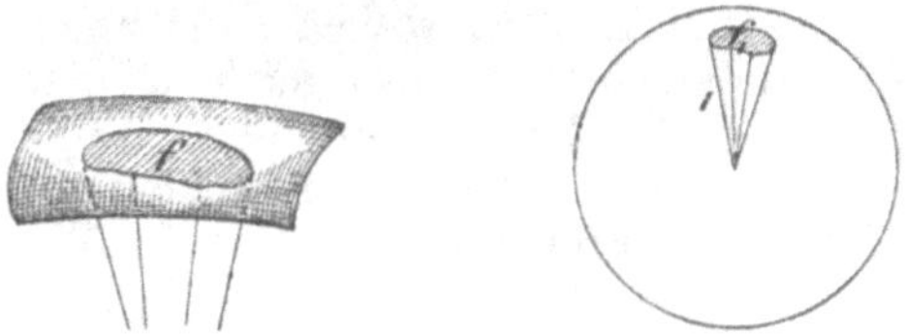

a b

Fig. 235.

man sich in einer Kugel mit Radius $1$ parallel zu jeder der vorigen Normalen einen Radius gezogen. Hier bilden die Normalen einen allgemeinen Kegel und grenzen auf der Kegelfläche ein Flächenstück $f_1$ ab, welches in gewissem Sinne als eine Abbildung der Fläche $f$ bezeichnet werden kann.

Diesen Teil $f_1$ der Kugelfläche bezeichnet man nach Gaufs als die **totale Krümmung des gegebenen Flächenstücks** $f$.

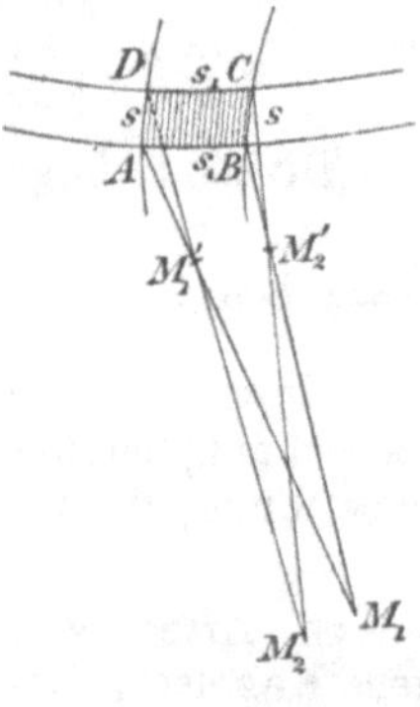

Fig. 236 a.

Sind beide unendlich klein, so nennt man den Quotienten

$$\frac{f_1}{f} = \frac{\text{totale Krümmung}}{\text{geg. Fläche}}$$

das Krümmungsmaſs für die entsprechende Stelle der untersuchten Fläche. Dieses so eigentümlich definierte Krümmungsmaſs hat aber eine einfache geometrische Bedeutung. Wählt man nämlich als Grenzen des Flächenelements benachbarte Krümmungslinien, so erhält man wegen des rechtwinkligen Schneidens ein kleines Rechteck vom Inhalte

$$f = s \cdot s_1.$$

Den Ecken mögen die Krümmungsradien $A\,M_1' = \varrho = D\,M_1' = B\,M_1' = C\,M_2'$ und $A\,M_1 = r = B\,M_1 = C\,M_2 = D\,M_2$ angehören; denn bei Krümmungslinien schneiden sich die benachbarten Normalen und sind bei unendlicher Annäherung als Radien desselben Krümmungskreises zu betrachten. Die Ebenen $A\,D\,M_1'$ und $A\,B\,M_1$ stehen aufeinander senkrecht, dasselbe ist also auch bei der Kugel der Fall. Da es mit den übrigen Flächenwinkeln ebenso ist, so hat man auch auf der Kugelfläche ein Rechteck, z. B. vom Inhalte

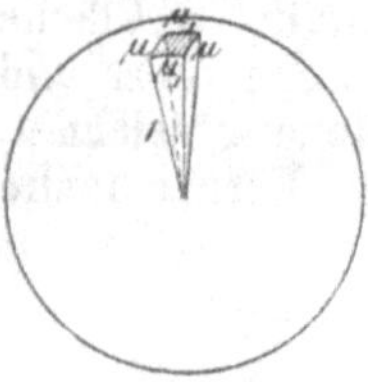
Fig. 236 b.

$$f_1 = \mu \cdot \mu_1.$$

Die einander entsprechenden seitlichen Ebenen sind aber wegen des Parallelismus der Seiten ähnliche gleichschenklige Dreiecke. Es ist also

$$s : \mu = \varrho : 1,\quad s_1 : \mu_1 = r : 1,\ \text{also auch}\ s\,s_1 : \mu\,\mu_1 = r\,\varrho : 1,$$

oder

$$\frac{f_1}{f} = \frac{1}{r \cdot \varrho}.$$

Folglich: Das Gauſssche Krümmungsmaſs ist der umgekehrte Wert vom Produkte der beiden Krümmungsradien für die untersuchte Stelle.

Wie man bei den einzelnen Bogenelementen $\frac{\mu}{s} = \frac{1}{\varrho}$, $\frac{\mu_1}{s_1} = \frac{1}{r}$ als das Krümmungsmafs bezeichnen kann (denn die Krümmung ist umgekehrt proportional dem Radius), so kann man mit demselben Rechte den Ausdruck $\frac{f_1}{f} = \frac{\mu\mu_1}{s s_1} = \frac{1}{r\varrho}$ als das Krümmungsmafs der Fläche bezeichnen.

351) Beispiel. Bei der Drehungscyklide handelt es sich an jeder Stelle um das Krümmungsmafs

$$\frac{1}{r_1} \cdot \frac{1}{r_2} = \frac{1}{\varrho + \frac{e}{\cos\varphi}} \cdot \frac{1}{\varrho} = \frac{\cos\varphi}{\varrho(e + \varrho\cos\varphi)} = \frac{\cos\varphi}{\varrho\,.\,AB}.$$

Bemerkung. Sind $r_1$ und $r_2$ gleich gerichtet, so ist das Krümmungsmafs positiv, bei entgegengesetzter Richtung negativ. Ist einer der beiden Radien unendlich grofs, so ist das Krümmungsmafs gleich $\pm 0$, bildet also den Übergang vom positiven zum negativen. Vgl. die Bemerkungen über hyperbolisches, elliptisches und parabolisches Krümmungsmafs.

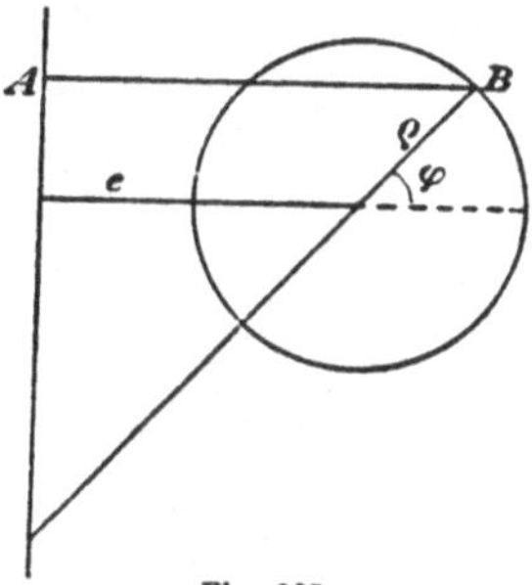

Fig. 237.

352) Gaufsscher Fundamentalsatz über den konstanten Charakter des Krümmungsmafses: Wird eine biegsame, aber nicht ausdehnbare Fläche auf irgend eine Weise verbogen, so bleibt das Krümmungsmafs an jeder Stelle konstant.

Beweis. Nach den obigen Bemerkungen ist es nur nötig, den Satz für den Äquator der Drehungscyklide zu beweisen. Dort befinde sich ein Rechteck $ABCD$ von kleiner Höhe $\widehat{h}$, die im Bogen zu messen ist. Für dieses ist

$$AB : DC = 2\pi BE : 2\pi CF = BE : CF$$
$$= BE : BE - EG = r : r - \frac{h^2}{2\varrho} = 1 : 1 - \frac{h^2}{2r\varrho}.$$

Soll dieses Rechteck zugleich ein Element einer andern Cyklide mit $r_1$ und $\varrho_1$ sein, so mufs dort ebenfalls sein

$$AB : DC = 1 : 1 - \frac{h^2}{2 r_1 \varrho_1}.$$

Es mufs also sein $1 - \frac{h^2}{2 r \varrho} = 1 - \frac{h^2}{2 r_1 \varrho_1}$ oder $r\varrho = r_1 \varrho_1$ oder auch $\frac{1}{r\varrho} = \frac{1}{r_1 \varrho_1}$. Ein Flächenelement kann also vom Äquatorstreifen einer Drehungscyklide auf den einer anderen unter blofser Biegung und unter Ausschlufs jeder Drehung übertragen werden, sobald die betreffenden Stellen gleiches Krümmungsmafs haben, und zwar mufs dabei Krümmungslinie auf Krümmungslinie gelegt werden.

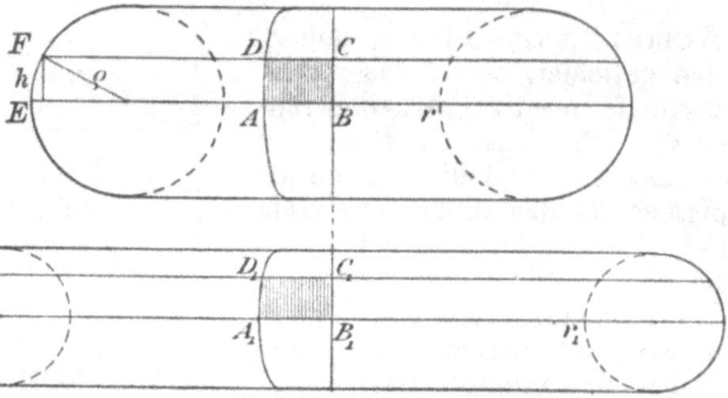


Fig. 238a und b.

Handelt es sich um ein Element einer beliebigen Fläche und seine Übertragung auf eine andere, so kann man an Stelle der Fläche nach den früher gemachten Bemerkungen den Äquatorialstreifen ihrer Krümmungscyklide betrachten, für den dann das abgeleitete gilt. Folglich:

Soll ein Element einer Fläche auf eine andere Fläche unter Ausschlufs von Dehnung und Verkürzung, also durch blofse Biegung übertragbar sein, so müssen beide Flächen an der betreffenden Stelle gleiches Krümmungsmafs haben.

353) Verbiegt man eine Fläche in beliebiger Weise, so kann sie in die alte Form zurückgebogen werden, das

Krümmungsmafs jeder Stelle mufs also unverändert geblieben sein. Man sagt auch, dafs sich die beiden Flächen auf einander abwickeln lassen. Also:

Bei der Verbiegung einer Fläche behält jede Stelle ihr Krümmungsmafs unverändert bei. Das Krümmungsmafs ist für die Verbiegung eine Invariante. Sollen zwei Flächen aufeinander abwickelbar sein, so müssen sie bezüglich des Krümmungsmafses Punkt für Punkt übereinstimmen. Ist letzteres der Fall, so sind sie aufeinander abwickelbar.

Bei der Abwickelung wird jedes Element so gebogen, dafs einander kongruente Flächenteile entstehen und auf einander gedeckt werden. Hätte man nun in dem einen Elemente eine kürzeste Linie zwischen zwei Punkten, so ist diese Linie auch in der neuen Lage eine kürzeste (oder geodätische) Linie. Bei der Biegung nämlich werden, wenn Dehnungen ausgeschlossen sind, die Längen der Linien nicht geändert. Wäre also auf der zweiten Fläche eine andere Linie kürzeste Linie zwischen den beiden Punkten, so würde auch auf der ersten eine andere kürzeste, als die gegebene, vorhanden sein. Es gilt also der Satz:

Bei Verbiegung oder Abwickelung einer Fläche auf eine andere behalten die kürzesten Linien ihren Charakter als solche bei.

Einige Beispiele werden diese Sätze weiterhin erläutern.

354) Beispiele. a) Auf der Kugel ist das Krümmungsmafs nicht nur überall dasselbe, sondern jeder Krümmungsradius für sich bleibt unverändert derselbe. Folglich kann ein starres Kugelflächenelement auf seiner Kugelfläche durch Drehung und Verschiebung in jede beliebige Lage gebracht werden.

Handelt es sich um eine aus der Kugel durch Biegung entstandene Fläche — man verbiege z. B. eine ausgeschnittene Kalotte — so ändern sich zwar an jeder Stelle die Krümmungsradien, ihr Produkt aber bleibt nach dem Gaufsschen Satze konstant. Der eine nimmt also in demselben Verhältnifs zu, wie der andere abnimmt. Weil dies der Fall ist, läfst sich auf jeder der so entstandenen Flächen jedes ihrer Elemente unter blofser Biegung und ohne Dehnung durch Verschiebung und Drehung in jede beliebige Lage bringen.

Um auf einer solchen Fläche die geodätische Linie zwischen zwei Punkten kennen zu lernen, braucht man nur die Abwickelung auf die entsprechende Kugel vorzunehmen und den Hauptkreis zwischen den Bildpunkten auf die Fläche zu übertragen. [Handelt es sich dabei um Punkte, die Gegenpunkten der Kugel entsprechen, so geschieht Besonderes, denn bei dieser giebt es dann unendlich viele kürzeste Linien.] Auch die Winkelgröfsen bleiben erhalten.

Das geodätische Dreieck auf der Kugel (das Dreieck der sphärischen Trigonometrie) hat stets eine Winkelsumme, die gröfser ist, als 180°. Dies widerspricht dem elften Axiom des Euklid für die Ebene, daher ist die Abwickelung auf die Ebene unmöglich. Alle Sätze der Euklidischen Geometrie aber, die von dem elften Axiom Euklids unabhängig sind, lassen sich widerspruchslos auf die Kugelfläche übertragen, also auch auf jede andere Oberfläche von konstantem, positivem Krümmungsmafse.

b) Die Ebene des Euklid hat das Krümmungsmafs Null. Alle ihre Elemente lassen sich auf ihr starr verschieben. Wird sie gebogen, so erhält man eine abwickelbare Fläche im engeren Sinne, bei der also die Krümmung überall gleich Null sein mufs. Durch jeden Punkt einer auf die Ebene abwickelbaren Fläche geht also mindestens eine auf letzterer liegende gerade Linie. Zu diesen abwickelbaren Flächen gehören die allgemeinen Cylinder und Kegel, gewisse Schraubenflächen u. s. w. Die Geraden der Ebene geben auf dem Kreiscylinder Schraubenlinien, auf dem allgemeinen Cylinder allgemeinere Loxodromen, auf dem Kegel dessen geodätische Linien u. s. w. Auch bei dem Cylinder sind diese Linien geodätische Linien und lassen sich durch Abwickelung auf die Ebene in Gerade verwandeln. Auf dem senkrechten Kreiscylinder ist die Verschiebung starrer Elemente in der Richtung der Geraden, Kreise und Loxodromen möglich, dagegen ist zur Drehung Biegung erforderlich. (Ist das Flächenstück grofs genug, so tritt der Fall ein, dafs die Cylinderfläche stellenweise mehrfach bedeckt wird.) Bei dem Kreiskegel ist zu jeder Bewegung, die längs der Kreisschnitte ausgenommen, Biegung erforderlich. (Auch ein kleines Flächenelement wird, wenn es der Spitze hinreichend nahe kommt, gezwungen, die Fläche mehrfach zu bedecken.) Drehung eines Flächenelements um einen Punkt der abwickelbaren Fläche läfst jeden seiner Punkte einen geodätischen Kreis beschreiben, der, in die Ebene abgewickelt, zum wirklichen Kreise wird. Die gesamte Geometrie des Euklid läfst sich auf alle auf die Euklidische Ebene abwickelbaren Flächen übertragen, denn da die Summe der Winkel eines geodätischen Dreiecks gleich 180° ist, gelten auch die Sätze, die mit dem elften Axiom zusammenhängen. (Die Winkelgröfsen bleiben erhalten.)

c) Zu den auf die Ebene abwickelbaren Flächen gehört auch die von den Normalen längs einer Krümmungslinie gebildete. Während beim Kegel die Schar der Geraden durch einen Punkt, beim Cylinder ebenso durch den unendlich fernen Punkt geht, umhüllen hier die Normalen als Tangenten eine Raumkurve, welche als die Rückkehrkante der Fläche dieser Normalen bezeichnet wird. Eine solche Kante existiert im allgemeinen für jede abwickelbare Fläche. Umgekehrt geben die Tangenten jeder Raumkurve eine abwickelbare Fläche, weil je zwei aufeinanderfolgende Gerade sich schneiden, aber nicht kreuzen. Unter den über Kegelschnitten errichteten Cylindern ist der senkrechte parabolische Cylinder, ebenso der hyperbolische, insofern bemerkenswert, als auf ihm ein Flächenstück, mag es auch noch so grofs sein, niemals zu mehrfacher Bedeckung Anlafs giebt, sobald es verschoben oder gedreht wird.

Die Ebene läfst sich als Kugel von unendlich grofsem Radius betrachten, sie ist also ein besonderer Fall der Flächen konstanten Krümmungsmafses.

Es fragt sich nun, ob es auch Flächen konstanten negativen Krümmungsmafses giebt. Darüber wird die folgende Aufgabe aufklären. Da hier $\frac{1}{r_1} \cdot \frac{1}{r_2} = -\frac{1}{r^2}$ sein mufs, kann man so verfahren, dafs man zunächst $r_2$ aus einem willkürlich angenommenen $r_1$ und dem gegebenen $r$ berechnet oder konstruiert $(r_1 : r = r : x)$ und dann den Krümmungsradien entgegengesetzte Richtung giebt.

355) Aufgabe. Eine Drehungsfläche konstanten negativen Krümmungsmafses mit beliebiger Annäherung zu konstruieren.

In Figur 239a sei $B_1 Z$ die Drehungsachse der gesuchten Fläche, $r_1$ und $\varrho_1$ seien für $A_1$ die beiden entgegengesetzt gerichteten Radien, die z. B. gleich lang sein können. Man mache eine Hülfsfigur, die einen Quadranten des Kreises mit dem Radius $MC_1 = r_1$ darstellt und zur Konstruktion der vierten Proportionalen benutzt wird. Man schlage um $M_1$ mit $\varrho_1$ einen beliebig kleinen Kreisbogen $A_1 A_2$ und ziehe $M_1 A_2 B_2$ bis zur Drehungsachse, was $A_2 B_2 = r_2$ giebt. Dieses trage man als $MC_2$ in die Hülfsfigur, ziehe die Tangente $C_2 E_2$ und projiziere $E_2$ nach $D_2$, was $MD_2 = \varrho_2$ giebt.*) Man mache $A_2 M_2 = \varrho_2$ und schlage um $M_2$ mit $\varrho_2$ einen beliebig kleinen Bogen $A_2 A_3$.

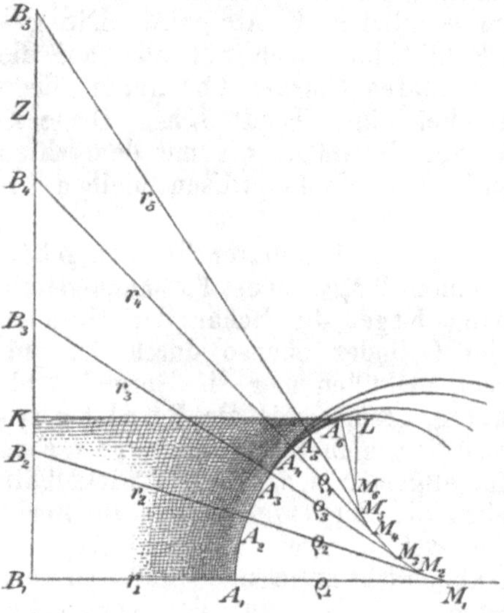


Fig. 239a.

Jetzt ziehe man $M_2 A_3 B_3$, was $r_3$ giebt und trage $r_3$ als $MC_3$ in die Hülfsfigur ein. Die Tangente aus $C_3$ giebt $E_3$, welches nach $D_3$ projiziert den Radius $\varrho_3 = MD_3$ giebt. So fahre man fort, bis die $r$ sehr grofs, die $\varrho$ sehr klein werden. Die Kurve endet dort, wo

Fig. 239b.

*) In Figur 238b denke man sich die oberen Endpunkte der Lote mit $E_1$, $E_2$, $E_3$, $E_4$ bezeichnet.

die Tangente horizontal wird. Jetzt drehe man die Kurve um $B_1 Z$, wodurch die gesuchte Fläche entsteht. Diese hat konstantes negatives Krümmungsmafs, weil jedes Produkt $r_n \varrho_n = r_1^2 = c$ ist, die Radien aber entgegengesetzte Richtung haben. Ist $r_1$ verschieden von $\varrho_1$, so ändert sich die Konstruktion nur unwesentlich, ebenso die Gestalt.

356) Bemerkungen. Man denke sich die Fläche zunächst durch den zu $A_1 B_1$ symmetrischen Teil vervollständigt, sodann längs der Drehungsachse periodisch wiederholt, so dafs sie nach oben und unten sich ins Unendliche erstreckt und bei jedem $KL$ eine scharfe Schneide erhält. (Man erhält durch eine Reihe auf einander gestellter Serviettenringe eine angenäherte Vorstellung von der Fläche.) Weil das Krümmungsmafs überall konstant ist, lassen sich die einzelnen Teile der Fläche auf ihr ohne Dehnung und unter blofser Biegung verschieben. Weil aber Dehnungen nicht eintreten, bleiben geodätische Linien stets geodätische (also kürzeste) Linien. Bei der Drehung eines Flächenstücks um einen festen Punkt der Fläche legt jeder Punkt einen geodätischen Kreis zurück. Geodätische Kreise mit gleichen geodätischen Radien lassen sich zur Deckung bringen. Die Winkel bleiben bei jenen Verschiebungen ebenfalls erhalten.

Jede Tangentialebene schneidet die Fläche im allgemeinen in einer Kurve, die beim Berührungspunkte einander schneidende Tangenten hat. Jede unendlich nahe Parallelfläche schneidet in einer Kurve, die dort den Charakter einer Hyperbel hat. Alle Sätze der Euklidischen Geometrie, jedoch, wie gezeigt werden soll, mit Ausnahme der vom elften Axiom abhängigen, lassen sich widerspruchslos und vollständig auf diese Fläche übertragen. Bei den vom elften Axiom abhängigen Sätzen ist die Übertragung nicht möglich, weil die Winkelsumme des geodätischen Dreiecks dieser Fläche kleiner als 180° ist. [Man erkennt dies vorläufig an den Meridianen, die auf jedem Kreisschnitte senkrecht stehen. Von dem „Äquator“ $A_1 B_1$ aus divergieren sie. Das geodätische Dreieck über einen Äquatorbogen mufs also eine Winkelsumme haben, die kleiner als 180° ist. Auf der Kugel konvergieren die Meridiane nach beiden Polen hin und die Winkelsumme des Dreiecks wird gröfser als 180°. Ein wirklicher Beweis wird unten gegeben.]

Jede Fläche, die sich aus der behandelten Fläche durch Biegung erzeugen, also sich auf sie abwickeln läfst, ist ebenfalls eine Fläche von derselben konstanten negativen Krümmung. Im Hinblick auf die Kugel, die konstante positive Krümmung hat, bezeichnet man die Flächen konstanter negativer Krümmung als pseudosphärische Flächen.

357) Zwei andere Arten pseudosphärischer Drehungsflächen. In Figur 240 ist eine Konstruktion derselben Art von der willkürlich gewählten Geraden $BM$ ausgegangen, die in $A$ halbiert ist, wobei der Winkel $B$ kleiner als $45^0$ angenommen ist. Wiederum ist mit $MA$ um $M$ ein kleiner Bogen nach links und rechts geschlagen, worauf $M_1 B$ und $MB_{-1}$ gezogen sind. Eine der vorigen entsprechende Hülfsfigur giebt nun $\varrho_1$ und $\varrho_{-1}$ so, dafs abgesehen vom Vorzeichen $\varrho_1 . r_1 = \varrho_{-1} . r_{-1} = MA^2 = \varrho^2 = c$ ist. Fährt man so nach beiden Seiten fort, so endigt, wie vorher, nach oben hin die Konstruktion bei $L$, wo $r_n = \infty$ und $\varrho = 0$ wird. Unten aber ergiebt sich ein Schnittdunkt $A_{-3}$ mit der Achse, wo $r_{-3} = 0$, also $\varrho_{-3} = \infty$ ist. Auf der andern Seite der Achse giebt die Fortsetzung der Konstruktion einen kongruenten Arm $A_{-3} L_1$. Durch Rotation entsteht schliefslich die in Fig. 240 dargestellte pseudosphärische Fläche, die längs der Achse periodisch zu wiederholen ist.

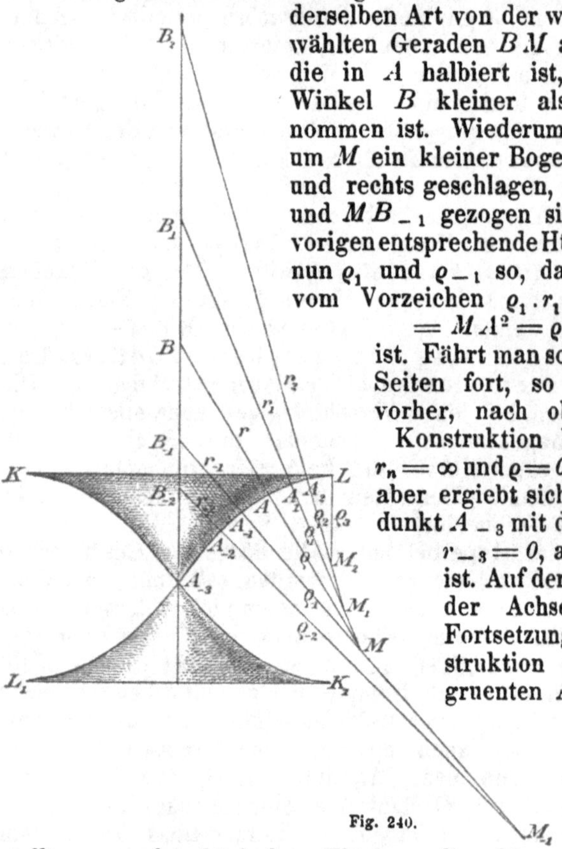

Fig. 240.

Nimmt man hingegen $\beta$ zwischen $45^0$ und $90^0$, so entsteht eine Fläche wie die in Figur 239 dargestellte, nur dafs am Äquator nicht $A_1 B_1 = A_1 M_1$ zu werden braucht.

Der Zwischenfall $\beta = 45^0$ für die halbierte Gerade $BM$ führt auf eine Kurve, bei der der Schnittpunkt $A_{-3}$ in unendliche Entfernung fällt. In Figur 241 ist diese Konstruktion durchgeführt. Diese pseudosphärische Fläche ist insofern die einfachste, als der zum ersteren gegen $KL$ symmetrische Teil mit jenem die Achse vollständig in Anspruch nimmt, so dafs periodische Wiederholungen überflüssig sind. Diese Fläche wird als Pseudosphäre (im engern Sinne) bezeichnet. Ihre erzeugende Kurve ist die von Huygens als Traktrix, oder Traktorie bezeichnete und vielfach behandelte Kurve.

[Ist nämlich in Figur 242 $M_n B_n C_n$ ein rechtwinkliges Dreieck und $t$ die Höhe $A_n C_n$ auf der Hypotenuse, und läfst man $M_n A_n = \varrho$ eine kleine Drehung $\delta$ machen, so ist das neue Lot $A_{n-1} C_{n-1}$ wiederum von der Länge $t$. Vernachlässigt man nämlich das Unendlichkleine zweiter Ordnung, so ist,

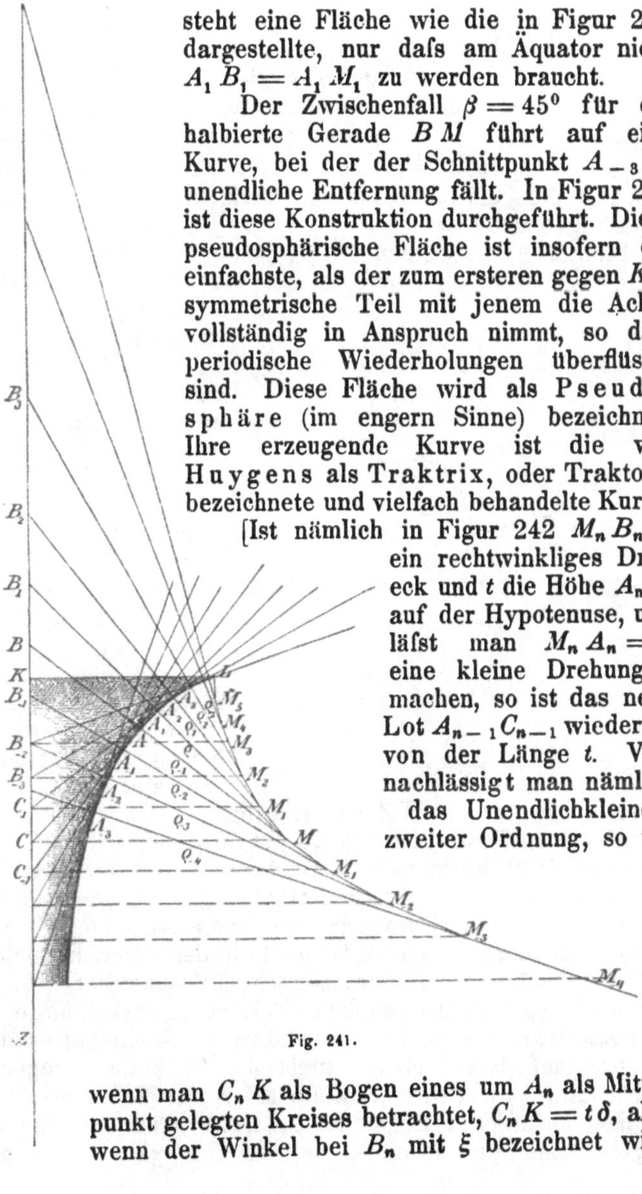


Fig. 241.

wenn man $C_n K$ als Bogen eines um $A_n$ als Mittelpunkt gelegten Kreises betrachtet, $C_n K = t\delta$, also, wenn der Winkel bei $B_n$ mit $\xi$ bezeichnet wird,

$C_{n-1}K = t\,\delta \tan \xi = \delta\,(t \tan \xi) = \delta\,\varrho$, d. h. $C_{n-1}K = A_{n-1}A_n$, folglich $A_{n-1}C_{n-1} = A_n C_n = t$. Nun ist in Figur 241 $MBC$ ein rechtwinklig gleichschenkliges Dreieck und $AC^2 = r\varrho$. In dem Nachbardreiecke ist nach Obigem $A_{-1}C_{-1}$ ebenso grofs, es ist ferner nach der Konstruktion $r_{-1}\varrho_{-1} = r\varrho$, also ist $\overline{A_{-1}C_{-1}}^2 = r_{-1}\varrho_{-1}$ und daher $M_{-1}C_{-1}B_{-1}$ ein rechtwinkliges Dreieck. Für das folgende Dreieck gilt dasselbe.

Sämtliche Tangenten $A_n C_n$ sind also von gleicher Länge $KL$, d. h. die Kurve ist eine Traktrix, und zugleich ist gezeigt, dafs die zusammengehörigen $C_n$ und $M_n$ stets in einer Horizontalebene liegen, woraus sich eine neue Konstruktion der Kurve ergiebt. $KL$, die konstante Tangentenlänge, heifst der Parameter der Kurve, die Gerade $KZ$ die Direktrix.

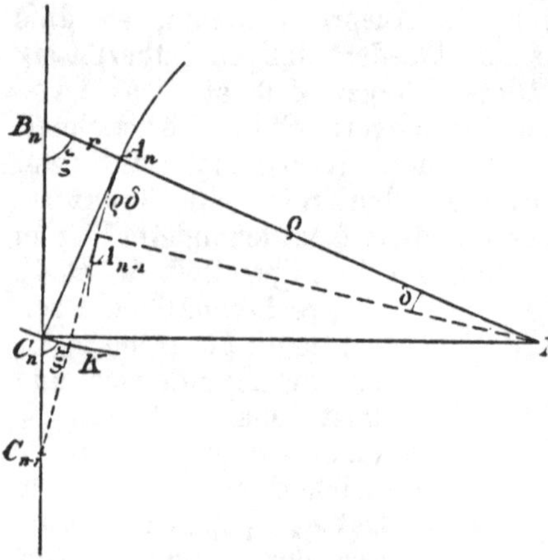

Fig. 242.

Die mechanische Bedeutung der Kurve ist folgende: In $L$ befinde sich auf horizontaler Ebene ein schwerer Körper; auf $KZ$ wandere nach $Z$ hin ein Mensch, der mittels des Seiles $KL$ den Körper fortziehen will. Die angewandte Kraft soll gerade ausreichen, den Körper fortzubewegen, die Beharrung aber soll nicht störend eingreifen, etwa wegen des rauhen Charakters der Unterlage. Der Körper bewegt sich dann in jedem Momente in der augenblicklichen Richtung des Seiles. Der französische Mathematiker Claude Perrault legte dieses Problem, welches zu lösen ihm nicht gelungen war, Leibniz vor und veranschaulichte es ihm mit der auf dem Tische mittels der Uhrkette gezogenen Taschenuhr. Leibniz erkannte sofort den Zusammenhang mit dem natürlichen Logarithmus, lehnte aber ein weiteres Eingehen auf das Problem ab, da Huygens sich seit längerer Zeit mit diesem und dem allgemeineren Problem dieser Zuglinien oder Traktorien beschäftigte. Die Huygenssche Abhandlung findet man in dem Buche Hugenii opera varia, Bd. II, Seite 617. Die Gleichung für die in Figur 241 dargestellte Lage ergiebt sich als

$$y = a^2 lg \frac{a + \sqrt{a - x^2}}{x^2} - \sqrt{a^2 - x^2}.$$

Für $a = x$ wird $y = 0$, der Punkt $K$ ist also Anfang des Koordinatensystems und die Konstante $a$ ist die Länge von $KL$.]

Die ohnehin berühmt gewordene Traktrix hat als Pseudosphäre eine noch weitergehende Bedeutung erhalten, die sich sofort ergeben wird. Vorläufig sei noch bemerkt, dafs es nach Obigem drei Haupttypen pseudosphärischer Drehungsflächen giebt. Der Typus der Traktrix wird als der parabolische bezeichnet, der der Figur 240 (mit Punkten auf der Achse, die den Charakter von Kegelspitzen haben) heifst der elliptische, der der Figur 239 heifst der hyperbolische Typus. Jedem konstanten Werte des negativen Krümmungsmafses entspricht eine bestimmte Gruppe dieser Drehungsflächen. Da aber Flächen, die in allen Punkten dasselbe Krümmungsmafs haben, sich auf einander abwickeln lassen, so folgt, dafs jede irgendwie gestaltete Fläche konstanten negativen Krümmungsmafses sich auf jede pseudosphärische Drehungsfläche desselben Krümmungsmafses abwickeln läfst. Ebenso giebt es drei Typen von Drehungsflächen konstanter positiver Krümmung, die Kugel, eine spindelförmige Fläche und eine mit einem Topf ohne Boden vergleichbare. Bei dieser ist, wie aus den obigen Kugelbetrachtungen hervorgeht, die Winkelsumme des geodätischen Dreiecks gröfser als 180°.

357b. Satz. In jedem geodätischen Dreieck einer Fläche von konstanter negativer Krümmung ist die Winkelsumme kleiner als 180°.

Beweis. In Figur 242b sei das schattierte Dreieck $ABC$ ein geodätisches Dreieck auf einer Fläche von konstanter negativer Krümmung, z. B. ein solches von kleinen Dimensionen, welches nicht über Stellen singulären

Charakters hinausreicht. Um den Winkel $\gamma$ bei $C$ zu untersuchen, bilde man dort die Tangenten und mache $CB_1 = \widehat{CB}$, $CA_1 = \widehat{CA}$, so dafs $a = \widehat{a}$ und $b = \widehat{b}$ wird. Biegt man $CB_1$ in die alte Lage $\widehat{CB}$ zurück, so ist die Bewegung $BB_1$ zunächst senkrecht gegen die Ebene des neuen Dreiecks $A_1 B_1 C$ gerichtet, eben so die Bewegung $A_1 A$ bei dem Zurückbiegen von $CA_1$ in die alte Lage $\widehat{CA}$. Wegen der negativen Krümmung der Fläche wird diese von der Tangentialebene $A_1 B_1 C$ geschnitten, so

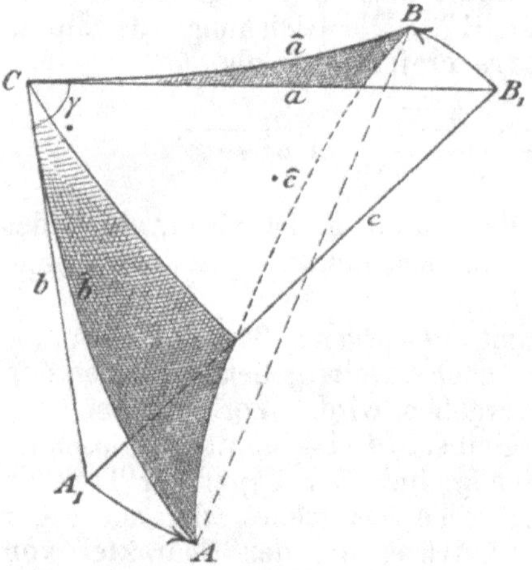

Fig. 242b.

dafs die Bewegungen $B_1 B$ und $A_1 A$ zunächst entgegengesetzte Richtungen haben. Aus diesem Grunde ist $A_1 B_1 < \overline{AB}$, also erst recht $A_1 B_1 < \widehat{AB}$, wobei $\widehat{AB}$ der Bogen $\widehat{c}$ des geodätischen Dreiecks ist. Bezeichnet man also $A_1 B_1$ mit $c$, so ist $c < \widehat{c}$. Da $a = \widehat{a}$, $b = \widehat{b}$, $c < \widehat{c}$ ist, so folgt

$$\frac{\widehat{a}^2 + \widehat{b}^2 - \widehat{c}^2}{2\widehat{a}\,\widehat{b}} < \frac{a^2 + b^2 - c^2}{2ab}.$$

Rechts steht aber der Ausdruck für den $\cos\gamma$ für das ebene, also auch für das geodätische Dreieck. In letzterem ist also

$$\frac{\widehat{a}^2 + \widehat{b}^2 - \widehat{c}^2}{2\widehat{a}\,\widehat{b}} < \cos\gamma.$$

Bildet man aber aus den gestreckten Längen $\widehat{a}$, $\widehat{b}$, $\widehat{c}$ ein ebenes Hülfsdreieck mit den Winkeln $\alpha_1$, $\beta_1$, $\gamma_1$, so ist

$$\cos\gamma_1 = \frac{\widehat{a}^2 + \widehat{b}^2 - \widehat{c}^2}{2\widehat{a}\,\widehat{b}},$$

also folgt $\cos\gamma_1 < \cos\gamma$, ebenso $\cos\alpha_1 < \cos\alpha$ und $\cos\beta_1 < \cos\beta$, und daher ist $\alpha_1 > \alpha$, $\beta_1 > \beta$, $\gamma_1 > \gamma$, folglich

$$\alpha_1 + \beta_1 + \gamma_1 > \alpha + \beta + \gamma.$$

Nun ist aber im ebenen Hülfsdreiecke $\alpha_1 + \beta_1 + \gamma_1 = 180^0$, folglich ist

$$\alpha + \beta + \gamma < 180^0.$$

Damit ist der Satz bewiesen.

358) **Bedeutung der Flächen konstanten positiven und negativen Krümmungsmafses.** Die Geometrie der Euklidischen Ebene läfst sich, mit Ausnahme der vom elften Axiom abhängigen Sätze, vollständig und widerspruchslos auf jede Fläche konstanter Krümmung übertragen. Sollen auch die ausgenommenen Sätze übertragen werden, so mufs die konstante Krümmung der Fläche den Wert Null haben, d. h. die Fläche mufs auf die Euklidische Ebene abwickelbar sein. Ob man das elfte Axiom annimmt oder der Ebene und zugleich dem Raume die Krümmung Null vorschreibt, das ist ein und dasselbe. Aus dem Gesagten folgt zunächst: „**Das elfte Axiom des Euklid ist ein wirkliches Axiom, d. h. eine von allen übrigen Axiomen unabhängige Annahme.**“ Alle früher so häufig auch von hervorragenden Mathematikern (Legendre, Thibaut etc.) angestellten Beweisversuche mufsten also scheitern. Das Resultat konnte nur in Scheinbeweisen bestehen. Künftig wird man solche Versuche unterlassen.

Das elfte Axiom des Euklid ist eine durch die Anschauung nur annäherungsweise zu bestätigende Annahme, denn die genauesten Messungen an endlichen Dreiecken können die Behauptung, dafs die Winkelsumme gleich $180^0$ sei, doch nur innerhalb der Fehlergrenzen der Mefsinstrumente bestätigen. Die denkbare sehr kleine Abweichung könnte bei sehr grofsen und besonders bei unendlich grofsen Dreiecken, die man der Messung nicht unterwerfen kann, schon stärker in die Wagschale fallen.

Will die Mathematik exakt und streng logisch sein, so hat sie die Winkelsumme des Dreiecks gleich $180^0 + \delta$ zu setzen, wo $\delta$ ein sehr kleiner positiver oder negativer Wert oder auch gleich Null sein kann. Setzt man $\delta = 0$, so schreibt man der Ebene willkürlich die Krümmung Null

20*

vor, womit man zugleich dem dreidimensionalen Raum willkürlich die Krümmung Null vorschreibt. Dies ist eine Idealisierung der Raumanschauung, aber eine willkürliche Idealisierung.

Mit demselben Recht kann man $\delta$ als positiv betrachten. Dann giebt man der Ebene z. B. den Charakter einer sehr grofsen Kugel, auf der die Winkelsumme des Dreiecks gröfser als $180^0$ ist. Mit demselben Rechte kann man $\delta$ als negativ betrachten, dann giebt man der Ebene z. B. den Charakter einer pseudosphärischen Fläche von sehr grofsen Dimensionen.

Jede Geometrie, die von dem elften Axiom des Euklid absieht, bezeichnet man als eine absolute Geometrie. Die für positives $\delta$ ist besonders von Riemann, die für negatives $\delta$ besonders von Lobatschefskij bearbeitet worden. Auf weitere Specialisierungen durch andere Mathematiker soll hier nicht eingegangen werden. Der Litteraturnachweis soll über einiges berichten. Diese beiden absoluten Geometrieen sind mit der Euklidischen vollständig gleichberechtigt. Keine der dreien beschäftigt sich mit dem wirklichen (physischen) Raume, sondern jede nur mit einem für den besonderen Zweck idealisierten mathematischen Raume.

Die obigen Betrachtungen werden gezeigt haben, dafs man auf elementarem Wege die Brücke zu diesem neuen Forschungsgebiete gewinnen kann. Nur noch das eine sei angedeutet, dafs die Euklidische Geometrie unter den drei genannten die einfachsten Resultate ergiebt und dafs sie mit den Verhältnissen des wirklichen Raums im endlichen Gebiete so nahe übereinstimmt, dafs sie für praktische Anwendungen die zweckmäfsigste ist. Jedenfalls zeugt es von dem Scharfsinn des Euklid, dafs er den kritischen Punkt erkannte und daher den betreffenden Satz als wirkliches, unabhängiges Axiom aussprach. Zwei Jahrtausende hindurch haben die Zweifel darüber die hervorragendsten Mathematiker beschäftigt, bis endlich die Lehre von den Flächen konstanter Krümmung dem klassischen Mathematiker des Altertums zum endgültigen Siege verhalf. Hätten die Untersuchungen von Gaufs, Bolyai, Lobatschefskij, Riemann, Beltrami, Klein, Killing u. s. w. über diesen Gegenstand nur den einzigen Erfolg gehabt, die Unabhängigkeit des elften Axioms von den übrigen nachzuweisen und damit einen der Hauptpunkte für die Grundlagen der Geometrie zu erledigen, so würde schon dieses Resultat ein bedeutungsvolles sein und die Berechtigung jener Untersuchungen hinreichend begründen.

359) Als Beispiel einer Fläche von veränderlicher Krümmung ist bereits die Drehungscyklide betrachtet worden. Verschiebungen ihrer Elemente ohne Biegung und ohne Dehnung zugleich sind nur in der Richtung der parallelen Krümmungskreise möglich. Andere Verschiebungen ohne Dehnung sind unmöglich, da für sie $\varrho$ konstant, $r$ variabel, also $r\varrho$ und ebenso $\frac{1}{r\varrho}$ veränderlich sein würde.

Es fragt sich, ob auf der allgemeineren Dupinschen Cyklide Kurven existieren, für die $r\varrho$ und $\frac{1}{r\varrho}$ unveränderlich sind, sodafs Verschiebungen ohne Dehnung vorgenommen werden können. Soll z. B. das Flächenelement bei $A$ mit den Krümmungslinien auf das bei $B$ befindliche Element gedeckt werden können, so mufs $r\varrho = r_1\varrho_1$ sein. Ist also $r$ gegeben, so läfst sich $r_1$, da $\varrho$ und $\varrho_1$ für jeden durch die Potenzlinie gelegten Hauptschnitt konstant sind, aus $\varrho_1 : r = \varrho : r_1$ als vierte Proportionale bestimmen, so dafs Figur 243 leicht herzustellen ist. Verschiebungen ohne Dehnung sind also möglich längs der Kurven $r\varrho = c$, (die für die Drehungscyklide, wo $\varrho$ konstant ist, mit den Kurven $r = c$ zusammenfallen).

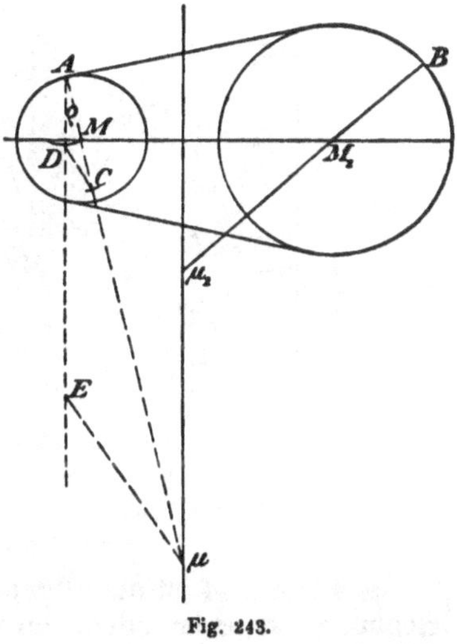

Fig. 243.

Nach diesen Vorbetrachtungen über das Wesen der Flächenkrümmung kann die Geometrie der allgemeinen

Dupinschen Cyklide zum vorläufigen Abschlufs gebracht werden.

360) Die allgemeine Cyklide und ihre Einteilung in ähnliche Rechtecke.

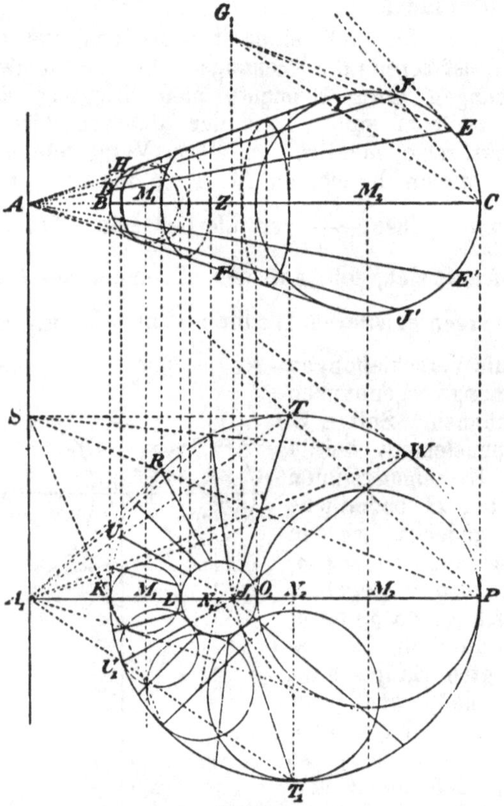


Fig. 244.

In Figur 244 ist die allgemeine Cyklide dargestellt. Die Zeichnung ist entstanden durch Inversion einer Drehungscyklide mit ihren Krümmungslinien. Durch jeden dieser Kreise ist eine der äufseren oder inneren Berührungskugeln bestimmt. (Die Mittelpunkte dieser Kugeln liegen auf einer Ellipse und einer Hyperbel, denn in jedem Symmetrieschnitt des Gesamtgebildes handelt es sich um Punkte, die von zwei festen Kreisen gleiche Abstände haben. Zugleich giebt jede Krümmungslinie zu einem Tangentenkegel Anlafs, dessen Spitze der Mittelpunkt einer rechtwinklig schneidenden Kugel ist. Im Aufrifs der Figur ist nur die eine Schar von Krümmungslinien gezeichnet. Die Mittelpunkte der dort rechtwinklig schneidenden Kreise (Kugeln) liegen auf der Potenzlinie der Kreise $M_1$ und $M_2$ des senkrechten Symmetrieschnittes. Die Geraden, welche die Kreise darstellen, schneiden sich im äufseren Ähnlichkeitspunkte $A$. (Bekannter Satz der Planimetrie über Berührungskreise zweier gegebener Kreise oder über deren Orthogonalkreise.) Im Grundrifs befindet sich die andere Schar von Krümmungslinien. Die Mittelpunkte der Orthogonalkugeln liegen dort auf der Potenzlinie des äufseren und inneren Grenzkreises. Die Geraden, welche die Schnittkreise darstellen, gehen durch den inneren Ähnlichkeitspunkt der beiden Begrenzungskreise $J$. Die Potenzlinie $FG$ des Aufrisses geht durch den Ähnlichkeitspunkt $J_1$ im Grundrisse. Die Potenzlinie $A_1 S$ des Grundrisses geht durch den Ähnlichkeitspunkt $A$ des Aufrisses. Vgl. die Bemerkungen zu Figur 214.

Sollen im Aufrifs $BC$ und $DE$ zu einer Rechteckseinteilung gehören, so ziehe man die Tangente in $E$ bis zur Potenzlinie $FG$ und verbinde den Schnittpunkt mit $C$, was $J$ giebt. $E'$ und $J'$ ergeben sich durch Symmetrie und geben, mit jenem Schnittpunkte verbunden, neue Teilpunkte. Sämtliche sind mit $A$ zu verbinden. Am zweckmäfsigsten wählt man $E$ als Berührungspunkt der von $Z$ ausgehenden Tangente, denn dies führt auf die beste Methode zur konformen Abbildung auf das entsprechende Rechteck. Vgl. No. 337.

Sollen im Grundrifs $KL$ und $OP$ zur Teilung gehören, so beginnt man am besten mit der Tangente $A_1 R$, worauf $PRS$ die Tangente $ST$ giebt, $TA_1$ den Teilpunkt $U$ u. s. w. Alle Teilpunkte sind mit $J_1$ zu verbinden. Die Übertragung der Kreisschnitte aus dem Grund- in den Aufrifs (und umgekehrt) vollendet die Zeichnung der entsprechenden Rechtecksteilung. Wird sie in dieser Weise vorgenommen, so geben die Diagonalkurven der Rechtecke die beiden anderen Gruppen von Kreisschnitten, denn bei gleicher Streifenzahl für Grund- und Aufrifs erhält man kleine Rechtecke, die dem Rechteck, (auf das die Cyklide abgebildet werden kann, ähnlich sind.

Man erhält die Teilung auch dadurch, daſs man durch die Grenzpunkte der durch die Kreise $M_1$ und $M_2$ des Aufrisses bestimmten Kreisschar Büschelkreise legt, deren Tangenten dort unter gleichen Winkeln aufeinander folgen; im Grundriſs handelt es sich ebenso um das zu den beiden exzentrischen Kreisen gehörige Kreisbüschel.

Aus Figur 224 geht hervor, wie man zwei der Kreisschnitte (für einen Symmetrieschnitt) findet. Der Winkel, unter dem sich die dort gezeichneten doppelt berührenden Kugeln schneiden, ist zugleich der Schnittwinkel der Diagonalen der besprochenen Rechtecksteilung.

Die Einzeichnung der Loxodromen macht keine Schwierigkeit. Über die Abbildung auf das Rechteck vergleiche man das früher gesagte.

In Bezug auf jede rechtwinklig schneidende Kugel ist die Cyklide zu sich selbst invers. Es giebt zwei solche Kugelbüschel; das eine hat die Mittelpunkte auf der Potenzlinie $FG$ des Aufrisses, das andere auf der Potenzlinie $A_1 A$ des Grundrisses.

Die Ähnlichkeitspunkte für je zwei der inneren Berührungskugeln liegen auf der Potenzline $A_1 S$ des Grundrisses, die Ähnlichkeitspunkte für je zwei der äuſseren Berührungskugeln liegen auf der Potenzlinie $FG$ des Aufrisses.

Die Beweise für einige dieser Sätze wurden schon bei dem in § 328 behandelten Beispiele erörtert.

361) Aufgabe. Eine dem Quadrate entsprechende Cyklide zu konstruieren, die bis ins Unendliche

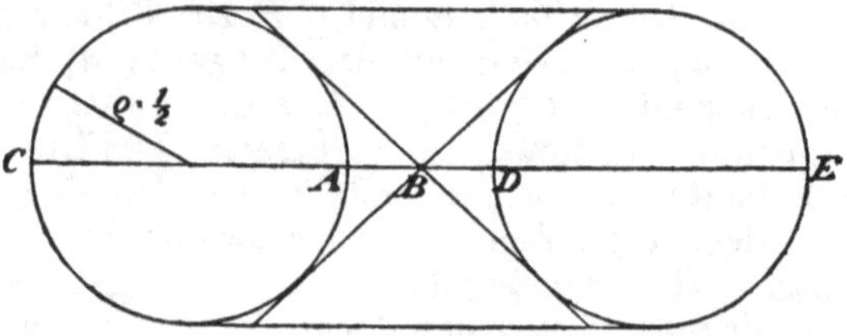


Fig. 245.

reicht, und ihre Oberfläche durch Krümmungslinien oder durch loxodromische Kreise quadratisch einzuteilen.

Auflösung. Stehen in Figur 245 die inneren Tangenten aufeinander senkrecht, und ist $\varrho = \frac{1}{2}$, so folgt $CA = 1$, $CB = \frac{1}{2}(\sqrt{2}+1)$, $CE = \sqrt{2}+1$. Macht man $C$ zum Inversionscentrum, $CA = 1$ zum Inversionsradius, so fallen die Punkte $A$, $B$, $D$, $E$ in die Entfernungen

$$1, \frac{2}{\sqrt{2}+1} = 2(\sqrt{2}-1),$$

$$\sqrt{\frac{1}{2}}, \frac{1}{\sqrt{2}+1} = \sqrt{2}-1,$$

so dafs $CE = CB$ und $ED = EA$ wird. [Figur 245 soll also durch Inversion mittels der um $C$ gelegten Kugel mit dem Radius $CA = 1$ abgebildet werden. Dabei fällt $C$ ins Unendliche, der unendlich

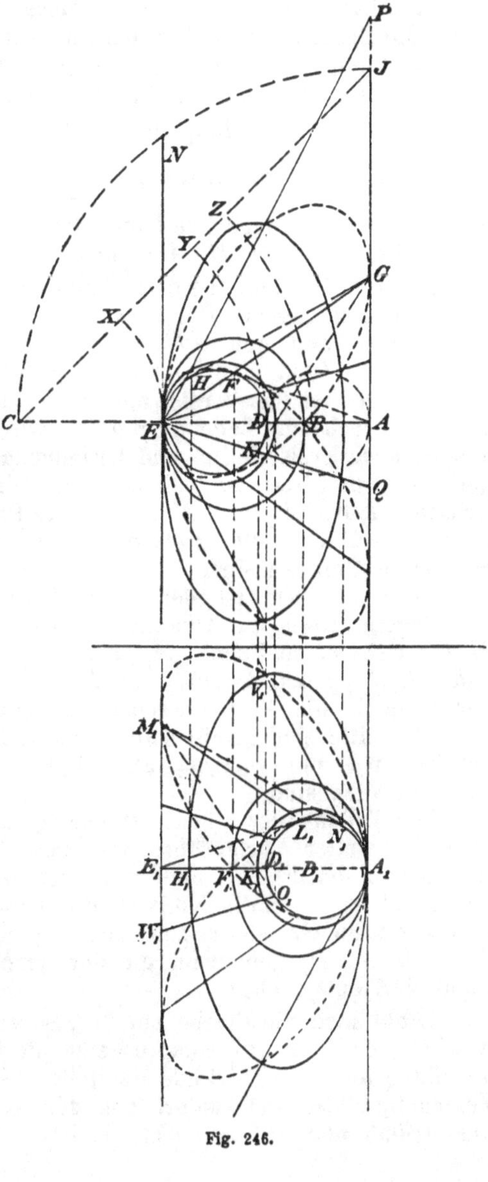


Fig. 246.

ferne Punkt (Bereich) nach $C$. Jedoch soll in der neuen Figur die Bezeichnung $C$ für den Punkt beibehalten werden.]

In Figur 246, die gröſser gezeichnet ist, sei nun $CA = AJ = 1$, dann giebt $JX = JA$ den Abschnitt $CX = \sqrt{2} - 1$, der doppelte Abschnitt $CZ$ ist also gleich $2(\sqrt{2} - 1)$, dagegen giebt $CY = \frac{1}{2} CJ$ den Abstand $\sqrt{\frac{1}{2}}$. Schlägt man entsprechende Kreisbogen um $C$, so erhält man die Punkte $C$, $E$, $D$, $B$, $A$ in den richtigen Lagen.

Im Aufriſs giebt der Durchmesser $DE$ eine der einbeschriebenen Kugeln. Die Tangente $AF$ giebt einen Schnitt $EFG$, die Tangenten $GH$ und $GK$ geben Schnitte $EHP$ und $EKQ$. Zieht man noch die zugehörigen symmetrischen Schnitte, so ist der Kreis mit dem Durchmesser $DE$ in acht entsprechende Teile eingeteilt. Die Schnitte $HP$, $FG$ u. s. w. sind Kreisschnitte und Krümmungslinien der Fläche, die im Grundrisse als Ellipsen erscheinen, deren kleine Achsen $H_1 A_1$, $F_1 A_1$, $K_1 A_1$ durch Projektion gefunden werden, während die groſsen Achsen gleich den vorher genannten Geraden sind.

Im Grundrisse ist der über $A_1 D_1$ als Durchmesser geschlagene Kreis die Öffnung des Körpers. Die Tangente $E_1 L_1$ giebt einen Schnitt $A_1 L_1 M_1$, die Tangenten $M_1 N_1$ und $M_1 O_1$ geben Schnitte $A_1 N_1 V_1$, und $A_1 O_1 W_1$ zu denen noch die symmetrischen zu zeichnen sind. Auch diese Schnitte sind Kreisschnitte und Krümmungslinien, die ähnlich, wie die vorigen, als Ellipsen in den Aufriſs zu zu übertragen sind.

Die Teilung der Fläche ist eine quadratische und kann beliebig weiter ausgeführt werden. Des quadratischen Charakters der Fläche halber müssen die Diagonalkurven der Quadrate ebenfalls Kreisschnitte sein. Zwei davon sind gestrichelt im Grund- und Aufriſs angegeben; es sind die durch $B$ und $B_1$ gehenden, die den inneren Tangenten der Figur 245 entsprechen.

Dreht man die Fläche um $90^0$, so erscheint sie anders, nämlich der Figur 247 entsprechend, die jedoch eine andere, als die quadratische Cyklide darstellt. Die hierher gehörige Zeichnung läſst sich sofort aus dem Grundriſs oder auch aus Grund- und Aufriſs leicht ableiten.

Durch Zeichnung eines Quadrates mit entsprechender quadratischer Einteilung erhält man ohne Weiteres die winkeltreue Beziehung zwischen diesem und der obigen cyklidischen Fläche. Die Krümmungsverhältnisse der letzteren ergeben sich ohne Weiteres aus den früheren Bemerkungen.

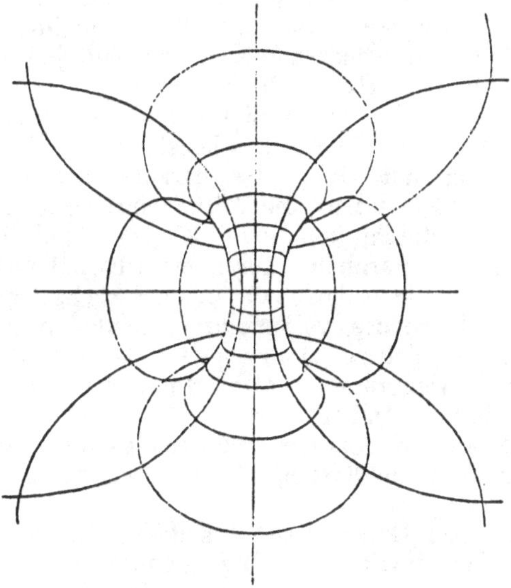

Fig. 247.

Damit ist gezeigt, dafs die allgemeinen Dupinschen Cykliden nach jeder Richtung hin ebenso elementar behandelt werden können, wie die Drehungscykliden.

362) Einteilung des Raumes durch orthogonale Flächenscharen.

Durch drei Parallelenscharen von Ebenen kann man den Raum in kleine Würfel einteilen. Durch Inversion erhält man, da die Ähnlichkeit in den kleinsten Teilen gewahrt bleibt, wiederum eine Würfelteilung. Diese geschieht durch drei orthogonale Kugelscharen, wobei die Kugeln jeder Schar einen gemeinschaftlichen Berührungspunkt haben. Diese beiden Würfeleinteilungen des Raums sind die einzigen, die es giebt.

Die Ebene läfst sich auf unendlich vielfache Art in

kleine Quadrate einteilen. Abgesehen von der Einteilung durch Parallelenscharen geschieht dies durch die sogenannten isothermischen Kurvensysteme, die in der elementaren und höheren Theorie des logarithmischen Potentials eine Rolle spielen. Denkt man sich in den Punkten dieser Kurven auf der Ebene Lote errichtet, so hat man nur noch Parallelscharen von Ebenen nötig, um eine Einteilung in rechteckige Räume zu erhalten. Nur innerhalb jedes einzelnen Prismas sind diese Raumteile kongruent, im übrigen unter einander unähnlich. Diese Einteilungen kann man als die prismatischen oder cylindrischen bezeichnen. Hierher gehört die Einteilung mit Hülfe des Strahlenbüschels und der konzentrischen Kreisschar, die Teilung durch zwei orthogonale Kreisscharen, durch konfokale Ellipsen und Hyperbeln, durch konfokale Parabeln, durch ein Büschel gleichseitiger Hyperbeln und die orthogonale Lemniscatenschar, die sich, wie noch viele andere, vollständig elementar ableiten lassen.

Durch Inversion gehen diese prismatischen (cylindrischen) Einteilungen wiederum in solche über, die auf rechteckige Räume führen. Dabei verwandeln sich die parallelen Ebenen in eine Kugelschar mit gemeinsamem Berührungspunkte, die Lote in Kreise, die sämtlich durch diesen Berührungspunkt gehen.

Auch durch konzentrische Kugeln, Kegelflächen und Ebenenbüschel durch zwei Gegenpunkte erhält man eine solche Einteilung. Durch Inversion geht diese über in eine Einteilung solcher Art durch ein Kugelbüschel (durch den aus der Geraden $P_1 P_2$ entstehenden Kreis), durch eine orthogonale Schar excentrischer Kugeln und durch eine Art von orthogonalschneidenden gebogenen Kreiskegeln, deren Seitenlinien Kreise sind, die durch den $M$ entsprechenden Punkt und durch das Inversionscentrum gehen.

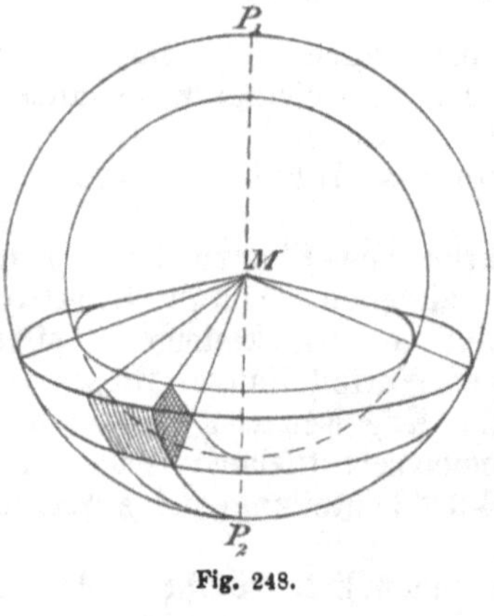

Fig. 248.

Die Einteilung kann so erfolgen, dafs die Kugeloberflächen, die der excentrischen Schar angehören, in kleine Quadrate eingeteilt sind. Gewisse Aufgaben der Potentialtheorie verlangen aber eine gewisse andere Art der Einteilung. Die erste Kugel wird so eingeteilt, dafs durch Parallelkreise, deren Ebenen unter gleichen Abständen aufeinander folgen, flächengleiche Zonen (zwei davon sind Kalotten) entstehen. Durch Meridiankreise erzielt man eine Einteilung in flächengleiche „Rechtecke". Die konzentrischen Kugeln läfst man so aufeinander folgen, dafs sich die Radien der Reihe nach aus

$$\frac{k}{r} = 0, 1, 2, 3, 4, 5, \ldots$$

bestimmen, so dafs $r = \infty, k, \frac{k}{2}, \frac{k}{3}, \frac{k}{4}, \ldots$ wird. Auch diese Teilung kann durch Inversion abgebildet werden, verliert aber dabei ihre einfache physikalische Bedeutung. Die vorige aber giebt zwei Kugelbüschel und eine Kugelschar.

Aus der Quadratteilung der Ebene durch Kreisbüschel und Kreisschar kann man drei orthogonale Einteilungen erzielen, erstens die oben besprochene prismatische, zweitens die durch Drehung um $KL$ entstehende, bei der es sich um ein Kugelbüschel durch den entstehenden Kreis $PQ$, um eine Schar von Drehungscykliden und um ein Ebenenbüschel durch $KL$ handelt; drittens die durch Drehung um $AB$ entstehende, welche eine Kugelschar, ein Büschel von Drehungscykliden (sich selbst schneidender Art) mit den Knotenpunkten $P$ und $Q$, und um ein Ebenenbüschel durch $PQ$ handelt.

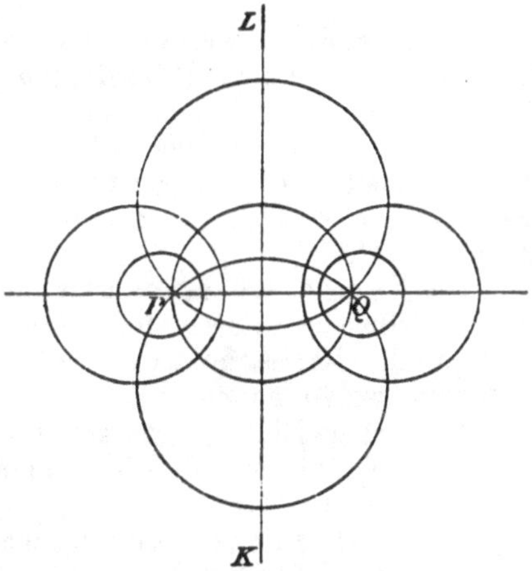

Fig. 249.

Durch Inversion erhält man aus der zweiten Gruppe ein Kugelbüschel durch den doppelt gezeichneten Kreis $PQ$, ein orthogonales Kugelbüschel durch den doppelt gezeichneten Kreis über dem Durchmesser $CM$ und ein Büschel von allgemeinen Cykliden, ohne Knotenpunkt, zu denen eine ins Unendliche reichende gehört.

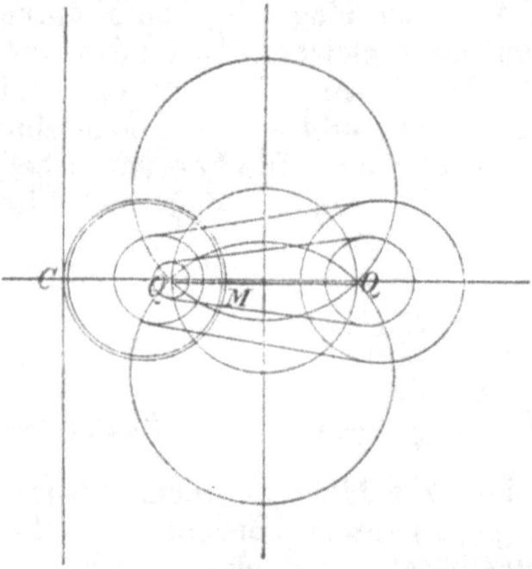

Fig. 250.

Aus der dritten Gruppe entstehen zwei orthogonale Kugelscharen, oder vielmehr eine Schar und ein Büschel, dazu aber eine allgemeine Cyklidenschar mit zwei Knotenpunkten.

Auf andere Raumeinteilungen kann hier noch nicht eingegangen werden. Die zuletzt genannten haben interessante Inversionseigenschaften. Nur sei noch bemerkt, dafs sich die Kugel auch durch Loxodromen quadratisch einteilen läfst, worauf die Teilpunkte mit dem Kugelcentrum zu verbinden sind. Konzentrische Kugeln vollenden die Einteilung in rechteckige Zellen, die wiederum der Inversion zu unterwerfen ist.

Dem Leser sei es überlassen, die Kugelfläche durch ein Kreisbüschel durch beliebige Flächenpunkte und die orthogonale Kreisschar einzuteilen und die Raumteilung irgendwie zu vollenden.

Alle solche Einteilungen geben krummlinige Koordinatensysteme, mit deren Hülfe die mathematische Physik vielfache Aufgaben löst.

363) Litteratur zur neueren Geometrie der Kugeln und Cykliden, des Krümmungsmafses und der orthogonalen Einteilung der Räume.

Die neuere Kugelgeometrie hat ihre ersten Anregungen insofern aus dem Altertume entnommen, als die Berührungsproblemen des Apollonius von Perga und die Kreisreihen von Pappus (Collect. math. IV, Theorem 12 bis 18) den Mathematikern den Ausgangspunkt gaben. Auch Vietas Lösung des Apollonischen Kreisproblems gehört hierher. Besonders Jacob Steiner hat diese Prioritäten in pietätvoller Weise sicher gestellt und nachgewiesen, dafs die Ähnlichkeitspunkte und der Begriff der Potenz schon bei Pappus und Vieta ihre Spuren zeigen. Insbesondere ein „alter Satz des Pappus“ wird von ihm aus dem Dunkel gezogen.

Nachdem Newton, Euler und N. Fufs das Apollonische Kreisproblem analytisch gelöst hatten, gab Fermat eine synthetische Lösung des Berührungsproblems für vier Kugeln. In „Tolosa“ erschienen seine Varia opera math., in denen er de contactibus sphaericis schreibt.

Reye giebt in seiner „Synthetischen Geometrie der Kugeln“ einleitende Bemerkungen über die mit Monge (dem Verfasser der Géométrie descriptive, Paris, 1795, in der nach französischer Auffassung die Ähnlichkeitspunkte zuerst auftauchen) beginnende neuere Entwickelung der Kugelgeometrie, denen teilweise gefolgt werden soll. Der Begründer der modernen darstellenden Geometrie untersucht nach R. zuerst die Bewegung einer veränderlichen Kugel, welche drei feste Kugeln berührt. Im Anschlufs an ihn fand Dupuis 1804, dafs der Mittelpunkt sich auf einem Kegelschnitt bewegt, während die drei Berührungspunkte Kreise beschreiben, die später als Krümmungskreise der umhüllten Cyklide erkannt würden. Hachette gab in der Corresp. sur l'Ecole polyt. I. S. 19, II S. 241 den strengen Beweis dafür, Dupin fafste das Problem allgemeiner auf und veröffentlichte in derselben Corresp. II 420 und in seinen Applications de Géometrie et de Mecamique, Paris, 1822, seine Untersuchungen über die Cyklide, die seitdem als eine der wichtigsten Flächen zu betrachten ist. Dafs die beiden Kreisscharen Krümmungslinien sind, dafs ferner ihre Büschel durch zwei einander normal kreuzende Gerade gehen, hat er dort nachgewiesen. Die Theorie der Kreis- und Kugelbüschel begründete Gaultier 1812 (im 12. Hefte des Journal de l'Ec. pol. von 1813). Unter anderen Namen treten bei ihm die Potenzpunkte in ihrer bedeutungsvollen Rolle auf.

Das Meisterwerk von Poncelet, Traité des propriétés projectives des figures erschien 1822 in Paris. Zu den

Kreisbüscheln und Ähnlichkeitspunkten traten die invers liegenden Punkte und die reciproken Polaren. Beides gab einen gewaltigen Fortschritt. Poncelet und Chasles (Correspond. sur l'Ec. pol.) bewiesen Sätze über die stereographische Projektion. Letzterer gebraucht 1817 in seinem Aperçu hist. die Bezeichnung „Centrum der stereographischen Projektion".

Im Jahre 1826 erschien im ersten Bande des Crelleschen Journals I, Seite 161—184 und 202—288 die erste gröfsere Abhandlung Jacob Steiners (vgl. Gesammelte Werke Seite 17—76). Erst nach der Vollendung seiner Arbeit lernte er die Leistungen der französischen Mathematiker kennen, brauchte aber die Veröffentlichung nicht zu scheuen, da er alles allgemeiner aufgefafst hatte und vieles in eleganterer Weise ableitete. So erweiterte er die Berührungsaufgaben für Kreise und Kugeln zu solchen über das Schneiden unter gegebenen Winkel und gab ohne Beweis die einfachste Lösung der Malfattischen Aufgabe. Hier wird der Name Potenz zuerst eingeführt. Der grofse Geometer liefs 1833 „Die Geometrischen Konstruktionen, ausgeführt mittels der geraden Linie und eines festen Kreises" erscheinen und veröffentlichte in den wissenschaftlichen Zeitschriften des In- und Auslandes eine Überfülle hierhergehöriger Arbeiten, zum Teil auch Aufgaben zum Konstruieren und Beweisen.

Die Methode der Inversion oder der reciproken Radien entdeckte Plücker im Jahre 1831 vom analytischen Standpunkte aus von Neuem als ein selbständiges Übertragungsprincip. Die Arbeit erschien erst 1834 in Crell. Journal, 11. Bd. S. 219—225. Beispiele dazu gab Magnus in seinen Aufgaben zur analytischen Geometrie, ebenso Grunert in seinem Archiv. Jacobi beschäftigte sich in Crelle's Journal Bd. 15 mit derselben Abbildungsmethode. Unabhängig entdeckte dasselbe Princip vom Standpunkte des Physikers aus William Thomson, Liouv. Journal, X, 364, der nicht nur Kugeln auf Kugeln, sondern auch elektrische Ladungen und Dichtigkeiten der Elektrizität abbildete und so die Methode der elektrischen Bilder schuf, die auch in Maxwells bahnbrechenden Schriften eine hervorragende Rolle spielt. Den Namen des Princips der reciproken radii vectores gab jener Methode nach Reye erst Liouville im Journal de Math. Bd. 12 S. 276. Thomson zwar hat schon die „Erhaltung der Winkel“ bemerkt, aber nach Reye soll erst Liouville, der das „Erhalten der Krümmungslinien“ nachwies, die Konformität oder Ähnlichkeit in den kleinsten Teilen für Raum und Fläche erkannt haben. Dazu ist zu bemerken, dafs schon Gerhard Mercator im Jahre 1587 die Konformität der Flächenteile bei der stereographischen Projektion erkannt hat, so dafs die deutsche Priorität ein für allemal feststeht.

Die Frage, was bei dieser Abbildungsart unverändert bleibt (Kreis bleibt Kreis, Kugel bleibt Kugel; $r = c$ wird $\frac{p}{q} = c$, $\vartheta = \gamma$ wird $\varphi - \chi = \gamma$; Winkel bleiben ungeändert, Ähnlichkeit in den kleinsten Teilen bleibt erhalten, Krümmungslinie bleibt Krümmungslinie) erhielt eine weitere Bedeutung durch Möbius. Dieser liefs in den Verhandl. der Kgl. Sächs. Gesellschaft der Wissenschaften folgende Abhandlungen erscheinen: Über eine Methode, um von Relationen, welche der Longimetrie angehören, zu entsprechenden Sätzen der Planimetrie zu gelangen. 1852, I, S. 41—54. Über eine neue Verwandtschaft zwischen ebenen Flächen. 1853, I, Seite 14—24. Die Theorie der Kreisverwandtschaft, IV, S. 531—595. Er wies nach, dafs bei der gedachten Transformation auch die „Doppelverhältnisse“ und „Doppelwinkel“ erhalten bleiben, womit einer der wichtigsten Gesichtspunkte gewonnen wurde und die Zahl der Invarianten vermehrt wurde.

Durch Lamé und seine Leçons sur les coordonnées curvilignes, Paris 1859 und Kirchhoffs Theorie der stationären elektrischen Strömung erhielten die Kreisscharen auf der Kugel und die Kugelbüschel und Kugelscharen, die Cyklidenbüschel und Cyklidenscharen eine weitere physikalische Bedeutung. Vgl. Kirchhoffs gesammelte Abhandlungen, deren erste 1845 und 1846 erschienen.

Inzwischen hatte Siebeck die Kreisverwandtschaft auf die Abbildung mittels einer gebrochenen Funktion ersten Grades für komplexes Argument zurückgeführt (1858, Crell. Journ. Bd. 55).

Casey behandelte die Kreisverwandtschaft elementar im Quat. J. 5, 318, die Cykliden in der Abhandlung on Cyklides and Sphero-Quartics (Philos. Trans. 161, London 1871).

In verallgemeinerter Gestalt behandelte M. G. Darboux die Cykliden in der berühmten Abhandlung „Sur une classe remarquable de courbes et de sur faces algébriques", Mémoires de Bordeaux, VIII, von Seite 291 ab. Seitdem spielen diese Flächen eine bedeutende Rolle in allen Untersuchungen über das Potential, wozu besonders F. Klein und Bôcher zu vergleichen sind.

Unter denen, die sich mit den genannten Theorieen beschäftigt haben, seien noch Townsend: Cirkular-Inversion, Chaptres on the moderne Géom. Bd. II, Dandelin, Einfache Beweise über die stereogr. Projektion, Gergonnes Ann. 16, 322, Wangerin und Schwarz genannt.

Reyes Kugelgeometrie (Leipzig, 1870) und Geisers Einleitung in die synth. Geometrie sind als besondere Lehrbücher bereits erwähnt worden.

In des Verfassers „Einführung in die Theorie der isogonalen Verwandtschaften" und in seiner „Einführung in das stereometrische Zeichnen" kommen Inversion und stereographische Projektion ebenfalls zur Sprache. Die Cykliden behandelte er in einer Abhandlung, die 1883 in der Zeitschr. für math. Unterricht erschien: „Einige Aufgaben der darstellenden Geometrie und der Kartographie, die mit der Theorie der isogonalen Verwandtschaften zusammenhängen. Dabei ergab sich auch die elementare Behandlung der konformen Abbildung auf ein entsprechendes Rechteck. In einer Abhandlung „Elementares über die Dupinschen Cykliden und die Grundlagen der Krümmungstheorie", Zeitschrift für Math. und Physik, Jahrgang 1899 Seite 194 bis 213 führt er den Gegenstand weiter aus und benutzt die Cyklide zur Ableitung der Gaufsschen Krümmungstheorie.

Die Litteratur über die Krümmungslehre gehört gröfstenteils der höheren Mathematik an. Euler nnd Meunier sind im Texte genannt; Hachette hat Meuniers Satz mit den geodätischen Linien in Verbindung gebracht. Als eigentlicher Begründer der Krümmungslehre und der Lehre von den geodätischen Linien gilt Monge (vgl. die Application).

Dupin erwarb sich auch hier hohe Verdienste, denn in den Développements de Géometrie bewies er den Satz, dafs die konfokalen Flächen zweiten Grades sich in Krümmungslinien schneiden, ein Satz, den er noch erweitert hat. Auch Thomson beschäftigte sich mit dem genannten Satze. Auf Gregory, Bertrand, Diguet, Dupuis, Cayley, Joachimsthal sei hier nur kurz hingewiesen.

Das Fundamentalwerk über die Krümmungslehre bleibt aber doch die Gaufssche Abhandlung „Disquisitiones generales circa superficies curvas," die auch in Liouvilles Ausgabe des Werkes von Monge und übersetzt in den Nouvelles Annales de Math. XI 195—252 erschienen ist. Auf die Werke von Knoblauch, Lilienthal und Schell über die krummen Flächen und die Linien doppelter Krümmung sei ebenfalls nur kurz hingewiesen.

Auf die Untersuchungen über Räume von positiver, negativer Krümmung und von der Krümmung Null kann hier nicht eingegangen werden. Über diesen mit den Grundlagen der Geometrie zusammenhängenden wichtigen Gegenstand vergleiche man z. B. Killing: Einführung in die Grundlagen der Geometrie, Paderborn 1893, zwei Bände. Dort wird die gesamte Litteratur über den Gegenstand in zwei umfangreichen Bänden kritisch besprochen, wobei besonders die Anschauungen von Gaufs, Lobatschefskij, Riemann, Beltrami, Helmholtz, Clifford, Klein, Lie u. s. w. zur Geltung kommen. Von hervorragender Klarheit ist noch das Schriftchen von Felix Klein: „Zur ersten Verteilung des Lobatschefskij-Preises, Gutachten, betreffend den dritten Band der Theorie der Transformationsgruppen von Lie," Kasan, 1897. Die wichtigsten Abhandlungen von Lobatschefskij sind soeben, von Fr. Engel übersetzt und mit kritischen und sonstigen Anmerkungen versehen, bei B. G. Teubner in Leipzig erschienen.

Noch sind einige Worte über die quadratischen Einteilungen der Flächen und über die Einteilung des Raumes in Würfel bezw. unähnliche Rechteckskörper zu sagen. In erster Linie ist dabei auf die Gaufssche Abhandlung in Schumachers astron. Nachrichten hinzuweisen, in der es sich um die in den kleinsten Teilen ähnliche oder konforme Abbildung einer Fläche auf eine andere handelt. Anderes wurde schon gelegentlich der Kartographie erwähnt.

Ein grofser Teil der Litteratur ist citiert in des Verfassers Einführung in die isogonalen Verwandtschaften. Genannt seien auch in der Beziehung die Leçons sur les coordonnées curvilignes et leurs diverses applications von Lamé und Riemanns bedeutungsvolle Abhandlungen zur Abbildungslehre, besonders seine Doktordissertation über die Grundlagen der Funktionentheorie.

Während der Drucklegung ist erschienen: Dr. E. Kötter: Die Entwickelung der synthetischen Geometrie, 1. Lieferung Jahresbericht V 2 der Deutschen Mathematikervereinigung (Leipzig bei Teubner). Dort findet man weitere litterarische Angaben in gröfserer Zahl.

## Siebenter Abschnitt.

# Cylinder- und Kegelschnitte nebst Anwendungen auf Kugelperspektive und Schattenkonstruktion der Kugel.

### a) Die Ellipse als Cylinderschnitt.

364) Durch Verlängerung paralleler Halbsehnen des Kreises mit Radius $b$ in konstantem Verhältnis erhält man eine Ellipse. Ist $\frac{a}{b}$ das Vergröfserungsverhältnis, so wird $\frac{ab}{b} = a$ die gröfsere Halbachse der Ellipse.

In Figur 251 ist ein Quadrant mit zwei konzentrischen Kreisbogen gezeichnet, deren Radien $a$ und $b$ seien. Zieht man einen Radius $M A_2 A_1$, und fällt man auf die den Quadranten begrenzenden Radien die Lote $A_1 B_1$ und $A_2 B_2$, so schneiden sich diese in einem Punkte $A$ der Ellipse mit den Halbachsen $ML$ und $MN$. Aus der Ähnlichkeit der Dreiecke folgt nämlich

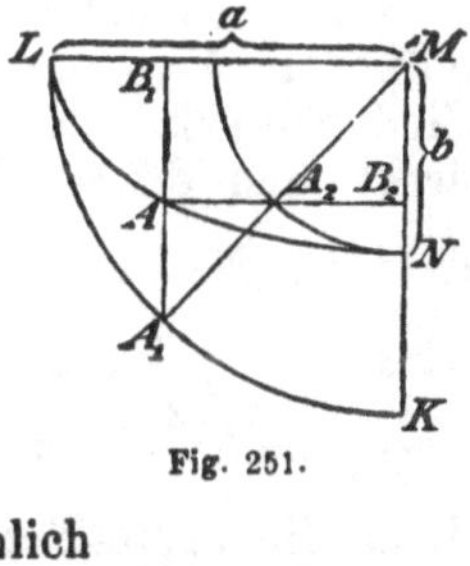

Fig. 251.

$$AB_2 : A_2 B_2 = MA_1 : MA_2 = a : b,$$

so dafs $AB_2 = \frac{a}{b} A_2 B_2$ ist, welche Richtung auch der Radius $M A_2 A_1$ habe. Dies entspricht dem konstanten Vergröfserungsverhältnis.

Zugleich ist aber auch

$$A B_1 : A_1 B_1 = M A_2 : M A_1 = b : a,$$

also $A B_1 = \frac{b}{a} A_1 B_1$. Dies entspricht einem konstanten Verkleinerungsverhältnis der senkrechten Radien des gröſseren Kreises. Folglich:

Auch durch konstante Verkleinerung der parallelen Halbsehnen eines Kreises erhält man eine Ellipse.

Diese konstante Verkleinerung ergiebt sich aber stets, wenn man den beliebig liegenden Kreis senkrecht auf eine Ebene projiziert. Folglich:

Senkrechte Projektion des beliebig liegenden Kreises führt stets auf eine Ellipse.

Die Projizierenden der Peripherie bilden dabei einen senkrechten elliptischen Cylinder, der zwei Symmetrieebenen hat, die sich in der Achse schneiden. Aus Gründen der Symmetrie hat dieser senkrechte elliptische Cylinder, der zugleich als schräger Kreiscylinder betrachtet werden kann, noch eine zweite Gruppe von Kreisschnitten. Beide Gruppen haben gegen die eine Symmetrieebene dieselbe Neigung, die einen sind die sogenannten Gegenschnitte der anderen Kreise.

365) Umgekehrt läſst sich zeigen, daſs jeder senkrechte elliptische Cylinder zwei Gruppen von Kreisschnitten hat. Sind nämlich $a$ und $b$ die Achsen eines Normalschnitts und dreht man dessen Ebene so um die festgehaltene Achse $a$, daſs der Neigungswinkel $\pm \alpha$ sich aus $\cos(\pm \alpha) = \frac{b}{a}$ bestimmt, so wird die Nebenachse des neuen Schnittes gleich $\frac{b}{\cos \alpha} = b \frac{a}{b} = a$, der Schnitt also wird ein Kreisschnitt, denn die Projektion des so liegenden Kreises auf die ursprüngliche Ebene führt auf die Ellipse vom Achsenverhältnis $\frac{b}{a}$.

Die Schrägschnitte des elliptischen Cylinders haben in Bezug auf den Kreisschnitt dieselben Eigenschaften, wie die des Kreiscylinders. Die zu einander senkrechten Durchmesser des Kreises geben wiederum zu konjugierten Richtungen Veranlassung; die parallelen Sehnen des Schrägschnittes sind wiederum durch einen Durchmesser halbiert. Sie entstehen wiederum durch konstante Verlängerung (oder Verkürzung) von Kreissehnen. Dafs dabei auch der halbierende Durchmesser und die zu ihm parallelen Sehnen eine konstante Verkürzung oder Verlängerung erleiden, ändert nichts an dem Grundgesetz der Entstehung der Kurven. Diese sind also Ellipsen im gewöhnlichen Sinne.

Daraus ergiebt sich ganz allgemein der Satz:

Kreise und Ellipsen gehen durch senkrechte und schräge Parallelprojektion stets in Ellipsen über, die im besonderen Falle zu Kreisen werden können; oder: die ebenen Schnitte jedes schrägen oder senkrechten Kreis- oder elliptischen Cylinders sind Ellipsen, im besonderen Falle Kreise.

366) Macht man die Schnittebene parallel zur Cylinderachse, so giebt der Schnitt zwei unbegrenzte parallele Gerade, die als unendlich lange Ellipse aufzufassen sind. Die beiden Geraden fallen in eine zusammen, wenn die Schnittebene zur Tangentialebene wird. Projiziert man den Kreis auf eine Ebene so, dafs die projizierenden Geraden in der Kreisebene liegen, so wird das Bild des Kreises eine begrenzte Gerade, die im besonderen Falle in der einen Richtung bis ins Unendliche reichen kann.

367) Eine Reihe von Eigenschaften der Ellipse folgt, wie früher, sofort aus denen des Kreises. Der Ellipseninhalt ist stets $ab\pi$, der jedes umbeschriebenen Konjugiertenparallelogramms gleich $4\,ab$. (Der Umfang der Ellipse ist weit schwieriger zu berechnen, weil jedes Element des Umfangs eine besondere Neigung gegen die Projektionsrichtung hat, während die Schnittebene überall dieselbe Neigung zeigt.) Auch Sektoren, Segmente und Parallelstreifen der Ellipsenfläche lassen sich mit Hülfe der entsprechenden Flächen am Kreise leicht berechnen. Die harmonischen Eigenschaften des Kreises gehen durch Parallelprojektion in solche der Ellipse über, namentlich die Sätze über Pol und Polare bleiben erhalten. Die Sätze von Pascal und Brianchon und die daraus folgenden linearen Konstruktionen folgen aus den entsprechenden für den Kreis,

ebenso die Sätze über Doppelverhältnisse und Involutionen. Die Kreisgleichung $x_1^2 + y_1^2 = a^2$ geht durch konstante Verkürzung (oder Verlängerung) der $y$ über in $x^2 + \left(\frac{a^2}{b^2} y^2\right) = a^2$ oder $\frac{x^2}{a^2} + \frac{y^2}{b^2} = 1$. Dies ist dann die Gleichung der Ellipse. Einige andere Eigenschaften der Ellipse folgen aber aus Betrachtungen, bei denen die Kugel zu Hülfe genommen wird.

368) Brennpunkteigenschaften der Ellipse. Man denke sich in einen senkrechten Kreiscylinder zwei Berührungskugeln so eingesenkt, dafs sie einen beliebigen ebenen Kreisschnitt in $F_1$ und $F_2$ berühren.*) Einen beliebigen Punkt $P$ des Ellipsenumfangs verbinde man mit $F_1$ und $F_2$, zugleich lege man durch ihn auf dem Cylindermantel die Gerade $A_1 A_2$ vom Berührungskreise der einen Kugel bis zu dem der anderen. Dann sind $PA_1$ und $PF_1$ als Tangenten, die von $P$ aus an die untere Kugel gelegt sind, einander gleich, ebenso $PA_2$ und $PF_2$ als Tangenten der oberen Kugel. Durch Addition folgt $F_1 P + F_2 P = A_1 P + PA_2 = A_1 A_2$ oder $p_1 + p_2 = A_1 A_2$. Die gegenseitige Entfernung der Kreise, in denen die Kugeln den Cylinder berühren, ist aber überall gleich grofs. Setzt man sie gleich 2a, so folgt

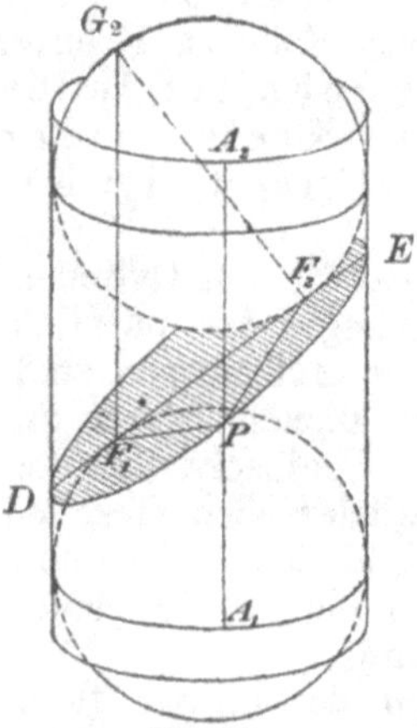


Fig. 252.

$$p_1 + p_2 = 2a.$$

Da links von $F_1 F_2$ dasselbe stattfindet, wie rechts, so liegt $F_1 F_2$ in der Symmetrielinie $DE$ des Schrägschnitts, also in der grofsen Achse der Ellipse. Da der über dem Schnitt liegende Teil des Gebildes kongruent dem untern

*) In Figur 252 sind von den Kugeln nur die senkrecht stehenden Hauptkreise gezeichnet; denn erst später wird gezeigt, dafs die Kugeln bei schräger Parallelprojektion als Ellipsen erscheinen.

ist, so folgt $F_1 D = F_2 E$. Liegt also $P$ in $D$ oder $E$, so wird z. B.

$$2a = p_1 + p_2 = F_1 E + F_2 E = F_1 E + F_1 D = DE,$$

$2a$ ist also gleich der Hauptachse der Ellipse.

Man bezeichnet $F_1$ und $F_2$ als die Brennpunkte, die Geraden $F_1 P$ und $F_2 P$ als zusammengehörige Brennstrahlen. Man hat also den Satz:

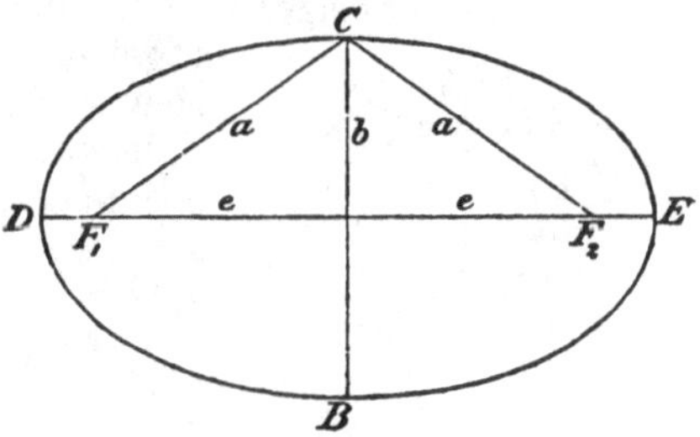


Fig. 253.

Die Summe zusammengehöriger Brennstrahlen der Ellipse ist konstant und zwar gleich der Hauptachse.

Daraus ergiebt sich die bekannte Fadenkonstruktion der Ellipse. Die Länge $F_1 M = F_2 M = e$, wo $M$ den Mittelpunkt bedeutet, bezeichnet man als die lineare Excentrizität oder die Brennweite der Ellipse (andere nennen es die halbe Brennweite). Fällt $P$ in die kleine Symmetrieachse der Ellipse, so wird $p_1 = p_2 = a$, und daraus folgt die einfache Konstruktion der Brennpunkte, aufserdem die wichtige Gleichung $a^2 = b^2 + e^2$ oder

$$e = \sqrt{a^2 - b^2}.$$

369) Schattenkonstruktion der Kugel bei Beleuchtung durch Parallelstrahlen. Errichtet man auf dem Schrägschnitt in $F_2$ ein Lot $F_2 G_2$ bis zum Gegenpunkt $G_2$ der Kugel, so liegt, wie leicht zu zeigen ist, $G_2$ senkrecht über $F_2$. Denkt man sich also die obere Kugel durch die Sonne, die in „unendlich“ grofser Entfernung in der Cylinderachse liegend gedacht werden möge, beleuchtet und ihren Schatten auf die schräge Ebene oder eine zu dieser parallele Ebene geworfen, so mufs der Schatten die Form einer Ellipse haben, und die Endpunkte des zur Schrägebene normalen Kugeldurchmessers werden nach den Brennpunkten der Ellipse projiziert.

370) Parallelperspektive der Kugel. Denkt man sich an Stelle des leuchtenden „Punktes“ das Auge, als

Zeichnungsebene den Schrägschnitt, so mufs der zur Zeichnungsebene senkrechte Durchmesser die Brennpunkte der Ellipse geben, als welche die Kugel auf der Ebene erscheint.

Ist also in Figur 254 durch $AB$, $CD$ und $F_1 F_2$ das Achsenkreuz der Kugel, in parallelperspektivischer Darstellung gegeben, und ist $MG_1 \perp F_1 F_2$, so giebt $F_1 G_1 = F_2 G = a$ die gröfsere Halbachse der Ellipse mit den Brennpunkten $F_1$ und $F_2$, als welche die Kugel erscheint, während $MG_1 = b$ die kleine Halbachse ist. Die Ellipse ist also bequem zu zeichnen. Das Übergreifen der durch $F_1$ und $F_2$ bezw. durch $A$ und $B$ gelegten Hauptkreise erläutert sich dabei sehr einfach.

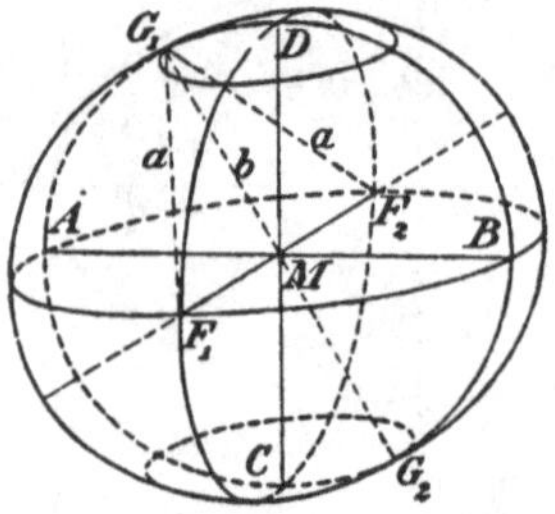

Fig. 254.

Legt man durch $G_1$ einen Horizontalschnitt, so trennt dieser die Kreise, die links aus dem Frontalkreis nach unten heraustreten, von denen, die links aus ihm nach oben heraustreten. Der Horizontalschnitt durch $G_1$ selbst hat dort dieselbe Tangente, wie der Frontalkreis. Eine ähnliche Bedeutung hat der Schnitt durch $G_2$, eine ähnliche haben beide Punkte für die senkrecht zur Zeichnungsebene geführten Kreisschnitte.

Damit ist jede Parallelperspektive der Kugel erledigt, auch die oft in Lehrbüchern angewandte, bei der $F_1 F_2$ senkrecht erscheint. (Dabei darf also die Kugel durchaus nicht als Kreis gezeichnet werden, sondern sie erscheint als Ellipse, deren grofse Achse senkrecht steht. Daraus erklären sich gewisse Ungenauigkeiten in den entsprechenden nur konventionellen Zeichnungen. Will man den Kreis benutzen, so mufs ausdrücklich gesagt werden, dafs nur der betreffende Kreisschnitt, nicht der Umrifs der Kugel gezeichnet ist. Für einige der folgenden Figuren sei dieser Vermerk schon an dieser Stelle gemacht.)

371) Die Direktrix der Ellipse. Die Ebene des Berührungskreises jeder der beiden Berührungskugeln schneidet den Schrägschnitt in einer Geraden, die als Direktrix der Ellipse bezeichnet wird. Für die obere Kugel sei $DE$ diese Gerade, die senkrecht zur Achse $AB$ steht.

Legt man durch einen beliebigen Punkt $P$ des Ellipsenumfangs die Normalebene $PKC$ zur Direktrix, so daſs $PK$ parallel zur Achse und $\sphericalangle CKP$ der Neigungswinkel $\alpha$ der Ebene gegen die Horizontalebene ist, so ist $\frac{PC}{PK} = \sin\alpha$, also, da $PC$ als Tangente gleich $PF$ ist, auch $\frac{FP}{PK} = \sin\alpha$; das Verhältnis der Entfernungen jedes Ellipsenpunktes von dem Brennpunkte und der zugehörigen Direktrix ist also konstant und kleiner, als Eins.

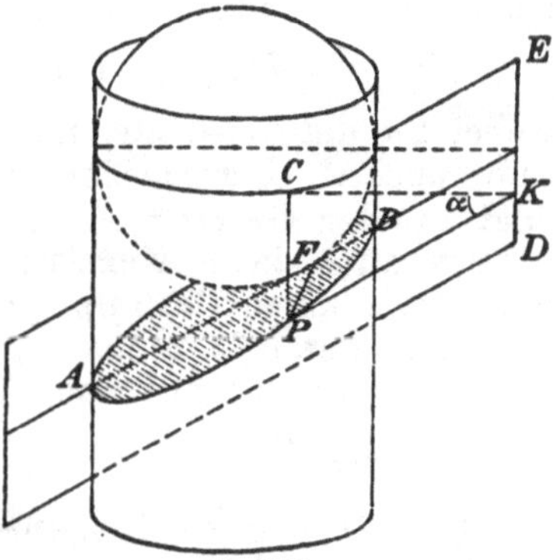


Fig. 255.

Die Entwickelung weiterer Eigenschaften der Ellipse kann planimetrisch erfolgen, besonders auch der Nachweis, daſs die Gleichung $p + q = 2a$ sich stets auf die obige Form $\frac{x_2}{a^2} + \frac{y_2}{b^2} = 1$ zurückführen läſst.

## b) Die Ellipse als Schnitt des senkrechten Kreiskegels.

372) Wird ein senkrechter Kreiskegel durch eine Ebene so geschnitten, daſs, wie in Figur 256 eine einfache in sich geschlossene Kurve entsteht, so läſst sich zeigen, daſs diese eine Ellipse ist. In den Kegel lassen sich nämlich zwei Berührungskugeln legen, die den Schrägschnitt in Punkten $F_1$ und $F_2$ berühren. Verbindet man einen Punkt des Umfangs der Kurve mit $F_1$ und $F_2$ und der Kegelspitze $S$, wobei die Berührungskreise der Kugeln in $A_1$ und $A_2$

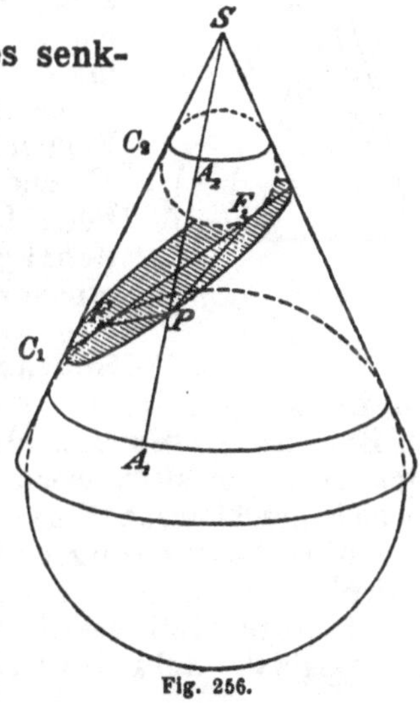


Fig. 256.

geschnitten werden, so sind $PA_1$ und $PF_1$ als Tangenten der unteren Kugel einander gleich, ebenso $PA_2$ und $PF_2$ als solche der oberen Kugel. Durch Addition folgt

$$PF_1 + PF_2 = A_1 P + PA_2 = A_1 A_2 = 2a,$$

wobei $2a$ die konstante auf dem Kegelmantel gemessene Entfernung $C_1 C_2$ der beiden Berührungskreise ist. Die Kurve folgt also dem Gesetz $p_1 + p_2 = 2a$ und ist eine Ellipse. Die Eigenschaften dieses Kegelschnitts lassen sich also grofsenteils auch durch Centralprojektion aus denen des Kreises ableiten. Parallele Schnitte geben ähnliche Ellipsen mit $S$ als Ähnlichkeitspunkt, also Ellipsen von gleichen Achsenverhältnissen $\frac{b}{a}$.

373) Der geschlossene Schatten der Kugel bei Centralbeleuchtung.

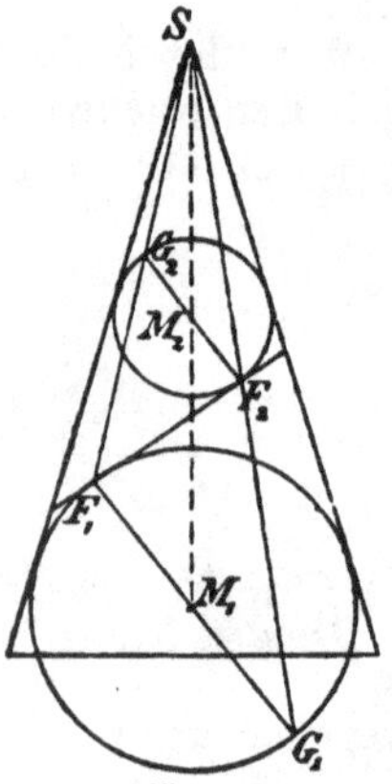

Fig. 257.

Aus Figur 256 geht hervor, dafs die von $S$ aus beleuchtete Kugel auf der Ebene des gezeichneten Schrägschnittes als Schatten eine Ellipse giebt, die den einen Brennpunkt im Berührungspunkte der Kugel hat. Da $S$ äufserer Ähnlichkeitspunkt für beide Berührungskugeln ist, so folgt aus Figur 257, dafs die in $F_1$ und $F_2$ auf der Schrägebene senkrecht stehenden Kugeldurchmesser Endpunkte $G_1$ und $G_2$ haben, die mit $F_2$ und $S$ bezw. mit $F_1$ und $S$ in gerader Linie liegen. Folglich: Der zur Schrägebene senkrechte Durchmesser $F_2 G_2$ wird bei Beleuchtung von $S$ aus auf die gezeichnete Schrägebene und jede Parallelebene so projiziert, dafs seine beiden Endpunkte zu Brennpunkten des elliptischen Schattens werden. Dies geschieht stets, wenn der Schatten durch eine einfache in sich geschlossene Kurve begrenzt wird.

374) Anwendung auf die Centralperspektive der Kugel.

In Figur 258 sei $A_1 A_2$ die eine horizontale, $B_1 B_2$ die vertikale Achse des Achsenkreuzes einer Kugel. Die zweite horizontale Achse $F_1 F_2$ ergiebt sich mit Hülfe des Horizontes $DA$ und des Augenpunktes $A$ und des Distanzpunktes $D$, indem man $MA$, $A_1 D$ und $A_2 D$ zeichnet, was die Endpunkte $F_1$ und $F_2$ der neuen Achse giebt. Um $M$ lege man mit dem Radius $MA_1$ den als Kreis erscheinenden Hauptkreis der Kugel. Da der Durchmesser $F_1 F_2$ senkrecht gegen die Ebene der Zeichnung steht, sind $F_1$ und $F_2$ die Brennpunkte der Ellipse, als welche die Kugel erscheint, genau

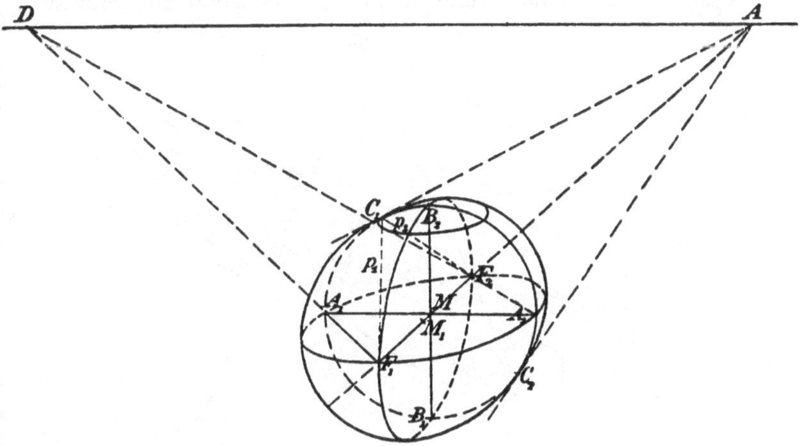

Fig. 258.

so, wie in Nr. 373. Verbindet man irgend einen Punkt des Kreisschnitts $A_1 B_1 A_2 B_2$ z. B. $A_1$, mit dem Augenpunkte $A$, so erhält man die Richtung, in der der dort schneidende Horizontalkreis jenen Kreis in der Zeichnung schneidet. Die Tangenten $AC_1$ und $AC_2$ geben also die Punkte an, in denen die Tangenten des Kreises und der Ellipse, als welche die Kugel erscheint, übereinstimmen. Daher sind $C_1$ und $C_2$ Punkte dieser Ellipse und $F_1 C_1 + F_2 C_2 = 2a$ giebt die Länge ihrer grofsen Achse an, so dafs sie leicht konstruiert werden kann. $C_1$ und $C_2$ haben dieselbe Bedeutung, wie $G_1$ und $G_2$ in Figur 254. Der Mittelpunkt $M_1$ der Ellipse fällt nicht mit $M$ zusammen, sondern er halbiert die Strecke $F_1 F_2$.

375) Die Direktrix der Ellipse. Die Berührungsebene der oberen Kugel schneide den Schrägschnitt in $GH$,

welches senkrecht zur grofsen Achse der Ellipse steht. Irgend einen Punkt $P$ des Ellipsenumfangs verbinde man mit $S$, was den Schnittpunkt $A$ mit dem Berührungskreise giebt. Durch $A$ und die Parallele $SD$ zur Achse $J_1 J_2$ lege man eine Ebene. Diese Ebene schneidet die Schrägebene in einer Geraden $PF$, die parallel zu $SD$, also auch zur Hauptachse $J_1 J_2$ ist. Ist $D$ der Schnitt jener Parallelen mit der Ebene des Berührungskreises, so liegt $D$ in der Geraden $EBC$ und zugleich in dem horizontalen Schnitte

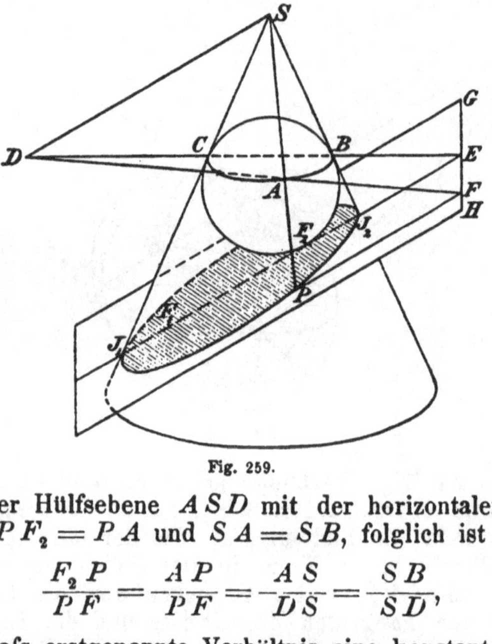


Fig. 259.

$DAF$ der Hülfsebene $ASD$ mit der horizontalen Ebene. Jetzt ist $PF_2 = PA$ und $SA = SB$, folglich ist

$$\frac{F_2 P}{PF} = \frac{AP}{PF} = \frac{AS}{DS} = \frac{SB}{SD},$$

also ist dafs erstgenannte Verhältnis eine konstante Gröfse. Diese ist kleiner als 1, denn $SB = SC$, folglich $SD > SB$, sobald $D$ aufserhalb $BC$ fällt, was nötig ist, wenn eine Ellipse entstehen soll. Für die Direktrix $GH$ gilt also dasselbe Gesetz wie in Nr. 371.

Alle übrigen Eigenschaften dieses Kegelschnitts sind planimetrisch abzuleiten.

---

*) In der Figur ist $P$ mit den Berührungspunkte $F_2$ zu verbinden.

## c) Die Hyperbel als Schnitt des senkrechten Kreiskegels.

376) Der senkrechte Kreiskegel werde jetzt durch eine Ebene geschnitten, die sowohl den unteren, als auch den durch Erweiterung entstehenden oberen Mantel des Kegels trifft. Die eine Berührungskugel fällt dann in den unteren,

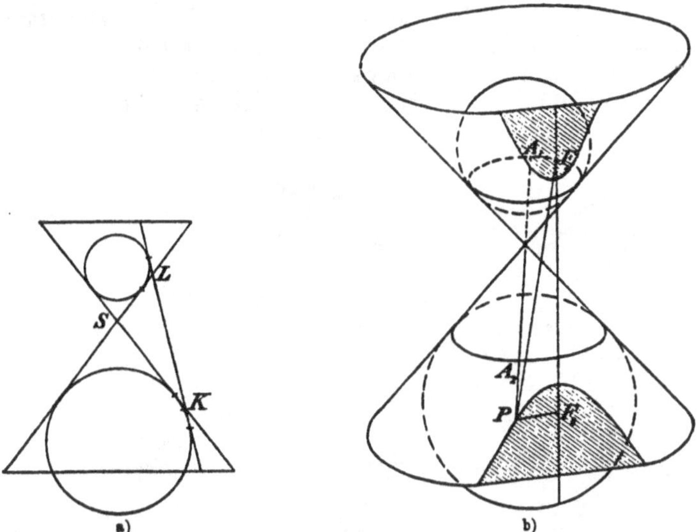


a) b)

Fig. 260.

die andere in den oberen Teil des Kegels. Figur 260 a stellt das Ganze im Aufrifs so dar, dafs die Schnittebene als gerade Linie erscheint und die Kugeln durch die gezeichneten An-Kreise des Dreiecks $KLS$ gegeben sind. In Figur 260 b erscheint die Schnittkurve als zweiteiliger Kegelschnitt, d. h. als Hyperbel. Die Berührungspunkte $F_1$ und $F_2$ der Kugeln sind wieder Brennpunkte.

Ist nämlich $P$ ein beliebiger Punkt der Kurve, so ist, wie vorher, $PF_2 = PA_2$, $PA_1 = PF_1$, also durch Subtraktion $PF_1 - PF_2 = PA_1 - PA_2 = A_1A_2$, oder, wenn die konstante Gröfse $A_1A_2 = 2a$ gesetzt wird, $p_1 - p_2 = 2a$. **Bei der Hyperbel ist also die Differenz zusammengehöriger Brennstrahlen eine konstante Gröfse.**

Daraus folgt eine einfache planimetrische Konstruktion beliebig vieler Punkte der Kurve, die, wie die Ellipse, zwei Symmetrieachsen hat, so dafs z. B. in Figur 261 $F_1 M_1 = F_2 M_2 = e$ und $K_1 M = K_2 M = a$ ist. Für den unendlich fernen Punkt $P_\infty$ des Hyperbelarms $K_2 L$ ist $F_1 P_\infty - F_2 P_\infty = F_1 D = 2a$, wobei $F_2 D \perp F_1 D$ ist, folglich ist die Parallele $ME = a$. Da $P_\infty$ die über der Mitte von $DF_2$ liegende Spitze des gleichschenkligen Dreiecks $P_\infty F_2 D$ ist, so liegt $P_\infty$ auf der Verlängerung von $ME$. Diese Linie ist also der Durchmesser der Hyperbel, der diesen Arm in unendlicher Entfernung trifft. Er heifst, da er sich ihr immer mehr nähert, ohne doch im Endlichen

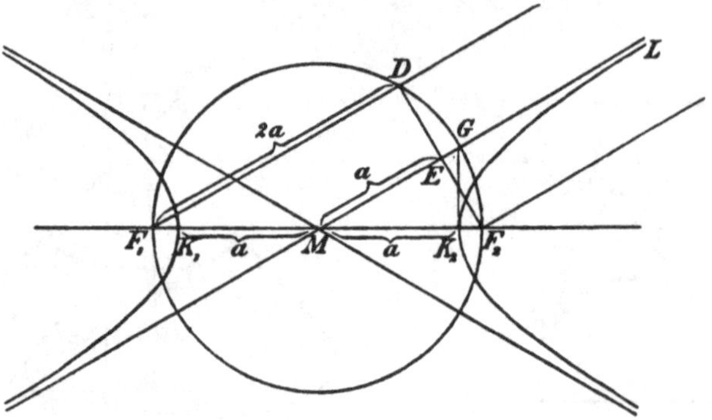


Fig. 261.

ganz mit ihr zusammenzufallen, die Asymptote der Hyperbel (die Nichtzusammenfallende). Aus Symmetriegründen ist noch eine zweite vorhanden.

377) Errichtet man in $K_2$ auf $F_1 F_2$ ein Lot, so wird $\triangle MK_2G^2 \cong \triangle MEF_2$, es ist also $MG = e$. Setzt man $K_2 G = b$, so hat man die Gleichung $a^2 + b^2 = e^2$ oder

$$e = \sqrt{a^2 + b^2}.$$

Bei der Ellipse war dagegen $e = \sqrt{a_1^2 - b_1^2}$, so dafs hier $-b^2$ an Stelle von $+b_1^2$ getreten ist, d. h. $b\sqrt{-1}$ an Stelle von $b_1$. Die Hyperbel ist also gewissermafsen eine Ellipse mit imaginärer Nebenachse, deren Länge reell durch $K_2 G$ dargestellt wird. Der Winkel zwischen Asymptote und Hauptachse ergiebt sich aus

$$\cos\alpha = \frac{a}{e} \text{ oder } \tan\alpha = \frac{b}{a}.$$

Ist $b = a$, so wird $\sphericalangle 2\alpha = 90^0$, die Asymptoten stehen dann auf einander senkrecht und die Kurve heifst gleichseitige Hyperbel. Was der Kreis für die Ellipsen ist, das ist die gleichseitige Hyperbel für die allgemeinen Hyperbeln.

Parallele Schnitte durch den Kegel geben ähnliche Hyperbeln, also solche mit gleichen Asymptotenwinkeln und gleichem Achsenverhältnis $\frac{b}{a}$; $S$ ist dabei Ähnlichkeitspunkt. Aus diesen Bemerkungen lassen sich die Eigenschaften der Hyperbel planimetrisch ableiten.

378) Man suche im Anschlufs an Figur 259 zu zeigen, dafs auch zur Hyperbel auf jeder Seite eine Direktrix gehört, für die wie oben $\frac{PF_2}{PF}$ ein konstantes Verhältnis giebt, nur dafs dieses jetzt gröfser als $1$ ist.

Ferner zeige man an Figur 260b, dafs die untere Berührungskugel, von $S$ aus beleuchtet, auf die Schnittebene einen hyperbolisch begrenzten Schatten wirft. Der zweite Teil der Kurvenfläche kann als eine Art negativen Schattens betrachtet werden, der sichtbar werden würde, wenn die Strahlen auch rückwärts verlängert schattenbildend wirken könnten. Ferner zeige man, wie bei der Ellipse, dafs der in $F_2$ auf der Schnittfläche senkrecht stehende Kugeldurchmesser von $S$ aus so auf diese projiziert wird, dafs die Endpunkte nach $F_1$ und $F_2$ fallen. Fällt der Schatten auf eine parallele Ebene, so geben die Projektionen der Endpunkte des Lotes wiederum Brennpunkte der Hyperbel. Theoretisch kann man daraus eine Centralperspektive ableiten, bei der die Kugel als Hyperbel erscheint, für die Zwecke des praktischen Zeichnens aber hat dies nur geringen Wert. ($AD$ in Figur 258 müfste dabei kleiner werden, als $A_1M$.)

379) Wird der Schnitt parallel zur Achse des senkrechten Kegels geführt, so ist der von den Asymptoten gebildete Winkel gleich dem Winkel, den die Grenzlinien eines Hauptschnittes bilden.

Dies folgt ohne Weiteres daraus, dafs parallele Schnitte Hyperbeln mit gleichen Asymptotenwinkeln geben. Zu den parallel zur Achse geführten Schnitten gehört aber der Haupschnitt selbst, und bei diesem sind die geraden Grenzlinien identisch mit der Hyperbel. An Figur 262, wo $KL$ der Schnitt sei, ergiebt sich dies auch folgendermafsen:

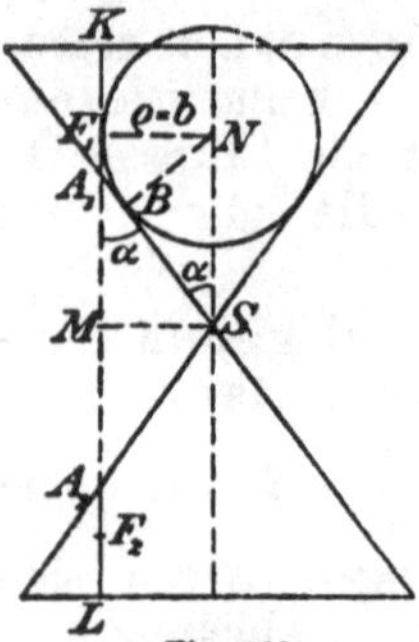


Fig. 262.

$$MF_1 = e = NS,\ NB = \varrho = MS,$$
$$\triangle NBS \cong SAM_1,$$

folglich $A_1 S = NS = e$, also

$$MS^2 = A_1S^2 - MA_1^2 = e^2 - a^2 = b^2 = \varrho^2.$$

Der Radius jeder Berührungskugel und der Abstand des Schnittes von der Achse ist also gleich der Halbachsenlänge $b$, der Winkel $\alpha$ der Figur also gleich dem Winkel zwischen Hauptachse und Asymptote.

Wird also der Kegel in Figur 262 so gedreht, dafs der Schnitt in Frontstellung gelangt, so sind die Grenzlinien des Kegels zugleich die Asymptoten des Kegelschnittes.

380) Aus Figur 262 ergiebt sich noch folgendes:

Jede Hyperbel $p_1 - p_2 = 2a$ läfst sich als Schnitt eines Kreiskegels, folglich auch als Centralprojektion eines Kreises betrachten.

Man hat nämlich, wenn $2e$ die Entfernung ihrer Brennpunkte ist, nur nötig, zwei Kugeln vom Radius $b = \sqrt{e^2 - a^2}$ so auf die Ebene der Hyperbel zu legen, dafs sie in den Brennpunkten berühren. Der innere Ähnlichkeitspunkt $S$ ist die Spitze des gesuchten Kegels, dessen Mantel durch die beiden Tangentenkegel gegeben ist. — Infolge dieses Satzes lassen sich die harmonischen Eigenschaften des Kreises und die Sätze von Pascal und Brianchon auf die Hyperbel übertragen, also auch die linearen Konstruktionen.

381) Satz über die Tangenten und Asymptoten der Hyperbel. Figur 263 stellt einen Kegel im Aufrifs und zur Hälfte im Grundrifs dar. Der hyperbolische Schnitt ist in der Entfernung $b$ parallel zur Kegelachse geführt. Im Grundrifs ist er durch $D_2\, C_2$ dargestellt. In dieser Ebene liegt auch die in $C$ berührende Tangente $CG$ der Hyperbel.

Man ziehe $S\,C$, im Grundriſs durch $S_1\,C_2$ dargestellt und denke sich an diese Gerade des Kegelmantels eine Tangentialebene gelegt. Diese Ebene wird im Grundriſs durch das Dreieck $S_1\,C_2\,E_1$ dargestellt, wobei $C_2\,E_1$ Tangente des Halbkreises in $C_2$ ist. Der Schnitt $S\,E$ mit der Aufriſsebene wird dadurch bestimmt. Die Ebene der Hyperbel ist der Aufriſsebene parallel, sie wird also durch die Hülfsebene in einer Parallelen zu $S\,E$ geschnitten, die durch $C$ geht und im Aufriſs als $C\,G$, im Grundriſs als $C_2\,G_2$ erscheint. Weil nun die Hülfsebene den Kegelmantel berührt, berührt sie auch die auf diesem liegende Hyperbel in $C$, ihr Schnitt $C\,G$ mit der Hyperbelebene ist also die Tangente der Hyperbel.

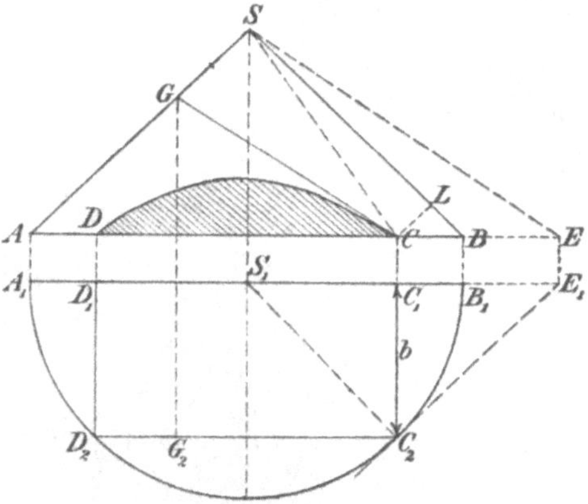


Fig. 263.

Nun sind im Grundrisse $E_1$, $B_1$, $C_1$, $A_1$ harmonische Punkte, folglich ist im Aufriſs $S\,(E\,B\,C\,A)$ ein Büschel harmonischer Strahlen. Da $G\,C \parallel S\,E$ ist, so muſs die bis zum Schnitt mit $S\,B$ verlängerte Gerade $G\,C$ in $C$ halbiert sein. Also gilt der Satz:

Jede Hyperbeltangente, von Asymptote zu Asymptote gerechnet, ist im Berührungspunkte halbiert.

Macht man also $C\,L \parallel A\,S$ und $S\,G = 2\,C\,L$, so hat man in $G\,C$ die Tangente. Der hier stereometrisch bewiesene Satz führt zu den wichtigsten Folgerungen hinsichtlich der Sätze und Konstruktionen.

382) Figur 264 ist die vervollständigte Aufrifsfigur*) zu Figur 263. Setzt man die Horizontale $SR = g$, so folgt, weil $GC = CV$ ist, dafs auch $CB = g = AD = TU$ ist. Setzt man $DU = UC = k$, so folgt aus demselben Grunde, dafs $TC = CW$ also auch $BW = k$ ist. Setzt man $UW = 2k + g = g_1$, so folgt, dafs auch $AC = 2k + g = g_1$ ist. Nach dem zugehörigen Grundrifs 263 ist aber $AC \,.\, CB = A_1 C_1 \,.\, C_1 B_1 = C_1 C_2^2 = b^2$, denn der Abstand $C_1 C_2$ des Schnittes von der Achse ist nach Figur 262 gleich $b$. Man hat also

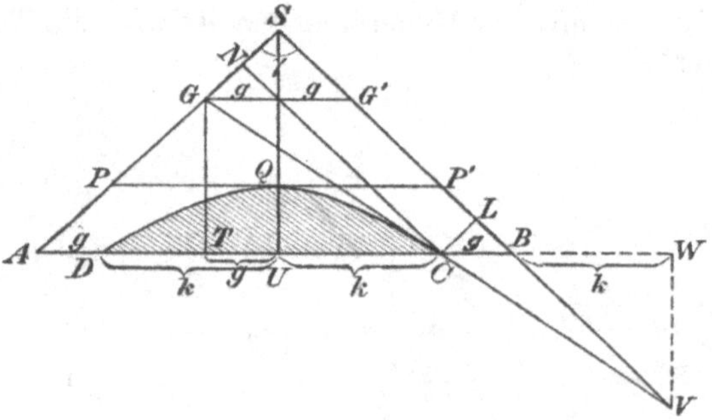


Fig. 264.

1) $$g \cdot g_1 = b^2.$$

Ferner ist $SG : SP = GR : PQ$ oder $SG : e = g : b$, also

2) $$SG = \frac{eg}{b}.$$

Ähnlich ist $SV : SP' = UW : QP'$ oder $SV : e = g_1 : b$, also

3) $$SV = \frac{eg_1}{b}.$$

Durch Multiplikation folgt aus 2) und 3)

$$SG \,.\, SV = \frac{e^2 g g_1}{b^2},$$

*) In Figur 264 ist der Halbierungspunkt von $GG'$ mit $R$ zu bezeichnen.

berücksichtigt man aber Gleichung 1) so folgt

$$SG : SV = e^2.$$

Folglich: Das von den Asymptoten und einer Hyperbeltangente gebildete Dreieck hat den konstanten Inhalt $\frac{1}{2} e^2 \sin\gamma = \frac{1}{2}(a^2 + b^2) \sin\gamma = ab$.

(Das durch die Scheiteltangente gebildete Dreieck hat den Inhalt $ab$, der also für sämtliche Dreiecke gilt.)

Bezeichnet man ferner das zu einem beliebigen Punkte $C$ der Hyperbel gehörige Parallelogramm $NCLS$ als das zugehörige Asymptotenparallelogramm, so folgt der Satz:

Die Asymptotenparallelogramme der Hyperbel haben den konstanten Inhalt

$$F = \frac{1}{4} e^2 \sin\gamma = \frac{1}{4}(a^2 + b^2) \sin\gamma = \frac{ab}{2}.$$

Das konstante Produkt der Seiten dieses Parallelogramms wird oft als die Potenz der Hyperbel bezeichnet. Diese würde also sein $P = \frac{1}{4} e^2 = \frac{1}{4}(a^2 + b^2)$. Für die gleichseitige Hyperbel ist $F = \frac{1}{4}(a^2 + a^2) \sin 90^0 = \frac{a^2}{2} = P$. Auch die aus je zwei parallelen Hyperbeltangenten (die in den Asymptoten endigen) gebildeten Parallelogramme sind inhaltsgleich.

383) Daraus folgt ohne Weiteres die bekannte Konstruktion der Hyperbel aus den Asymptoten und dem Scheitelpunkte $S$. Die Parallelen zu den Asymptoten durch $S$ geben nämlich einen Rhombus $MASB$. Dieser ist eines der Asymptotenparallelogramme. Zieht man also in den von $M$ aus zu messenden Abständen $c$, $2c$, $3c$, $4c$, $5c, \ldots$, wo $c$ die Rhombusseite ist, die Parallelen $c, \frac{c}{2}, \frac{c}{3}, \frac{c}{4}, \frac{c}{5} \ldots$, so erhält man lauter Punkte der Hyperbel.

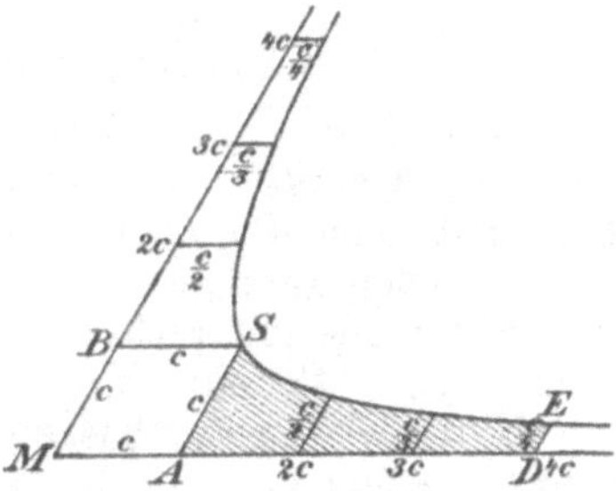

Fig. 265.

Besonders bequem ist dies für die gleichseitige Hyperbel, bei der man die bekannte Darstellung des Mariotteschen Gesetzes erhält. Zugleich läfst sich elementar ableiten, dafs die schraffierte Fläche $ADES$ gleich $c^2 . {}^e lg \frac{MD}{c}$ ist, also für $c = 1$ den Inhalt ${}^e lg\, MD$ hat, so dafs, wenn $MD = x$ gesetzt wird, der natürliche Logarithmus von $x$ durch diese Fläche dargestellt wird. (Hyperbolische Logarithmen.)

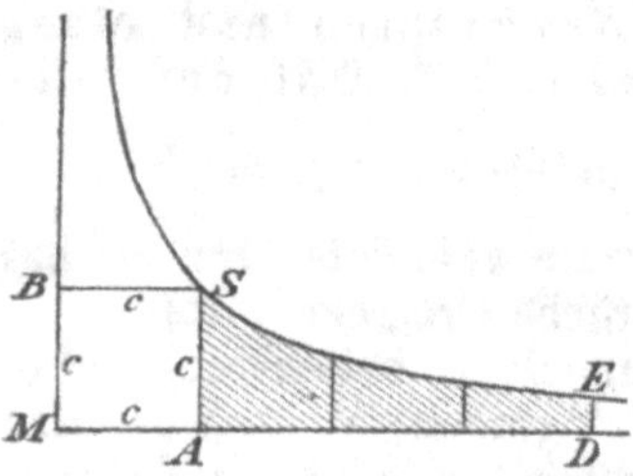

Fig. 266.

Daraus ergiebt sich für die gleichseitige Hyperbel in dieser Lage die Gleichung $xy = c^2$, die sich bei Drehung um 90° bequem in $x^2 - y^2 = a^2$ verwandeln läfst. Aus dieser ist durch konstante Verkürzung und Verlängerung leicht die Gleichung der allgemeinen Hyperbel abzuleiten, die sich als $x^2 - \frac{a^2}{b^2} y^2 = a^2$ oder $\frac{x^2}{a^2} - \frac{y^2}{b^2} = 1$ ergiebt. (Vgl. Kreis und Ellipse.)

Die wichtigste Folgerung daraus ist aber folgende: Durch senkrechte oder schräge Parallelprojektion wird eine Hyperbel stets in eine Hyperbel verwandelt. (Figur 266 geht z. B. in Figur 265 über.)

## d) Der hyperbolische Cylinder.

384) Legt man durch die Punkte einer Hyperbel parallele Gerade, so erhält man die Mantelfläche eines hyperpolischen Cylinders. Der Cylinder heifst ein senkrechter oder schräger, je nachdem die Geraden auf der Hyperbelebene senkrecht oder schräg stehen. Nach 383 giebt jeder ebene Schnitt durch einen hyperbolischen Cylinder eine Hyperbel. Demnach ist auch der Normalschnitt durch diese Geraden eine Hyperbel. Jeder schräge hyperbolische Cylinder läfst sich also auch als ein senkrechter betrachten. Die am bequemsten zu konstruierende oder zu berechnende Hyperbel ist die gleichseitige. Aus dem zugehörigen senkrechten (oder schrägen) Cylinder lassen sich durch ebene Schnitte Hyperbeln beliebigen Achsenverhältnisses legen. Durch die

in den Punkten der Asymptoten auf der Ebene der gleichseitigen Hyperbel errichteten Lote entstehen nämlich die Asymptotenebenen des Cylinders. Jeder ebene Schnitt durch diese beiden Ebenen giebt Schnittlinien, die irgend einen Winkel $\gamma$ bilden. Dieser Winkel $\gamma$ kann, wie man sich leicht überzeugt, jeden beliebigen Wert zwischen $0^0$ und $180^0$ annehmen. Demnach lassen sich durch Schnitte des senkrechten Cylinders Hyperbeln jedes beliebigen Asymptotenwinkels, also auch jedes beliebigen Achsenverhältnisses erzeugen. Dasselbe gilt vom schrägen Cylinder der gleichseitigen Hyperbel.

Definiert man die gleichseitige Hyperbel mit Hülfe der Figur 266, so lassen sich planimetrisch ihre wichtigsten Eigenschaften, z. B. auch die Eigenschaft $p_1 - p_2 = 2a$ ableiten. Definiert man die allgemeine Hyperbel als Parallelprojektion der gleichseitigen, so lassen sich ihre Eigenschaften aus denen der gleichseitigen Hyperbel ableiten. Der senkrechte (und der schräge) Cylinder der gleichseitigen Hyperbel spielt also für die allgemeinen Hyperbeln dieselbe Rolle, wie der senkrechte (und der schräge) Kreiscylinder für die Ellipsen.

385) Ableitung einiger Hyperbeleigenschaften mit Hülfe der Parallelprojektion.

a) Aus Figur 266 folgt durch Parallelprojektion Figur 265, nur noch insofern erweitert, als der Rhombus $MASB$ ein allgemeines Parallelogramm werden kann. Das Verhältnis $\frac{MD}{MA}$ aber ist in beiden Figuren dasselbe, auch verhalten sich die schraffierten Flächen wie das Quadrat zum Parallelogramm.

Wie also in Figur 266, so ist auch in der verallgemeinerten Figur 265 die Fläche $ADES$ oder $F$ gegeben durch

$$F = (MASB) \,.\, {}^e lg \frac{MD}{MA},$$

was, da $MASB$ das konstante Parallelogramm ist, leicht in Worte gefafst werden kann.

b) Sehnen, die zu der einen Hyperbelachse parallel sind, haben ihre Halbierungspunkte auf der andern Achse. Durch Projektion folgt: Parallele Sehnen der Hyperbel haben ihre Halbierungspunkte auf dem konjugierten Durchmesser. (Die Tangenten in den Schnittpunkten des Durchmessers mit der Kurve sind der Sehnenschar parallel.)

c) Sehnen, die zu einer Hyperbelachse parallel sind, haben zwischen den Asymptoten und den Hyperbelarmen Abschnitte, die einander gleich sind. Folglich durch Projektion: Bei jeder Hyperbelsehne sind die zwischen den Asymptoten und Hyperbelarmen liegenden Abschnitte einander gleich. Der Satz über die Halbierung der Tangenten ist ein besonderer Fall des letzten Satzes. Aus den letzten Sätzen ergeben sich einfache Konstruktionen der Hyperbel.

## e) Die Parabel als ebener Schnitt des senkrechten Kreiskegels und des parabolischen Cylinders.

386) Ist die schneidende Ebene des senkrechten Kreiskegels einer der Geraden des Kegelmantels parallel, so entsteht der Zwischenfall zwischen Ellipse und Hyperbel, d. h. der Kegelschnitt wird zur Parabel. Diese kann als Ellipse betrachtet werden, deren Mittelpunkt in unendlicher Entfernung liegt, oder als Hyperbel, deren zweiter Arm erst in unendlicher Entfernung beginnt. Im Endlichen liegt nur einer der Brennpunkte, und nur eine der Berührungskugeln ist sichtbar. Die Brennpunkteigenschaft $p_1 \pm p_2 = 2a$ hat hier keinen Sinn mehr. Dafür ergiebt sich die Direktrix-Eigenschaft besonders einfach. Die Direktrix ist wieder die Schnittlinie $GH$ der Parabelebene mit der Ebene des Berührungskreises. Verbindet man einen beliebigen Parabelpunkt $P$ mit $S$, so erhält man

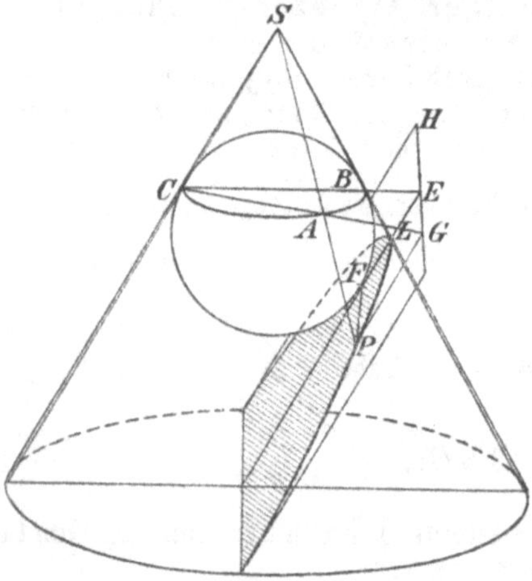

Fig. 267.

einen Schnittpunkt $A$ mit letzterem Kreise. Die Ebene $SAC$ giebt mit der Parabelebene eine Schnittlinie $PG$, die parallel zu $SC$ und zur Achse $LF$ ist. Dabei ist $\triangle CAS \sim GAP$. Weil aber $SA = SC$ ist (Tangenten), so folgt $PG = PA$ und, weil $PA = PF$ ist (Tangenten), so folgt $GP = PF$. Die Abstände jedes Parabelpunktes von der Direktrix sind also einander gleich.

387) Aus dieser Eigenschaft lassen sich planimetrisch alle Eigenschaften der Parabel ableiten, besonders auch folgende: Trägt man auf der Scheiteltangente vom Scheitel aus Abstände ab, die sich verhalten wie $1:2:3:4:\ldots$, so verhalten sich die parallel zur Achse gemessenen Abstände der markierten Punkte von der Parabel wie $1:4:9:16:\ldots$. Durch Parallelprojektion geht die Parabel, wie aus ihrem Charakter als Ellipse (oder Hyperbel) hervorgeht, wieder in einen einarmigen aber bis ins unendliche reichenden Kegelschnitt, d. h. eine Parabel über. Der Schnitt durch den schrägen oder senkrechten parabolischen Cylinder ist also stets wieder eine Parabel. Parallele Sehnen haben, wie vorher, ihre Halbierungspunkte auf einem Durchmesser, d. h. auf einer Geraden, welche die Achse im Unendlichen schneidet, d. h. auf einer Parallelen zur Achse. Die Scheiteltangente geht bei der Projektion in eine beliebige Tangente über, die Achse in eine zur Achse parallele Gerade durch den Berührungspunkt. Auch für diese Tangente gilt das obige Gesetz $1:4:9:16\ldots$ für $1:2:3:4\ldots$. Weil von dem aus Scheiteltangente und Abstand gebildeten Parallelogramm durch die Parabel der dritte Teil abgeschnitten wird, so gilt dies auch vom Parallelogramm aus beliebiger Tangente und dem betreffenden Abstand. — Aus dem Gesetz folgt ferner, dafs alle Parabeln ähnlich sind, und dafs man den Abstand des Brennpunktes von der Direktrix oder von der Scheiteltangente als den Parameter $\left(\text{Mafsstab } p \text{ oder } \frac{p}{2}\right)$ betrachten kann. Das Achsenverhältnis dieser Ellipse ist gleich Null.

388) Legt man auf die Ebene einer Parabel eine beliebige im Brennpunkte $F$ berührende Kugel, und zieht man aus dem Scheitelpunkte $L$ die Tangente $LB$ und durch den Gegenpunkt $C$ eine Parallele zu $FL$, so geben $LB$ und $CS$ einen Schnittpunkt $S$, der als Spitze des Kegels zu betrachten ist, der diese Kugel auf die Parabel projiziert.

(Schatten der Kugel bei Beleuchtung von $S$ aus.) Der Kreis $CAB$ nämlich, giebt, von $S$ aus projiziert, eine Parabel mit $L$ als Scheitelpunkt und $F$ als Brennpunkt, es ist aber nur eine solche Parabel möglich, diese ist also die gegebene. Die graphischen Eigenschaften des Kreises lassen sich also auf die Parabel übertragen. (Harmonische Eigenschaften; Sätze von Pascal und Brianchon u. s. w.)

Die Scheitelgleichung der Parabel ergiebt sich aus dem oben angegebenen Gesetze leicht als $y^2 = 2px$.

## f) Die Schnitte des schrägen Kreiskegels und der über Kegelschnitten errichteten senkrechten und schrägen Kegel.

389) Der senkrechte Kreiskegel ist zugleich schräger Kegel für jeden seiner ebenen Schnitte, also ein Kegelschnittskegel, d. h. ein schräger elliptischer, hyperbolischer oder parabolischer Kegel. Nur wenn, wie in Figur 262, die Spitze dieses Kegels senkrecht über dem Mittelpunkte der Hyperbel steht, ist er zugleich als senkrechter Kegel über der letzteren zu betrachten. Man kann nun den senkrechten Kreiskegel dadurch in einen schiefen Kreiskegel verwandeln, dafs man die Spitze $S$ parallel zur Basis $AB$ nach einem Punkte $S_1$ bewegt und Bestimmung dahin trifft, dafs jede Gerade $SE$ des Kegelmantels in eine Gerade $S_1E$ verwandelt wird.

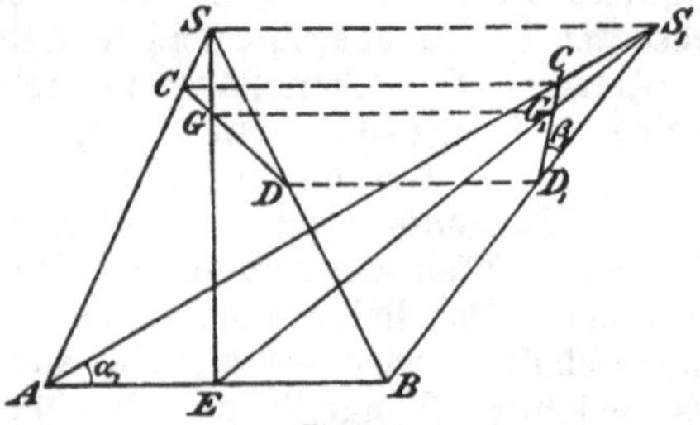

Fig. 268.

Die Horizontalverschiebung jedes Punktes ist dabei proportional dem senkrechten Abstande von der Grundebene, jede Gerade geht in eine Gerade über, zwei sich schneidende Gerade werden zwei sich schneidende, alle die ersteren verbindenden Geraden werden Gerade zwischen den letzteren, d. h. jede Ebene wird in eine Ebene, der ebene Schnitt $CD$ z. B. in den ebenen Schnitt $C_1D_1$ verwandelt. Ist $CD$ Ellipse, so wird auch $C_1D_1$, welches daraus durch Parallelprojektion entsteht, Ellipse; ist $CD$ ein hyperbolischer

Schnitt, so wird auch $C_1 D_1$ ein solcher; ist $CD$ ein parabolischer Schnitt, so gilt dasselbe von $C_1 D_1$. Dasselbe gilt von allen ebenen Schnitten. Folglich:

Die Schnitte des schrägen Kreiskegels sind Kegelschnitte von derselben Beschaffenheit, wie die des senkrechten Kreiskegels. Weil die Schnitte des letzteren Kegelschnitte von allen möglichen Achsenverhältnissen geben, so gilt dies auch vom ersteren. Ist übrigens Winkel $\alpha_1 = \measuredangle \beta_1$, so ist der Kegel $ABS_1$ ähnlich dem Kegel $D_1 C_1 S_1$, also ist dann auch $C_1 D_1$ ein Kreisschnitt. Ist nämlich $ABS_1$ die eine Symmetrieebene des schrägen Kreiskegels, so ist die durch die Halbierende des Winkels $ABS_1$ dargestellte Ebene eine zweite Symmetrieebene des ins Unendliche erweiterten Kegels, ebenso die durch die Halbierende des Nebenwinkels dargestellte eine dritte. Der einen Gruppe von Kreisschnitten entspricht also in den sog. Gegenschnitten eine zweite. (Vgl. No. 309.) Die erstgenannte Winkelhalbierende ist Achse des Kegels für die elliptischen Normalschnitte, die andere für die hyperbolischen. Jeder schräge Kreiskegel läfst sich also als senkrechter elliptischer und zugleich als senkrechter hyperbolischer Kegel betrachten. Jeder der letzteren enthält nach obigem in seinen ebenen Schnitten Kegelschnitte aller möglichen Achsenverhältnisse. Verwandelt man nun einen senkrechten hyperbolischen oder elliptischen Kegel wie oben in einen schrägen, so bleiben für die ebenen Schnitte alle Möglichkeiten für die Achsenverhältnisse erhalten, folglich müssen wiederum zwei Gruppen von Kreisschnitten vorhanden sein, also wiederum drei Symmetrieebenen. Der senkrechte parabolische Kegel ist hier nicht genannt, weil er wegen unendlicher Entfernung der senkrechten Achse identisch mit dem senkrechten parabolischen Cylinder ist oder in die Ebene fällt. Für den schrägen parabolischen Kegel gilt aber dasselbe, wie für die beiden anderen Gruppen. Über die Möglichkeit von Kreisschnitten vergleiche man noch No. 386.

Der Übergang von den senkrechten zu den schrägen Kegeln ist nur eine Anwendung der als Affinität bekannten räumlichen Verwandtschaft. (Vgl. No. 199 u. 234.)

390) Eine zweite Art, zu diesen allgemeinen Kegeln zu gelangen, ergiebt sich durch eine andere Umgestaltung die

ebenfalls eine affine ist. Beim senkrechten Kreiskegel lege man durch die Achse einen Hauptschnitt, fällt von jedem Punkte des Mantels aus auf die Schnittebene ein Lot und verkürze oder verlängere sämtliche Lote in konstantem Verhältnifs. Dadurch entsteht ein senkrechter elliptischer Kegel, der zugleich ein senkrechter hyperbolischer ist. Über die ebenen Schnitte, die eben bleiben, sind dieselben Betrachtungen anzustellen, wie vorher. Ebenso kann man vom senkrechten Kegel der gleichseitigen Hyperbel aus zu jedem andern übergehen.

Das Gesamtresultat besteht darin, dafs die ebenen Schnitte der beliebigen über Kreisen, Ellipsen, Parabeln und Hyperbeln errichteten Kegel zu denselben Kurven führen, die beim geraden Kreiskegel behandelt wurden. Läfst man die Spitze dieser Kegel ins Unendliche fallen, so gilt dasselbe von allen senkrechten und schrägen Cylindern, die über Kreisen, Ellipsen, Hyperbeln und Parabeln möglich sind.

Die Umwandlung dieser Flächen auf dem Wege der Kollineation verwandelt die Grundkurven wieder in Kegelschnitte, die Geraden ihrer Mäntel wieder in solche, die über Kegelschnitten errichteten Kegel und Cylinder gehen also wiederum in Flächen solcher Art über. Damit kann diese Lehre vorläufig als abgeschlossen betrachtet werden, denn das weitere gehört der Planimetrie an. Diese kann nach der Methode der Alten (Geometrie des Mafses) oder nach Steiner in projektivischer Weise verfahren, bei der die systematische Anordnung die bessere wird. Die analytische Geometrie der Ebene entwickelt die Eigenschaften ebenfalls in befriedigender Weise. Dabei werden die Gleichungen der Kegelschnitte solche zweiten Grades, und jede solche Gleichung stellt einen Kegelschnitt dar.

## Achter Abschnitt.

# Die Drehungsflächen, die durch Drehung der Kegelschnitte um ihre Achsen entstehen.

### a) Das Drehungsellipsoid.

391) Dreht sich eine Ellipse um eine ihrer Achsen, so entsteht eine Fläche, die man als Drehungsellipsoid bezeichnet. Aus der Entstehungsart der Ellipse geht hervor, dafs man diese Fläche auch folgendermafsen erhält: Man führe einen Hauptschnitt durch die Kugel, fälle von jedem Punkte ihrer Fläche aus auf die Schnittebene ein Lot und verkürze oder verlängere alle Lote in konstantem Verhältnis. Die neuen Endpunkte liegen in der Ellipsoidfläche. (Wie dabei der Kugelinhalt $\frac{4}{3} a^3 \pi$ in $\left(\frac{4}{3} a^3 \pi\right) \frac{b}{a} = \frac{4}{3} a^2 b \pi$ hervorgeht, das soll mit Hülfe des Cavalierischen Prinzips im folgenden Bande gezeigt werden, sei aber schon hier als Übungsaufgabe gestellt, ebenso die Berechnung von Segmenten und Sektoren, die denen der Kugel entsprechen.)

392) Nach der letzteren Entstehungsart steht das Drehungsellipsoid zur Kugel in einem einfachen Affinitätsverhältnisse. Ebene Schnitte der Kugel gehen in ebene Schnitte des Ellipsoids über. Die Schnitte der Kugel sind sämtlich Kreise; die dieses Ellipsoids also sind Ellipsen, nur die normal zur Drehungsachse geführten sind Kreise. Parallele Schnitte der Kugel haben ihre Mittelpunkte auf einem Durchmesser. Je zwei dieser Schnitte sind perspek-

tivisch zu einem Punkte dieses Durchmessers. Jeder Schnitt giebt zu einem Tangentenkegel Veranlassung, dessen Spitze auf diesem Durchmesser liegt. Die Schnittebene ist die Polare dieser Spitze, letztere ist der Pol der Schnittebene. Jede Gerade durch den Pol wird durch Kugel und Polare harmonisch geteilt.

Bei der konstanten Verkürzung der obigen Lote geht jeder Kreisschnitt der Kugel in eine Ellipse über, parallele Schnitte werden wieder parallele Schnitte, der Kegel wieder ein Kegel. Folglich entstehen ähnliche Ellipsen, und diese haben wieder ihre Mittelpunkte auf einem Durchmesser, dem zur Schnittrichtung konjugierten Durchmesser. Also:

Parallele Schnitte des Drehungsellipsoids sind ähnliche Ellipsen, deren Mittelpunkte auf dem konjugierten Durchmesser der Schnittrichtung liegen. Je zwei sind perspektivisch in Bezug auf einen Punkt dieses Durchmessers. Zu jeder gehört ein Tangentenkegel, der seine Spitze auf dem konjugierten Durchmesser hat. Diese Spitze hat den Schnitt zur Polaren, sie selbst ist der Pol des Schnittes. Jede Gerade durch den Pol wird durch das Drehungsellipsoid und die Polare harmonisch geteilt. Die harmonischen und Polar-Eigenschaften der Kugel gelten also auch vom Drehungsellipsoid. Die parallel zur Polare durch den Pol gelegte Ebene hat ihren Pol dort, wo der konjugierte Durchmesser die erstere schneidet.

Weil der von einem Punkte aus an das Drehungsellipsoid gehende Tangentenkegel stets ein elliptischer Kegel ist, so giebt das Ellipsoid, von dem Punkte aus beleuchtet, auf jeder beliebigen Ebene einen Schatten, der entweder Kreis, Ellipse, Parabel oder Hyperbel ist. In jeder Parallel- oder Centralperspektive erscheint also das Ellipsoid als Kegelschnitt.

393) Die Brennpunkte der Ellipse sind, wenn die Drehung um die Hauptachse erfolgte, zugleich Brennpunkte des Drehungsellipsoids. Sendet der eine Brennpunkt Lichtstrahlen aus, so werden diese an der Fläche so reflektiert, dafs sie sich im anderen Brennpunkte vereinigen. Geschieht dagegen die Drehung um die Nebenachse, so geben die Brennpunkte einen Kreis, den man als den Brennkreis bezeichnen kann. Das Reflexionsgesetz bleibt also nicht in der einfachen Gestalt bestehen. Bezüglich der Brennpunkt-

eigenschaften sind also diese beiden Arten von Drehungsellipsoiden sehr verschieden. Das zuletzt behandelte entspricht etwa der Gestalt der Erde bezw. des sie umgebenden Oceans. Man versuche noch weitere Sätze und auch Konstruktionen abzuleiten, indem man von übertragbaren Eigenschaften der Kugel ausgeht.

## b) Das einmantelige Drehungshyperboloid.

394) Dreht sich eine Hyperbel um die zur Nebenachse gehörige Symmetrieachse, so entsteht das einmantelige Drehungshyperboloid. Die Asymptoten gehen bei der Drehung in den Asymptotenkegel der Fläche über. Einige Eigenschaften dieser Fläche, die auch in der Technik in den sogenannten Hyperbelrädern Anwendung gefunden hat und die besonders deshalb wichtig ist, weil sie auch durch Drehung einer Geraden um eine sie kreuzende Gerade entsteht, sollen entwickelt werden.

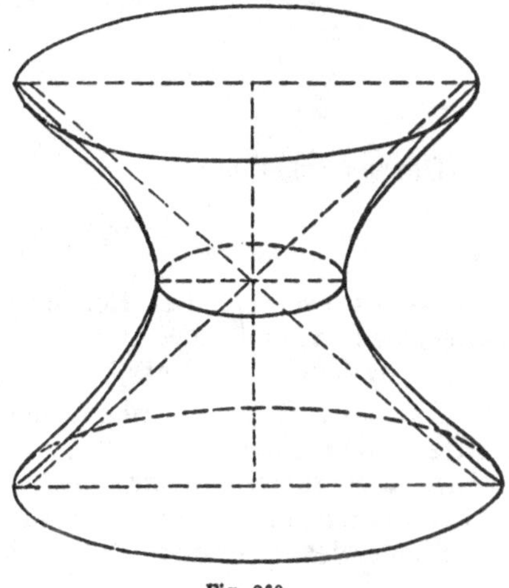

Fig. 269.

395) Das einfache Drehungshyperboloid hat auf seinem Mantel zwei Scharen gerader Linien, oder durch Drehung einer Geraden um eine sie kreuzende Gerade entsteht ein Drehungshyperboloid.

Erster Beweis. Dreht sich eine Gerade $KL$ um eine sie kreuzende Gerade $MM_1$, so legt der Punkt der ersteren, der von der andern den kleinsten Abstand hat, den kleinsten Kreis zurück, dessen Radius $MK$ also das gemeinschaftliche Lot ist. Die Gerade $KL$ liegt also stets in der Normalebene des Radius $MK = a$. In der Lage $K_1 L_1$ z. B. wird diese Ebene durch $K_1 L_1$ und die Kreistangente $K_1 C_1$ dargestellt. Die Gestalt des Hauptschnittes der Drehungsfläche findet man, wenn man untersucht, wo jede Gerade $K_1 L_1$ den frontalen Hauptschnitt $K M M_1$ schneidet.

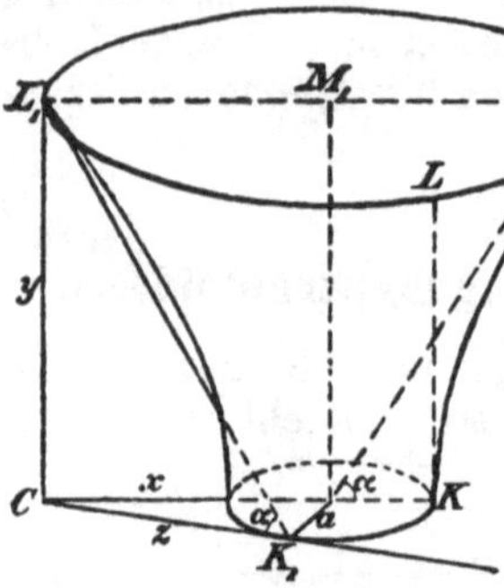

Fig. 270.

Ist $\alpha$ der konstante Neigungswinkel der Geraden $K_1 L_1$, so ist $L_1 C = y$, der Schnitt jener Ebene mit dem frontalen Hauptschnitt, wenn noch $MC = x$ und $K_1 C = z$ gesetzt wird, zu berechnen aus

$$y^2 = z^2 \tan^2 \alpha$$
$$= (x^2 - a^2) \tan^2 \alpha.$$

Daraus folgt

$$\frac{x^2}{a^2} - \frac{y^2}{a^2 \tan^2 \alpha} = 1,$$

so dafs es sich um die Gleichung einer Hyperbel mit den Halbachsen $a$ und $b = a \tan \alpha$, also von der Asymptotenneigung $\alpha$ handelt. (Vgl. No. 376.)

Zweiter Beweis (ohne eigentliche analytische Geometrie). Man benutze den Text des ersten Beweises bis zum Absatz und fahre folgendermafsen fort: Rückt $K$ an die vorderste Stelle des Kreises, so wird die Ebene $K_1 L_1 C_1$ parallel der Ebene des frontalen Hauptschnittes. $L_1$ fällt dann in diesem in unendliche Entfernung und daher giebt $\alpha$ die Asymptotenrichtung des gesuchten Hauptschnittes an. Im frontalen Hauptschnitt errichte man die Senkrechte $KB$ bis zu der durch $M$ gezogenen Geraden $MG$ von der Neigung $\alpha$ und setze $MB = e$. Man mache ferner $MF_1 = MF_2 = e$ und verbinde den Schnitt-punkt $L_1$ (der nicht gezeichneten

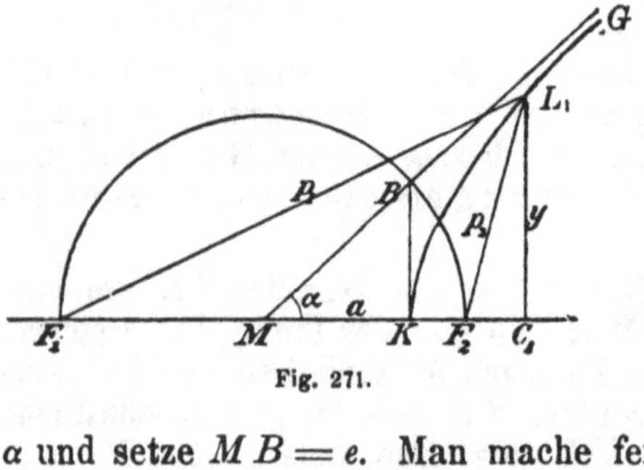

Fig. 271.

Geraden $K_1 L_1$ mit dem Hauptschnitt) mit $F_1$ und $F_2$, was die Geraden $p_1$ und $p_2$ geben möge. Wie vorher werde $C_1 L_1 = y$ gesetzt, so dafs $y = \sqrt{x^2 - a^2} \tan \alpha$ ist, und $M_1 C_1 = x$. Dann ist

$$p_1^2 = (e + x)^2 + y^2 = \left(\frac{a}{\cos \alpha} + x\right)^2 + (x^2 - a^2) \tan^2 \alpha$$

$$= a^2 \left(\frac{1}{\cos^2 \alpha} - \tan^2 \alpha\right) + x^2 (1 + \tan^2 \alpha) + \frac{2ax}{\cos \alpha}$$

$$= a^2 + \frac{x^2}{\cos^2 \alpha} + \frac{2ax}{\cos \alpha},$$

also

1) $$p_1 = \frac{x}{\cos \alpha} + a.$$

Ebenso folgt

2) $$p_2 = \frac{x}{\cos \alpha} - a.$$

Durch Addition folgt

$$p_1 - p_2 = 2a,$$

so dafs es sich um eine Hyperbel mit der Halbachse $a$ und der Brennweite $e = \frac{a}{\cos \alpha}$ handelt.

Auf dem Drehungs-Hyperboloid mit Halbachse $a$ und der Asymptotenneigung $\alpha$ liegt daher eine Schar von Geraden, welche die Achse unter konstantem Winkel $\alpha$ kreuzt. Da aber das Hyperboloid zu jedem Hauptschnitt symmetrisch ist, so giebt es noch eine zweite Gruppe solcher Geraden mit dem Kreuzungswinkel $-\alpha$.

396) Das einschalige Drehungsellipsoid ist also eine Regelfläche, jedoch keine abwickelbare Regelfläche, da zwei aufeinanderfolgende der Geraden sich nicht schneiden, sondern kreuzen.

Das Modell ist leicht durch Fäden herzustellen. Man denke sich durch Löcher, die sich in der Nähe des Randes zweier kreisförmiger und gleicher Pappscheiben befinden, Fäden gezogen, so dafs die Fäden einen Cylinder darstellen. Hält man nun die eine Scheibe fest, während man die andere um die Cylinderachse dreht, so schnürt sich der Mantel zwischen den Pappscheiben zusammen und nimmt

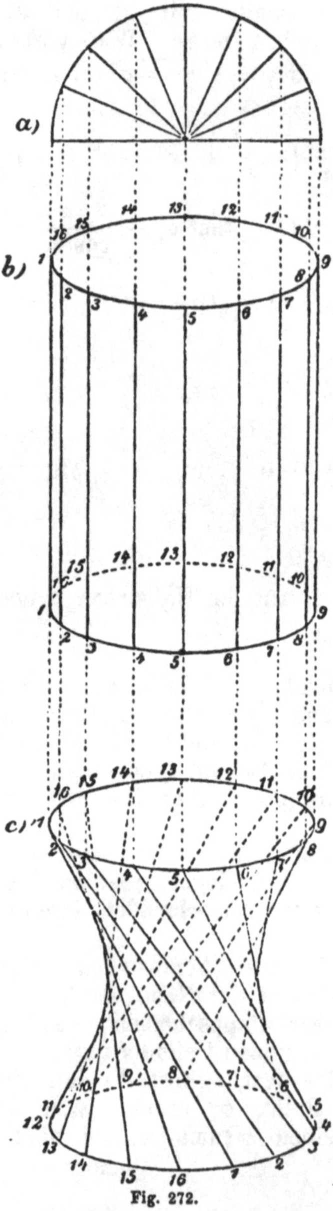

Fig. 272.

die Form des besprochenen Hyperboloids an. Figur 273 stellt das cylindrische und hyperbolische Modell und zugleich die Methode der korrekten Zeichnung der Fläche dar und zwar in Parallelperspektive mit 90° Neigung der nach hinten gehenden Geraden und Verkürzung $^1/_3$.

(Zwei Hyperboloide lassen sich mit je einer Geraden berührend aneinanderlegen, ähnlich wie Cylinder. Wie man also cylindrische Zahnräder verfertigen kann, ist man auch imstande, hyperbolische Zahnräder zu verfertigen. Während nun konische Räder Achsen haben müssen, die sich in den Spitzen beider Kegel schneiden, haben Hyperbelräder Achsen, die einander kreuzen. Man kann also auch die Bewegung einer Achse direkt auf eine sie nicht schneidende Achse übertragen. Diesem Vorteil steht der Nachteil starker Reibung durch seitliches Schleifen gegenüber.)

397) **Die Schnitte des einfachen Drehungshyperboloids sind Kegelschnitte.** Man beweist dies wörtlich wie beim senkrechten Kreiskegel, indem man zwei Berührungskugeln einsenkt. Irgend einen Schnittpunkt $P$ der Kurve

verbindet man mit den Berührungspunkten, aufserdem legt man durch ihn eine der beiden Geraden des Mantels. Wie dort wird $F_1 P + F_2 P = A_1 P + P A_1 = A_1 A_2$, also konstant (oder, beim zweiteiligen Schnitt $F_1 P - F_2 P = A_1 A_2$). Es handelt sich also um Ellipsen und Hyperbeln, oder, wenn der Schnitt einer der Geraden parallel ist, um Parabeln. Die Tangentialebenen geben hyperbolische Schnitte, deren beide Arme sich treffen, also zwei gerade Linien. Jede durch zwei einander schneidende Geraden des Mantels bestimmte Ebene ist also Tangentialebene.

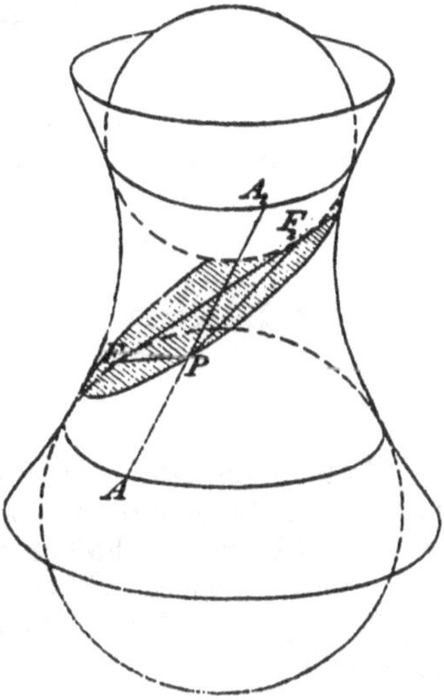


Fig. 273.

398) Dafs die parallelen Schnitte ähnlich sind, ergiebt sich für die elliptischen Schnitte durch folgende leichte Rechnung, bei der der Fall der gleichseitigen Hyperbel

1) $$x^2 - y^2 = 1$$

und des als Gerade erscheinenden Schnittes $AB$ mit der Gleichung

2) $$y = A x + c$$

gewählt werde. Die Abscissen von $A$ und $B$ ergeben sich aus

$$y_1^2 = A x_1^2 + 2 A c x_1 + c^2$$

und

$$y_1^2 = x_1^2 - 1,$$

was die Gleichung

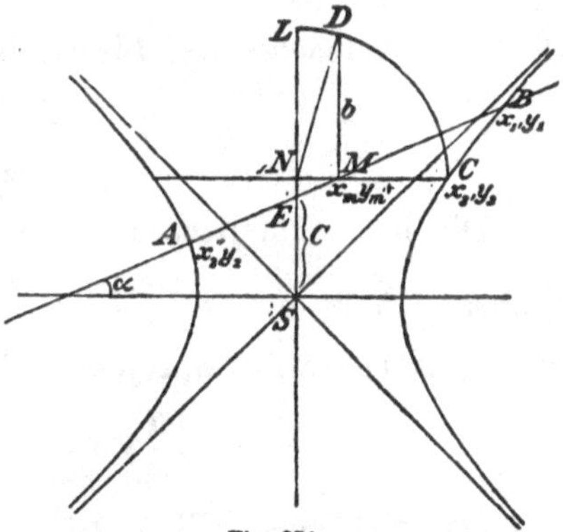


Fig. 274.

$$A x_1^2 + 2 A c x_1 + c^2 = x_1^2 - 1$$

giebt. Es folgt

3) $$x_1 = \frac{Ac \pm \sqrt{c^2 + 1 - A^2}}{1 - A^2},$$

wobei das Zeichen + für $x_1$, das andere für $x_2$ gilt. Für den Halbierungspunkt $M$ von $AB$ wird also

4) $$x_m = \frac{x_1 + x_2}{2} = \frac{Ac}{1 - A^2}$$

und durch Einsetzen dieses Wertes in Gleichung 2) wird

5) $$y_m = Ax_m + c = \frac{c}{1 - A^2}.$$

Legt man durch $M$ eine Horizontale $NC$, und schlägt man einen Kreis mit $NC$ um $N$, so giebt die Senkrechte $MD$ die Länge des halben Durchmessers $b$ der Ellipse $AB$. Für diesen wird $b^2 = ND^2 - NM^2 = NC^2 - NM^2 = x_3^2 - x_m^2$. In der Höhe $y_m$ ist aber für die Hyperbel nach 1)

$$x_3^2 = y_m^2 + 1,$$

$$\text{also } b^2 = y_m^2 + 1 - x_m^2 = \frac{c^2}{(1 - A^2)^2} + 1 - \frac{A^2c^2}{(1 - A^2)^2}$$
$$= \frac{c^2(1 - A^2) + (1 - A^2)^2}{(1 - A^2)^2} = \frac{c^2 + (1 - A^2)}{1 - A^2}.$$

Die Nebenhalbachse der Ellipse ist daher

6) $$b = \sqrt{\frac{c^2 + 1 - A^2}{1 - A^2}}.$$

Die halbe Hauptachse der in dem Grundriſs projizierten Ellipse $AB$ ist $a = x_1 - x_m = \dfrac{\sqrt{c^2 + 1 - A^2}}{1 - A^2}$, das Achsenverhältnis der Ellipsenprojektion ist also

$$\frac{b}{a}\sqrt{1 - A^2},$$

das der wirklichen Ellipse ist

$$\frac{b_1}{a} = \cos\alpha\,\frac{b}{a} = \cos\alpha\sqrt{1 - \tan^2\alpha} = \sqrt{\cos 2\alpha}.$$

Es ist also unabhängig von der Länge der Schnittlinie $SE = c$ und nur abhängig von der Neigung $\alpha$ bezw. von der Richtungskonstante $A = \tan\alpha$. Alle parallel zu $AB$ gelegten Schnitte haben also ähnliche Projektionen, sie sind also selbst ähnliche Ellipsen. Ebenso ist es bei dem aus der allgemeinen Hyperbel entstehenden Hyperboloide.

Für die hyperbolischen Schnitte ist der Beweis noch einfacher. Die Asymptoten jedes Schnittes sind nämlich parallel zu den Geraden des Asymptotenkegels, die man durch einen parallelen Hauptschnitt erhält, denn im unendlich fernen Bereiche fallen beide Flächen zusammen. Parallele Schnitte der Fläche haben also gleiche Asymptotenwinkel, sind also ähnliche Hyperbeln. Geht man von $\frac{x^2}{a^2} - \frac{y^2}{b^2} = 1$ aus, so ist die Rechnung dieselbe, aber auch durch Affinitätsumwandlungen kann man zu beliebigen Drehungshyperboloiden übergehen. Damit ist folgender Satz bewiesen:

Parallelschnitte des Drehungshyperboloids sind ähnliche Kegelschnitte.

Auch die Parallelschnitte des Asymptotenkegels sind ähnliche Kegelschnitte. Diese fallen aber in grofser Entfernung mit denen des Hyperboloids zusammen, da sich die Asymptoten der Fläche unbegrenzt annähern. Folglich:

Jeder Schnitt durch das Hyperboloid und den Asymptotenkegel giebt zwei ähnliche Kegelschnitte.

399) Aus den Eigenschaften der Hyperbel folgt, dafs die Parallelschnitte ihre Mittelpunkte auf dem konjugierten Durchmesser haben. Verbindet man ferner die Endpunkte der Hauptachsen zweier Parallelschnitte, so schneiden sie sich ebenfalls im konjugierten Durchmesser, und in Bezug auf den Schnittpunkt sind beide Schnittkurven perspektivisch. Rücken die Schnitte unendlich nahe aneinander, so erhält man einen elliptischen, hyperbolischen oder parabolischen Tangentenkegel. Die Spitze des Kegels ist wieder der Pol, die Ebene die Polare. Jede Gerade durch den Pol wird durch die Fläche und die Ebene harmonisch geteilt, sobald sie beide trifft. Die harmonischen Eigenschaften von Pol und Polare beim Kreise gelten also auch hier.

(Im folgenden Bande sollen auch Berechnungen über den körperlichen Inhalt des zwischen zwei Parallelflächen liegenden Teiles des Hyperboloids angestellt werden.)

### c) Das zweimantelige Drehungshyperboloid.

400) Dreht sich eine Hyperbel um die Hauptachse $KL$, so entsteht ein zweimanteliges Hyperboloid, welches ebenfalls einen Asymytotenkegel hat. Auch die ebenen Schnitte dieser Fläche sind Kegelschnitte. Der Beweis ergiebt sich durch eine Rechnung, die ähnlich verläuft, wie vorher. Es reicht hin, den Beweis für die gleichseitige Hyperbel zu liefern. Für den Fall der Figur sei ihre Gleichung

1) $$y^2 - x^2 = 1,$$

die der Geraden $AB$, die den Schnitt darstellen soll, sei

2) $$y = Ax + c.$$

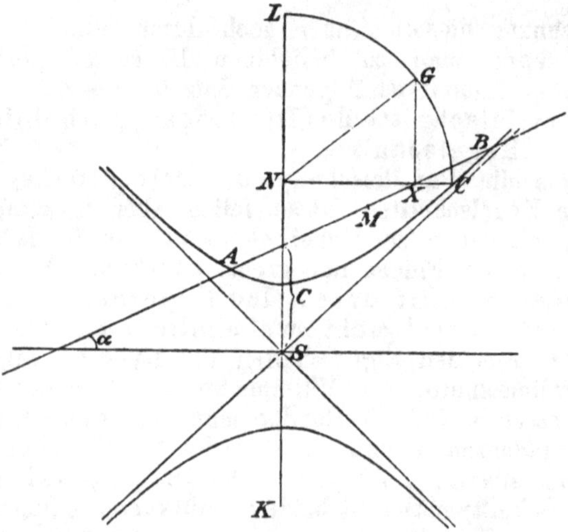


Fig. 275.

Ist $X$ ein beliebiger Punkt der Geraden mit den Koordinaten $x_1$ und $y_1$, so genügen $x_1$ und $y_1$ der letzten Gleichung. Diese giebt

3) $$y_1^2 = A^2 x_1^2 + 2Acx_1 + c^2.$$

Für den gleich hohen Punkt $C$ der Hyperbel aber wird $y_1^2 = x_2^2 + 1$. Im Grundriſs wird wie in der vorigen Figur $XG^2 = NG^2 - NX^2 = x_2^2 - x_1^2$. Setzt man den daraus für $x_2^2$ folgenden Wert in die vorige Gleichung ein, so geht sie über in

4) $$y_1^2 = X G^2 + x_1^2 + 1.$$

Bezeichnet man nun die Grundrißkoordinaten des Punktes $X$, d. h. $NX = x_1$ und $XG$ mit $\xi$ und $\eta$, so verwandelt sich die Gleichung, die aus der Gleichheit der linken und rechten Seiten von 3) und 4) hervorgeht, in

5) $$A^2\xi^2 + 2 A c \xi + c^2 = \eta^2 + \xi^2 + 1.$$

Dies ist als Gleichung 2. Grades stets die Gleichung eines Kegelschnitts. Da dies im Grundriß der Fall ist, gilt es auch vom wirklichen Schnitt. Also:

Sämtliche Schnitte der Fläche sind Kegelschnitte.

401) Parallele Schnitte der Fläche sind einander ähnlich. Für die hyperbolischen Schnitte beider möglichen Arten ist dies selbstverständlich, denn die Asymptoten sind wieder parallel zu den Geraden des Asymptotenkegels, die aus einem Parallelschnitt hervorgehen. Für die elliptischen Schnitte, wie $AB$, kann man wie vorher verfahren. Für $\eta = o$ folgt aus Gleichung 5) für die Projektionen von $A$ und $B$

6) $$\xi = \frac{Ac \pm \sqrt{c^2 - 1 + A^2}}{1 - A^2}.$$

Für die Projektion des Mittelpunktes $M$ folgt aus

$$\xi_m = \frac{\xi_1 + \xi_2}{2}$$

$$\xi_m = \frac{Ac}{1 - A^2}.$$

Setzt man dies in Gl. 5 für $\xi$ ein, so folgt für den Endpunkt der projizierten Nebenachse

$$\eta_m = \sqrt{\frac{c^2 - 1 + A^2}{1 - A^2}} = b,$$

dagegen ist die Halbachse $a$ im Grundriß

$$a = \xi_1 - \xi_m = \frac{Ac + \sqrt{c^2 - 1 + A^2}}{1 - A^2} - \frac{Ac}{1 - A^2}$$

$$= \frac{\sqrt{c^2 - 1 + A^2}}{1 - A^2}.$$

Im Grundrifs ist also das Achsenverhältnis der Ellipse

$$\frac{b}{a} = \sqrt{1 - A^2}.$$

Wiederum findet Unabhängigkeit von $c$ statt. Der Schlufs auf Ähnlichkeit ist derselbe, wie bei der vorigen Fläche.

Die Folgerungen für Parallelschnitte, die denen des Asymptotenkegels ähnlich sind, für ihre konjugierten Durchmesser, für die perspektivische Lage je zweier Parallelschnitte, für die elliptischen und hyperbolischen Tangentenkegel, für Pol und Polare sind dieselben, wie vorher, so dafs die neue Fläche im wesentlichen dieselben Eigenschaften hat wie die vorige. Nur in den Brennpunkteigenschaften findet ein Unterschied statt. Die neue Fläche hat zwei Brennpunkte von der Eigenschaft, dafs, wenn von dem einen Lichtstrahlen ausgehen und auf den einen oder den andern Mantel fallen, sie so reflektiert werden, als ob sie aus dem andern Brennpunkte ausstrahlten. Die vorige Fläche hatte diese Eigenschaft nicht, da die Brennpunkte der Hyperbel in einen Brennkreis übergehen. Berechnungen werden auf den folgenden Band verschoben.

### d) Das Drehungsparaboloid.

402) Das Drehungsparaboloid entsteht durch Drehung der Parabel um ihre Achse. Es hat die Eigenschaften des Drehungsellipsoids und zugleich die des zweimanteligen Drehungshyperboloids, bedarf also keiner besonderen Untersuchung. Die ebenen Schnitte sind Kreise, oder Ellipsen oder Parabeln, aber niemals Hyperbeln. Parallele Schnitte sind einander ähnlich und haben die Mittelpunkte auf dem konjugierten Durchmesser, der stets parallel zur Achse ist. Je zwei parallele Schnitte sind wieder perspektivisch, jeder Schnitt giebt einen Tangentenkegel, die Sätze von Pol und Polare bleiben bestehen. Fallen Lichtstrahlen parallel zur Achse von innen oder von aufsen

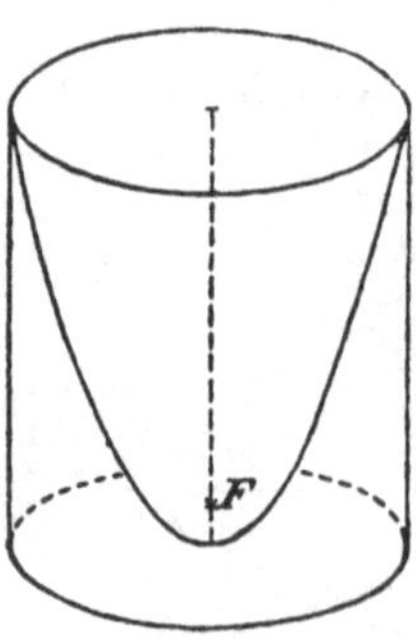


Fig. 276.

auf die Fläche, so werden sie in dem einen Falle so reflektiert, daſs sie sich im Brennpunkte vereinigen, im andern Falle so, als ob sie aus dem Brennpunkte kämen.

403) Aus letzterem folgt die praktische Anwendung als Brennspiegel und als elektrischer Scheinwerfer (bei dem das Licht im Brennpunkte angebracht ist). Wasser in rotierenden Gefäſsen stellt sich stets paraboloidisch ein (Centrifugalkraft). Daraus ergiebt sich die Anwendung auf den parabolischen Regulator und die angenäherte auf den pseudoparabolischen. Im folgenden Bande soll gezeigt werden, daſs das Drehungsparaboloid den halben Inhalt hat, wie der zugehörige Cylinder, daſs ferner polare Trägheitsmomente mit seiner Hülfe bequem zu berechnen und darzustellen sind.

## Neunter Abschnitt.

# Die allgemeinsten Kegelschnittsflächen.

### a) Das dreiachsige Ellipsoid.

404) Legt man durch die Drehungsachse des Drehungsellipsoids einen Hauptschnitt, fällt man von jedem Punkte der Fläche auf die Schnittebene ein Lot, und verkürzt oder verlängert man diese Lote in konstantem Verhältnis, so entsteht eine neue Fläche, das dreiachsige Ellipsoid. Zwei dieser Achsen sind die des Hauptschnitts, die dritte steht senkrecht auf dessen Ebene. Diese Fläche steht zur ursprünglichen in der Verwandtschaft der Affinität. Ebenen Schnitten der einen entsprechen ebene Schnitte der andern. Parallelen Schnitten der einen entsprechen parallele Schnitte der andern. Da die neuen Schnitte aus den früheren durch Parallelverschiebung entstehen, sind sie Kegelschnitte. Da die Parallelschnitte der einen ähnlich waren, sind die der andern ebenfalls ähnlich, was wie früher, mit Hülfe der perspektivischen Lage je zweier zu zeigen ist. Parallele Schnitte haben ihre Mittelpunkte auf dem konjugierten Durchmesser. Jeder Schnitt hat einen Tangentenkegel, der entweder elliptischer oder Kreiskegel ist. Die Sätze von Pol und Polare bleiben erhalten.

405) Jedes dreiachsige Ellipsoid hat zwei Scharen paralleler Kreisschnitte.

Beweis. Sind $a$, $b$, $c$ die der Gröfse nach geordneten Achsen, so läfst sich mit der mittleren $b$, die als der Punkt $M$ erscheint, um $M$ in der von $a$ und $c$ gebildeten Ebene ein Kreis schlagen, der die gezeichnete Ellipse in 4 Punkten schneidet. Sind $P$ und $Q$ zwei gegenüberliegende dieser Punkte, so ist $PQ$ ein Kreisschnitt, weil die aufeinander senkrechten Achsen $b$ und $b_1$ übereinstimmen. Sämtliche Parallelschnitte dazu sind Kreisschnitte, deren Mittelpunkte auf dem konjugierten Durchmesser $TS$ liegen. Weil die unendlich kleinen Kreisschnitte bei $S$ und $T$ parallel zur Tangentialebene sind, hat dort das Ellipsoid die Krümmung einer Kugel, denn nach No. 346 sind dort sämtliche Krümmungsradien der Normalschnitte gleich grofs. Die Punkte $T$ und $S$ und die symmetrisch dazu gehörigen $T_1$ und $S_1$ für die durch $P_1$ und $Q_1$ bestimmte Kreisschar heifsen die **Kreispunkte** oder **Nabelpunkte** des Ellipsoids. Ihre weitgehende Bedeutung soll später besprochen werden.

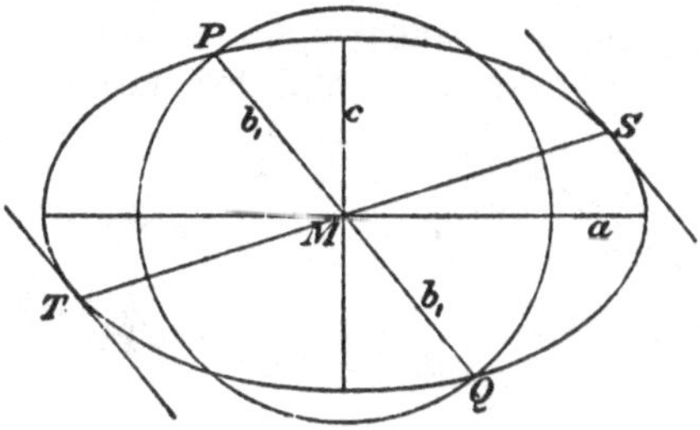

Fig. 277.

406) Da jeder Punkt aufserhalb des Ellipsoids zu einem Tangentenkegel mit elliptischem Berührungsschnitt Veranlassung giebt, so folgt, dafs die Parallel- oder Centralprojektion des Ellipsoids stets auf einen Kegelschnitt führt. Bei Beleuchtung von einem aufserhalb liegenden Punkte aus ist der auf eine Ebene geworfene Schatten stets ein Kegelschnitt. Ebenso erscheint die Fläche dem Auge stets als Kegelschnitt.

407) Aus der Entstehungsart folgt, dafs der Inhalt des Ellipsoids gleich $\frac{4}{3}(a^2 b \pi)\frac{c}{a} = \frac{4}{3} a b c \pi$ ist. Dies ergiebt sich auch aus einer zweiten Entstehungsart, welche unmittelbar auf die Kreisschnitte führt und manche Betrachtungen erleichtert. Verschiebt man nämlich die Kreisschnitte eines Drehungsellipsoids

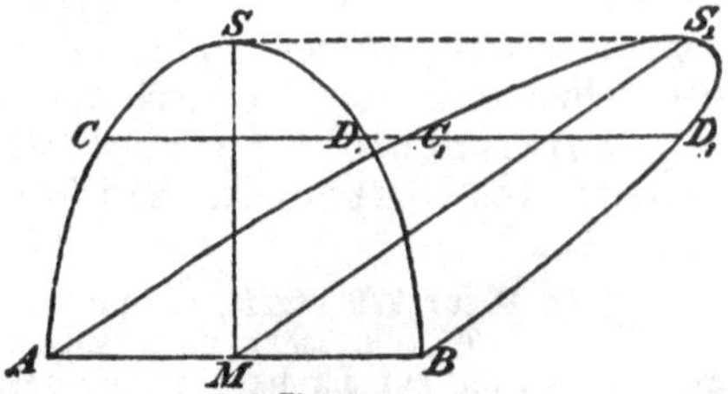

Fig. 278.

(oder parallele Schnitte einer Kugel) in ihrer Ebene so, dafs die Normale $MS$, in der die Mittelpunkte liegen, sich in eine schräge Gerade $MS_1$ verwandelt, so entsteht ein dreiachsiges Ellipsoid, für welches $S_1$ ein Kreispunkt ist.

408) Die drei Hauptschnittebenen des Ellipsoids (Symmetrieebenen) geben auf der längsten Achse zwei Brennpunktpaare, auf der mittleren Achse ein Brennpunktpaar, auf der kürzesten Achse kein Brennpunktpaar*). Durch $F_1$ und $F_1'$ geht eine Hyperbel mit den Brennpunkten $F_2$ und $F_2'$, die Hyperbel $p - q = 2e_1$. Da der Frontschnitt von der Ellipse $p + q = 2a$ begrenzt ist, so folgt $p = a + e_1$ und $q = a - e_1$. Nun ist, wenn $MK = t$ und $\measuredangle F_2 MK = \alpha$ gesetzt wird,

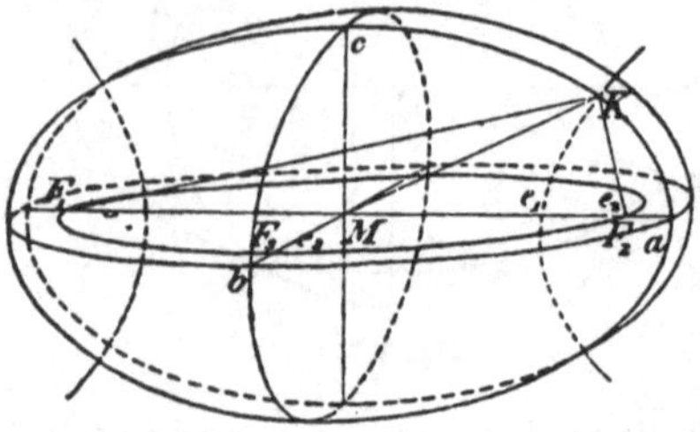

Fig. 279.

$$p^2 = t^2 + e_2^2 + 2te_2 \cos\alpha,$$
$$q^2 = t^2 + e_2^2 - 2te_2 \cos\alpha,$$

also
$$p^2 + q^2 = 2t^2 + 2e_2^2$$
und
$$t^2 = \frac{p^2 + q^2 - 2e_2^2}{2} = \frac{(a + e_1^2) + (a - e_1^2) - 2e_2^2}{2}$$
$$= a^2 + e_1^2 - e_2^2.$$

Also ist
$$t^2 + b^2 = a^2 + e_1^2 - e_2^2 + b^2 = (a^2 - e_2^2) + (b^2 + e_1^2) = c^2 + a^2.$$

Ist aber $t^2 + b^2 = c^2 + a^2$, so mufs $t$ der konjugierte Halbmesser zu dem in die Frontellipse eingelegten Halbmesser $b$ sein (Figur 277). Der konjugierte Halbmesser geht aber nach No. 405 durch den Kreispunkt $K$, also geht die untersuchte Hyperbel durch die vier Kreispunkte des Ellipsoids. Sie heifst die Fokalhyperbel.

---

*) In Figur 279 bezeichne man die Scheitelpunkte der Hyperbel mit $F_1$ und $F_1'$, die mehr nach aufsen liegenden Brennpunkte mit $F_2$ und $F_2'$, die auf der nach hinten gehenden Achse mit $F_3$ und $F_3'$.

Legt man ferner durch $F_2$ und $F_2'$ eine horizontale Ellipse mit den Brennpunkten $F_1$ und $F_1'$, so geht sie durch $F_3$. Für diese Ellipse ist nämlich die kleine Halbachse $x^2 = e_2^2 - e_1^2 = (a^2 - c^2) - (a^2 - b^2) = b^2 - c^2 = e_3^2$, also $x = e_3$. Diese Ellipse heifst die Fokalellipse. Ihre Bedeutung wird später besprochen. Die drei Brennpunktpaare und die Kreispunkte stehen also zu einander in einfachen Beziehungen.

## b) Das dreiachsige Hyperboloid mit einem Mantel.

409) Dasselbe Verfahren der Lotverkürzung oder Verlängerung verwandelt das einfache Drehungshyperboloid in ein dreiachsiges. Der Asymptotenkegel geht in einen elliptischen Asymptotenkegel über, dessen Gerade denen des Hyperboloids (die bei der Umwandlung solche geblieben sind) parallel sind. Alle Schnitte der Fläche bleiben Kegelschnitte. Jeder ist dem entsprechenden Schnitte des Asymptotenkegels ähnlich. Parallele Schnitte bleiben daher parallele Kegelschnitte, die ihre Mittelpunkte auf dem konjugierten Durchmesser haben. Je zwei parallele Schnitte geben Kurven, die in Bezug auf einen Punkt des konjugierten Durchmessers perspektivisch sind. Jeder Schnitt giebt zu einem Tangentenkegel Veranlassung, der seine Spitze auf dem konjugierten Durchmesser hat. Umgekehrt giebt jeder Punkt des Innenraumes zu einem Berührungskegel Veranlassung, der ein Kreiskegel, ein elliptischer, hyperbolischer und parabolischer sein kann. In der That hat jedes solches Hyperboloid zwei Scharen paralleler Kreisschnitte, was ähnlich, wie bei dem Ellipsoid zu zeigen ist. Die drei Symmetrieschnitte geben, wie bei dem Ellipsoid, drei Paare von Brennpunkten, über die sich entsprechende Betrachtungen anstellen lassen. Die Fokalellipse und Fokalhyperbel behalten im wesentlichen ihre Bedeutung. Die Projektion der Fläche (parallel oder central) führt stets auf eine hyperbolische, elliptische oder parabolische Begrenzung bezw. Schattenform. Ihre Berührungsebenen schneiden sie stets in je zwei der Geraden. Die Sätze von Pol und Polare bleiben erhalten. Kreispunkte hat die Fläche nicht, denn der konjugierte Durchmesser zu einem sie schneidenden Durchmesser hat mit ihr keinen reellen Durchschnitt, auch ist die Fläche überall von negativer Krümmung.

410) Die Fläche läfst sich noch auf andere Art aus der Drehungsfläche erzeugen, bei der die Kreisschnitte von selbst in Erscheinung treten. Man hat nur nötig, die Kreisschnitte der Drehungsfläche so zu verschieben, dafs die Mittelpunkte nicht mehr auf einer normalen, sondern auf einer schrägen Geraden liegen. Das Affinitätsverhältnis bleibt erhalten. In Figur 280 ist die parallelperspektivische Kreisteilung der Figur 272 benutzt. Die Möglichkeit des Fadenmodells ist daraus ohne weiteres erkennbar. Die beiden äufsersten Kreise brauchen selbstverständlich nicht von gleicher Gröfse zu sein.

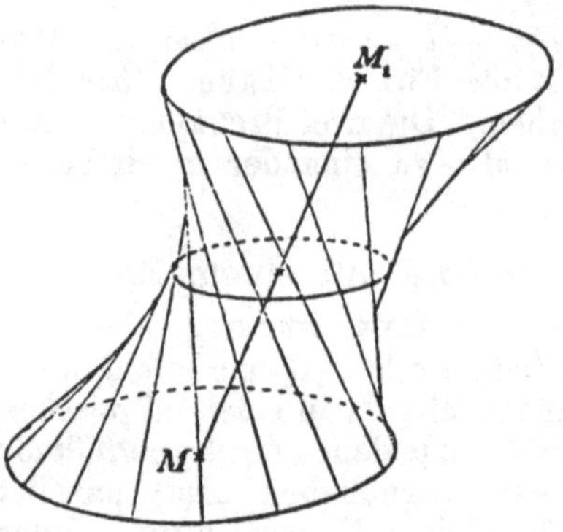

Fig. 280.

## c) Das hyperbolische Paraboloid.

411) In Figur 280 sind zwei parallele Kreise perspektivisch eingeteilt. Man ziehe eine der Mantelgeraden des Hyperboloids. Die Schnittpunkte mit den Kreisen verbinde man mit den zugehörigen Mittelpunkten. Auf den Radien lasse man jetzt die Mittelpunkte ins Unendliche rücken. Dann entstehen zwei unbegrenzte, sich kreuzende Gerade an Stelle der Kreise. Teilt man die Geraden in gleiche Teile ein und verbindet man die aufeinander folgenden mit einander, so entsteht ein besonderer Fall des dreiachsigen Hyperboloids, das hyperbolische Paraboloid, welches nun ebenfalls zwei Scharen gerader Linien enthält. Das Modell ist nach Figur 281 leicht darzustellen. Es handelt sich um eine Art von Sattelfläche, deren Berührungsebenen sie in je zweien der Geraden schneiden. In der Figur sind des perspektivischen Eindrucks wegen zwei horizontale Ebenen, die der ursprünglichen Kreise, angedeutet. Die zweite Schar von Geraden der Fläche erhält man durch regelmäfsige Teilung von $AD$ und $BC$ in gleich viele Teile, worauf die aufeinanderfolgenden Paare von Teilpunkten zu verbinden sind.

Die Fläche ist einer elementaren Behandlung fähig. Sie findet praktische Anwendung bei Dächern, deren Grundlinien und Firstlinien nicht parallel sind, sondern sich kreuzen. Auch in Saint Venants Torsionslehre spielt sie eine Rolle, da elliptische Cylinder, die der Torsion unterworfen werden, nicht ebene Schnittflächen behalten, sondern diese in hyperbolische Paraboloide verwandeln. Auch bei der Berechnung von Prismatoiden mit windschiefen Seitenflächen, die solche Paraboloide sind, kommen sie vor. Mit Hülfe des Halbtetraeders ist eine einfache Berechnung des körperlichen Inhalts möglich. Auch hier gelten die Sätze von den ebenen

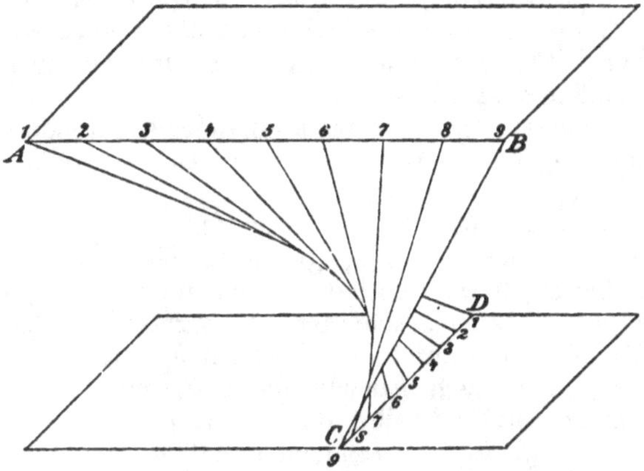


Fig. 281.

Parallelschnitten, die stets ähnlich bleiben, von den Tangentenkegeln, von Pol und Polare, von dem Erscheinen der Fläche als Kegelschnitt in den Projektionen u. s. w. Elliptische Schnitte kommen selbstverständlich nicht vor, nur hyperbolische und parabolische.

411 b) Das einmantelige Hyperboloid und das hyperbolische Paraboloid geben zu einer bemerkenswerten Elementarbetrachtung Anlafs. Sieht man nämlich drei Gerade $a_1, a_2, a_3$, der einen Geradenschar als feste einander kreuzende Gerade im Raume an, so kann man die betreffende Fläche dadurch erzeugen, dafs man eine bewegliche Gerade zwingt, sich so zu bewegen, dafs sie stets die drei festen Geraden schneidet. Nach No. 46 läfst sich durch jeden Punkt von $a_1$

eine und nur eine Gerade legen, die die Geraden $a_2$ und $a_3$ schneidet. Die bewegliche Gerade kann demnach der geforderten Bedingung genügen, aber nur auf eine Art, so dafs nur eine solche Fläche entsteht.

Diese Bewegung ist stets möglich, wie man auch die drei einander kreuzenden Geraden im Raume wähle. Es fragt sich also, ob die so entstehende Regelfläche stets zwei Scharen von Geraden hat, und ob sie stets ein einmanteliges Hyperboloid oder ein hyperbolisches Paraboloid ist. Schon Monge hat die letztere Frage mit Ja beantwortet. Steiner aber hat die erstere und die ganze Theorie in der „systematischen Entwickelung der Abh.", Werke I von Seite 369 ab einfach und endgültig erledigt und dabei einen wichtigen Satz über sich kreuzende Gerade im Raume entwickelt. Der Gedankengang ist folgender:

a) Zunächst seien drei feste einander kreuzende Gerade im Raume gegeben. Auf sie lassen sich unendlich viele Gerade $b_1$, $b_2$, $b_3$, ... $b_\infty$ legen.

b) Durch $a_1$ und die vier Geraden $b_1$, $b_2$, $b_3$, $b_4$ sind vier Ebenen eines durch $a_1$ gehenden Ebenenbüschels bestimmt. Durch dieses Büschel werden auf $a_2$ und $a_3$ gleiche Doppelverhältnisse ausgeschnitten. Dies geschieht also auch ohne die Ebenen durch die Geraden $b_1$, $b_2$, $b_3$, $b_4$ allein. Man kann aber auch Ebenen durch $a_2$ und $b_1$, $b_2$, $b_3$, $b_4$ legen. Dann folgt dasselbe für $a_3$ und $a_1$. Folglich: Die Geraden $b_1$, $b_2$, $b_3$, $b_4$ schneiden auf $a_1$, $a_2$, $a_3$ gleiche Doppelverhältnisse aus. Diese können im besonderen Falle harmonische sein, dann nennt man die einander kreuzenden Geraden $b_1$, $b_2$, $b_3$, $b_4$ harmonische Gerade im Raume. Darin schon liegt eine wichtige Verallgemeinerung der Lehre von den harmonischen Strahlen, welche die übliche als besonderen Fall enthält.

c) Schneiden die Geraden $b_1$, $b_2$, $b_3$, $b_4$ die festen Geraden $a_1$, $a_2$, $a_3$ und legt man durch $b_1$, $b_2$, $b_3$ eine Gerade $a_4$, so geht nach Steiner diese Gerade auch durch $b_4$.

Zum Beweise lege man durch einen Punkt $B_1$ der Geraden $b_1$ eine Gerade $a_4$, die auch $b_2$ und $b_3$ schneidet. Dann geben $a_1$, $a_2$, $a_3$, $a_4$ auf diesen Geraden der Schar $b$ gleiche Doppelverhältnisse. Die Schnittpunkte, die von $a_4$ gebildet sind, seien $B_1$, $B_2$, $B_3$.

Eine zweite Gerade $a_4'$ werde ebenfalls durch $B_1$ gelegt, jedoch so, dafs sie auch $b_3$ und $b_4$ schneidet. Dann geben auch $a_1$, $a_2$, $a_3$, $a_4'$ auf den Geraden $b_1$, $b_3$ und $b_4$ gleiche Doppelverhältnisse.

Nun sind aber die vier auf $b_1$ liegenden Punkte dieselben wie vorher, folglich stimmt auch das neue Doppelverhältnis auf $b_3$ mit dem früheren überein, d. h. der neue Punkt $B_3'$ auf $b_3$ und der vorige $B_3$ fallen zusammen. Da jetzt $a'_4$ und $a_4$ in den Punkten $B_1$ und $B_3$ zusammenfallen, so fallen beide Gerade ganz zusammen. Folglich geht $a_4$ auch durch die Gerade $b_4$.

d) Daraus folgt: Durch drei einander kreuzende Gerade $a_1$, $a_2$, $a_3$ werden unendlich viele Gerade $b_1$, $b_2$, $b_3$, ... bestimmt, die einander kreuzen und eine Regelfläche bilden. Jede Gerade $a_4$, $a_5$, $a_6$ ..., die durch drei der Geraden $b$ geht, schneidet sämtliche Geraden $b$. Man erhält also eine Regelfläche mit zwei Scharen von Geraden. Jede Schar enthält nur einander kreuzende Gerade. Die Fläche ist also entweder eine einfache und sich zurückkehrende Fläche (wie das einmantelige Hyperboloid), oder sie kehrt nirgends in sich zurück (wie das hyperbolische Paraboloid).

Man denke sich jetzt zwei Gerade der einen Schar und sämtliche Geraden der anderen parallel oder central auf eine Ebene projiziert, dann erhält man in dieser eine Geradenschar, die die einander entsprechenden Punkte zweier projektivischer Punktreihen paarweise mit einander verbindet. Diese umhüllen aber bekanntlich einen Kegelschnitt. Folglich: Projiziert man die vorher gebildete Fläche irgendwie auf eine beliebige Ebene, so erscheint ihre Kontur als Kegelschnitt. In dieser Eigenschaft stimmt sie mit dem einfachen Hyperboloid (und dessen Sonderfällen) überein, und daraus läfst sich schliefsen, dafs sie eine Kegelschnittsfläche mit geraden Linien, also ein einfaches Hyperboloid oder ein hyperbolisches Paraboloid ist. Die Entwickelung selbst sehe man bei Steiner nach.

Daraus geht unter anderem hervor, dafs drei einander kreuzende Gerade sich durch affine (oder kollineare) Umwandelung in drei Gerade verwandeln lassen, die durch

Rotation um eine bestimmte Achse in einander übergeführt werden können.

Mit Hülfe der Aufgabe in § 46 und des Begriffes der Doppelverhältnisse läfst sich ohne weiteres der Eingang in dieses Gebiet gewinnen. Die Aufgabe (46) ist aber auch noch insofern von Bedeutung, als Möbius auf sie eine Art von harmonischer Verwandtschaft gegründet hat.

## d) Das dreiachsige Hyperboloid mit zwei Mänteln.

412) Auch diese Fläche entsteht aus dem Drehungshyperboloid mit zwei Mänteln mit Hülfe eines Hauptschnittes und der Verkürzung oder Verlängerung von Loten. Alle Schnitte sind Ellipsen, Parabeln, Hyperbeln, aufserdem sind zwei Gruppen von Kreisen vorhanden, was ebenso, wie bei dem Ellipsoid gezeigt wird. Die Sätze über parallele Schnitte, Tagentialkegel, Pol und Polare, bleiben erhalten. Gerade Linien besitzt diese Fläche nicht. Auch mit Hülfe der Verschiebung der Kreisschnitte in ihrer Ebene kann sie erzeugt werden. Elementare Berechnungen werden im zweiten Bande gegeben. Man suche wie beim Ellipsoid zu beweisen, dafs die Fläche vier Kreispunkte hat, durch welche der Fokalkegelschnitt geht. (Vgl. Fig. 281.)

## e) Das elliptische Paraboloid.

413) Es entsteht aus dem Drehungsparaboloid nach der Methode der konstanten Verkürzung und Verlängerung der zu einem Hauptschnitt gehörigen Lote. In dem berechnenden Teile soll gezeigt werden, dafs der körperliche Raum zwischen einer Tangentialebene und einem Parallelschnitt stets die Hälfte des zugehörigen Cylinders ist. Alle Sätze über Parallelschnitte, Tangentenkegel, konjugierte Durchmesser, Pol und Polare, Projektionen der Fläche bleiben erhalten. Die Fläche hat zwei Kreispunkte, die beiden andern liegen in unendlicher Entfernung. Aus dem Vergleich mit dem Ellipsoid und zweimanteligen Hyperboloid folgt, dafs bei ihr Fokalellipse und Fokalhyperbel in zwei Fokalparabeln übergehen.

## f) Zusammenfassende Betrachtungen über Kegelschnittsflächen.

414) Die Kegelschnittsflächen, die aus analytischen Gründen auch als Flächen zweiten Grades bezeichnet werden, haben nach obigem eine gemeinsame Entstehungsart.

Schneidet man einen gegebenen Kegelschnitt durch eine Schar paralleler Ebenen, die ihn im allgemeinen in zwei Punkten treffen und legt man in jeder durch die beiden Punkte einen Kegelschnitt mit der Mafsgabe, dafs sämtliche so gezeichneten Kegelschnitte ähnlich sein und ihre Mittelpunkte auf einer Geraden haben sollen, so entsteht eine Kegelschnittsfläche der besprochenen Art.

Mit Ausnahme des hyperbolischen Paraboloids lassen sich so sämtliche durch Bewegung eines Kreises von veränderlichem Durchmesser erzeugen, die ausgenommene Fläche mit Hülfe einer beweglichen Geraden, die sich auf zwei einander kreuzenden festen Geraden so bewegt, dafs der Berührungspunkt auf jeder der letzteren mit konstanter Geschwindigkeit vorrückt.

Dafs der zweite Schnittpunkt im besonderen Falle im Unendlichen liegen kann, dafs an Stelle jedes Kegelschnitts im besonderen Falle eine Gerade oder zwei parallele oder zwei sich schneidende Gerade treten können, ist selbstverständlich.

Man kann die sämtlichen so entstehenden Flächen in zwei Gruppen teilen, in solche mit Scharen von geraden Linien und in solche ohne Scharen gerader Linien.

1) Die Geraden von denen nur eine Schar vorhanden sein soll, gehen durch einen Punkt, der auch im Unendlichen liegen kann, dann werden die Flächen Kegel oder Cylinder und sind abwickelbar. Diese Flächen gehen durch Affinität und Kollineation stets wieder in solche über.

2) Die Geraden sind in zwei Scharen vorhanden, die einander schneiden, während die Elemente jeder Schar einander nicht schneiden, sondern kreuzen. Kehrt die Fläche in sich zurück, so ist sie ein einfaches Hyperbolid, kehrt sie im Endlichen nirgends in sich zurück, so ist sie

ein hyperbolisches Paraboloid. Durch Affinität und Kollineation gehen solche Flächen stets in einander über.

3) Es sind keine Geraden vorhanden. Die Fläche ist dann entweder Ellipsoid (im besonderen Falle Kugel) oder Paraboloid (nur nicht das hyperbolische), oder zweimanteliges Hyperboloid. Auch diese Flächen gehen durch Affinität und Kollineation in einander über.

Scharf ist diese Scheidung in sofern nicht, als z. B. der elliptische Cylinder als Ellipsoid, Paraboloid und Hyperboloid betrachtet werden kann, so dafs Übergänge immerhin möglich sind.

415) Gemeinschaftlich sind diesen Flächen besonders folgende Eigenschaften:

1) Parallelschnitte geben ähnliche Kegelschnitte, deren Mittelpunkte auf einem konjugierten Durchmesser liegen. Je zwei von diesen Schnitten sind perspektivisch in Bezug auf einen Punkt des konjugierten Durchmessers.

2) Zu jedem Schnitt gehört ein Tangentenkegel. Umgekehrt gehört zu jedem Punkte, von dem aus Tangenten an die Fläche möglich sind, ein ebener Berührungsschnitt von Kegelschnittsgestalt. Die Projektion einer Kegelschnittsfläche führt stets auf eine Kegelschnittsfläche.

3) Zu jedem Punkte des Raumes gehört bei jeder Kegelschnittsfläche eine Polarfläche, zu jeder Ebene ein Pol. Jede Gerade durch den Pol und die Fläche wird durch die Polarebene harmonisch geteilt. Die für die Kugel bewiesenen Sätze über Pol und Polare, soweit sie der Geometrie der Lage angehören, bleiben bestehen.

4) Auf gewisse Eigenschaften der Reciprocität sei beiläufig aufmerksam gemacht. Zu jedem Raumpunkte gehört in Bezug auf eine Kegelschnittsfläche, welche die spiegelnde heifsen soll, eine Polarebene. Zu den Punkten einer Kegelschnittsfläche gehören in Bezug auf die spiegelnde Fläche Ebenen, welche eine andere Fläche umhüllen. Jede Gerade durch den gespiegelten Punkt folgt den harmonischen Gesetzen. Da die Schnittebene mit der gespiegelten Fläche einen Kegelschnitt giebt, befindet sich in ihr als reciprokes Bild ein von Geraden umhüllter Kegelschnitt. (Satz der Planimetrie.) Die reciproke Fläche wird also durch jede Ebene in Kegelschnitten geschnitten. Nun läfst sich zeigen, dafs eine Fläche, deren sämtliche ebenen Schnitte

Kegelschnitte sind, eine der betrachteten Kegelschnittsflächen ist. Das reciproke Bild einer Kegelschnittsfläche in Bezug auf eine andere ist daher stets eine Kegelschnittsfläche. (Poncelet.)

## g) Die Systeme konfokaler Kegelschnittsflächen.

416) In Figur 281 sind drei konfokale Flächen dargestellt, ein Ellipsoid, ein einfaches und ein zweifaches

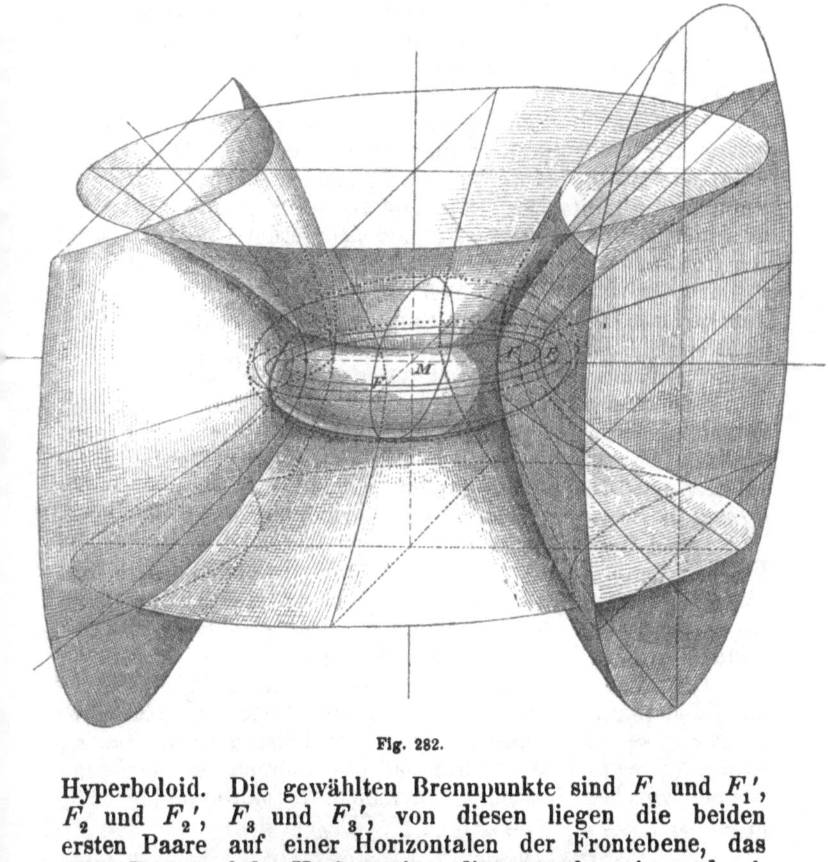


Fig. 282.

Hyperboloid. Die gewählten Brennpunkte sind $F_1$ und $F_1'$, $F_2$ und $F_2'$, $F_3$ und $F_3'$, von diesen liegen die beiden ersten Paare auf einer Horizontalen der Frontebene, das dritte Paar auf der Horizontalen, die normal zu jener durch den zu den ersten gehörigen Mittelpunkt $M$ gelegt ist.

Die horizontale Symmetrieebene des Ellipsoids giebt eine Ellipse mit den Brennpunkten $F_1$ und $F_1'$. Sind $a$ und $b$ ihre Achsen, so ist $e_1^2 = a^2 - b^2$. Die in der symmetrischen Frontfläche liegende Ellipse hat die Brennpunkte $F_2$ und $F_2'$. Ihre Achsen seien $a$ und $c$, dann ist $e_2^2 = a^2 - c^2$. Die in der dritten Symmetrieebene liegende Ellipse hat nun die Halbachsen $b$ und $c$ und die Brennpunkte $F_3$ und $F_3'$. Für sie ist $e_3^2 = b^2 - c^2$. (Angenommen ist $a > b > c$.) Die Fokalhyperbel geht durch $F_1$ und $F_2$ und hat die Brennpunkte $F_2$ und $F'_2$. Sie geht durch die Kreispunkte der Fläche. Die Fokalellipse geht durch $F_1$ und $F_2$ und hat den Brennpunkt $F_1$.

Das einmantelige Hyperboloid hat in der horizontalen Symmetrieebene die Brennpunkte $F_1$ und $F_1'$. Der dortige elliptische Schnitt geht zwischen $F_1$ und $F_2$ (bezw. $F_1'$ und $F_2'$) durch die Hauptachse. Die andere horizontale Achse wird zwischen $F_3$ und $M$ (bezw. $F_3'$ und $M$) passiert. Die Hyperbel der frontalen Symmetrieebene hat die Brennpunkte $F_2$ und $F_2'$ und geht durch die Schnittpunkte der letzten Ellipse. Der Schnitt in der dritten Symmetrieebene hat die Brennpunkte $F_3$. Die Beziehungen für $a'$, $b'$, $c'$, $e_1$, $e_2$ $e_3$ sind wie vorher aufzustellen, nur sind die Zeichen zu beachten.

Das zweimantelige Hyperboloid hat in der horizontalen Symmetrieebene einen hyperbolischen Schnitt mit den Brennpunkten $F_1$ und $F_1'$, in der frontalen einen hyperbolischen Schnitt mit den Brennpunkten $F_2$ und $F_2'$, in der dritten Symmetrieebene ist kein Schnitt vorhanden (er ist imaginär).

Durch jeden Punkt des Raumes lassen sich drei solche Flächen legen. Das kleinste der möglichen Ellipsoide hat die Achsen $a = e_2$, $b = e_3$ und $c = o$, es ist die doppelte zu denkende Ebene der Fokalellipse. Das gröfste ist die unendlich grofse Kugel mit dem Mittelpunkte $M$.

Die eine Grenzfläche der einmanteligen Hyperboloide ist die doppelt zu denkende Horizontalebene aufserhalb der Fokalellipse. Für dieses Hyperboloid ist $a = e_2$, $b = e_3$, $c = o$. Die andere Grenze ist die doppelt zu denkende Ebene zwischen den beiden Armen der Fokalhyperbel. Für diese ist $a' = e_1$, $b' = o$, $c' = \sqrt{e_2^2 - e_1^2}$.

Die eine Grenzfläche der zweimanteligen Hyperboloide sind die doppelt zu bedeckenden Reste der frontalen

Symmetrieebene, die also auch von der Fokalhyperbel begrenzt sind. Für diese Fläche ist $a' = e_1$, $b' = o$, $c' = \sqrt{e_2^2 - e_1^2}$. Die andere Grenzfläche ist die vollständige dritte Symmetrieebene, die ebenfalls doppelt zu denken ist. Für sie ist $a'' = o$, $b'' = e_3$, $c'' = o$. Die Kreispunkte aller konfokalen Ellipsoide liegen auf der Fokalhyperbel, die der konfokalen zweimanteligen Hyperboloide auf der Fokalellipse.

417) [Dieses Gebilde wird hier nur erwähnt, um zu weiteren Studien anzuregen. Es läfst sich nämlich zeigen, dafs konfokale Flächen solcher Art einander rechtwinklig schneiden, dafs man also mit ihrer Hilfe den Raum in ein System „rechteckiger" Zellen einteilen kann, so dafs die „Parameter" der Flächen als elliptische Koordinaten aufgefafst werden können, die von Jacobi zuerst behandelt und zur Lösung wichtiger, bis dahin ungelöster Probleme benutzt wurden, denen dann Lamé andere zufügte. Ferner haben Binet und Dupin gezeigt, dafs die Schnittlinien zweier Scharen dieser Flächen auf jeder der dritten Schar die Krümmungslinien geben, die einfache Fadenkonstruktionen zulassen, z. B. mit Hülfe der Kreispunkte auf dem Ellipsoid, wo die Fäden zu befestigen sind. Endlich kann man $F_1$, $F_2$ und $F_3$ nach $M$ fallen lassen, wodurch die Ellipsoide in Kugeln, die beiden Scharen von Hyperboloiden in elliptische Kegelschnitte übergehen, die auf der Kugel das System der einander orthogonal schneidenden Scharen sphärischer Kegelschnitte geben. Die Orthogonalität ist hier sehr leicht nachzuweisen.] Ein anderer Sonderfall entsteht, wenn man den Mittelpunkt $M$ der Figur 282 z. B. nach links in unendliche Entfernung wandern lafst. Dabei gehen Ellipsoid und zweimanteliges Hyperboloid in elliptische Paraboloide über, das einmantelige Hyperboloid (mit geraden Linien) in ein hyperbolisches Paraboloid. So erhält man die Rechtecksteilung des Raumes durch drei Scharen parabolischer Flächen.

Die einfachsten Sonderfälle entstehen durch orthogonale Doppelscharen von Kegelschnitten, die um die Hauptachsen rotieren und mittels der durch die letzteren gelegten Meridianschnitte die Rechtecksteilung des Raumes geben. Zwei solche Teilungen entstehen durch Drehung konfokaler

Ellipsen und Hyperbeln um die eine bezw. die andere Achse, eine dritte durch Drehung konfokaler und orthogonaler Parabelscharen um die Hauptachse. Weitere Spezialisierung führt auf früher behandelte Teilungen. Gewisse Parameter der Flächen werden als krummlinige Koordinaten benutzt, die namentlich in der Potentialtheorie eine grofse Rolle spielen.

Hiermit sollen die Darlegungen über diese Flächen abgeschlossen werden. Behufs weiterer Studien möge man zu Steiner und Reye, für analytische zu Salmon, Fiedler und Hesse übergehen.

## h) Historische Bemerkungen zu den Kegelschnitten und Kegelschnittsflächen.

418) Dafs schon der „Bienenkorb“ der alten Ägypter als Paraboloid aufzufassen sei, dürfte sehr zweifelhaft sein (Cantor I, 57). Nach Plutarch soll Demokrit zuerst den parallel zur Grundfläche abgestumpften Kegel untersucht haben (C. I 180). Eutokius berichtet, dafs schon Menächmus, der die Aufgabe der Würfelverdoppelung bearbeitete, die Hyperbel und Parabel benutzt habe, jedoch unter anderer Bezeichnung. M. nennt seinen Lehrer Isidorus von Milet als den Erfinder eines parabolischen Zirkels, den I. in seinem Kommentar zur Gewölbelehre des Heron beschrieben habe. Vor Apollonius unterschied man die Kegelschnitte als Normalschnitte einer Seite des senkrechten Kreiskegels, der spitzwinklig, rechtwinklig und stumpfwinklig sein konnte; so berichtet Pappus, der unter den Vorgängern des A. besonders Aristäus den älteren hervorhebt. Auch Euklid habe die fünf Bücher über Kegelschnitte des Ar. gerühmt. Ar. soll zuerst die Kegelschnitte in Zusammenhang mit den bekannten geometrischen Örtern gebracht haben. (C I, 232—233.) Vollständig aufgeklärt wurde dieser Zusammenhang, wie Pappus mitteilt, erst durch Apollonius; Euklid habe ihn jedenfalls nicht gekannt (C. I, 276). Die Apollonische Deutung der Namen Ellipse, Parabel, Hyperbel kann wohl als bekannt vorausgesetzt werden, sonst vergleiche man Cantor I, 274. Heiberg vermutet, der erste Name für Ellipse sei „Thyreos“ (länglicher Schild) gewesen (C. I, 278).

Archimedes, 287—212 v. Chr., dessen Werke z. B. von Heiberg (Leipzig 1880/81) herausgegeben sind, hat drei Bücher über Kegelschnittsflächen geschrieben, στοχεῖα κωνικά, über Kugel und Cylinder, über Konoide und Sphäroide. Seine Konoide sind parabolische und hyperbolische Drehungsflächen, die Sphäroide sind elliptische. Er hat sie durch Normalschnitte und parallele Schrägschnitte zu den Achsen begrenzt und scharfsinnig den körperlichen Inhalt berechnet. (Sein Name bedeutet einen Erzdenker.) Vergl. C. I, 288—294.

Apollonius von Pergae, geb. etwa 276 v. Chr. schrieb acht Bücher über die κωνικά, von denen leider nur vier in griechischer Sprache erhalten sind. Vielfach wurden diese vier herausgegeben, z. B. von Heiberg in zwei Bänden, Leigzig 1891/93. Ap. hat die jetzt üblichen Namen der Kegelschnitte nach einer bekannten geometrischen Eigenschaft aufgestellt. Als Vorarbeiter nennt er selbst den Konon von Samos und den Nikoteles von Kyrene. Über den Inhalt der vier Bücher vgl. Cantor I, 321/327. Ap. kennt die Asymptoten, die Brennpunkteigenschaften, die Halbierung der Brennstrahlwinkel durch die Normalen, die Gesetze der konstanten Summe und Differenz etc. Auch über Brennspiegel (περὶ πυρίων) hat er geschrieben und also wohl auch den Brennpunkt des Paraboloids gekannt. Erst seit Desargues und Pascal wurde den Apollonischen Forschungen Neues hinzugefügt.

Zahlreiche Nachfolger bis dahin sind eigentlich nur Bearbeiter und Erklärer der erhaltenen Schriften des Ap., so z. B. Serenus von Antissa (C. I, 383/84).

Auch Hypatia, die Tochter des Theon, schrieb einen Kommentar zu Ap. An letzteren schloſs sich auch Anthemius von Tralles an, dessen Werk von Tâbit ibn Kurrah ins Arabische übersetzt wurde. [Theon schrieb einen Kommentar zu der μεγάλη σύνταξις, des Claudius Ptolemäus (125—200?), die später, bei der Übersetzung ins Arabische, im Anklang an μέγιστος den sonderbaren Namen Almagest erhielt.]

Eins der wichtigsten Dokumente aus alter Zeit ist die Sammlung des Pappus von Alexandria, der gegen das Ende des 3. Jahrhunderts n. Chr. lebte. Die beste Textausgabe ist die von Hultsch, Berlin 1875, 77, 78. P. kannte die bei der Direktrix auftretenden konstanten Verhältnisse. Viele später „entdeckte“ Sätze finden sich schon bei ihm, worauf besonders Steiner gegenüber Poncelet und anderen aufmerksam macht. Ausführlicheres über ihn findet man bei Cantor im ersten Bande.

Unter den Arabern sind Alsidschzi und Omar Alchaijâmî zu nennen, die mit Hülfe der Kegelschnitte Gleichungen bis zum dritten Grade auflösten. (Vgl. C. I, 468, 707 und die Bearbeitung des letztgenannten von Wöpke.)

419) Nach langer mittelalterlicher Pause behandelt Georg Valla als erster Abendländer die Kegelschnitte in einem 1501 erschienenen Buche de expetendis et fugiendis rebus (C. II, 317). Werner, ein Hausfreund des Nürnbergers Pirckheimer, schrieb einen „Commentarius seu paraphrastica enarratio in undecim modos conficiendi ejus problematis, quod cubi duplicatio dicitur“. Als Einleitung dazu veröffentlichte er 22 Sätze über Kegelschnitte: „Libellus super viginti duobus elementis conicis,“ wo, wie bei Menächmus, die Ellipse als nicht zum Probleme gehörig ausgeschlossen ist (C. II, 4 19/20).

Claude Mydorge (1585—1647), ein Freund von Descartes, veröffentliche 1631 ein Werk über Kegelschnitte, 1639 eine Fortsetzung. Die Behandlungsweise ist neu, wohl auch einiges von den Sätzen. Er führt perspektivisch ähnliche Kegelschnitte ein und löst auch die wichtige Aufgabe, einen gegebenen Kegelschnitt auf einen gegebenen Kegel zu legen.

Jetzt kommt die anregungsreiche Zeit von Descartes (1596—1650), Desargues (1593—1662) und Pascal (1623—1662) über die schon in No. 200 ausführlicher gesprochen ist. Der erstgenannte schuf die Methode der analytischen Geometrie, die das Feld bald derartig beherrschte, dafs die anschauungsmäfsig gefundenen Sätze und Methoden der beiden anderen vorläufig nur geringere Beachtung fanden.

Wren veröffentlichte in den Philosophical Transactions III, 961/962 den Satz über die beiden Scharen von Geraden auf dem gleichseitigen Hyperboloid, den Antoine Parent (1666—1716) später selbständig wiederentdeckte (1702) und verallgemeinerte (C. III, 401).

Colin Mac Laurin (1698—1746) ist wohl der erste gewesen, der von konfokalen Ellipsoiden gesprochen hat. In dem Treatise of fluxions (§ 649, 651, 653) leitet er möglichst geometrisch-synthetisch einige Eigenschaften solcher Flächen ab und findet den nach ihm genannten Satz über die Anziehung konfokaler Ellipsoide (C. III, 723). Damit wurden die Flächen zweiten Grades in die mathematische Physik eingeführt, besonders in die Lehre vom Potential, und nun gaben sie Anlafs zu bedeutungsvollen Untersuchungen, die sich an die vorangegangenen Newtons anschlossen. Letzterer wufste schon, dafs die Anziehung der homogenen ellipsoidischen Schale auf einem Punkt des inneren gleich Null ist. (Sie ist dabei als unendlich dünn oder als ähnlich begrenzt zu denken.) Eine Affinitätsbetrachtung, die von der konzentrischen Hohlkugel zu jener Ellipsoidschale überführte, ergab dieses Resultat.

Dieses mathematisch-physikalische Gebiet wurde später von Lagrange, Laplace, Ivory, Poisson, Green, Gaufs, Legendre, Chasles, Thomson und vielen anderen ausgebaut, bis Jacobi der Theorie einen besonders zu besprechenden Anstofs zur Förderung gab. Darüber vergleiche man die Lehrbücher der Potentialtheorie, die vom Verfasser auch elementar behandelt worden ist. (Leipzig b. Teubner.)

Auch Euler und Kramer behandelten die Oberflächen zweiten Grades bezw. zweiter Ordnung. Mit diesen beiden schliefst das Kantorsche Geschichtswerk ab. Von jetzt ab müfste Chasles: Aperçu historique oder etwa der von Gino Loria gegebene litterarische Überblick benutzt werden: Die hauptsächlichsten Theorieen der Geometrie in ihrer früheren und heutigen Entwickelung, deutsch übersetzt von Schütte, Leipzig bei Teubner.*)

*) Erst während der Drucklegung erschien im gleichen Verlage Teil I des Werkes von Kötter: Die Entwickelung der synthetischen Geometrie (seit Monge), welcher leider nicht mehr benutzt werden konnte. Er reicht bis zum Erscheinen des Ponceletschen Hauptwerkes und verspricht, dafs das Ganze den besten geschichtlichen Überblick für diesen Zweig der Mathematik geben wird. (Bericht der Mathematiker-Vereinigung V, 23.)

Noch später, Ostern 1899 erschien als Programmbeilage der Friedr. Werderschen Gewerbeschule (Ober-Realschule) zu Berlin eine

420) Gaspard Monge und seine Schule griffen bahnbrechend in die Lehre von den Flächen zweiten Grades ein, indem sie das konstruktive Element dem analytischen gegenüber wieder zu Ehren brachten. Monge (1746 bis 1818), zu dem man Dupins Essai historique sur les services et les travaux scientifiques de G. Monge, Paris 1819, vergleichen möge, über dessen Bedeutung für die Entwickelung der darstellenden Geometrie man auch in Wieners Lehrbuch der darstellenden Geometrie mancherlei findet, hat gewissermafsen die Schranken niedergerissen, durch welche die Alten die Planimetrie und Stereometrie von einander trennten, zugleich aber auch die Schranken, die von den Neueren zwischen der analytischen und rein geometrischen Behandlungsweise errichtet worden waren. Er bahnte also die einheitliche Behandlung aller dieser Gebiete an. Mit ihm übernahm Frankreich wiederum die Führung auf dem Forschungsgebiete der Mathematik, die es mit Descartes an sich gerissen, durch Leibniz und Newton aber verloren hatte.

Der Anteil der Schule von Monge am Ausbau der Kegelschnittsflächen ist nach Loria (Seite 32) etwa folgendermafsen festzustellen: Wir verdanken ihr die doppelte Erzeugungsweise des einmanteligen Hyperboloids und des hyperbolischen Paraboloids durch die Bewegung einer Geraden (Monge, Journal de l'Ec. Polyt. I), die Erzeugung aller Flächen zweiten Grades — mit Ausnahme des hyperbolischen Paraboloids — durch die Bewegung eines Kreises (Hachette, Elements de Géometrie à trois dimensions). Monge und Hachette gaben den Beweis für die Existenz der drei Hauptebenen für jede Fläche zweiten Gerades. Monge (Correspondance sur l'Ec. Polyt.) entdeckte den Ort der Scheitel „dreirechtwinkliger Triëder", deren Kanten eine Fläche zweiter Ordnung berühren, Bobillier den entsprechenden Ort für die, deren Seitenflächen eine solche Fläche berühren (Gergonne, Annalen, 18). Monge

---

Arbeit von Dr Julius Lange: Jakob Steiners Lebensjahre in Berlin, 1821 bis 1863, nach seinen Personalakten dargestellt. Auf diese Schrift, die über das Leben und Wirken des gröfsten Geometers aller Zeiten ein klares Licht verbreitet, sei besonders aufmerksam gemacht, da sämtliche bisherigen Biographien lückenhaft sind und teilweise erheblicher Korrekturen bedürfen.

bestimmte die Krümmungslinien des Ellipsoids (Journal de l'Ec. Polyt. II), womit sich auch Binet beschäftigte, der ihre Fokaleigenschaften (Fadenkonstruktion) bearbeitete. Sie sind die Schnitte konfokaler Flächen zweiten Grades. Dupin fand durch eine geniale Eingebung, dafs überhaupt die Schnitte dreier Gruppen orthogonaler Flächen stets auf Krümmungslinien führen. Livet und Binet (Journ. de l'Ec. Polyt. 13 bezw. 16) dehnten Sätze des Apollonius auf den Raum aus. Chasles, der möglichst elementare Darstellung erstrebte, (Corresp. sur l'Ec. Polyt.) gab neue Sätze entsprechender Art. Dupin entdeckte neue Erzeugungsweisen solcher Flächen. Brianchon zeigte zuerst, dafs die reciproke Fläche einer Fläche zweiten Grades wieder eine solche sei. Dandelin gab die oben behandelte einfache Ableitung der Brennpunkteigenschaften der Kegelschnitte und allgemeinere Theoreme.*) Auch Poncelet darf nicht vergessen werden. Über ihn wurde unter 200 schon berichtet.

C. J. J. Jacobi war derjenige, der im 12. Bande des Crell. Journals die elliptischen Koordinaten einführte, mit deren Hülfe es ihm gelang, das bis dahin ungelöste Problem der kürzesten Linie auf dem Ellipsoid und dessen konforme Abbildung auf das Rechteck, die Quadratur seiner Oberfläche, die Rektifikation seiner Krümmungslinien, aufserdem eine Anzahl von Problemen der Dynamik zu lösen. Vergl. Jacobis Werke, Dynamik. Gleichzeitig mit ihm griff Steiner gewaltig in die Theorie der Oberflächen zweiten Grades ein. Verwiesen sei auf Bd. I seiner gesammelten Werke. In seiner „systematischen Entwickelung der Abhängigkeit“ geometrischer Gestalten von einander behandelt er projektivische Gebilde (Seite 363) im Raume, das einfache

*) Nach Kötters Entw. der synth. G. Seite 60 rührt das Verfahren nicht von Quetelet, sondern von Dandelin her. Man vergleiche Dandelin: Mémoire sur quelques propriétés remarquables de la focale parabolique. Nouv. Mém. de l'Ac. de Bruxelles, II, 1822, S. 171—200. Wichtig sind noch folgende Schriften Dandelins: Mém. sur l'hyperboloide de révolution et sur les hexagones de Pascal et de Brianchon. N. Mém. de l'Ac. de Br. III, 1—14. Propr. project. des courbes du second degré. Quet. Corr. III, 1827, S. 9—12. Mém. sur l'emploi des projections stéréographiques en géometrie. Nouv. Mém. de l'Ac. de Brux. IV, 1827, S. 11—47. Sur les intersections de la sphère et d'un cône du second degré. N. M. de l'Ac. de Br. IV, 1827, 1—10.

Hyperboloid (Seite 70), das hyperbolische Paraboloid, besonders das gleichseitige (Seite 374). Auf Seite 1—5 des 2. Bandes ein Problem über die Anziehung des Ellipsoids, auf Seite 717 löst er die Aufgabe, die durch neun gegebene Punkte bestimmte Fläche zweiten Grades zu konstruieren, mit der sich auch Seydewitz (Grunerts Archiv, Bd. 9), Chasles (Compt. rendus 1855), Schröter (Journ. für Math. 62), Sturm (Math. Ann. 1), Dino (Napoli Rend. 1879) und andere beschäftigt haben. Jacobi, Plücker, Steiner, Magnus und vor allem Gaufs entrissen Frankreich in hartem Kampfe die mathematische Vorherrschaft, aber auch England blieb nicht zurück.

Der Raum reicht nicht aus, auf die Arbeiten von Mac Cullagh (Jrish. Proc. 2), Hesse (Crell. Journal, 18, 20, 24, 26, 60, 73, 75, 85, 90, 99), Picquet (Crell. Journal, 73, 99), Caspary, Schröter, Sturm, Zeuthen, Reye einzugehen. Nur noch auf Staude sei hingewiesen, dem es gelungen ist, die den Fadenkonstruktionen der Ellipse und Hyperbel entsprechenden mechanischen Konstruktionen der Oberflächen zweiten Grades ausfindig zu machen, um die sich Chasles, Heilermann und andere vergeblich bemüht hatten (vergleiche seine Fokaleigenschaften der Flächen 2. Ordnung, Leipzig bei Teubner). Er stellt z. B. bei dem Ellipsoid den Mechanismus folgendermafsen her. Er stellt die feste Fokalellipse und die Fokalhyperbel durch Drähte dar. Der Faden wird mit dem einen Ende an einem Brennpunkte der Fokalellipse, mit dem andern an dem entgegengesetzt liegenden der Fokalhyperbel befestigt; jedoch durch Ringe geführt, die sich auf den beiden Drähten frei bewegen können. Gespannt wird der Faden z. B. durch einen andern Faden, der sich an einem auf dem ersteren frei beweglichen Ringe befestigt. Bringt man den letzteren in alle möglichen Lagen, so bewegt sich die Auflagerstelle des ersten Fadens auf dem konfokalen Ellipsoid. An Stelle der Eigenschaft $p + q = c$ tritt also eine Eigenschaft $(p_1 + p_2) + (q_1 + q_2) = c$, so dafs es sich gewissermafsen um gebrochene Brennstrahlen handelt. Die Normalen des Ellipsoids halbieren auch hier den Brennstrahlwinkel und $(p_1 + p_2) + (q_1 + q_2) = c$ ist gleich der Länge der Hauptachse, vermehrt um die halbe Differenz der beiden Hauptbrennweiten. Entsprechendes geschieht für die anderen

Flächen. Durch diese Abhandlung scheint ein gewisser Abschlufs erreicht zu sein. Bezüglich der konformen Abbildung der Flächen 2. Grades sind die Arbeiten Jacobis durch Schering und mehrere andere ergänzt und ebenfalls abgeschlossen worden.

Aus dieser Übersicht möge der Leser erkennen, wie viel geistige Arbeit und welcher Reichtum an Resultaten sich um die Flächen zweiten Grades angesammelt hat. Für ein tieferes Eindringen in diese Theorieen seien neben den schon genannten Originalarbeiten folgende teils analytischen, teils rein geometrischen Lehrbücher empfohlen, von denen besonders die von Salmon-Fiedler reichhaltige Litteraturangaben bringen:

Hesse, Vorlesungen über die analytische Geometrie des Raums (Leipzig, bei Teubner).

Salmon-Fiedler: Analytische Geometrie des Raums (Leipzig, Teubner).

Reye, Die Geometrie der Lage (Leipzig, Baumgärtner).

Schröter: Theorie der Oberflächen zweiter Ordnung und der Raumkurven dritter Ordnung (Leipzig, Teubner).

Das Studium wird zeigen, dafs noch zahlreiche Eigenschaften der untersuchten Flächen elementar entwickelt werden können, worauf jedoch hier aus Gründen des zur Verfügung stehenden Raums verzichtet werden mufste. Es kam in diesen Elementen nur darauf an, den Eingang zu einem ausgedehnten Wissensgebiete zu zeigen, welches im wesentlichen als in sich abgerundet und abgeschlossen betrachtet werden kann.

Herrosé & Ziemsen, Gräfenhainichen.

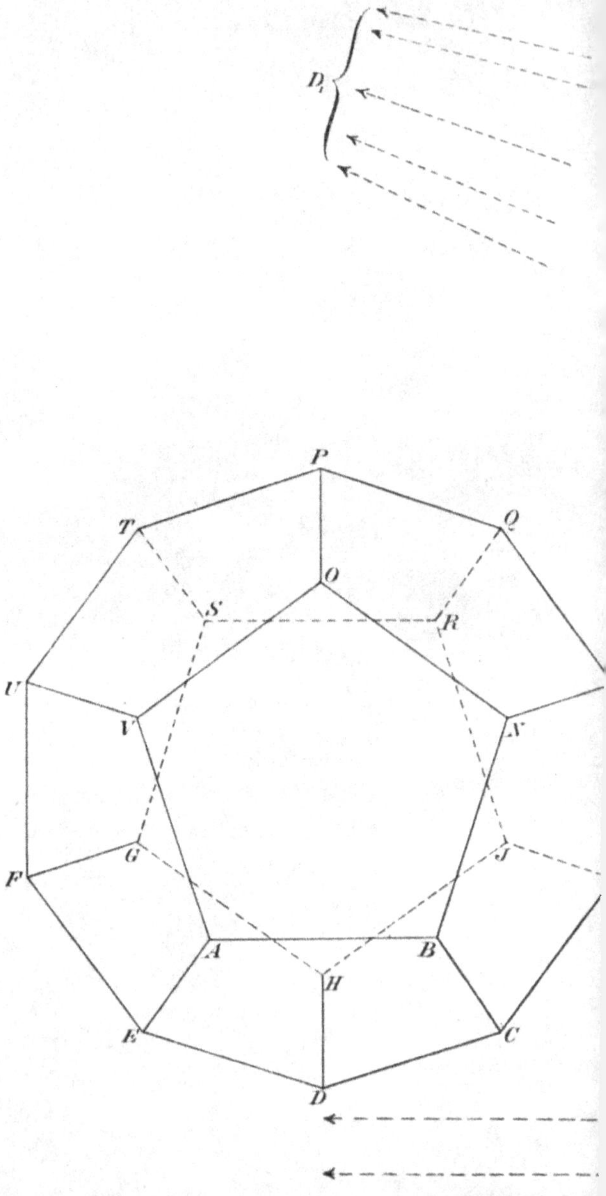


Fig. 87 a. Das stereosk

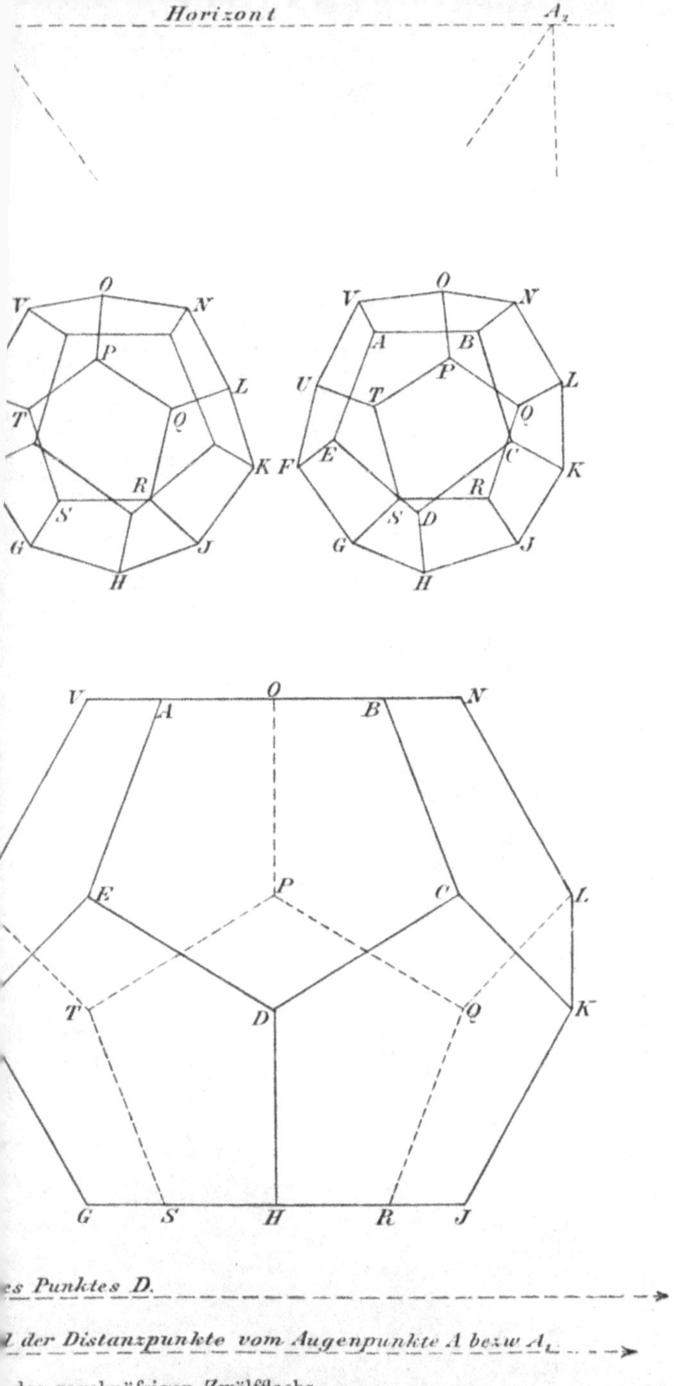


des regelmäfsigen Zwölfflachs.

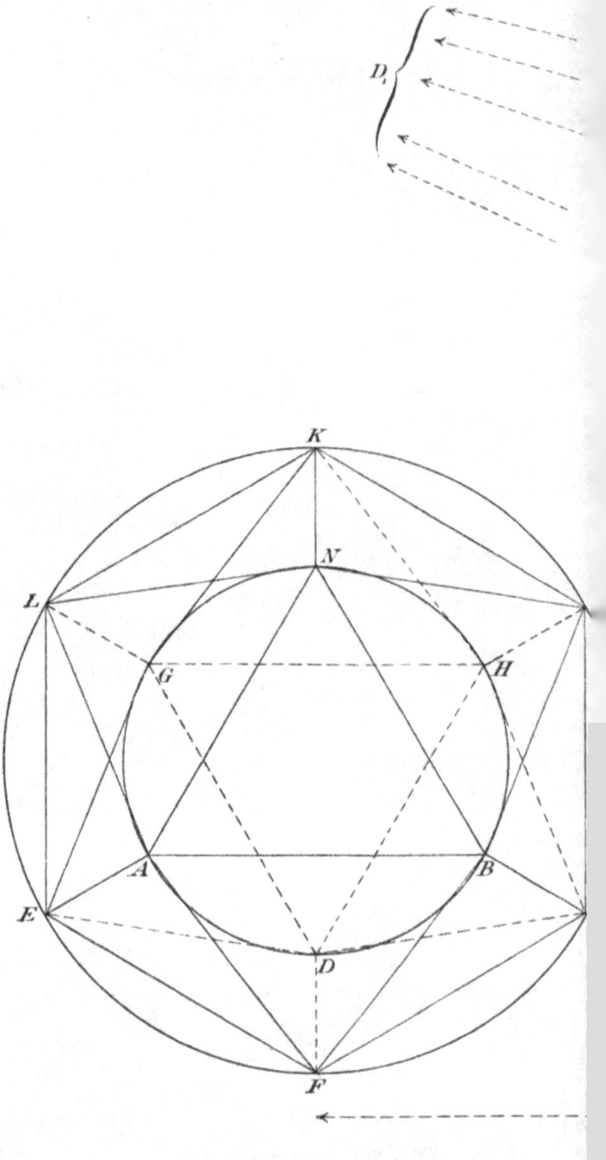


Fig. 87 b. Das stereosk

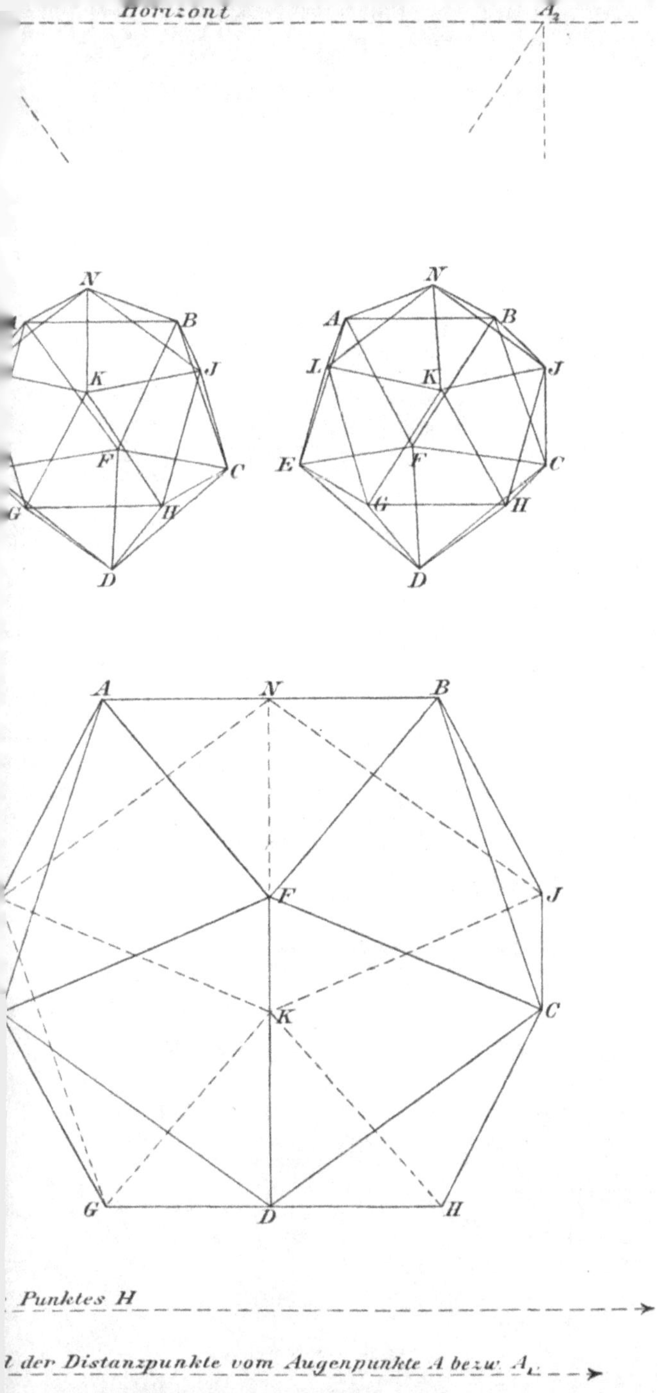


es regelmäfsigen Zwanzigflachs.